U0605850

高职高专“十二五”规划教材

电工电子技术及应用

DIANGONG DIANZI
JISHU JI YINGYONG

于玲 谢飞 主编
李娜 吴宝杰 杜向军 副主编

化学工业出版社
·北京·

本书内容分为三篇。第 1 篇为电工知识，内容包括电路的基本概念与基本定律、正弦交流电路、三相交流电路、磁路与变压器、三相异步电动机及其控制。第 2 篇为电子知识，内容包括电子技术中常用半导体器件、基本放大电路、集成运算放大器、直流稳定电源、组合逻辑电路、触发器和时序逻辑电路、存储器、数/模和模/数转换器。第 3 篇为实验，包括电路基础实验、模拟电子实验和数字电路实验。

本书在内容组织上力求紧贴高职教育教学实际需要，面向实践应用，简化繁琐的数字分析又不失科学严谨性。

本书可作为高职高专非电类各专业电工电子技术课程的教材，也可供电大、中职等相关专业选用。

图书在版编目（CIP）数据

电工电子技术及应用/于玲，谢飞主编．—北京：化学工业出版社，2014.1（2025.9 重印）
高职高专“十二五”规划教材
ISBN 978-7-122-19229-5

Ⅰ.①电… Ⅱ.①于…②谢… Ⅲ.①电工技术-高等职业教育-教材 ②电子技术-高等职业教育-教材 Ⅳ.①TM②TN

中国版本图书馆 CIP 数据核字（2013）第 291942 号

责任编辑：刘 哲　　装帧设计：韩 飞
责任校对：顾淑云

出版发行：化学工业出版社（北京市东城区青年湖南街 13 号　邮政编码 100011）
印　　装：北京科印技术咨询服务有限公司数码印刷分部
787mm×1092mm　1/16　印张 15　字数 397 千字　　2025 年 9 月北京第 1 版第 3 次印刷

购书咨询：010-64518888　　售后服务：010-64518899
网　　址：http：//www.cip.com.cn
凡购买本书，如有缺损质量问题，本社销售中心负责调换。

定　　价：32.00 元　版权所有　违者必究

前　言

电工技术和电子技术的发展十分迅速，应用非常广泛，现代一切新的科学技术无不与电有着密切的关系。因此，电工电子技术是高等学校工科非电类专业的重要课程。学好电工电子技术才能为学生学习后续专业课程打好基础，为他们将来涉及到电的知识打好基础，也为他们自学、深造、拓宽和创新打好基础。

电工电子技术课程内容要有较强的应用性，理论联系实际，要重视实验技能的训练，培养学生的分析和解决实际问题的能力，在教学中应配合丰富的实训、实验，同时电工电子技术也要反映现代电工技术和电子技术的发展水平。因此，电工电子技术课程内容和体系要随着电工技术和电子技术的发展，随着工科专业的教学需要不断更新。

本书在内容组织上力求紧贴高职教育教学实际需要，面向实践应用，简化繁琐的数学分析又不失科学严谨性，突出本质规律，追求易懂易用。本书内容分为三篇，第 1 篇为电工知识，主要内容包括：电路的基本概念与基本定律；正弦交流电路；三相交流电路；磁路与变压器；三相异步电动机及其控制。第 2 篇为电子知识，内容包括：电子技术中常用半导体器件；基本放大电路；集成运算放大器；直流稳压电源；组合逻辑电路；触发器和时序逻辑电路；存储器；数/模和模/数转换器。第 3 篇为实验，包括电路基础实验、模拟电子实验和数字电路实验。

本书由于玲和谢飞主编，李娜、吴宝杰、杜向军副主编。具体分工如下：第 1 章和第 2 章由于玲编写；第 3 章由张润华和杜向军编写；第 4 章由侯雪编写；第 5 章由王建明编写，第 6 章至第 8 章由谢飞编写；第 9 章和第 12 章由沈洁编写；第 10 章和第 13 章由李娜编写；第 11 章由王春媚编写；第 13～15 章由吴宝杰编写；飞思卡尔（天津）半导体有限公司的杜向军参与了本书部分内容的编写。

本书可作为高等工科院校非电类各专业电工电子技术课程的教材，也可供高职、电大等相关专业选用。

在本书的编写过程中，参阅了多种同类教材和专著，在此向其编者、著者致谢。

由于编者学识有限，书中难免存在疏漏和不妥之处，恳请读者批评指正。

编者

2013 年 11 月

目　录

第1篇　电工技术基础知识

第 2 篇 电子技术基础知识

第 3 篇 实验

第1篇 电工技术基础知识

第1章 电路的基本概念与基本定律

1.1 电路组成及电路模型

1.1.1 电路的组成

电路是将不同的电子电气器件或设备按一定的方式连接起来，形成的电流通路。图 1-1 所示为一简单的实际电路模型，它由电源、负载和中间环节（导线、开关）等部分组成。

(1) 电源

电源是提供电能的设备，是电路中的动力来源。电源的功能是把非电能转变成电能。例如，电池是把化学能转变成电能；发电机是把机械能转变成电能。由于非电能的种类很多，转变成电能的方式也很多，所以，目前实用的电源类型也很多，最常用的电源是固态电池、蓄电池和发电机等。电源分为电压源与电流源两种，只允许同等大小的电压源并联，同样也只允许同等大小的电流源串联，电压源不能短路，电流源不能断路。

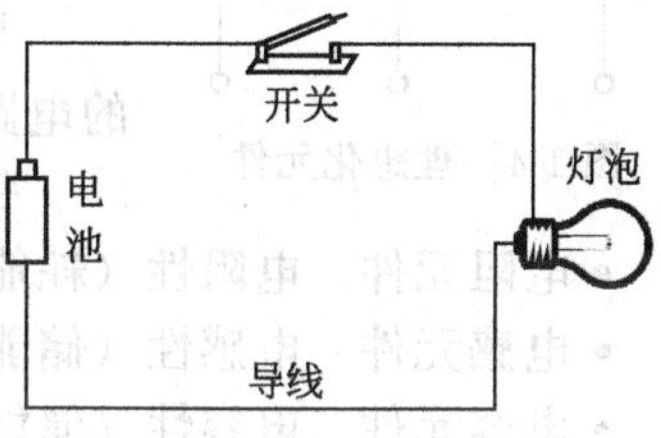

图 1-1 手电筒电路

(2) 负载

在电路中使用电能的各种设备统称为负载。负载的功能是把电能转变为其他形式能。例如，电炉把电能转变为热能；电动机把电能转变为机械能等。通常使用的照明器具、家用电器、机床等都可称为负载。

(3) 中间环节

电源和负载之间不可缺少的连接、控制和保护部件，如连接导线、开关设备、测量设备以及各种继电保护设备等。

1.1.2 电路的功能

电路的基本作用是进行电能与其他形式能量之间的转换。依据侧重点的不同分为两大类。

① 电力系统中　电路可以实现电能的传输、分配和转换。特点是高电压、大电流，要求功率大、效率高，强电电路，如图 1-2 所示。

② 电子技术中　电路可以实现电信号的传递、存储和处理。特点是低电压、小电流，要求信号不失真、抗干扰能力强等，如图 1-3 所示。

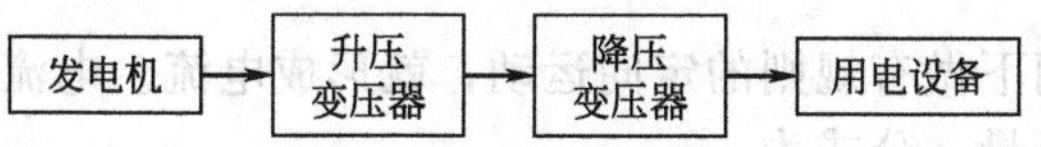

图 1-2 电路在电力系统中的应用

图 1-3 电路在电子技术中的应用

在这两种功能中，电源或信号源的电压或电流是电路的输入，它推动电路工作，故又称为激励；负载或终端装置的电压、电流是电路的输出，又称为响应。

1.1.3 电路模型

电路理论研究的是电路中发生的电磁现象和能量转换的一般规律。

实际的电气元件和设备的种类很多，如各种电源、电阻器、电感器、变压器、电子管、晶体管、固体组件等，它们发挥各自的作用，共同实现电路的功能。

实际使用的电工设备和电子元器件表现出多种电磁性质（能量转换过程）。

负载中所表现出的电磁性质（能量转换过程）有以下三种基本形式：

① 电阻性　消耗电能的电磁性质，将电能转换为热能，不可逆地损耗掉了；

② 电感性　建立磁场，储存磁场能的电磁性质，可逆；

③ 电容性　带电体建立电场，储存电场能的电磁性质，可逆。

实际电工设备和电子元器件所表现出的电磁性质是十分复杂的。例如白炽灯主要表现为电阻性，同时具有电感性与电容性。因此为了分析和计算方便，忽略实际电工设备和电子元器件的一些次要性质，只保留它的一个主要性质，并用一个足以反映该主要性质的模型——理想化电路元件来表示。

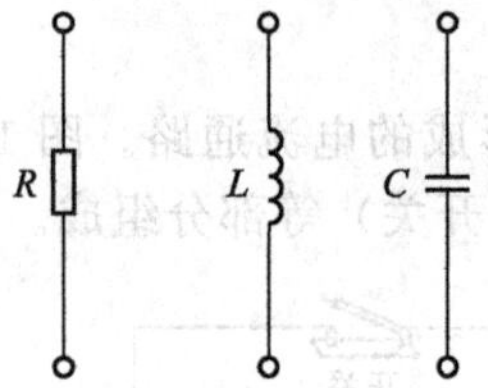

图 1-4　理想化元件

与实体电路相对应、由理想元件构成的电路图，称为实体电路的电路模型。

每一种理想化电路元件只具有一种电磁性质，如图 1-4 所示：

- 电阻元件　电阻性（耗能元件）；
- 电感元件　电感性（储能元件）；
- 电容元件　电容性（储能元件）。

实际电气设备及电路元件的电气性质都可以用理想电路元件表示。例如白炽灯、电阻炉可以用单一的电阻元件表示。

手电筒电路的理想化模型如图 1-5 所示。

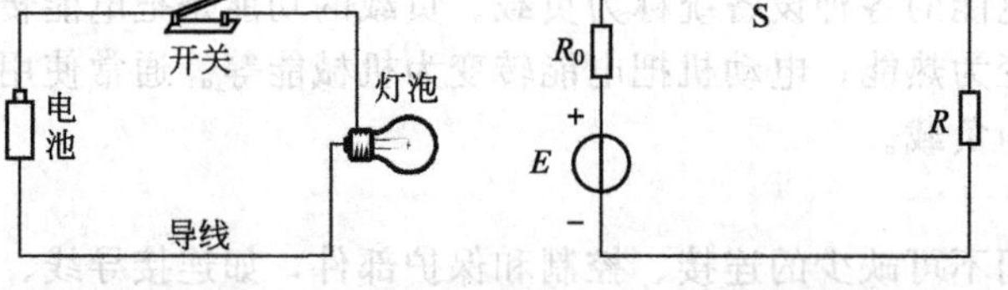

(a) 手电筒电路　(b) 理想化模型

图 1-5　手电筒电路

电路模型具有普遍的适用意义。

1.2 电路中的基本物理量

1.2.1 电流

(1) 大小

金属导体内部的自由电子在电场力的作用下做有规则的定向运动，就形成电流。电流的大小为单位时间内通过某一导体横截面的电荷量。公式为：

$$i=\frac{dq}{dt} \tag{1-1}$$

带电微粒的定向移动形成了电流，那么电流是矢量（即有方向的量）。通常规定正电荷运动的方向为电流的正方向，负电荷的运动方向是电流的负方向。

大小、方向均不随时间变化的稳恒直流电可表示为：

$$I=\frac{q}{t} \tag{1-2}$$

电流的国际单位是安［培］(A)，较小的单位还有毫安（mA）和微安（μA）等，它们之间的换算关系为：

$$1\text{A}=10^3\text{mA}=10^6\mu\text{A}=10^9\text{nA}$$

(2) 参考方向

在物理学中规定正电荷运动的方向（或负电荷运动的反方向）为电流的实际方向（或真实方向）。在复杂电路中，电流的实际方向往往难以判断。为了分析问题方便起见，常引入参考方向的概念，在电流可能的两个实际方向中任选一个作为标准（参考），并用箭头标出。当电流 I 的实际方向与之相同时，I 为正值；反之，I 是负值。如图 1-6 所示。

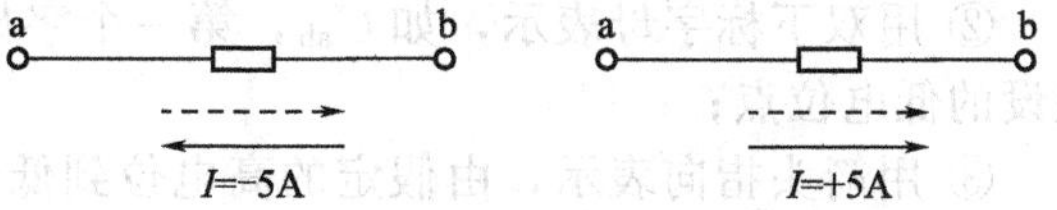

图 1-6　参考方向与实际方向

【例 1-1】 如图 1-7 所示，分析电流实际方向。

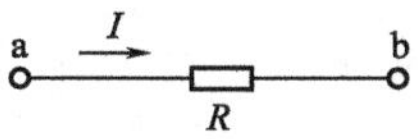

图 1-7　例 1-1 图

解　若计算得 $I=5$A，表明该支路电流实际方向与图示参考方向相同。

若计算得到 $I=-5$A，表明该支路电流实际方向与图示参考方向相反。

分析、计算电路首先要在电路图中标出参考方向，未标出电流的参考方向，电流的正、负值没有意义。

1.2.2　电压

(1) 电压

电压就是能使导体中电子按一定方向运动的一个物理量。它用来衡量电场力推动正电荷运动，对电荷做功能力的大小。电路中 a、b 两点之间的电压在数值上等于电场力把单位正电荷从 a 点移动到 b 点所做的功。若电场力移动的电荷量为 Q，所做的功为 W，那么 a 与 b 点之间的电压为：

$$u_{ab}=\frac{dw_{ab}}{dq}\qquad U_{ab}=\frac{W_{ab}}{Q} \tag{1-3}$$

注意：交流量用小写字母表示，直流量用大写字母表示。

电场力推动正电荷沿电压的实际方向运动，对正电荷做正功，电位逐点降低，消耗电能。

$$U_{ab}=V_a-V_b \tag{1-4}$$

电压的国际单位是伏［特］(V)，常用的单位还有毫伏（mV）和千伏（kV）等，换算关系为：

$$1\text{V}=10^3\text{mV}=10^{-3}\text{kV}$$

(2) 电压的参考方向

电压的实际方向是由高电位点指向低电位点。自假设的高电位点指向低电位点，电压的实际方向与电压的参考方向一致，为正值；反之，为负值。确定参考方向之后，电压是代数量。

如图 1-8 所示，如果计算出的 $U_{ab}>0$，则电压的实际方向与参考方向相同，a 点是高电位点，b 点是低电位点。

如果计算出的 $U_{ab}<0$，则电压的实际方向与参考方向相反，b 点是高电位点，a 点是低电位点。

电压参考方向的表示方法：

① 用“＋”、“－”分别表示假设的高电位点和低电位点，如图 1-8 所示；

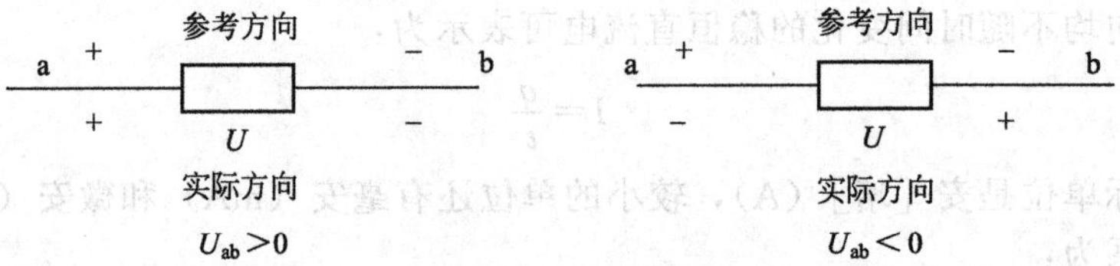

图 1-8　电压实际方向与参考方向

② 用双下标字母表示，如 U_{ab}，第一个字母 a 表示假设的高电位点，第二个字母 b 表示假设的低电位点；

③ 用箭头指向表示，由假定的高电位到低电位。

这三种方法通用，实际使用时可任选一种。

1.2.3　电压、电流的关联参考方向

所谓关联参考方向是指电流的参考方向与电压降的参考方向一致，如图 1-9 所示。

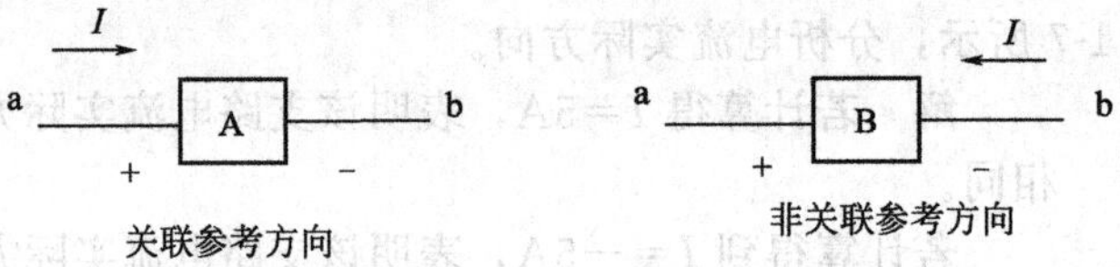

图 1-9　关联参考方向与非关联参考方向

参考方向一经设定，在分析和计算过程中不得随意改动。方程式各量前面的正、负号均应依据参考方向写出，而电量的真实方向是以计算结果和参考方向两者共同确定的。

对于电阻元件，欧姆定律公式如图 1-10 所示。

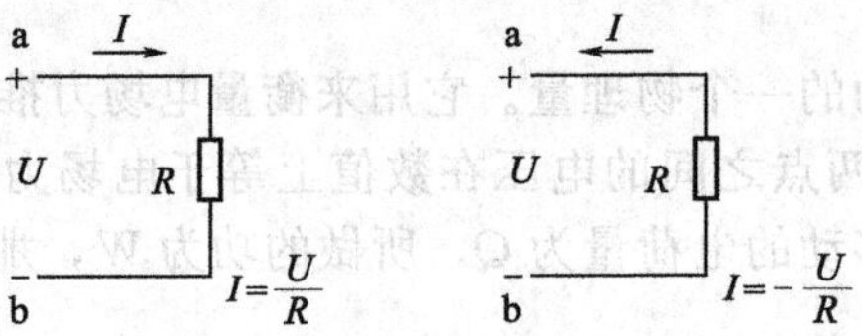

图 1-10　欧姆定律

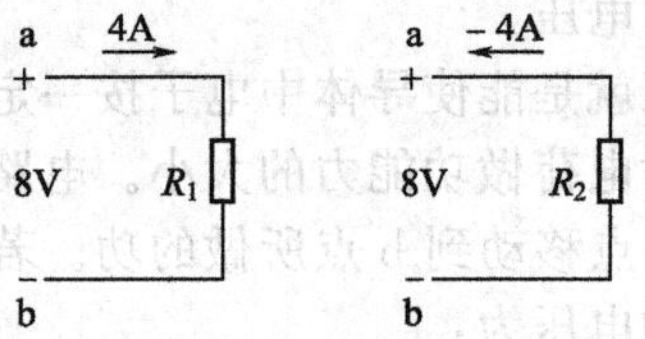

图 1-11　计算电阻 R

如图 1-11 所示，应用欧姆定律计算电阻 R：

$$R_1=\frac{U}{I}=\frac{8}{4}=2\Omega \qquad R_2=-\frac{U}{I}=-\frac{8}{-4}=2\Omega$$

【例 1-2】 如图 1-12 所示，已知：$E=3\text{V}$，$R=2\Omega$，问：当 U_{ab} 为 1V 时，$I=$？

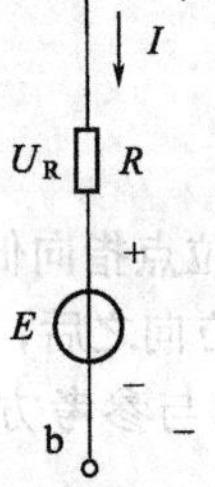

图 1-12　例 1-2 图

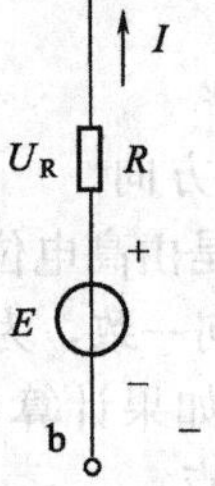

图 1-13　例 1-3 图

解　假定 I 的参考方向如图所示，则：

$$U_{ab}=U_R+E$$

$$U_R=U_{ab}-E=IR$$

$I=\frac{U_{ab}-E}{R}=\frac{1-3}{2}=-1A$，表明实际方向与参考方向相反。

【例 1-3】 如图 1-13 所示，假定 U、I 的参考方向如图所示，若 $I=-2A$，$E=3V$，$R=2\Omega$，$U_{ab}=?$

解
$$U_{ab}=U_R+E=(-I)R+E$$
$$=[-\ (-2)]\times 2+3=7V$$

【例 1-4】 如图 1-14 所示，已知 $I_1=5A$，$I_2=-3A$，$I_3=8A$，$U_1=-12V$。判断哪些量是关联参考方向和非关联参考方向，并判断实际方向。

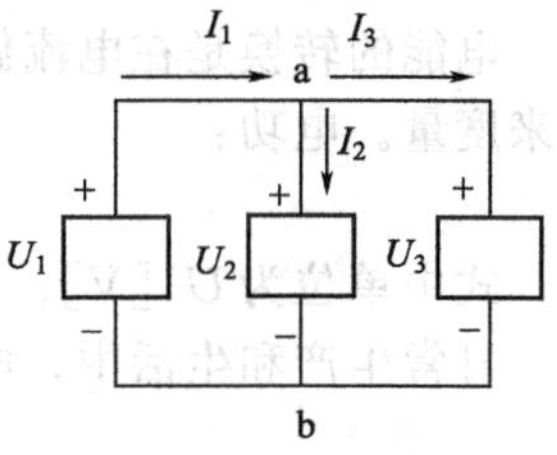

图 1-14　例 1-4 图

解 ① 关联参考方向：U_2、I_2；U_3、I_3，非关联参考方向：U_1、I_1；

② 电流的实际方向：I_1、I_3 与所标识方向相同，I_2 与所标识方向相反；

③ 电压的实际方向：b 点是高电位点，a 点是低电位点。

小结

① 电压电流"实际方向"是客观存在的物理现象，"参考方向"是人为假设的方向。

② 在解题前，一定先假定电压电流的"参考方向"，然后再列方程求解。即 U、I 为代数量，也有正负之分，当参考方向与实际方向一致时为正，否则为负。

③ 为方便列电路方程，习惯假设 I 与 U 的参考方向一致（关联参考方向）。

1.2.4　电位、电压和电动势

（1）电位

电路从本质上讲是一个有限范围的电场，在电路内的电场中，每一个电荷 q 都具有一定的电位能 W（又叫电势能）。用物理量 V 来表征电场中任一点的特征，称为电位，它定义为 $V=\frac{dW}{dq}$。

V 在数值上等于单位正电荷在电场中某一点所具有的电位能，也可理解为电场力将单位正电荷从该点沿任意路径移到参考点所做的功，其单位为伏[特]，简称伏，用 V 表示。dW 表示电场力把 dq 从一点移到另一点所做的功，单位为焦耳，用 J 表示。

注意，电位是一个相对的物理量，它的大小和极性与所选取的参考点有关。参考点的选取是任意的，但通常规定参考点的电位为 0，故参考点又称为零电位点（习惯上取大地为零电位点，用符号"⊥"表示）。

（2）电压

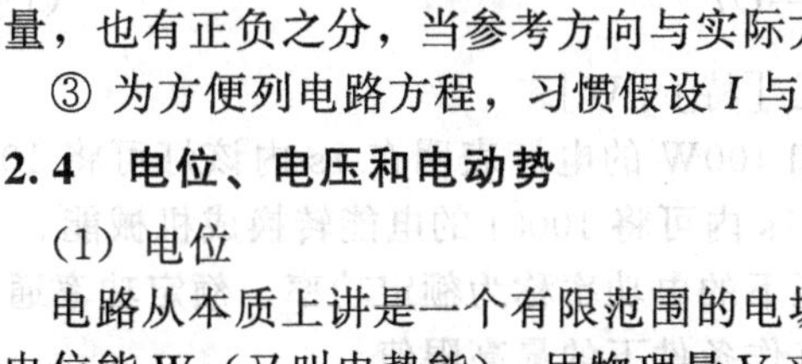

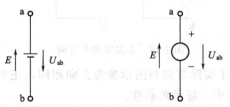

(a) 电池的符号　　(b) 一般电压源或信号源的符号

图 1-15　电源的符号

电路中任意两点的电位差称为电压，它是衡量电场力做功的物理量，用 u 或 U 表示，单位为 V。在数值上，电压等于单位正电荷在电场力的作用下从电场中的一点移到另一点电场力所做的功。

（3）电动势

电动势是度量电源内非静电力（化学力、电磁力等）做功能力的物理量，在数值上等于非静电力把单位正电荷从负极移到正极所做的功。其实际方向为使电位能升高的方向，即由低电位指向高电位。故电动势和电压的实际方向相反。

电动势的符号用 E 来表示，单位和电位、电压一样，都为伏[特]（V）。

通常用图 1-15(a) 所示的符号表示电池，用图 1-15(b) 所示的符号表示一般电源或信号源（在实际使用中，不用画出 E、U 的方向)。通常用符号上标的正、负极表示假定正方向。若不考虑电源内损耗，即电源内阻，则电源电动势在数值上与它的端电压相等，但实际方向相反，即 $E=-U_{ab}$。

1.2.5 电能、电功率和效率

(1) 电能

电能的转换是在电流做功的过程中进行的，因此，电流做功所消耗电能的多少可以用电功来度量。电功：

$$W=UIt \tag{1-5}$$

式中单位为 U [V]、I [A]、t [s] 时，电功 W 为焦[耳] [J]。

日常生产和生活中，电能（或电功）也常用度作为量纲：

$$1\text{度}=1\text{kW}\cdot\text{h}=1\text{kV}\cdot\text{A}\cdot\text{h}$$

1 度电的概念：1000W 的电炉加热 1h；100W 的电灯照明 10h；40W 的电灯照明 25h。

(2) 电功率

电工技术中，单位时间内电流所做的功称为电功率。电功率用“P”表示：

$$P=\frac{W}{t}=\frac{UIt}{t}=UI \tag{1-6}$$

国际单位制：U [V]，I [A]，电功率 P 用瓦 [特] [W]。

电功率反映了电路元器件能量转换的本领。如 100W 的电灯表明在 1s 内该灯可将 100J 的电能转换成光能和热能；电机 1000W 表明它在 1s 内可将 1000J 的电能转换成机械能。

电器额定工作时的电压叫额定电压，额定电压下的电功率称为额定功率。额定功率通常标示在电气设备的铭牌数据上，作为用电器正常工作条件下的最高限值。

通常情况下，用电器的实际功率并不等于额定电功率。当实际功率小于额定功率时，用电器实际功率达不到额定值，当实际功率大于额定功率时，用电器易损坏。

功率的计算

U、I 均为代数量，可正、可负，可能使 $P>0$ 或 $P<0$。

① 第一种判断方法　如图 1-16 所示，关联参考方向下：

• $P>0$　吸收电功率

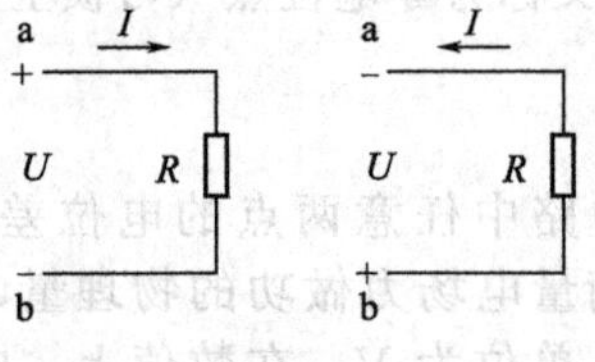

图 1-16　关联参考方向

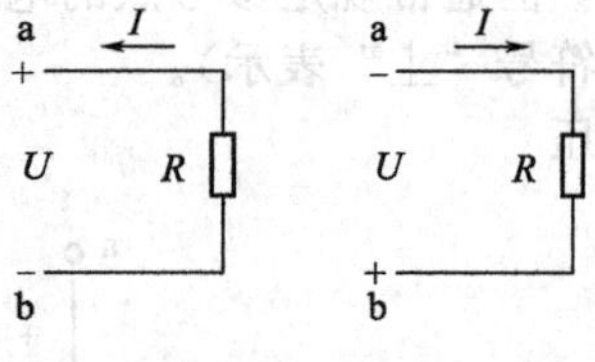

图 1-17　非关联参考方向

U、I 同正或同负。如 $U>0$、$I>0$，表明 U、I 实际方向与图示参考方向相同，正电荷自高电位点流向低电位点，电场力做功，吸收电功率，显示负载性。

• $P<0$　提供电功率

如图 1-17 所示，非关联参考方向下：

• $P>0$　提供电功率

• $P<0$　吸收电功率

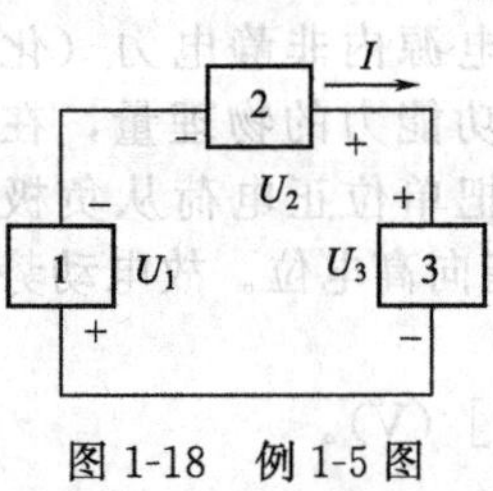

图 1-18　例 1-5 图

【例 1-5】　如图 1-18 所示，$I=4\text{A}$，$U_1=5\text{V}$，$U_2=3\text{V}$，$U_3=-2\text{V}$。计算各元件的功率。

解　元件 1　U_1I_1 关联　$P_1=U_1I=5\times4=20W$　吸收

元件 2　U_2I_2 非关联　$P_2=U_2I=3\times4=12W$　提供

元件 3　U_3I_3 关联　$P_3=U_3I=-2\times4=-8W$　提供

提供总电功率　12+8=20W

吸收总电功率　20W

提供总电功率=吸收总电功率，功率平衡。

② 第二种判断方法

a. 按如图 1-16 所示参考方向，U、I 参考方向一致

$$P=UI$$

按如图 1-17 所示，U、I 参考方向相反

$$P=-UI$$

b. 将 U、I 的代数值代入式中，若计算的结果 $P>0$，则说明 U、I 的实际方向一致，此部分电路吸收电功率（消耗能量），此元件是负载；若计算结果 $P<0$，则说明 U、I 的实际方向相反，此部分电路输出电功率（提供能量），此元件是电源。

c. UI 关联参考方向 $P=UI$，UI 非关联参考方向 $P=-UI$。

- $P>0$ 吸收功率
- $P<0$ 发出功率

【例 1-6】 如图 1-19 所示，已知：①$U=10V$，$I=1A$；②$U=10V$，$I=-1A$。判断元件是吸收功率还是发出功率？

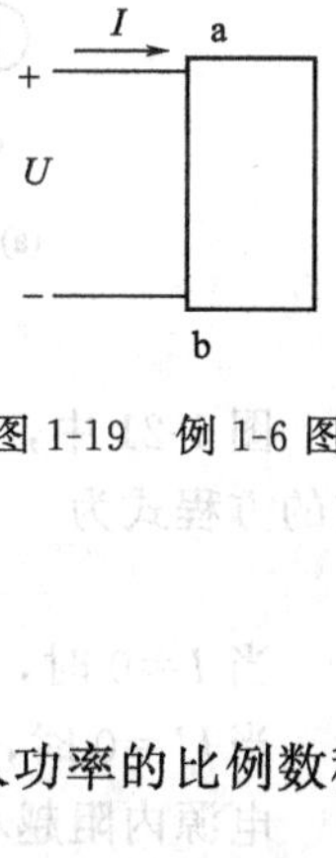

图 1-19　例 1-6 图

解　① 按图中假设的正方向列式：

$$P=UIP=10W(\text{负载性})\quad \text{吸收功率}$$

② 若 $U=10V$，$I=-1A$，则

$$P=-10W(\text{电源性质})\quad \text{发出功率}$$

小结

① P 为“+”表示该元件吸收功率；P 为“−”则表示输出功率。

② 在同一电路中，电源提供的总功率和负载消耗的总功率是平衡的。

(3) 效率

电气设备运行时客观上存在损耗，在工程应用中，常把输出功率与输入功率的比例数称为效率，用“η”表示：

$$\eta=\frac{P_2}{P_1}\times100\%=\frac{P_2}{P_2+\Delta P}\times100\% \tag{1-7}$$

提高电能效率能大幅度节约投资。据专家测算，建设 1kW 的发电能力，平均在 7000 元左右；而节约 1kW 的电力，大约平均需要投资 2000 元，不到建设投资的 1/3。通过提高电能效率节约下来的电力还不需要增加煤等一次性资源投入，更不会增加环境污染。

(4) 电压源与电流源

① 电压源　电压源是实际电源的一种抽象，它向外电路提供较为稳定的电压，其输出电压不随负载变化而变化。

电压源分为两大类：

- 直流电压源—端电压方向不随时间变化的电源，如干电池、蓄电池、稳压电源等；
- 交流电压源—端电压方向随时间变化的电源，如发电厂提供的市电。

理想电压源，简称恒压源。恒压源具有以下两个主要特征：

a. 理想电压源的输出电压值是一个恒定值；

b. 流过理想电压源的电流不是由电压源本身决定的，而是由与它连接的外电路来确定的。

它的符号、线路和伏安特性如图 1-20 所示。

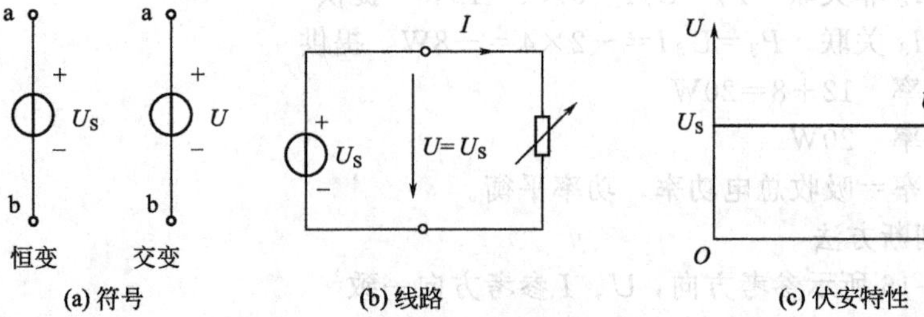

图 1-20 恒压源

注意，由于实际电源的功率有限，而且存在内阻，因此恒压源是不存在的，它只是理想化模型，只有理论上的意义。

实际的电压源简称为电压源，电压源可以用一个理想电压源和一个小电阻串联的模型来表示。它的符号、线路和伏安特性如图 1-21 所示。

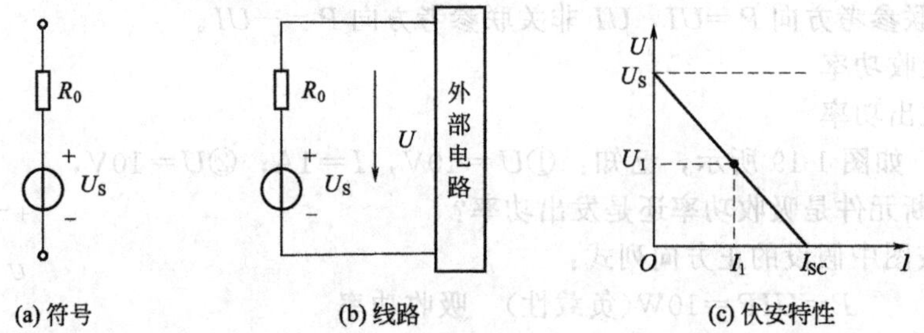

图 1-21 电压源

图 1-21 中，U_S 为电压源的端电压，R_0 为内阻，U 为外电路的端电压，I 为输出电流。它的方程式为

$$U=U_S-IR_0 \tag{1-8}$$

当 $I=0$ 时，$U=U_S$，这种电路状态称为开路，这时的电压称为开路电压。

当 $U=0$ 时，$I=U_S/R_0$，这种电路状态称为短路，这时的电流称为短路电流。

电源内阻越小，输出电压变化越小，此时端电压等于电源输出，可看成理想电压源。

② 电流源　电流源是实际电源的一种抽象，它向外电路提供较为稳定的电流，其输出电流不随负载变化而变化。若它提供的电流不随时间变化，则称为直流电流源，否则称为交流电流源。本节仅讨论直流电流源。

不论外电路的负载大小，始终向外电路提供恒定电流的电流源，称为理想电流源，简称恒流源。

恒流源具有以下两个主要性质：

a. 理想电流源的输出电流值是一个恒定值；

b. 理想电流源两端的端电压不是由电流源本身决定的，而是由与它连接的外电路来确定的。

电阻值改变，恒流源的端电压随之改变。恒流源的符号、线路和伏安特性如图 1-22 所示。

恒流源是理想化模型，现实中并不存在。实际的恒流源一定有内阻，且功率总是有限的，因而产生的电流不可能完全输出给外电路。实际的电流源简称为电流源，如图 1-23 所示。

图 1-23 中，R_0 表示电流源的内阻；U 表示电流源的端电压；R 表示外部电路的负载；

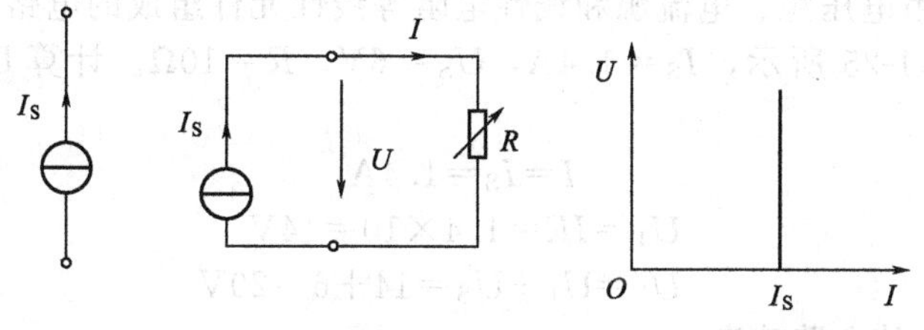

图 1-22　恒流源

I 表示电流源输出的电流值，大小为

$$I=I_S-\frac{U}{R_0} \tag{1-9}$$

由上式可知，R_0 越大，R_0 的分流作用越小，输出电流 I 越大。当 $I=0$ 时，$U=I_SR_0$；$U=0$ 时，$I=I_S$。

电源内阻越大，输出电流变化越小，也就是越稳定，此时流过电流源的电流等于电流源产生的电流，可看成理想电流源。

电压源与电流源可以相互等效变换，从而使某些复杂电路得以简化，这在电路的分析和计算过程中是一种有用的方法。

③ 两种电源之间的等效互换　在电路分析当中，有些复杂的电路网络含有多个电源（电压源和电流源），常常需要将电源进行合并，成为一个等效电源。这种从复杂到简化等效的电路分析方法称为电源等效变换法。

等效互换的原则　当外接负载相同时，两种电源模型对外部电路的电压、电流相等，如图 1-24 所示。

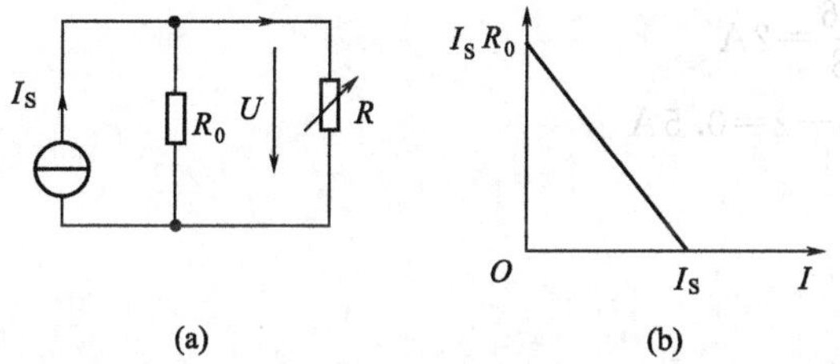

图 1-23　实际的恒流源

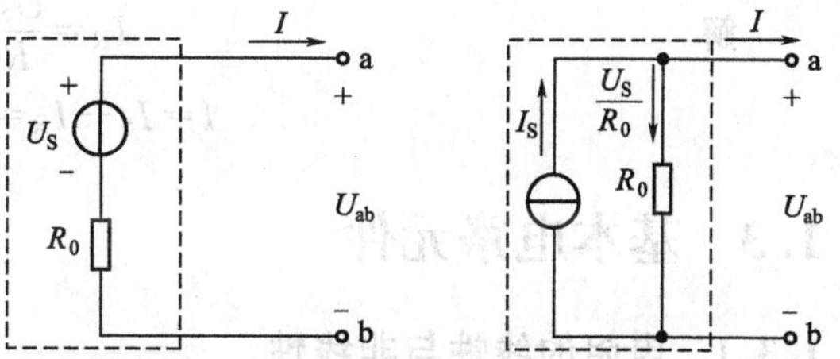

图 1-24　两种电源模型的相互转换

电压源转换成电流源　　$I_S=\frac{U_S}{R_0}$　$R_0=R_0$

电流源转换成电压源　　$U_S=I_SR_0$　$R_0=R_0$

两种电源模型之间等效变换时，电压源的数值和电流源的数值遵循欧姆定律的数值关系，但变换过程中内阻不变。

在处理电源等效时要注意：

a. 恒压源与恒流源之间不能等效变换；

b. 凡与电压源串联的电阻，或与电流源并联的电阻，无论是否是电源内阻，均可当作内阻处理；

c. 电源等效是对外电路而言的，电源内部并不等效，例如电压源开路时，内部不发出功率，而电流源开路时，内部仍有电流流过，故有功率消耗；

d. 等效时要注意两种电源的正方向，电压源的正极为等效电流源流出电流的端子，不能颠倒。

④ 线性电路 由电压源、电流源和线性电阻等线性元件组成的电路。

【例 1-7】 如图 1-25 所示，$I_S=1.4A$，$U_S=6V$，$R=10\Omega$。计算 U_1 和电流源的端电压 U_2。

解

$$I=I_S=1.4A$$

$$U_1=IR=1.4\times10=14V$$

$$U_2=U_1+U_S=14+6=20V$$

恒流源端电压由外电路确定。

验算：

电阻吸收电功率

$$I^2R=1.4^2\times10=19.6W$$

电压源吸收电功率

$$U_SI=6\times1.4=8.4W$$

电流源产生电功率

$$U_2I=20\times1.4=28W$$

$$19.6+8.4=28W$$

功率平衡。

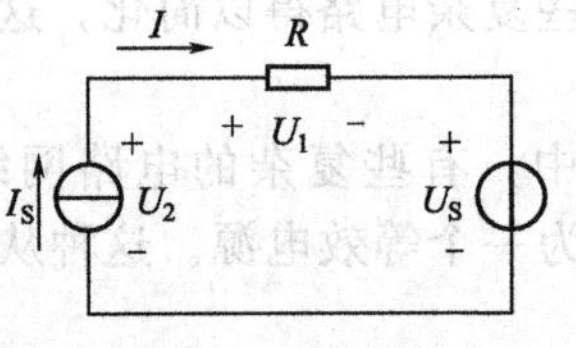

图 1-25 例 1-7 图

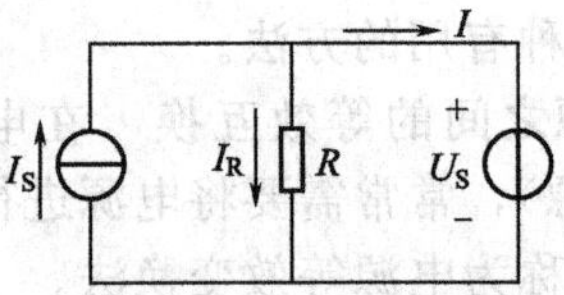

图 1-26 例 1-8 图

【例 1-8】 如图 1-26 所示，$I_S=2.5A$，$U_S=16V$，$R=8\Omega$。计算电流 I_R 和 I。

解

$$I_R=\frac{U_S}{R}=\frac{16}{8}=2A$$

$$I=I_S-I_R=2.5-2=0.5A$$

1.3 基本电路元件

1.3.1 电阻的线性与非线性

(1) 电阻器

导体对电子运动呈现的阻力称为电阻。对电流呈现阻力的元件称为电阻器，它的主要特征用伏安特性来表示。换句话说，如果一个二端元件，在任一瞬间 t 的电压 $u(t)$ 和电流 $i(t)$ 之间的关系如果能用 u-i 平面（或 i-u 平面）上的一条曲线来确定，则称此二端元件为电阻器，称这条曲线为电阻器的伏安特性，如图 1-27 所示。

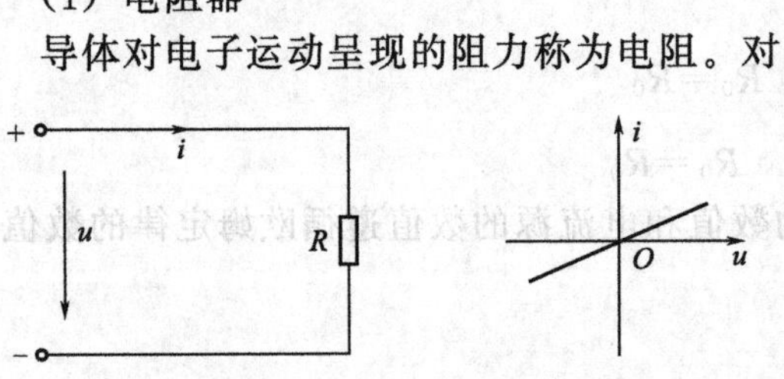

(a) 符号和线路 (b) 伏安特性

图 1-27 电阻器及其伏安特性

如果伏安特性曲线是通过原点的直线，则表明电阻器的电压和电流成正比，称这种电阻器为线性电阻元件，其伏安特性的斜率的倒数用 R 表示，称为电阻，单位为欧（姆）（Ω），即

$$R=\frac{1}{G}=\frac{u}{i}=\text{常数}$$

上式是欧姆定律的表示式，该定律可表述为：线性电阻中的电流与其上所加的电压成正比。式中的 G 为电导，单位为西门子（S)。电阻和电导是描述电阻元件特征的两种参数，它们互为倒数。

（2）线性电阻元件的基本特征

① 线性电阻元件的电压和电流成正比，其伏安特性曲线都为过原点的直线，且其上所加的电压（激励）与其中通过的电流（响应）具有相同的波形。

② 线性电阻元件对不同方向的电流或不同极性的电压表现出的伏安特性对称于坐标原点，即所有线性电阻元件都具有双向特性。

（3）非线性电阻元件及其特征

一个电阻元件，如果它的特性曲线在 u-i 平面上不是通过原点的直线，则称该电阻元件为非线性电阻。

非线性电阻的主要特征是：

① 非线性电阻的电压与电流不成正比，因而其伏安特性不符合欧姆定律；

② 大多数非线性电阻的伏安特性对坐标原点是非对称的，所以一般都不具有双向特性，它在正反两个方向连接下呈现出的性能差别很大，因此必须注明电阻两个端子的正负极性，才能正确使用；

③ 分析含有非线性元件的非线性电路一般要用图解法。

半导体二极管和三极管都是非线性元件，它们的伏安特性将在以后的章节中详尽分析。本章主要讨论线性电阻电路。

1.3.2　电感元件

电感是能够存储磁场能量的元件，用 L 表示。L 也表示电感元件中通过电流时产生磁链的能力，如图 1-28 所示。它在数值上等于单位电流通过电感元件时产生磁链的绝对值。在国际单位制中，L 的单位为亨利，简称亨，用 H 表示。电感的单位也常用毫亨（mH)、微亨（μH)，它们与 H 的关系为

$$1\text{H}=10^3\text{mH}=10^6\mu\text{H}$$

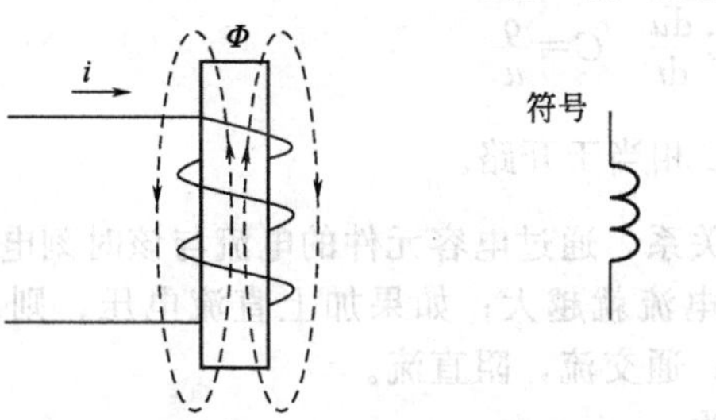

图 1-28　电感的符号

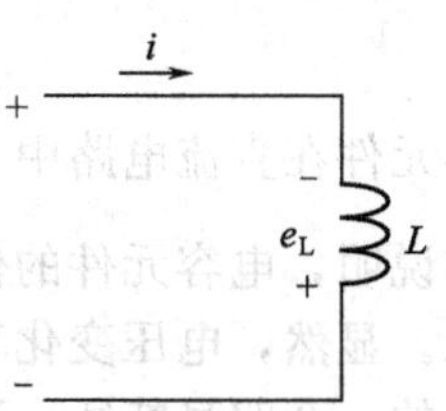

图 1-29　电感元件的电路

$$L=\frac{N\times\Phi}{i}=\frac{\Psi}{i} \tag{1-10}$$

L 既表示电感元件，也表示电感元件的参数。

如图 1-29 所示，电感元件的基本关系式：

$$\begin{aligned} e_L &=-\frac{d\Psi}{dt}=-L\frac{di}{dt} \\ u &=-e_L=L\frac{di}{dt} \end{aligned} \tag{1-11}$$

其中：

$$L=\frac{N\times\Phi}{i}=\frac{\Psi}{i}$$

上式表明，电感元件的伏安关系为微分关系，元件两端的电压与该时刻电流的变化率成正比。显然，电流的变化率越大，则 e_L 越大。而在直流电路中，$e_L=0$，电感相当于短路。

电感元件的基本伏-安关系式

$$u=L\frac{di}{dt} \tag{1-12}$$

电感元件在直流电路中 $\frac{di}{dt}=0$，$u=0$，相当于一根无阻导线。

电感是一种储能元件，储存的磁场能量为

$$W=\int_0^t p\,dt=\int_0^t ui\,dt$$

$$W_L=\frac{1}{2}Li^2$$

线圈的电感与线圈的尺寸、匝数以及附近介质的导磁性能等有关。对于一个密绕的 N 匝线圈，其电感可表示为

$$L=\frac{\mu SN^2}{l} \tag{1-13}$$

式中，μ 为线圈附近介质的磁导率，H/m；S 为线圈的横截面积，m^2；l 是线圈的长度，m。

1.3.3 电容元件

电容是有存储电场能量特性的元件。电容是电路中最常见的基本元件之一。两块金属板之间用介质隔开，就构成了最简单的电容元件。若在其两端加上电压，两个极板间就会建立电场，储存电能。电容元件用 C 来表示。C 也表示电容元件储存电荷的能力，在数值上等于单位电压加于电容元件两端时储存电荷的电量值。在国际单位制中，电容的单位为法拉，简称法，用F表示。电容的单位也常用微法（μF）、皮法（pF），它们与F的关系是

$$1F=10^6\mu F=10^{12}pF$$

$$i=\frac{dq}{dt}=C\frac{du}{dt}\quad C=\frac{q}{u} \tag{1-14}$$

电容元件在直流电路中 $\frac{du}{dt}=0$，$i=0$，C 相当于开路。

上式说明，电容元件的伏安关系为微分关系，通过电容元件的电流与该时刻电压的变化率成正比。显然，电压变化率越大，通过的电流就越大；如果加上直流电压，则 $i=0$。这就是电容的一个明显特征：通高频，阻低频；通交流，阻直流。

电容是一种储能元件，储存的电场能量为：

$$W=\int_0^t p\,dt=\int_0^t ui\,dt$$

$$W_C=\frac{1}{2}Cu^2$$

电容器的电容与其极板的尺寸及其间介质的介电常数有关：

$$C=\frac{\varepsilon S}{d} \tag{1-15}$$

式中，ε 为其间介质的介电常数，F/m；S 为极板的面积，m^2；d 是极板的距离，m。

1.4 电路定律及电路基本分析方法

如图1-30所示，遇到一些复杂的电路，像电桥电路时，运用基本的串并联方法解决起

来比较复杂。无论电路多么复杂，它都是由各种元件按照不同的几何结构连接而成的。电路中每一元件的电压和电流的大小和关系都服从元件本身的伏安特性。这种决定于元件本身的制约关系，称为元件约束。而整个电路中电流和电压的大小和关系与网络连接的方式有关，这种取决于电路结构的制约关系称为拓扑约束。

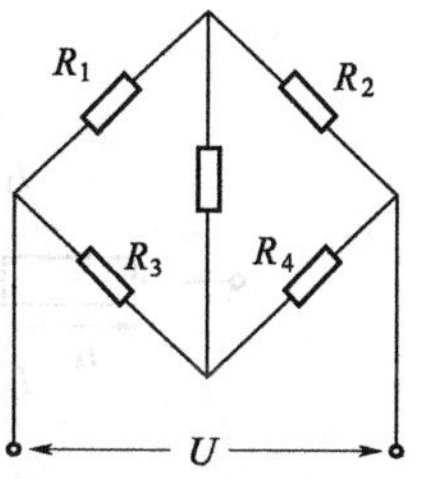

图 1-30　复杂电路（一）

线性元件的约束关系由欧姆定律确定，非线性元件的约束关系由伏安关系确定，而电路结构的约束关系则由基尔霍夫定律确定。

基尔霍夫定律就是从电路的整体和全局上揭示电路各段之间电流、电压之间的必然联系。基尔霍夫定律是电路中电压和电流必须遵循的基本定律，是分析电路的依据，它由基尔霍夫电流定律和基尔霍夫电压定律组成。此处先介绍定律中涉及的几个与图形有关的术语。

① 支路　一个或几个二端元件首尾相接，中间没有分岔，各元件上通过的同一电流用 m 表示。

② 节点　三条或三条以上支路的连接点，用 n 表示。

③ 回路　电路中的任意闭合路径，用 l 表示。

④ 网孔　其中不包含其他支路的单一闭合路径。

试判断图 1-31 中的支路、节点、回路、网孔的个数。

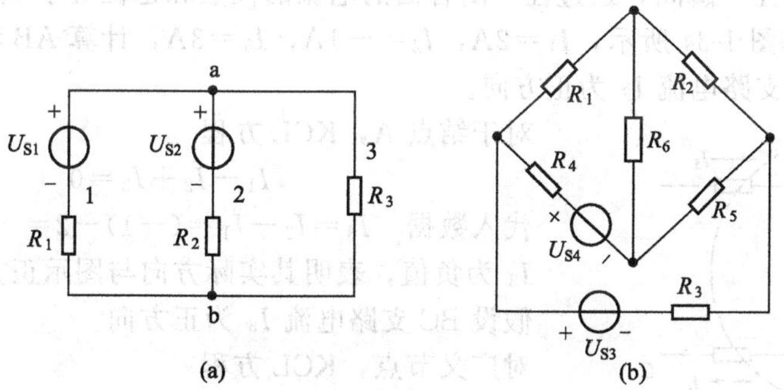

图 1-31　复杂电路（二）

图（a）中：$m=3$　$n=2$　$l=3$　网孔$=2$。

图（b）中：$m=6$　$n=4$　$l=7$　网孔$=3$。

1.4.1　基尔霍夫电流定律 KCL 及应用

基尔霍夫定律包括节点电流定律和回路电压两个定律，是一般电路必须遵循的普遍规律。基尔霍夫电流定律（KCL）是将物理学中的“液体流动的连续性”和“能量守恒定律”用于电路中，它指出：任一时刻流入任一节点的电流的代数和恒等于零；或者，电路中任一瞬间流出任一节点电流之和恒等于流入节点的电流之和。流入、流出指的是参考方向是指向还是背向节点。指向为流入，背向为流出。

$$\sum I=0 \quad 或 \quad \sum i_{入}=\sum i_{出} \tag{1-16}$$

$$\sum i=0(任意波形的电流)$$

$$\sum I=0(直流电路的电流)$$

【例 1-9】　如图 1-32 所示，若以指向节点的电流为正，背离节点的电流为负，则根据 KCL，对节点 a 可以写出：

$$-I_1+I_2-I_3+I_4=0$$

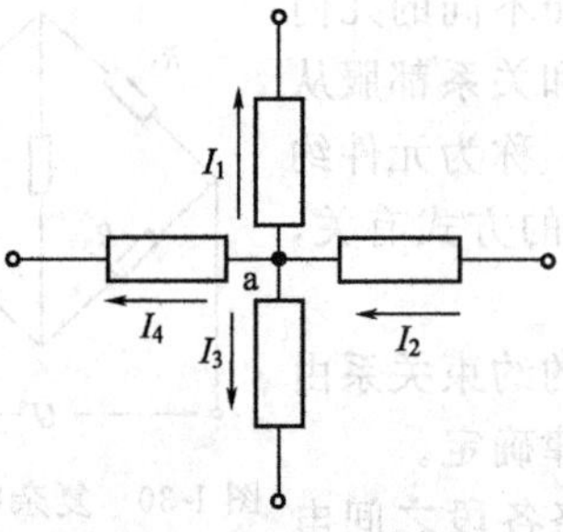

图 1-32 例 1-9 图

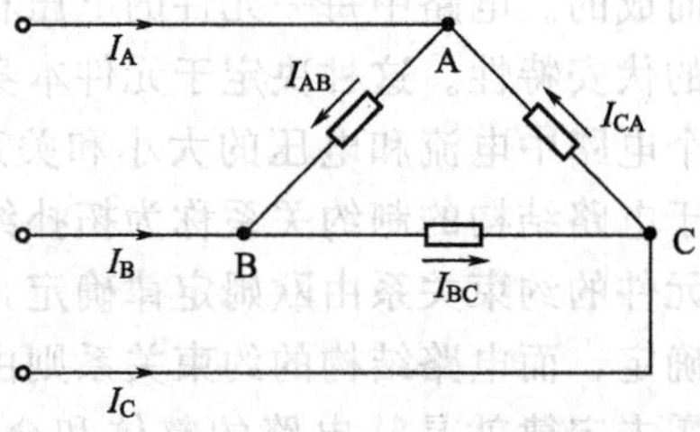

图 1-33 广义节点

列写基尔霍夫电流定律 KCL 方程的步骤为：

① 选定节点；

② 标出各支路电流的参考方向；

③ 针对节点，应用基尔霍夫电流定律 KCL 列出方程。

根据电流连续性原理，基尔霍夫定律不仅适用于节点，也可推广应用于包围部分电路的任一假设的闭合面，即把一个闭合面当作广义节点来处理。如图 1-33 中 A、B、C 所包围的部分，把 A、B、C 三个节点的电流方程式相加，可得到

$$I_A+I_B+I_C=0 \tag{1-17}$$

由此可见，在任一瞬间，通过任一闭合面的电流的代数和也恒等于 0。

【例 1-10】 如图 1-34 所示，$I_1=2\text{A}$，$I_2=-1\text{A}$，$I_5=3\text{A}$，计算 AB 和 BC 支路电流。

解 假设 AB 支路电流 I_3 为正方向。

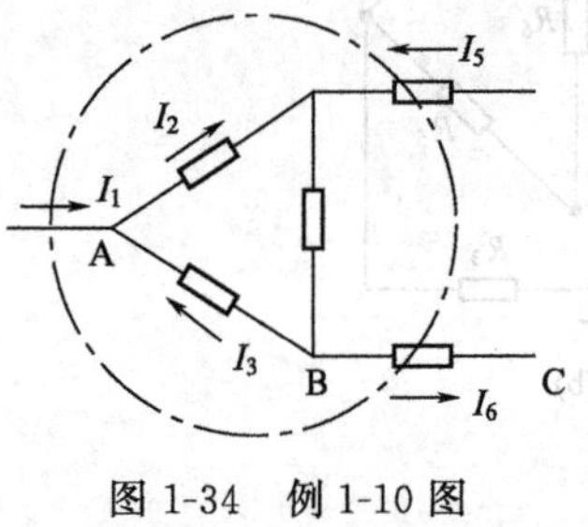

图 1-34 例 1-10 图

对于结点 A，KCL 方程

$$I_1-I_2+I_3=0$$

代入数据 $I_3=I_2-I_1=(-1)-2=-3\text{A}$

I_3 为负值，表明其实际方向与图示正方向相反。

假设 BC 支路电流 I_6 为正方向。

对广义节点，KCL 方程

$$I_6=I_1+I_5$$

代入数据 $I_6=2+3=5\text{A}$

I_6 为正值，表明其实际方向与图示正方向相同。

1.4.2 基尔霍夫电压定律（KVL）及应用

基尔霍夫电压定律是用来确定回路中各段电压间关系的定律。其表述为：在任意瞬间环绕电路中的任一闭合回路，闭合回路中各段电压的代数和恒等于 0。用数学式表示为

$$\Sigma U=0 \tag{1-18}$$

这里环绕的含义是指从回路中任一节点出发，按逆时针或顺时针方向沿任意路径又回到原节点。

关于各段电压代数和正、负号的规定：电压参考方向与绕行方向一致的为正；反之，为负。

以图 1-35 示回路为例，各段电压参考方向如图示。取顺时针方向为绕行方向。

列 KVL 方程

$$U_{S1}+U_1-U_2-U_{S2}+U_3+U_4=0$$

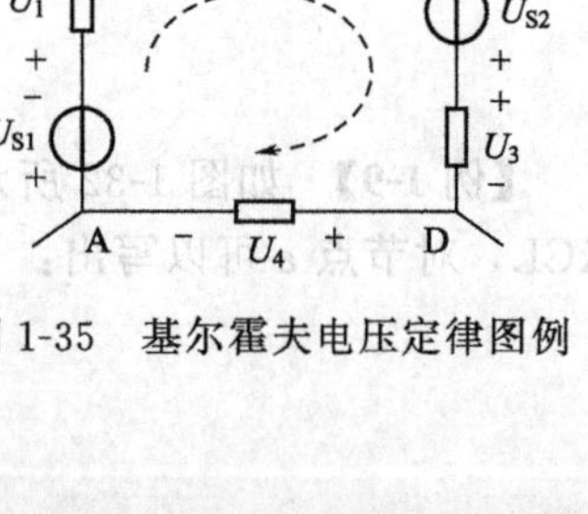

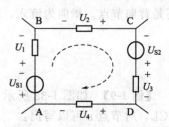

图 1-35 基尔霍夫电压定律图例

电位单值性原理——能量守恒定律

电路中只包含电压源和线性电阻，KVL 可表示为

$$\sum IR=\sum E$$

任意瞬时，沿闭合回路绕行一周，各电阻压降的代数和等于各电压源电动势的代数和。

电流 I 的参考方向与绕行方向一致，电阻压降 IR 取正号；反之，取负号。电压源电动势参考方向与绕行方向一致的取正号；反之，取负号。

如图 1-36 所示

$$I_1R_1-I_2R_2-I_3R_3+I_4R_4=-E_1+E_2$$

列写基尔霍夫电压定律的步骤为：

① 选定回路，标出回路绕行的方向，绕行方向标注方法有顺时针法和逆时针法两种；

② 标出各支路电流、电压的参考方向；

③ 对回路应用 KVL 定律列出方程。

基尔霍夫电压定律的扩展应用

如图 1-37 所示，扩展应用于假想的闭合回路：

$$U_{S1}+U_1-U_2-U_{AC}=0$$

或 $$I_1R_1-I_2R_2-U_{AC}=-E_1$$

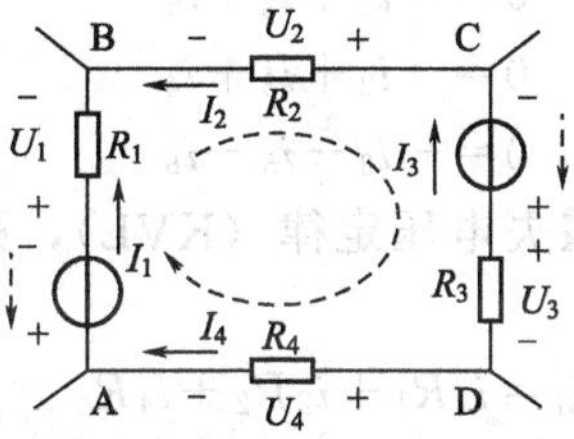

图 1-36　基尔霍夫电压

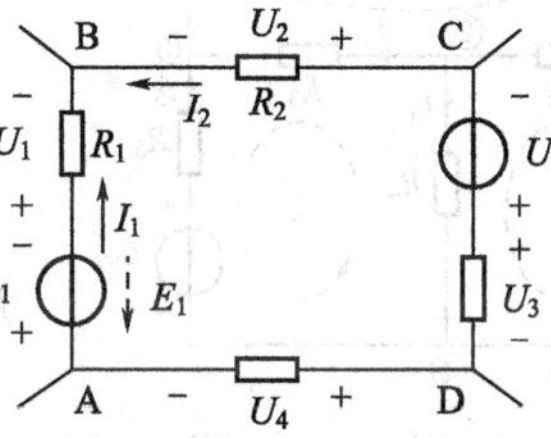

图 1-37　假想的闭合回路

KCL 和 KVL 是分析电路的基本定律，它们只与电路的结构有关，而与电路中元件的性质无关，即无论元件是线性的还是非线性的、有源的还是无源的均适用。

【例 1-11】 如图 1-38 所示，$U_S=11\text{V}$，$I_S=1\text{A}$，$R_1=1\Omega$，$R_2=4\Omega$。计算恒流源的端电压 U 和电压 U_{AB}。

解　假设恒流源端电压 U 的正方向如图 1-38 所示。

列 KVL 方程　$IR_1-U_S+IR_2+U=0$

电流　$I=I_S=1\text{A}$

$$U=U_S-IR_1-IR_2=11-1\times1-1\times4=6\text{V}$$

计算电压 U_{AB}，据 KVL 扩展应用

$$U_{AB}=IR_2+U=1\times4+6=10\text{V}$$

或 $$U_{AB}=U_S-IR_1=11-1\times1=10\text{V}$$

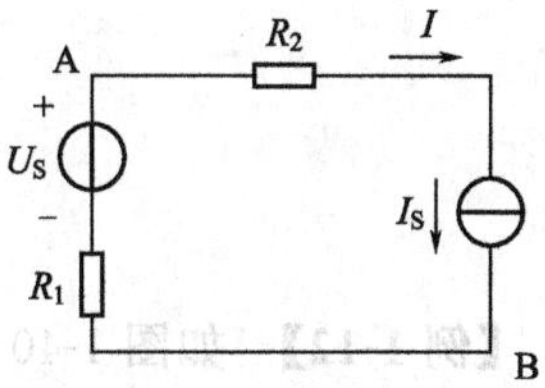

图 1-38　例 1-12 图

1.5　支路电流法

1.5.1　支路电流法的基本知识

已知某个电路有 n 个节点，b 条支路。支路电流法是以支路电流作为电路的变量，应用基尔霍夫电流定律（KCL）列出（$n-1$）个独立的方程，根据基尔霍夫电压定律（KVL）列出 $b-(n-1)$ 或网孔个独立的方程。两种独立方程的数目之和正好与支路数相等，也就是与电流变量数相等，联立求解即可得到 b 条支路电流。

① 支路数目　指电路中支路的数量。

② 独立回路 指每个回路应包含一个其他回路中没有的“新支路”。

1.5.2 支路电流法的基本步骤

① 分析出电路有几条支路、几个节点和几个回路。

② 标出各支路电流的参考方向。

③ 根据基尔霍夫电流定律（KCL）列出 $n-1$ 个独立节点电流方程式。

④ 根据基尔霍夫电压定律（KVL）列出 $b-(n-1)$ 或网孔个独立回路电压方程式。

⑤ 联立求解方程组，求得各支路电流，若电流数值为负，说明电流实际方向与标定的参考方向相反。

⑥ 用非独立的节点电流方程验算结果是否正确，或用非独立的回路电压方程验算，也可用功率平衡关系进行验算。

1.5.3 支路电流法的应用举例

如图 1-39 所示

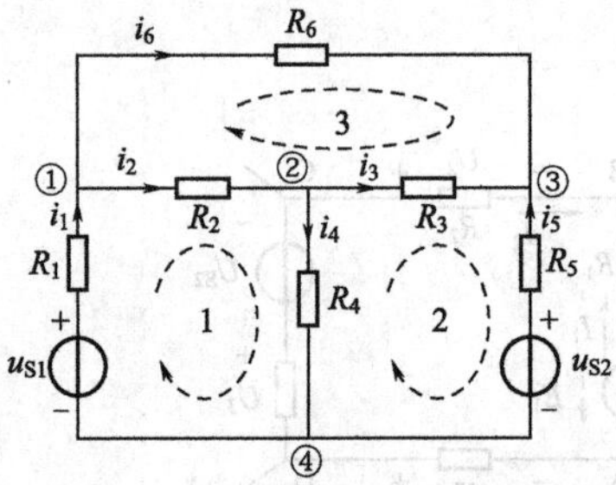

图 1-39 支路电流法的应用举例

① 确定电路的支路数 $m=6$；

② 确定节点数 $n=4$，独立节点方程为：

$$0=-i_1+i_2+i_6$$
$$0=-i_2+i_3+i_4$$
$$0=-i_3-i_5-i_6$$

③ 根据基尔霍夫电压定律（KVL），列出 3 个回路方程：

$$u_{S1}=i_1R_1+i_2R_2+i_4R_4$$
$$u_{S2}=-i_3R_3+i_4R_4+i_5R_5$$
$$0=-i_2R_2-i_3R_3+i_6R_6$$

④ 将 6 个独立方程联立求解，得各支路电流的值。

联立结果为：

$$0=-i_1+i_2+i_6$$
$$0=-i_2+i_3+i_4$$
$$0=-i_3-i_5-i_6$$
$$10=i_1+2i_2+4i_4$$
$$12=-3i_3+4i_4+5i_5$$
$$0=-2i_2-3i_3+6i_6$$

【例 1-12】 如图 1-40 所示，已知 $E_1=70\text{V}$、$E_2=45\text{V}$、$R_1=20\Omega$、$R_2=5\Omega$、$R_3=6\Omega$，计算支路电流。

解 (1) 审题

3 个支路电流是待求量，需列 3 个独立方程。

(2) 假定支路电流的参考方向

如图 1-40 中所示。

(3) 列写 KCL 方程

a 节点 $I_1+I_2-I_3=0$

b 节点 $-I_1-I_2+I_3=0$

以上两个 KCL 方程只有 1 个是独立的。

包含 n 个节点的电路，只能列出 $n-1$ 个独立的 KCL 方程。

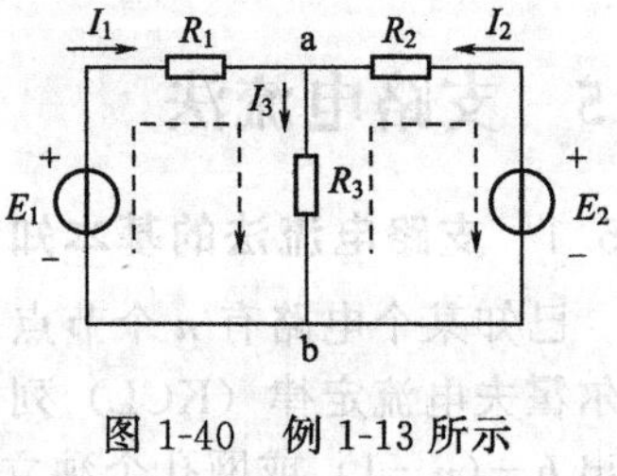

图 1-40 例 1-13 所示

（4）列写 KVL 方程

选择绕行方向，如图所示。

a—R_3—b—E_1—R_1—a 回路（网孔）　$I_1R_1+I_3R_3=E_1$

a—R_2—E_2—b—R_3—a 回路（网孔）　$-I_2R_2-I_3R_3=-E_2$

还可以对 a—R_2—E_2—b—E_1-R_1-a 回路列写 KVL 方程，但该方程是不独立的，无需列出。

综上所述，共有 3 个独立方程。可联立求解 3 个未知的支路电流

$$I_1+I_2-I_3=0$$
$$I_1R_1+I_3R_3=E_1$$
$$-I_2R_2-I_3R_3=-E_2$$

（5）代入数据，联立求解

$$I_1=2\text{A}\quad I_2=3\text{A}\quad I_3=5\text{A}$$

关键　列出足够数目的独立方程，如果电路有 n 个节点，则可列出 $n-1$ 个独立的 KCL 方程。

用网孔列出的 KVL 方程都是独立的。

【例 1-13】　如图 1-41 所示，$U_S=10\text{V}$，$I_S=4\text{A}$，$R_1=6\Omega$，$R_2=4\Omega$，计算各支路电流。

解　电路特点

一个支路内接有恒流源，该支路电流 $I_3=I_S=4\text{A}$。故本电路只有两个未知的支路电流 I_1 和 I_2，只需列写两个独立方程即可求解。

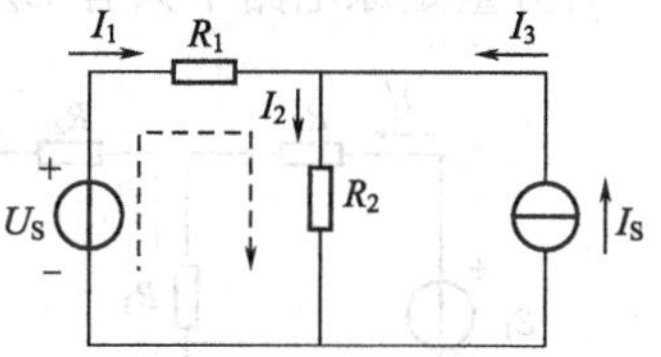

图 1-41　例 1-14 图

两个节点，可列写一个独立的 KCL 方程

$$I_1-I_2+I_3=0$$

对左边网孔列写 KVL 方程

$$I_1R_1+I_2R_2-U_S=0$$

代入数据可得

$$I_1=-0.6\text{A},\ I_2=3.4\text{A}$$

讨论　本电路仍有 3 个未知数——两个未知的支路电流和电流源的端电压 U。可列出第 3 个独立方程求解。

假设电流源的端电压 U 参考方向如图 1-41 所示。对右网孔列 KVL 方程

$$I_2R_2-U=0$$
$$U=I_2R_2=3.4\times4=13.6\text{V}$$

【例 1-14】　如图 1-42 所示，列写用支路电流法求解支路电流的独立方程。

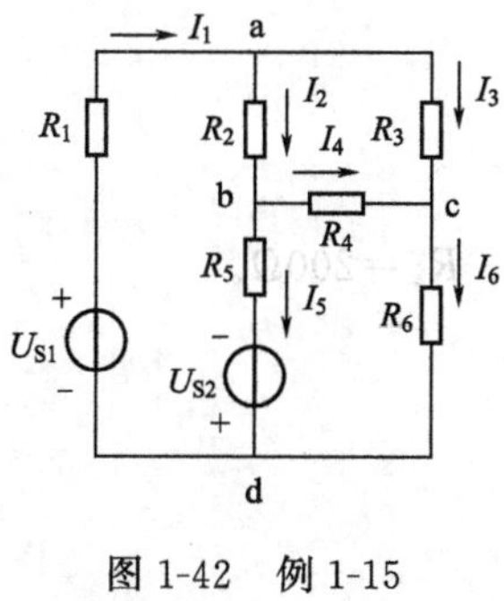

图 1-42　例 1-15

解　6 个未知的支路电流，需列写 6 个独立方程。

（1）假设支路电流正方向

（2）列写 KCL 方程

4 个节点，可列写 3 个独立的 KCL 方程

a 节点　　$I_1-I_2-I_3=0$

b 节点　　$I_2-I_4-I_5=0$

c 节点　　$I_3-I_4-I_6=0$

（3）列写 KVL 方程

3 个网孔，可列写 3 个独立的 KVL 方程

abda 网孔 $I_1R_1+I_2R_2+I_5R_5-U_{S2}-U_{S1}=0$

acba 网孔 $I_3R_3-I_4R_4-I_2R_2=0$

bcdb 网孔 $I_4R_4+I_6R_6+U_{S2}-I_5R_5=0$

1.6 叠加定理

如图 1-43 所示，已知 $E_1=70\text{V}$、$E_2=45\text{V}$、$R_1=20\Omega$、$R_2=5\Omega$、$R_3=6\Omega$，计算支路电流 I_1。

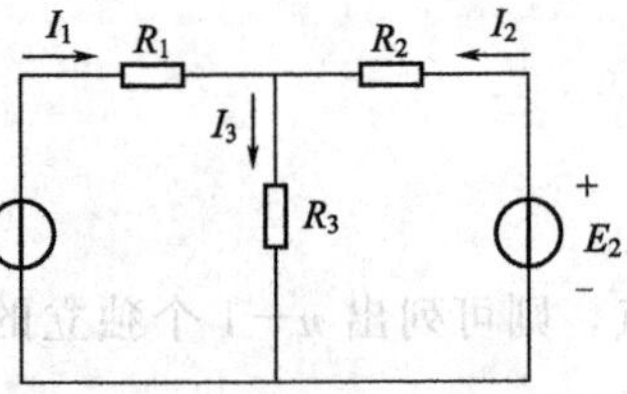

图 1-43 叠加定理举例

根据支路电流法，计算电流 I_1 得

$$I_1=\frac{R_2+R_3}{R_1R_2+R_2R_3+R_3R_1}E_1-\frac{R_3}{R_1R_2+R_2R_3+R_3R_1}E_2$$

$$=I_1'-I_1''$$

支路电流 I_1 由两个分量 I_1' 和 I_1'' 叠加而成。其中 I_1' 分量只与 E_1 有关，如图 1-44 所示；I_1'' 分量只与 E_2 有关，如图 1-45 所示。

I_1' 分量是原电路中只有 E_1 作用，$E_2=0$ 时，在 R_1 支路中产生的电流。$I_1'=3.08\text{A}$。

I_1'' 分量是原电路中只有 E_2 作用，$E_1=0$ 时，在 R_1 支路中产生的电流。$I_1''=1.08\text{A}$。

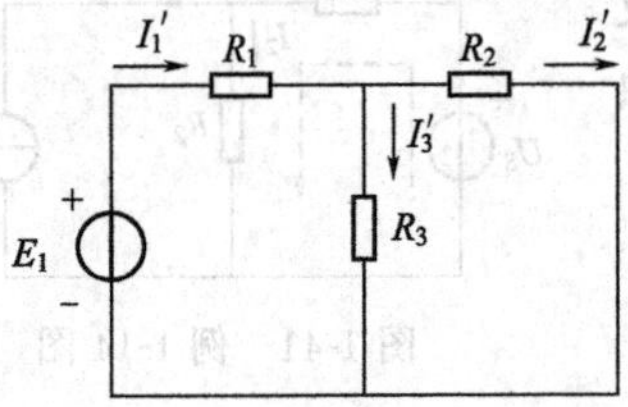

图 1-44 原电路中只有 E_1 作用

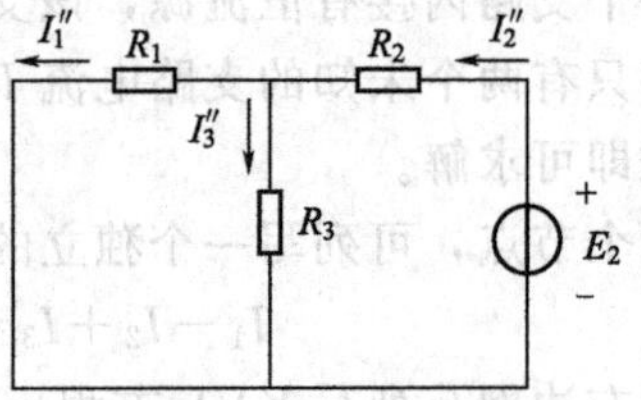

图 1-45 原电路中只有 E_2 作用

在电路中，电源是提供电能的装置。当一个电路中有多个电源时，各支路上的电流和电器元件两端的电压，是这多个电源共同作用的结果。叠加原理指的是在线性电路中，任一支路上的电流或元件两端的电压，都是电路中各个电源单独作用时在该支路中产生的电流或元件两端电压的代数和。叠加原理是线性电路中的一个重要原理，它反映了线性电路的两个基本特点：叠加性和比例性。

总响应＝分响应的代数和 $I_1'-I_1''=3.08\text{A}-1.08\text{A}=2\text{A}$

叠加定理 在多个电源同时作用的线性电路中，任何支路的电流或任意两点间的电压，都是各个电源单独作用时所得结果的代数和。

* 当恒流源不作用时应视为开路。

* 当恒压源不作用时应视为短路。

计算功率时不能应用叠加原理！

【例 1-15】 如图 1-46 所示，$E=36\text{V}$、$I_S=1.5\text{A}$、$R_1=100\Omega$、$R_2=200\Omega$。

(1) 用叠加定理计算 I_1 和 I_2。

(2) 通过计算说明能否用叠加定理计算电路的功率。

解 (1) 选取电流参考方向如图中所示。

(2) 电流源单独作用，电压源短路，如图 1-47 所示。

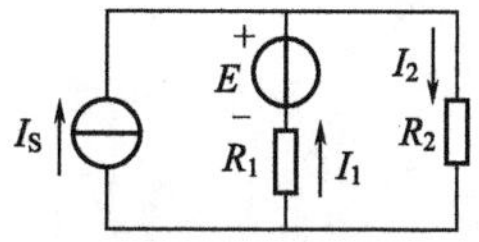

图 1-46　例 1-16

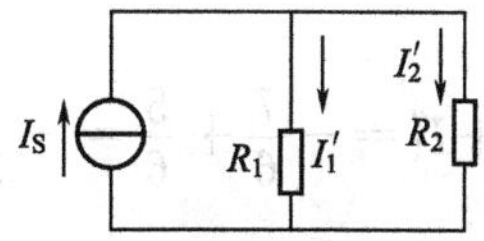

图 1-47　电流源单独作用

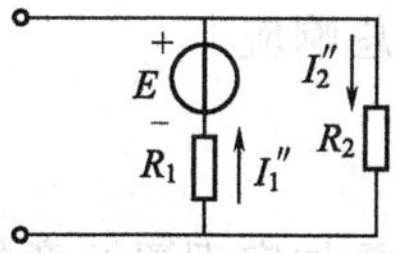

图 1-48　电压源单独作用

$$I_1' = \frac{R_2}{R_1 + R_2} I_S = \frac{200}{100 + 200} \times 1.5 = 1\text{A}$$

$$I_2' = \frac{R_1}{R_1 + R_2} I_S = \frac{100}{100 + 200} \times 1.5 = 0.5\text{A}$$

(3)电压源单独作用，电流源开路，如图 1-48 所示。

$$I_1'' = I_2'' = \frac{E}{R_1 + R_2} = \frac{36}{100 + 200} = 0.12\text{A}$$

(4) 总响应

$$I_1 = -I_1' + I_1'' = -1 + 0.12 = -0.88\text{A}$$

$$I_2 = I_2' + I_2'' = 0.5 + 0.12 = 0.62\text{A}$$

(5) 以 R_1 吸收的功率 P_1 为例

$$I_1 = -0.88\text{A}$$

$$P_1 = I_1^2 R_1 = (-0.88)^2 \times 100 = 77.44\text{W}$$

如果用叠加定理计算功率

电流源单独作用　　$P_1' = I_1'^2 R_1 = 1^2 \times 100 = 100\text{W}$

电压源单独作用　　$P_1'' = I_1''^2 R_1 = (0.12)^2 \times 100 = 1.44\text{W}$

显然 $P_1 \neq P_1' + P_1''$。

叠加定理不能用于计算电功率，因为功率与电流（电压）之间是平方关系，而不是简单的线性正比关系。

【例 1-16】 如图 1-49 所示，已知 $U_S = 7\text{V}$、$I_S = 1\text{A}$、$R_1 = 1\Omega$、$R_2 = 5\Omega$、$R_3 = 6\Omega$、$R_4 = 3\Omega$。用叠加定理 ab 计算支路电流。

解　假设 ab 支路电流 I_1 正方向，如图 1-50(a) 所示。

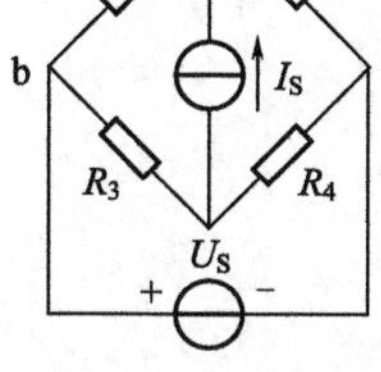

图 1-49　例 1-17 图

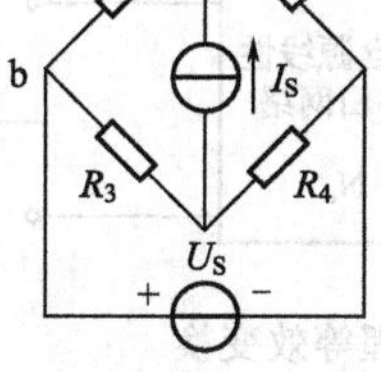

图 1-50 (a)

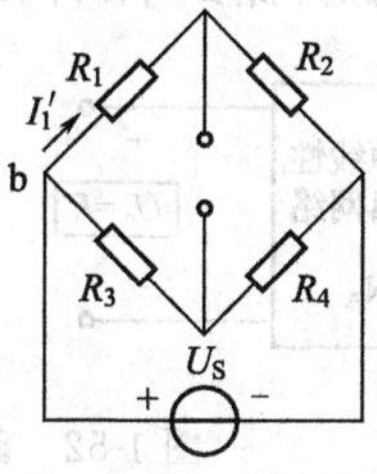

图 1-50 (b)

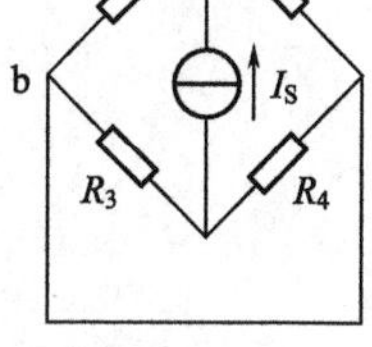

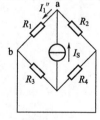

图 1-50 (c)

(1) 电压源单独作用，电流源断路，如图 1-50(b) 所示。

$$I_1' = \frac{U_S}{R_1 + R_2} = \frac{7}{1+5} = \frac{7}{6}\text{A}$$

(2) 电流源单独作用，电压源短路，如图 1-50(c) 所示

$$I_1'' = \frac{R_2}{R_1 + R_2} I_S = \frac{5}{1+5} \times 1 = \frac{5}{6}\text{A}$$

(3) 总响应

$$I_1=-I_1'+I_1''=-\frac{7}{6}+\frac{5}{6}=-\frac{1}{3}\text{A}$$

应用叠加定理要注意的问题。

① 叠加定理只适用于线性电路（电路参数不随电压、电流的变化而改变）。

② 叠加时只将电源分别考虑，电路的结构和参数不变。暂时不予考虑的恒压源应予以短路，即令 $U=0$；暂时不予考虑的恒流源应予以开路，即令 $I_S=0$。

③ 解题时要标明各支路电流、电压的正方向。原电路中各电压、电流的最后结果是各分电压、分电流的代数和。

④ 叠加定理只能用于电压或电流的计算，不能用来求功率，即功率不能叠加。

⑤ 运用叠加定理时也可以把电源分组求解，每个分支电路的电源个数可能不止一个。

1.7 戴维南定理

戴维南定理 对外电路来说，任何一个线性有源二端网络均可以用一个理想电压源和一个电阻元件串联的有源支路来等效代替，其电压源 U_S 等于线性有源二端网络的开路电压 U_{OC}，电阻元件的阻值 R_0 等于线性有源二端网络除源后两个外引端子间的等效电阻 R_{ab}，如图 1-51 所示。

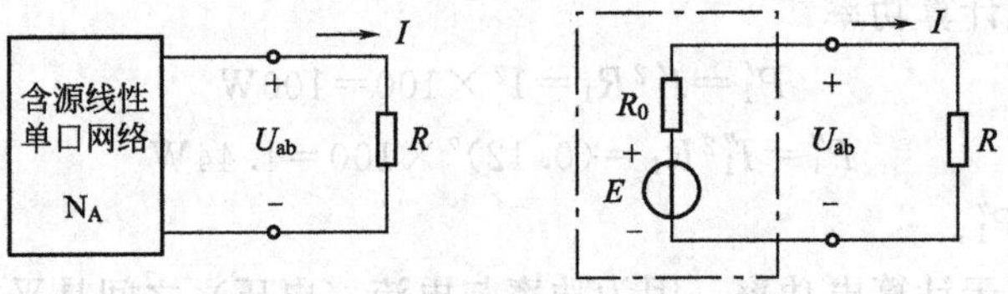

图 1-51 线性有源二端网络等效

适用范围 只求解复杂电路中的某一条支路电流或电压时。

戴维南定理等效变换的条件是端口的伏安关系完全相同。

电压源模型的电动势 E 等于线性含源单口网络 N_A 的开路电压 U_o，内阻 R_0 等于对应不含源（电压源短路、电流源开路）单口网络 N_o 端口的等效电阻，如图 1-52 所示。

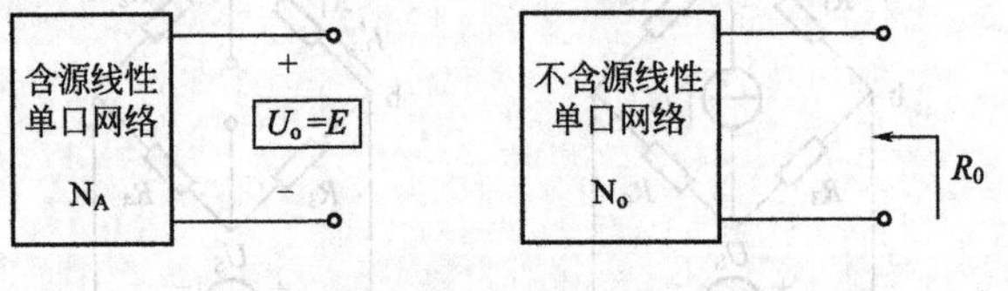

图 1-52 戴维南定理等效变换

戴维南等效电源对外电路等效。戴维南定理中的“等效代替”，是指对端口以外的部分“等效”，即对相同外接负载而言，端口电压和流出端口的电流在等效前后保持不变。

戴维南定理适用于计算复杂电路中某一支路的电压、电流。

【例 1-17】 如图 1-53 所示电路，$E=24\text{V}$、$I_S=1.5\text{A}$、$R_1=100\Omega$、$R_2=200\Omega$。用戴维南定理计算支路电流 I_2。

解 (1) 计算含源单口网络的开路电压 U_o，如图 1-54(a) 所示。

$$U_o=I_SR_1+E=1.5\times100+24=174\text{V}$$

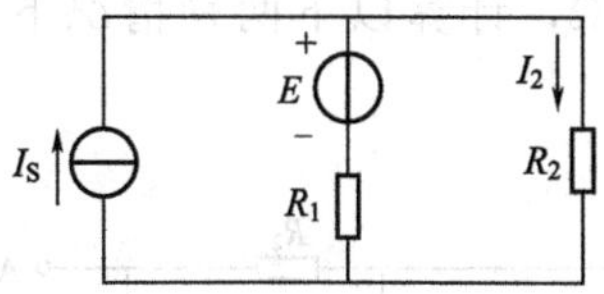

图 1-53　例 1-18 图

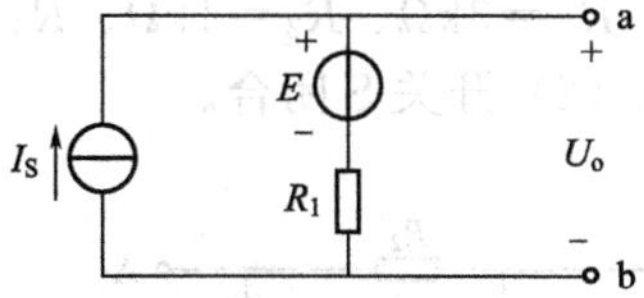

图 1-54 (a)

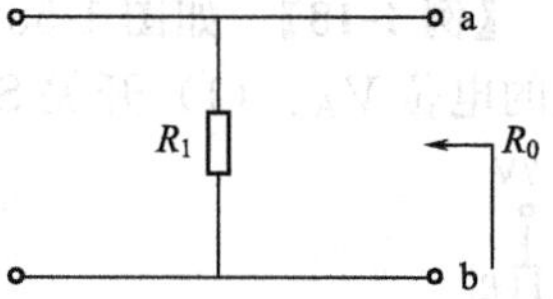

图 1-54 (b)

(2) 计算戴维南等效电源的内阻 R_0，如图 1-54(b) 所示。

$$R_0 = R_1 = 100\Omega$$

戴维南等效电路如图 1-55 所示。

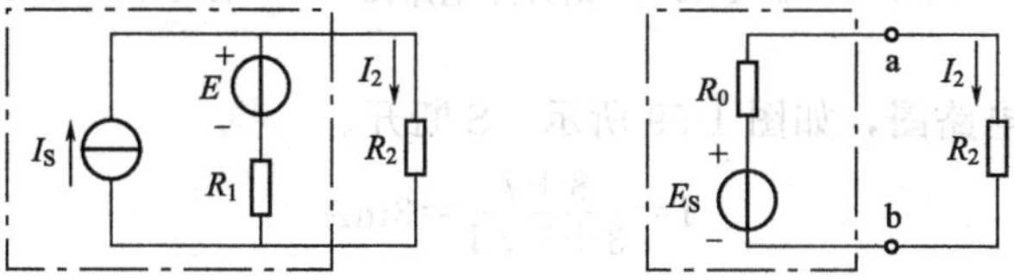

图 1-55　戴维南等效电路

注意　电压源 E_S 的极性应与开路电压 U_o 的极性一致。

支路电流
$$I_2 = \frac{E_S}{R_0 + R_2} = \frac{174}{100 + 200} = 0.58\text{A}$$

1.8　电路中的电位及其计算方法

从本质上来说，电位与电压是同一个概念，电压指的是两点之间的电势差，而电位指的是各点与参考点之间的电位差。在电路分析中，通常选取多条导线的交汇点作为参考点，平时所说的“地线”就是电路中参考点的典型例子。

使用电位的优点之一是能够使表示电路状态的电量大减少，在调试、检修电气设备和电子电路时很有实用意义。

电压常用双下标，而电位则用单下标。电位的单位也是伏特［V］。

电位具有相对性，规定参考点的电位为零电位。因此，相对于参考点较高的电位呈正电位，较参考点低的电位呈负电位。

如图 1-56 所示电路，取 d 点作为电位参考点 $V_d = 0$。

用电压表示该电路的状态：共需 6 段电压 U_{ab}、U_{bc}、U_{ad}、U_{bd}、U_{cd}、U_{ac}。

用电位表示该电路的状态：只需 a、b、c 三点电位 V_a、V_b、V_c 即可。

电路的简化表示：电位标注法。

画法：先确定电位的参考点，并标注接地点符号。用标明电源端极性和电位数值表示电源的作用。

省去电源与接地点的连线，如图 1-57。

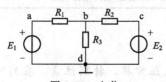

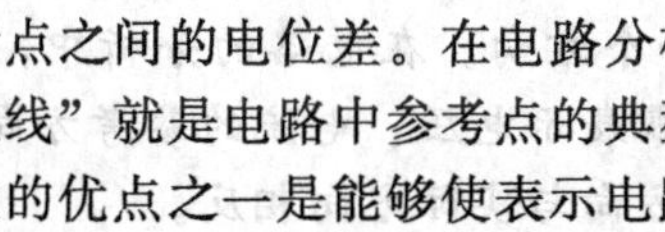

图 1-56　电位

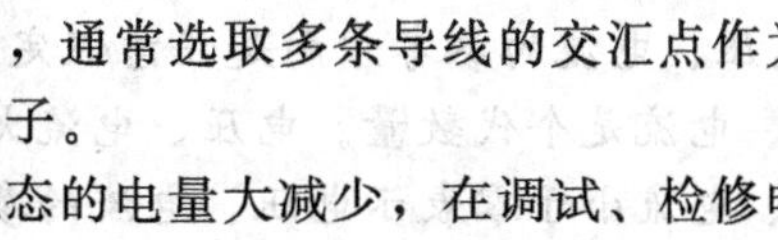

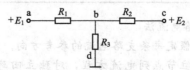

图 1-57　电位标注法

【例 1-18】 如图 1-58 所示，$R_1=3k\Omega$、$R_2=1k\Omega$、$R_3=1k\Omega$，计算以下两种情况下 A 点的电位 V_A：(1) 开关 S 断开；(2) 开关 S 闭合。

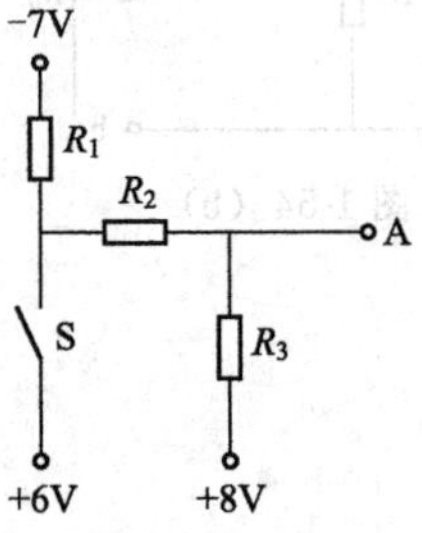

图 1-58 例 1-19 图

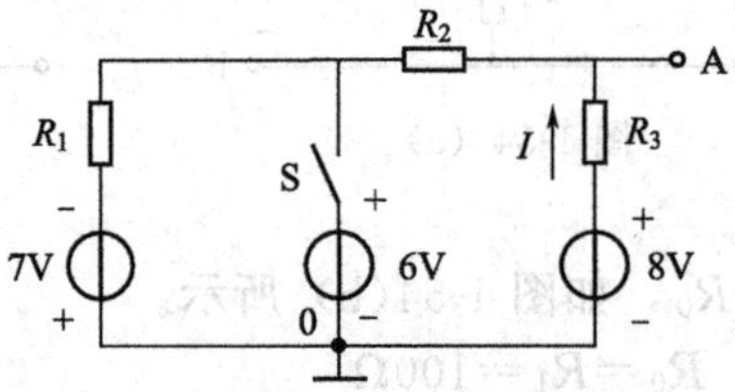

图 1-59 例 1-19（S 断开原电路图）

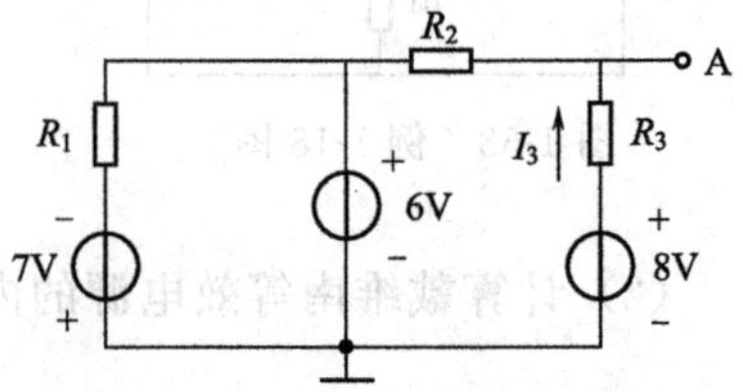

图 1-60 例 1-19（S 闭合原电路图）

解 (1) 画出原电路图，如图 1-59 所示。S 断开。

电流 $$I=\frac{8+7}{3+1+1}=3mA$$

A 点电位 $$V_A=V_{A0}=8-IR_3=8-3\times1=5V$$

(2) S 闭合，画出原电路图，如图 1-60 所示。

电流 $$I_3=\frac{8-6}{1+1}=1mA$$

A 点电位

$$V_A=V_{A0}=8-IR_3=8-1\times1=7V$$

本章小结

(1) 电压、电流的参考方向是任意假定的一个方向。在电路的分析中，引入参考方向后，电压、电流是个代数量。电压、电流大于零表示电压、电流的参考方向与实际方向一致；电压、电流小于零表示电压、电流的参考方向与实际方向相反。

(2) 基尔霍夫电流定律是反映电路中，对任一节点相关联的所有支路电流之间的相互约束关系；基尔霍夫电压定律是反映电路中，对组成任一回路的所有支路电压之间的相互约束关系；欧姆定律主要是讨论电阻元件两端电压与通过电流的关系。

(3) 掌握理想电路元件电压与电流的关系（如下表所示）。

元件	电压与电流的关系(关联参考方向)
电阻元件	$U_R=RI_R$
电感元件	$u_L=L\frac{di_L}{dt}$
电容元件	$i_C=C\frac{du_C}{dt}$
直流电压源	电压源两端电压 U 不变，通过的电流可以改变，由外电路决定
直流电流源	电流源流出的电流 I 不变，电流源两端电压可以改变，由外电路决定

(4) 支路电流法

① 先要假定每条支路电流的参考方向。

② 对独立节点列电流方程，对独立回路列电压方程。特别注意，在列回路方程时，回路中若含电流源，需在电流源两端先假设电压参考方向后，再列回路方程。

③ 解方程组，求出支路电流。

(5) 应用戴维南定理时应特别注意：

① 求入端电阻时，二端网络内部含有的所有电压源短路，电流源断开，电阻保留；

② 求开路电压时，注意开路电压方向。

(6) 应用叠加定理要注意的问题

① 叠加定理只适用于线性电路（电路参数不随电压、电流的变化而改变）。

② 叠加时暂时不予考虑的恒压源应予以短路，暂时不予考虑的恒流源应予以开路。

③ 解题时要标明各支路电流、电压的正方向。原电路中各电压、电流的最后结果是各分电压、分电流的代数和。

④ 叠加定理只能用于电压或电流的计算，不能用来求功率，即功率不能叠加。

习　题　1

1-1. 电路由哪几部分组成？试述电路的功能。

1-2. 理想电路元件与实际元器件有何不同？

1-3. 在电路分析中，引入参考方向的目的是什么？

1-4. 如何判断元件是电源还是负载？

1-5. 某用电器的额定值为“220V，100W”，此电器正常工作 10h，消耗多少焦耳电能？合多少度电？

1-6. 一只标有“220V，60W”的电灯，当其两端电压为多少伏时电灯能正常发光？正常发光时电灯的电功率是多少？若加在灯两端的电压仅有 110V 时，该灯的实际功率为多少瓦？额定功率有变化吗？

1-7. 把一个电阻接在 6V 的直流电源上，已知某 1min 单位时间内通过电阻的电量为 3 个 C，求这 1min 内电阻上通过的电流和电流所做的功各为多少？

1-8. 说明叠加定理的适用范围，它是否仅适用于直流电路而不适用于交流电路的分析和计算？电流和电压可以应用叠加定理进行分析和计算，功率为什么不行？

1-9. 何谓电路模型？什么是二端网络、有源二端网络、无源二端网络？

1-10. 如何求解戴维南等效电路的电压源及内阻？应用戴维南定理求解电路的过程中，电压源、电流源如何处理？戴维南定理适用于哪些电路的分析和计算？是否对所有的电路都适用？

1-11. 如题图 1-1 所示，用叠加原理求下图所示电路中的 I_2。

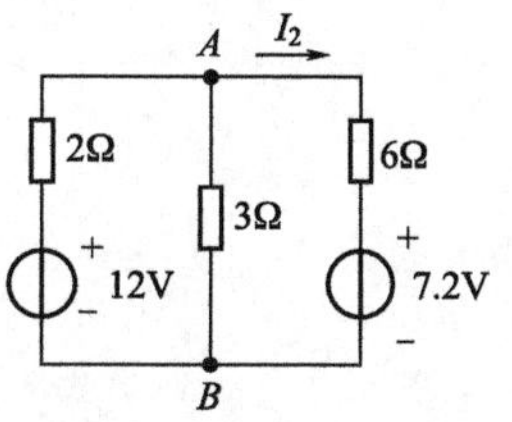

题图 1-1　练习 1-11 图

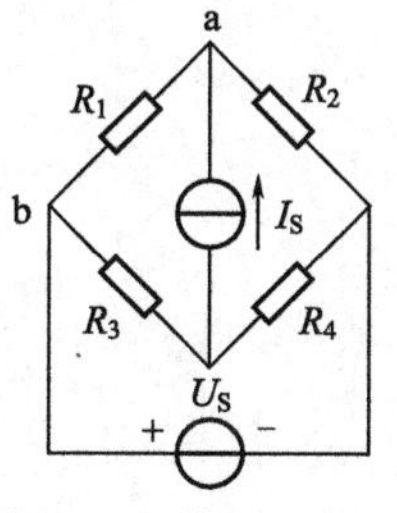

题图 1-2　练习 1-12 图

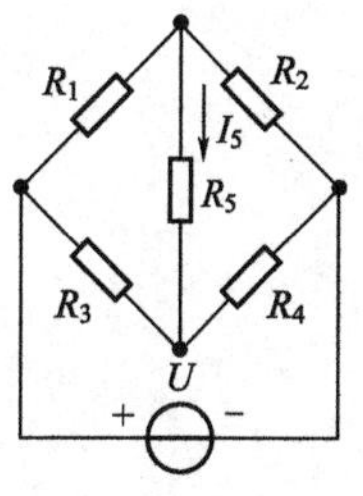

图 1-3　练习 1-13 图

1-12. 如题图 1-2 所示，已知 $U_S=7V$、$I_S=1A$、$R_1=1\Omega$、$R_2=5\Omega$、$R_3=6\Omega$、$R_4=3\Omega$。用戴维南定理计算 ab 支路电流。

1-13. 如题图 1-3 所示，$R_1=20\Omega$、$R_2=30\Omega$、$R_3=30\Omega$、$R_4=20\Omega$、$U=10V$，当 $R_5=16\Omega$ 时，用戴维南定理求 $I_5=$？

1-14. 应用戴维南定理对一个线性有源两端网络进行等效变换后的电路形式是（　　）

A. 一个理想电压源和电阻的并联　　　B. 一个理想电压源和电阻的串联

C. 一个理想电流源和电阻的并联　　　D. 一个理想电流源和电阻的串联

1-15. 下列说法错误的是：

A. 与理想电压源并联的电阻两端的电压恒等于理想电压源的电压

B. 与理想电流源串联的电阻支路的电流恒等于理想电流源的电流

C. 一个实际电压源，其内阻越小，向负载提供的电压越稳定

D. 一个实际电流源，其内阻越小，向负载提供的电流越稳定

1-16. 额定电压为220V的灯泡接在110V电源上，灯泡的功率是原来的（　　）

A. 2倍　　B. 4倍　　C. 1/2　　D. 1/4

1-17. 两只额定电压相同的电阻串联在电路中，其阻值越大的电阻发热（　　）

A. 较大　　B. 较小　　C. 没有区别　　D. 不能确定

1-18. 串联电阻具有的特点之一是（　　）

A. 串联电路中各电阻两端的电压相等

B. 各电阻上分配的电压与各自电阻的阻值成反比

C. 各电阻消耗的功率之和等于电路消耗的总功率

D. 流经每一个电阻的电流不相等

第2章　正弦交流电路

电路中的电量有周期性和非周期性两类。波形的大小和方向随时间做正弦周期性变化的电量称为正弦交流电。正弦交流电应用广泛，易于集中生产，且便于传输、转换，具有成本低廉的优势。

由正弦交流电供电的三相交流电动机是使用最多的动力机械。在需要使用直流电的地方，可以利用整流设备方便地把交流电转换为直流电。

2.1　正弦交流电的基本概念

2.1.1　正弦交流电的基本概念

在实际工程中所遇到的电流、电压，在大多数情况下，其大小和方向都是随时间的变化而变化的，这类电量称为交流电。因为交流电的大小随时都在变，所以某一时刻的电量称为交流电的瞬时值。交流电量一般用小写字母来表示，如用 i 表示交流电流，用 u 表示交流电压。

以时间为横轴，以交流电流或交流电压为纵轴，可以画出交流量瞬时值随时间变化的图形，称为交流电波形图。图 2-1 为正弦交流电波形图，其中(a) 为正弦交流电流波形，(b) 为正弦交流电压波形。

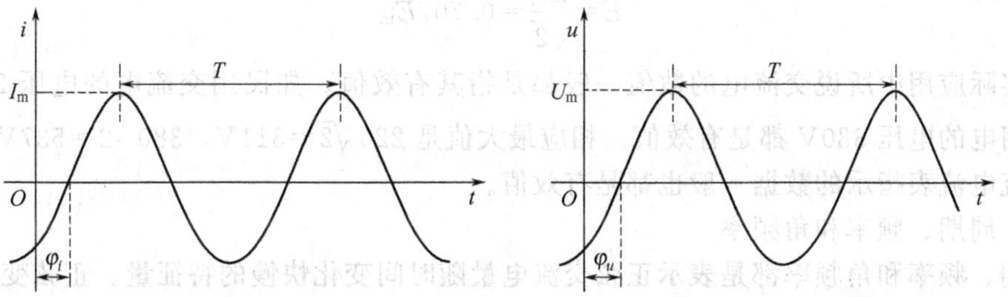

(a) 正弦交流电流波形　　(b) 正弦交流电压波形

图 2-1　正弦交流电波形

根据交流电波形图，可以写出交流量瞬时值与时间变化的数学关系表达式，这种表达式称为交流量的瞬时值表达式。瞬时值用小写字母表示，如 i、u、e 等。

图 (a) 瞬时值表达式为：$i=I_m\sin(\omega t+\varphi_i)$

图 (b) 瞬时值表达式为：$u=U_m\sin(\omega t+\varphi_u)$

式中，i 表示正弦交流电的瞬时值；ω 表示正弦交流电变化的快慢，称为角速度；I_m 表示正弦交流电的最大值，称为幅值；φ 表示正弦交流电的起始位置，称为初相位。

2.1.2　正弦量的三要素

(1) 最大值、角频率和初相角

最大值（I_m或U_m）、角频率（ω）和初相角（φ_i或φ_u）是决定正弦量变化特征的三要素。交流电的大小有三种表示方式：瞬时值、最大值和有效值。

① 瞬时值　瞬时值指任一时刻交流电量值的大小。例如 i、u 和 e，都用小写字母表示，它们都是时间的函数。

② 最大值 最大值指交流电量在一个周期中最大的瞬时值，它是正弦交流电的振幅。通常用大写字母并加注下标 m 表示，如 I_m、U_m和 E_m。

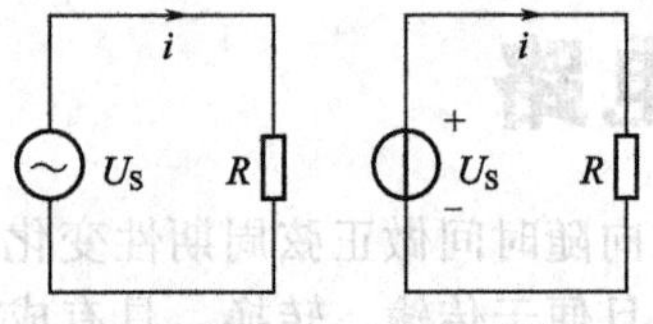

(a) 交流 (b) 直流

图 2-2 有效值的概念

③ 有效值 为了确切地反映交流电在能量转换方面的实际效果，工程上常采用有效值来表述正弦量。让正弦交流电和直流电分别通过两个阻值相等的电阻，如果在相同时间 T 内（T 可取为正弦交流的周期）两个电阻消耗的能量相等，则把该直流电称为交流电的有效值，如图 2-2 所示。

当直流电流 I 流过电阻 R 时，该电阻在时间 T 内消耗的电能为

$$W_{-}=I^2RT \tag{2-1}$$

当正弦电流 i 流过电阻 R 时，在相同时间 T 内电阻消耗的电能为

$$W_{\sim}=\int_0^T P(t)\mathrm{d}t=\int_0^T Ri^2(t)\mathrm{d}t \tag{2-2}$$

根据有效值的定义，有 $W_{-}=W_{\sim}$

$$I^2RT=\int_0^T i^2R\mathrm{d}t$$

$$I=\frac{I_m}{\sqrt{2}}=0.707I_m \tag{2-3}$$

$$U=\frac{U_m}{\sqrt{2}}=0.707U_m \tag{2-4}$$

$$E=\frac{E_m}{\sqrt{2}}=0.707E_m \tag{2-5}$$

在实际应用中所说交流电的数值一般都是指其有效值。如民用交流电的电压 220V，低压动力用电的电压 380V 都是有效值。相应最大值是 $220\sqrt{2}=311$V，$380\sqrt{2}=537$V。

交流电流表指示的数据一般也都是有效值。

(2) 周期、频率和角频率

周期、频率和角频率都是表示正弦交流电量随时间变化快慢的特征量。正弦变量随时间变化一周所经历的时间称为周期，用大写字母 T 表示，单位是秒（s）。正弦量在 1s 时间内重复变化的周期数称为频率，用小写字母 f 表示，单位为赫兹（Hz）。如果 1s 内变化一个周期，频率是 1Hz。周期与频率互为倒数关系：

$$f=\frac{1}{T} \tag{2-6}$$

角频率是指正弦交流电量变化一周期对应变化了 2π 弧度，角频率 ω 就是单位时间内变化的角度（电角度）。

$$\omega=\frac{2\pi}{T}=2\pi f \tag{2-7}$$

在我国，发电厂提供的交流电的频率为 50Hz，其周期 $T=0.02$s，这一频率称为工业标准频率，也称工频。

正弦交流电量波形图的横坐标轴（时间轴）既可用时间（t）标注，也可用电角度（ωt）标注。如图 2-3 所示。

(3) 相位、初相位和相位差

正弦电量的表达式中的 $\omega t+\varphi$ 称为交流电的相位。$t=0$ 时，$\omega t+\varphi=\varphi$ 称为初相位，它

是确定交流电量初始状态的物理量。在波形上，φ 表示在计时前的那个由负值向正值增长的零点到 $t=0$ 的计时起点之间所对应的最小电角度。不知道 φ 就无法画出交流电量的波形图，也写不出完整的表达式。

相位表示正弦电量随时间变化的进程，决定了该瞬时正弦电量的状态（数值正负、大小和变化趋势）。

例如，图 2-4 中 $t=t_1$ 时，对应波形 A 点正弦电流瞬时值 $i(t_1)=I_m\sin(\omega t_1+\varphi_i)$，$i(t_1)>0$ 是正值，对应 A 点在纵轴上的截距，数值变化趋势是增加 $\left(\dfrac{di}{dt}>0\right)$。

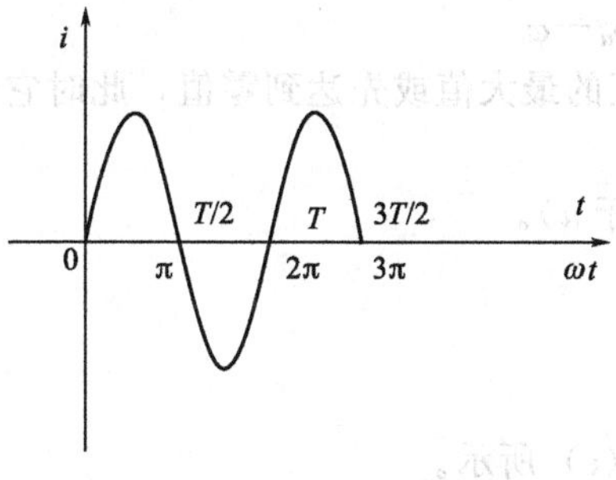

图 2-3　正弦交流电量波形图

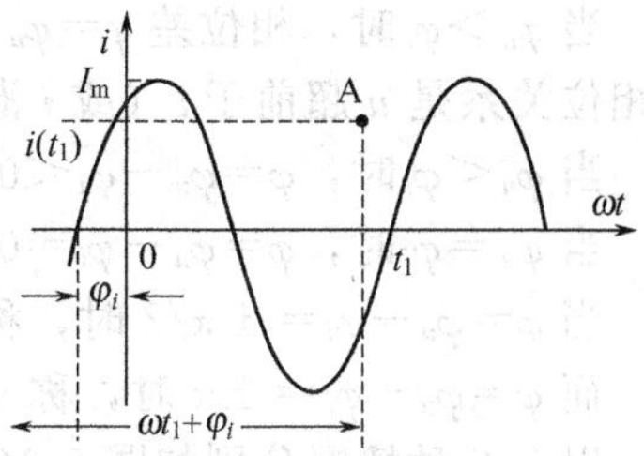

图 2-4　$t=t_1$ 时，对应波形 A 点正弦电流瞬时值

$t=0$ 时，对应波形正弦电流瞬时值如图 2-5 所示。

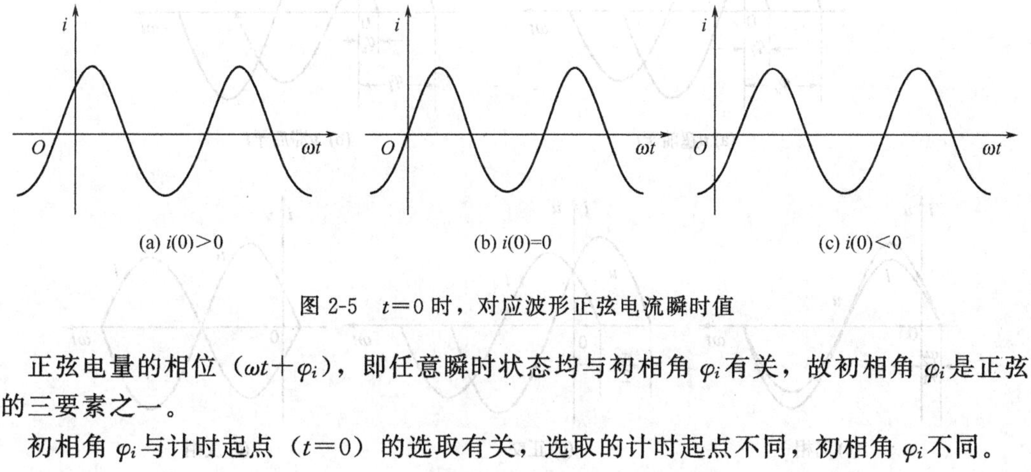

(a) $i(0)>0$　(b) $i(0)=0$　(c) $i(0)<0$

图 2-5　$t=0$ 时，对应波形正弦电流瞬时值

正弦电量的相位（$\omega t+\varphi_i$），即任意瞬时状态均与初相角 φ_i 有关，故初相角 φ_i 是正弦电量的三要素之一。

初相角 φ_i 与计时起点（$t=0$）的选取有关，选取的计时起点不同，初相角 φ_i 不同。

$$\varphi_i<0 \quad i(0)<0$$

$$\varphi_i=0 \quad i(0)=0$$

初相角的选取 $|\varphi_i|\leqslant\pi$。

【例 2-1】 正弦电压 $u=190.52\sin(314t+60°)$ V，试求：①最大值、频率和初相角；②从计时起点（$t=0$）开始，经过多长时间 u 才第一次出现最大值。

解 ① 据瞬时值表示式，最大值 $U_m=190.52$V，角频率 $\omega=314$rad/s。

频率
$$f=\frac{\omega}{2\pi}=\frac{314}{2\pi}=50\text{Hz}$$

初相角
$$\varphi_u=60°$$

② 正弦电压
$$u=190.52\sin(314t+60°)\ \text{V}$$

u 第一次出现最大值的时间由下式确定

$$314t+60°=90°$$

变换 $$314t=\frac{\pi}{2}-\frac{\pi}{3}=\frac{\pi}{6}\qquad t=\frac{\pi/6}{314}=1.67\text{ms}$$

2.1.3 同频率正弦量的相位差

相位差是指两个同频率的正弦电量在相位上的差值。由于讨论是同频正弦交流电，因此相位差实际上等于两个正弦电量的初相之差，例如

$$i=I_m\sin(\omega t+\varphi_i)$$
$$u=U_m\sin(\omega t+\varphi_u)$$

则相位差 $$\varphi=(\omega t+\varphi_u)-(\omega t+\varphi_i)=\varphi_u-\varphi_i$$

当 $\varphi_u>\varphi_i$ 时，相位差 $\varphi=\varphi_u-\varphi_i>0$，$u$ 比 i 先达到正的最大值或先达到零值，此时它们的相位关系是 u 超前于 i（或 i 滞后于 u）。

当 $\varphi_u<\varphi_i$ 时，$\varphi=\varphi_u-\varphi_i<0$，$u$ 滞后于 i（或 i 超前于 u）。

当 $\varphi_u=\varphi_i$ 时，$\varphi=\varphi_u-\varphi_i=0$，$u$ 与 i 同相。

当 $\varphi=\varphi_u-\varphi_i=\pm\pi/2$ 时，称 u 与 i 正交；

而 $\varphi=\varphi_u-\varphi_i=\pm\pi$ 时，称 u 与 i 反相。

以上 5 种情况分别如图 2-6(a)、(b)、(c)、(d) 和 (e) 所示。

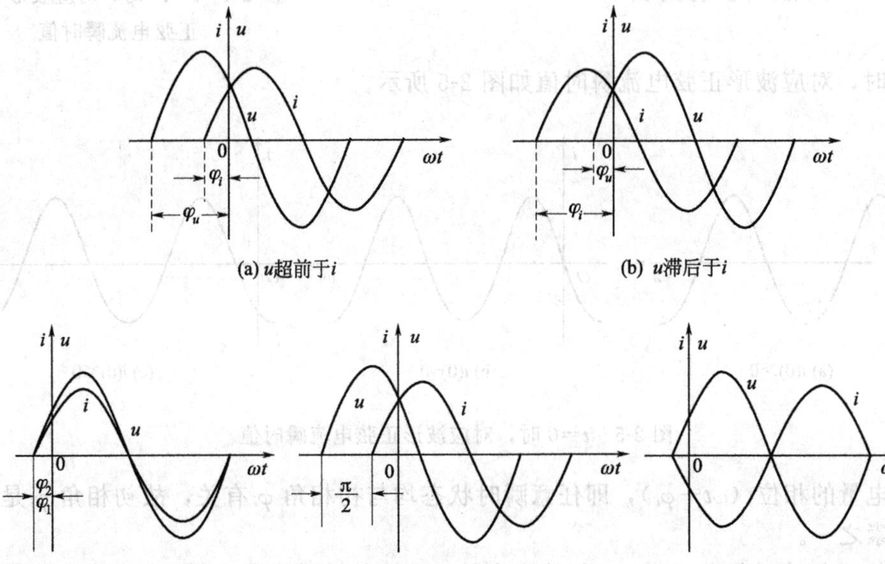

图 2-6 相位

选择计时起点不同，两个同频率正弦电量的初相不同，但它们之间的相位差不变。即两个同频率正弦电量之间的相位差与计时起点无关。

显然，两个同频率正弦量之间的相位之差，实际上等于它们的初相之差。

注意：不同频率的正弦量之间不存在相位差的概念。相位差不得超过±180°！

【例 2-2】 u 与 i 是同频率的正弦电量，其 $\omega=6280\text{rad/s}$，$I_m=20\text{A}$，$u_m=200\text{V}$。在相位上 u 比 i 超前 60°。写出电压、电流的瞬时值表示式，画波形图。

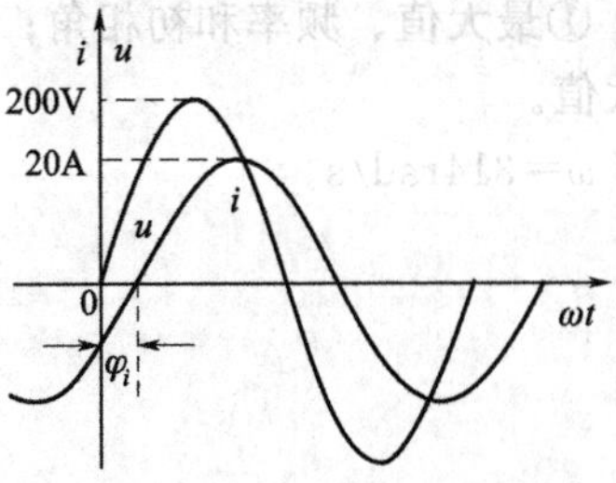

图 2-7 波形图

解 首先确定参考正弦量。

现选择电压 u 为参考正弦量，即 $\varphi_u=0$。

已知 u 比 i 超前 60°，即 $\varphi=\varphi_u-\varphi_i=60°$。

电流的初相位 $\varphi_i=\varphi_u-60°=-60°$。

u 与 i 的三要素均已确定，故可得

$$u=200\sin 6280t\ \text{V}$$

$$i=20\sin(6280t-60°)\ \text{A}$$

波形图如图 2-7 所示。

2.2 正弦量的相量表示法

相量表示法就是用复数形式来表示正弦电量，并以此为基础，形成了在电路分析和计算中广泛应用的相量计算法。

2.2.1 复数及复数运算

(1) 复数

复数的代数表示形式为：

$$A=a+\text{j}b$$

如图 2-8 所示。矢量的模（实部和虚部平方和的均方根）为：

$$|A|=\sqrt{a^2+b^2} \tag{2-8}$$

矢量与实数轴的夹角称为幅角，即

$$\varphi=\arctan\frac{b}{a} \tag{2-9}$$

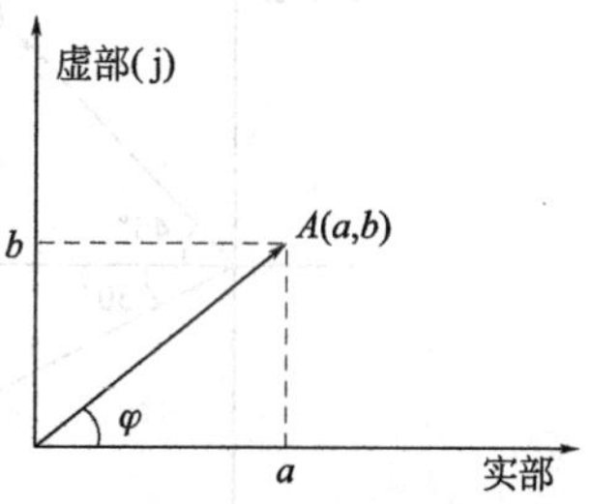

图 2-8 复数的代数形式

矢量模 $|A|$ 和幅角 φ 与复数实部和虚部的关系为：

实部 $a=|A|\cos\varphi$

虚部 $b=|A|\sin\varphi$

则复数可表示为（又称为复数的三角函数表示形式）：

$$A=a+\text{j}b=|A|(\cos\varphi+\text{j}\sin\varphi)$$

复数的指数形式为： $A=|A|\text{e}^{\text{j}\varphi}$

复数的极坐标形式为： $A=|A|\angle\varphi$ (2-8)

(2) 复数的运算

① 复数的加、减运算用代数形式的表达式进行。

② 复数的乘法运算用极坐标形式的表达式进行，规则是模相乘，幅角相加。

旋转矢量表示正弦量。

把用有效值和初相形成的复数来表示正弦电量的方法称为相量。

如正弦电流 $i=I_\text{m}\sin(\omega t+\varphi_i)$ 的相量为：

$$\dot{I}=I\text{e}^{\text{j}\varphi_i}=I\angle\varphi_i,I\ \text{为有效值}$$

(3) 相量图

在复数平面上，用几何图形表示正弦量的相量的图，称为相量图。

已知正弦电压 $u=220\sqrt{2}\sin(\omega t+45°)$

相应的电压相量为 $\dot{U}=220\angle 45°$

已知正弦电流 $i=8\sqrt{2}\sin(\omega t-30°)$

相应的电流相量为 $\dot{I}=8\angle-30°$

电压相量和电流相量的模可按照各自确定的比例选取，相量图如图 2-9 所示。

【例 2-3】 已知 $i_1=5\sin(\omega t+36.9°)\text{A}$，$i_2=10\sin(\omega t-53.1°)\text{A}$，求交流电 i_1 和 i_2 之和。

解 首先用相量表示正弦量 i_1 和 i_2：

$$\dot{I}_{m1}=5e^{j36.9°}=5\angle36.9°=4+j3\text{A}$$

$$\dot{I}_{m2}=10e^{-j53.1°}=10\angle-53.1°=6-j8\text{A}$$

$$\dot{I}_m=\dot{I}_{m1}+\dot{I}_{m2}=(4+3j)+(6-j8)$$

$$=10-j5=11.18\angle-26.6°\ \text{A}$$

$$i=i_1+i_2=11.18\sin(\omega t-26.6°)\ \text{A}$$

2.2.2 正弦量的相量运算

多个同频率正弦相量进行加减运算，其运算结果仍然是同频率的正弦电量。特别值得注意的是，相量是不关心角速度的，所以必须是同频率的相量进行运算才有意义。

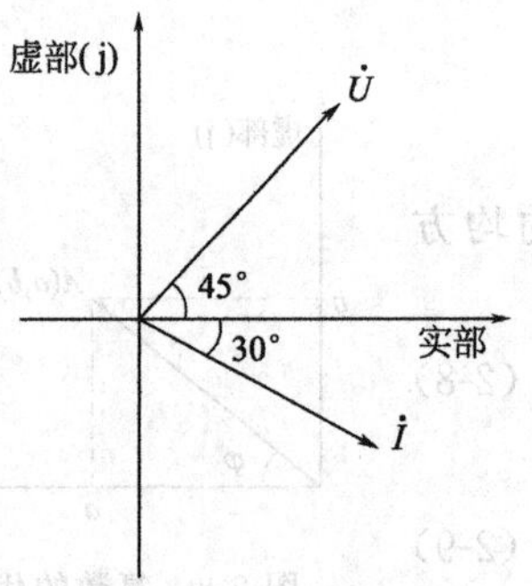

图 2-9 相量图

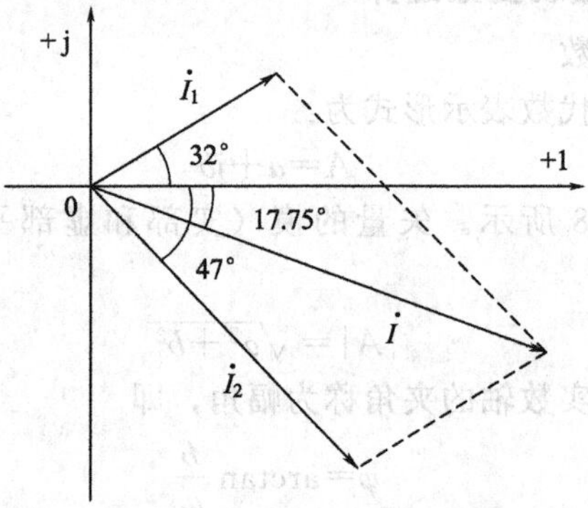

图 2-10 例题 2-4 相量图

【例 2-4】 已知正弦电流 $i_1=2.5\sqrt{2}\sin(\omega t+32°)$ A，$i_2=3.9\sqrt{2}\sin(\omega t-47°)$ A，计算两者之和 $i=i_1+i_2$，并画出相量图。

解 正弦电流的相量形式

$$\dot{I}_1=2.5\angle32°\ \text{A}\quad \dot{I}_2=3.9\angle-47°\ \text{A}$$

用相量形式进行加法运算

$$\dot{I}=\dot{I}_1+\dot{I}_2=2.5\angle32°+3.9\angle-47°$$

$$=2.5(\cos32°+j\sin32°)+3.9[\cos(-47°)+j\sin(-47°)]$$

$$=(2.12+j1.32)+(2.66-j2.85)=4.78-j1.53$$

$$=5.02\angle-17.75°\ \text{A}$$

瞬时值表示式

$$i=5.02\sqrt{2}\sin(\omega t-17.75°)\ \text{A}$$

相量图如图 2-10 所示。

2.3 单一参数的正弦交流电路

2.3.1 单一电阻元件正弦交流电路

(1) 单一电阻元件正弦交流电路电压与电流之间的关系

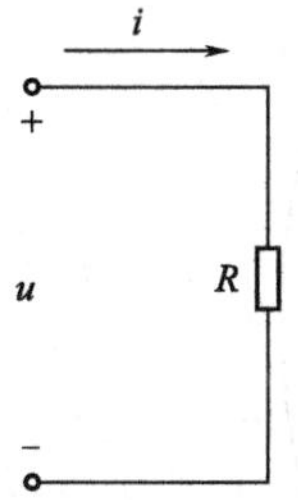

图 2-11　单一电阻元件正弦交流电路电压与电流之间的关系

如图 2-11 所示，单一电阻元件正弦交流电路电压与电流之间的关系

$$u=U_m\sin(\omega t+\varphi_u)$$

$$i=\frac{u}{R}=\frac{U_m\sin(\omega t+\varphi_u)}{R}=\frac{\sqrt{2}U}{R}\sin(\omega t+\varphi_u)$$

$$=I_m\sin(\omega t+\varphi_i) \tag{2-9}$$

单一电阻元件正弦交流电路电压与电流之间有如下几种关系。

① 电压与电流之间的频率关系　在单一电阻电路中，通过电阻元件的电流与其两端电压是同频率的正弦电量。

② 电压与电流之间的数值关系　u、i 最大值或有效值之间符合欧姆定律的数量关系

$$U_m=I_mR \quad 或 \quad U=IR \tag{2-10}$$

③ 电压与电流之间的相位关系，同相位。如图 2-12 所示，$\varphi_u=\varphi_i$。

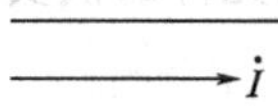

图 2-12　电阻元件电流和电压的相量关系

相量关系式　$\dot{I}=\frac{\dot{U}}{R}=\frac{U\angle 0^\circ}{R}=\frac{U}{R}\angle 0^\circ=I\angle 0^\circ$

(2) 单一电阻元件正弦交流电路的功率

① 瞬时功率

$$p=ui$$

$$i=\sqrt{2}I\sin(\omega t)$$

$$u=\sqrt{2}U\sin(\omega t)$$

$$p=ui=U_m\sin(\omega t)\times I_m\sin(\omega t)=UI-UI\cos(2\omega t) \tag{2-11}$$

如图 2-13 所示。

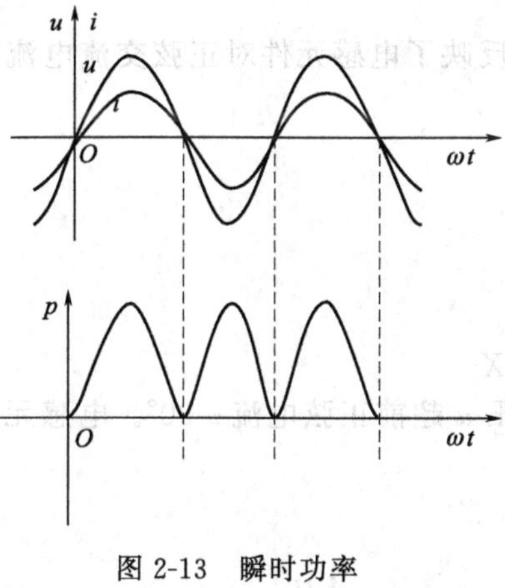

图 2-13　瞬时功率

结论：p 随时间变化；$p\geqslant 0$；耗能元件。

② 平均功率 P（有功功率）　平均功率（或称有功功率）等于交流电路中正弦交流电压和正弦交流电流的有效值之积。

由 $p=ui=U_m\sin(\omega t)\times I_m\sin(\omega t)$

$=UI-UI\cos(2\omega t)$

可得瞬时功率在一个周期内的平均值：

$$P=UI=I^2R=\frac{U^2}{R} \tag{2-12}$$

求“220V、100W”和“220V、40W”两灯泡的电阻：

$$R_{100}=\frac{U^2}{P}=\frac{220^2}{100}=484\Omega,\ R_{40}=\frac{U^2}{P}=\frac{220^2}{40}=1210\Omega$$

可见，额定电压相同时，瓦数越大的灯泡，其灯丝电阻越小。而电压一定时，瓦数越大，向电源吸取的功率越多，视其为大负载。要区别大电阻和大负载这两个概念。

2.3.2　单一电感元件交流电路

(1) 电感元件的伏安关系

① 线性电感元件　当导线中有电流通过时，其周围就存在磁场。在实际工程中，为了增强磁场，把导线紧密地绕成一圈一圈的线圈，称为电感线圈。外形如图 2-14 所示。交流

电路如图 2-15 所示。

图 2-14 电感元件实物图

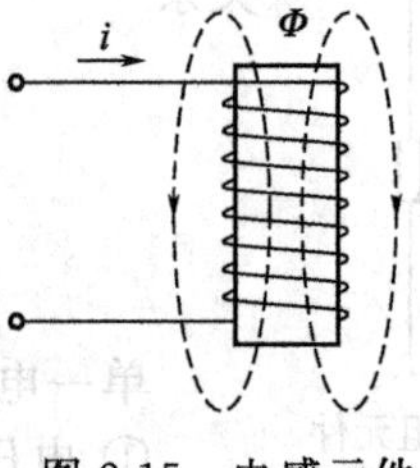

图 2-15 电感元件

$$\Phi = Li$$

L 是一个常数，称为电感。

② 电感元件的伏安特性 电感元件的伏安关系式为：

$$u = L\frac{\mathrm{d}i}{\mathrm{d}t}$$

设 $i = I_m \sin(\omega t)$，则

$$u_L = L\frac{\mathrm{d}i}{\mathrm{d}t} = L\frac{\mathrm{d}[I_m \sin(\omega t)]}{\mathrm{d}t}$$

$$= I_m \omega L \cos(\omega t) = U_{Lm} \sin(\omega t + 90°) \qquad (2\text{-}13)$$

（2）单一电感正弦交流电路电压与电流之间的关系

$$u = L\frac{\mathrm{d}}{\mathrm{d}t}[I_m \sin(\omega t)] = \omega L I_m \sin(\omega t + 90°) = U_m \sin(\omega t + 90°)$$

① 电压与电流之间的频率关系 电感元件两端的端电压与通过其上的电流是同频率的正弦电量。

② 数值关系 电压与电流的有效值表达式为：

$$I = \frac{U}{\omega L} = \frac{U}{X_L} \quad X_L = \omega L$$

式中，X_L 称为电感元件的电抗，简称感抗。感抗反映了电感元件对正弦交流电流的阻碍作用，单位也是［欧姆］［Ω］。

感抗 X_L 的大小为：

$$X_L = \omega L = 2\pi f L$$

上式称为电感元件上的欧姆定律表达式。

③ 相位关系

$$\dot{I} = I\angle 0°, \quad \dot{U}_L = \mathrm{j}\dot{I}X_L$$

感抗与频率成正比，与电感量 L 成正比。正弦电压 u 超前正弦电流 i 90°。电感元件中电压与电流相位关系的相量图如图 2-16 所示。

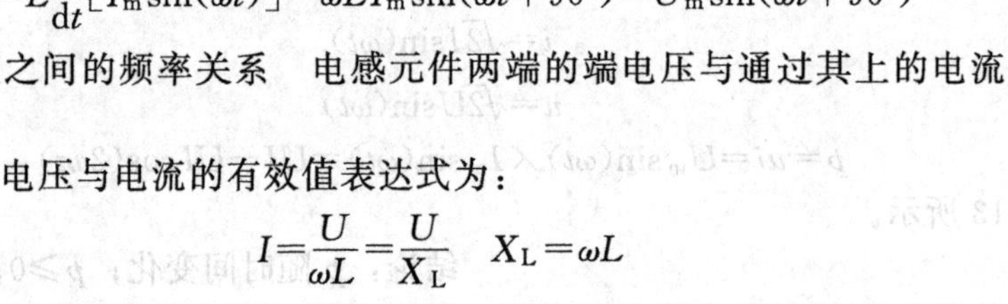

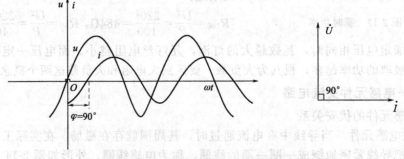

图 2-16 电感元件中电压与电流相位关系

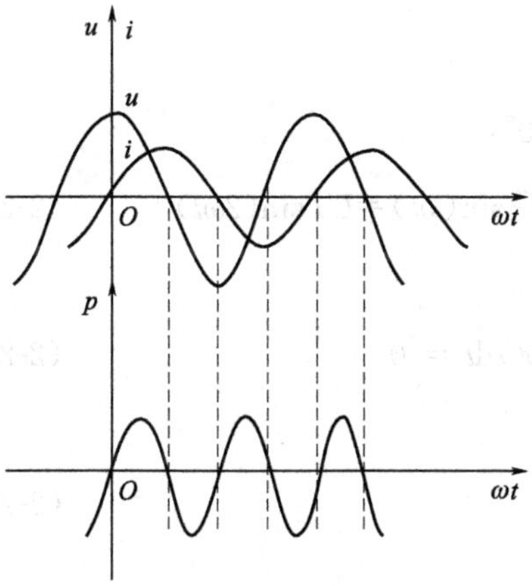

图 2-17　单一电感正弦交流电路的瞬时功率

直流情况下频率 f 等于零，因此感抗等于零，电感元件相当于短路。

(3) 单一电感正弦交流电路的功率

$$\begin{aligned}p=ui&=U_m\sin(\omega t+90°)\times I_m\sin(\omega t)\\&=U_mI_m\cos(\omega t)\times\sin(\omega t)=\frac{U_mI_m}{2}\sin(2\omega t)\\&=UI\sin(2\omega t)\end{aligned}\tag{2-14}$$

图 2-17 所示为单一电感正弦交流电路的瞬时功率。

(4) 平均功率

$$P=\frac{1}{T}\int_0^T p\mathrm{d}t=\frac{1}{T}\int_0^T UI\sin(\omega t)\mathrm{d}t\tag{2-15}$$

(5) 无功功率

瞬时功率的最大值为无功功率

$$Q=UI=I^2X_L=\frac{U^2}{X_L}\tag{2-16}$$

2.3.3　单一电容元件交流电路

(1) 电容元件的伏安关系

单一电容元件交流电路的电路如图 2-18 所示。

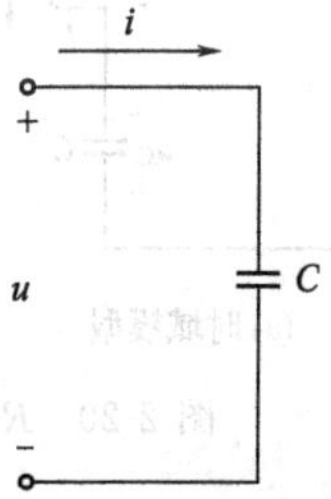

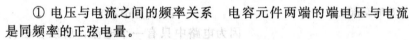

图 2-18　单一电容元件交流电路的电路

电容元件的伏安特性为：

$$i=\frac{\mathrm{d}q}{\mathrm{d}t}=\frac{\mathrm{d}(Cu)}{\mathrm{d}t}=C\frac{\mathrm{d}u}{\mathrm{d}t}\tag{2-17}$$

(2) 单一电容正弦交流电路电压与电流之间的关系

$$i=C\frac{\mathrm{d}u}{\mathrm{d}t}=C\frac{\mathrm{d}[U_m\sin(\omega t)]}{\mathrm{d}t}=I_m\sin(\omega t+90°)\tag{2-18}$$

① 电压与电流之间的频率关系　电容元件两端的端电压与电流是同频率的正弦电量。

② 电压与电流之间的数值关系

$$\text{最大值 } I_m=\omega CU_m=\frac{U_m}{1/(\omega C)}\tag{2-19}$$

$$\text{有效值 } I=\omega CU=\frac{U}{1/(\omega C)}=\frac{U}{X_C}\tag{2-20}$$

X_C等于电压有效值与电流有效值之比，单位为［欧姆］，称为容抗。

$$X_C=\frac{U}{I}=\frac{1}{\omega C}=\frac{i}{2\pi fC}\tag{2-21}$$

③ 电压与电流之间的相位关系　单一电容正弦交流电路电压与电流的相位关系如图 2-19。电容元件的电压 u 滞后于电流 i 90°。

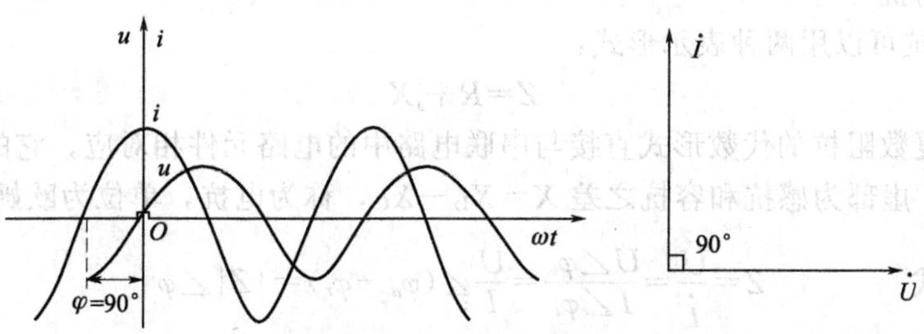

图 2-19　单一电容正弦交流电路电压与电流的相位关系

（3）单一电容元件电路的功率

① 瞬时功率

$$p=ui=U_{\mathrm{m}}\sin(\omega t)\times I_{\mathrm{m}}\sin(\omega t+90^\circ)$$

$$=U_{\mathrm{m}}I_{\mathrm{m}}\sin(\omega t)\times\cos(\omega t)=\frac{U_{\mathrm{m}}I_{\mathrm{m}}}{2}\sin(\omega t)=UI\sin(2\omega t) \tag{2-22}$$

② 平均功率

$$P=\frac{1}{T}\int_0^T p\mathrm{d}t=\frac{1}{T}\int_0^T UI\sin(2\omega t)\mathrm{d}t=0 \tag{2-23}$$

③ 无功功率

$$Q=UI=I^2X_{\mathrm{C}}=\frac{U^2}{X_{\mathrm{C}}} \tag{2-24}$$

2.4 *R*、*L*、*C* 串联交流电路

在实际工程中，电路模型往往是由多个电阻、电感和电容元件组成的串联或并联电路，本节在上一节介绍的单一正弦交流电路的基础上，讨论电阻、电感和电容元件串联电路和并联电路中的电压、电流关系及功率特性。

R、L、C 串联交流电路如图 2-20 所示。

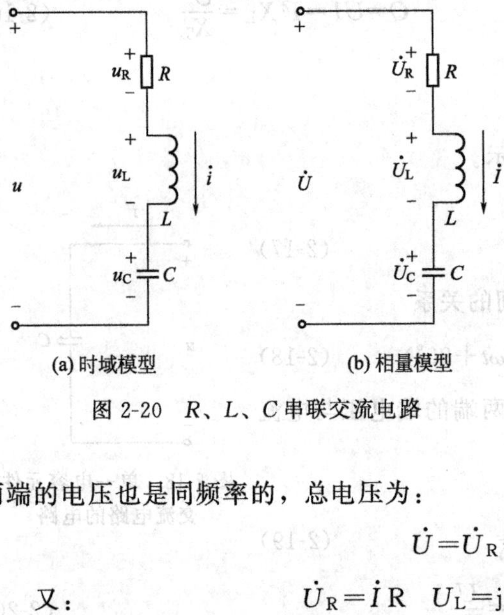

(a) 时域模型 (b) 相量模型

图 2-20 R、L、C 串联交流电路

2.4.1 电路上电压、电流关系

设图 2-20 所示电路中，流过的正弦电流为：

$$i=I_{\mathrm{m}}\sin(\omega t)$$

因为电路中只有一个电流，所以各器件两端的电压也是同频率的，总电压为：

$$\dot{U}=\dot{U}_{\mathrm{R}}+\dot{U}_{\mathrm{L}}+\dot{U}_{\mathrm{C}}$$

又：$\dot{U}_{\mathrm{R}}=\dot{I}R \quad U_{\mathrm{L}}=\mathrm{j}X_{\mathrm{L}}\dot{I} \quad \dot{U}_{\mathrm{C}}=-\mathrm{j}X_{\mathrm{C}}\dot{I}$

得：$\dot{U}=\dot{I}[R+\mathrm{j}(X_{\mathrm{L}}-X_{\mathrm{C}})]=\dot{I}(R+\mathrm{j}X)=\dot{I}Z$

$$Z=\dot{U}/\dot{I} \tag{2-25}$$

Z 称为电路的复数阻抗，可简称为阻抗，单位为欧姆。引入复数阻抗的概念以后，电压相量与电流相量之间符合欧姆定律的形式。

（1）复数阻抗

① 复数阻抗可以用两种表示形式：

代数形式 $Z=R+\mathrm{j}X$

可以认为复数阻抗的代数形式直接与串联电路中的电路元件相对应，它的实部是串联电路中的电阻 R，虚部为感抗和容抗之差 $X=X_{\mathrm{L}}-X_{\mathrm{C}}$，称为电抗，单位为欧姆。

极坐标形式 $$Z=\frac{\dot{U}}{\dot{I}}=\frac{U\angle\varphi_u}{I\angle\varphi_i}=\frac{U}{I}\angle(\varphi_u-\varphi_i)=|Z|\angle\varphi \tag{2-26}$$

② 阻抗三角形

$$Z=R+\mathrm{j}X=|Z|\angle\varphi$$

电阻 $$R=|Z|\cos\varphi$$

电抗 $$X=|Z|\sin\varphi$$

阻抗模 $$|Z|=\sqrt{R^2+X^2} \tag{2-27}$$

阻抗角 $$\varphi=\arctan\frac{X}{R}=\arctan\frac{X_L-X_C}{R} \tag{2-28}$$

由相量图可导出阻抗三角形。阻抗三角形不是相量图，它的各条边仅仅反映了各个复阻抗之间的数量关系。如图 2-21 所示。

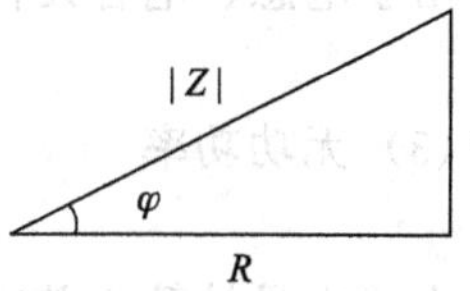

图 2-21　阻抗三角形

(2) 电压、电流的相位关系

由 $U_X=U_L-U_C$ 可知，电路的性质取决于电抗 U_X，如图 2-22。

电感性电路　$U_L>U_C$，$U_X>0$，u 超前 i 一个 φ 角；

电容性电路　$U_L<U_C$，$U_X<0$，u 滞后 i 一个 φ 角；

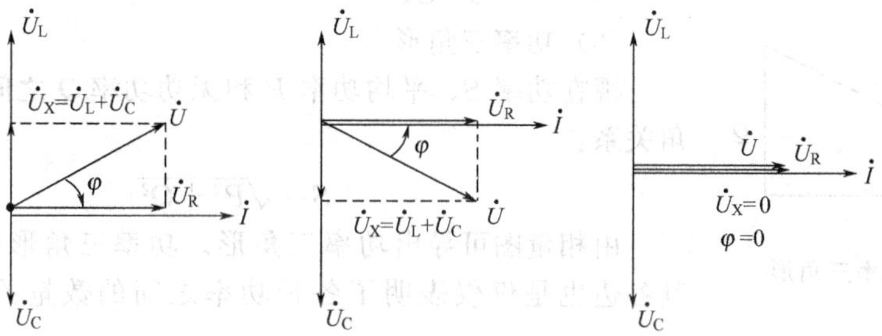

图 2-22　电压、电流相位关系

电阻性电路　$U_L=U_C$，$U_X=0$，u 和 i 同相。

同理：

① 当 $\omega L>\frac{1}{\omega C}$ 时，$X>0$，$\varphi>0$，电路呈感性；

② 当 $\omega L<\frac{1}{\omega C}$ 时，$X<0$，$\varphi<0$，电路呈容性；

③ 当 $\omega L=\frac{1}{\omega C}$ 时，$X=0$，$\varphi=0$，电路呈电阻性。

在含有 L 和 C 的电路中，出现总电压与电流同相的阻性电路时，称电路发生了谐振。电路发生谐振时，情况比较特殊：由于谐振时电抗为零，所以阻抗最小；电压一定时谐振电流最大；在 L 和 C 两端将出现过电压情况等。

电力系统中的电压一般为 380V 和 220V，若谐振发生出现过电压时，极易损坏电器，因此应避免谐振的发生。谐振现象被广泛应用在电子技术中。

2.4.2　R、L、C 串联交流电路上功率关系

已知输入端电流和电压分别是：

$$u=U_m\sin(\omega t+\varphi_u)$$

$$i=I_m\sin(\omega t+\varphi_i)$$

(1) 瞬时功率

$$p=ui$$

经过三角函数变换后得：

$$p=UI\cos\varphi-UI\cos(2\omega t+\varphi_u+\varphi_i) \quad (2\text{-}29)$$

式中 $\varphi=\varphi_u-\varphi_i$

(2) 平均功率

$$P=\frac{1}{T}\int_0^T p\mathrm{d}t=UI\cos\varphi \quad (2\text{-}30)$$

$\cos\varphi$ 称为功率因数。

由于电感、电容元件的平均功率是零，因此平均功率 P 也可以用下式计算：

$$P=I^2R$$

(3) 无功功率

$$Q=UI\sin\varphi \quad (2\text{-}31)$$

上式也是计算正弦交流电路无功功率普遍适用的公式。

(4) 视在功率

正弦交流电路电压与电流有效值乘积 UI 称为视在功率，用大写字母 S 表示。即

$$S=UI \quad (2\text{-}32)$$

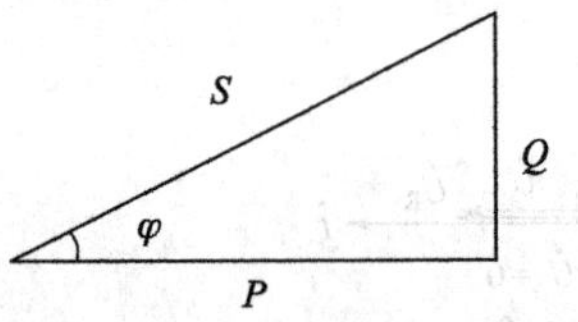

图 2-23 功率三角形

(5) 功率三角形

视在功率 S、平均功率 P 和无功功率 Q 之间，存在如下三角关系：

$$S=\sqrt{P^2+Q^2} \quad (2\text{-}33)$$

由相量图可导出功率三角形。功率三角形也不是相量图，其各边也是仅仅表明了各种功率之间的数量关系。如图 2-23 所示。

2.5 阻抗的串联与并联

2.5.1 阻抗的串联

多个阻抗串联可以用一个等效的阻抗来代替，如图 2-24 所示，这是一个不含电源的二端网络等效变换。

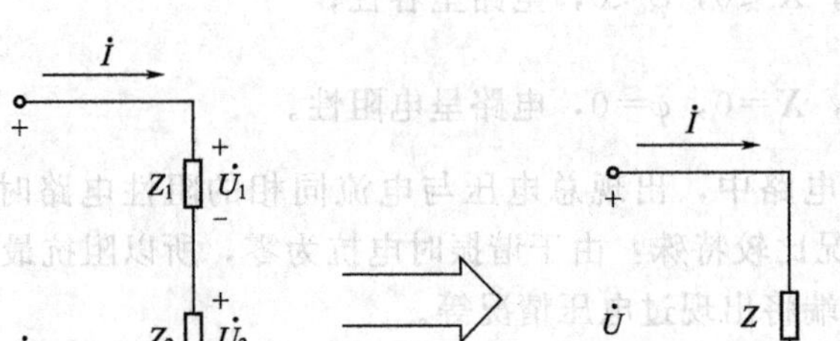

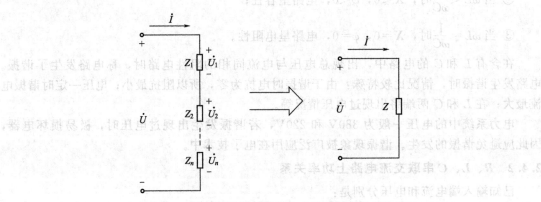

图 2-24 多个阻抗串联可以用一个等效的阻抗来代替

Z 为串联阻抗的等效阻抗，等于各个串联阻抗之和，即：

$$Z=\dot{Z}_1+\dot{Z}_2+\cdots+\dot{Z}_n \quad (2\text{-}34)$$

阻抗串联具有分压的作用。

2.5.2 阻抗的并联

如图 2-25 所示，多个阻抗并联可以用一个等效的阻抗来代替。

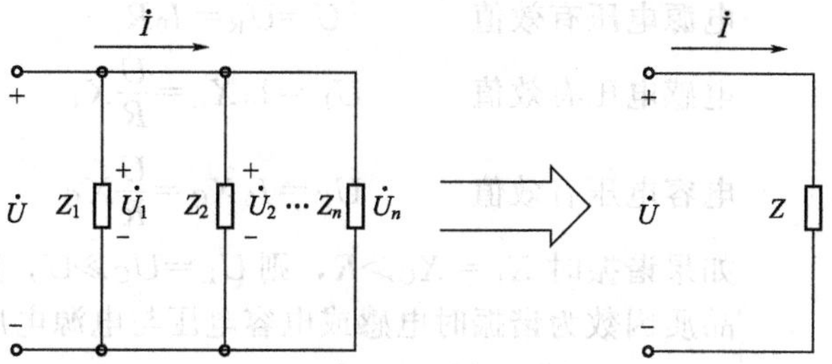

图 2-25 多个阻抗并联可以用一个等效的阻抗来代替

Z 为并联阻抗的等效阻抗，它的倒数等于各个并联阻抗的倒数之和，即：

$$\frac{1}{Z}=\frac{1}{\dot{Z}_1}+\frac{1}{\dot{Z}_2}+\cdots+\frac{1}{\dot{Z}_n} \tag{2-35}$$

用导纳表示为：

$$G=G_1+G_2+\cdots+G_n$$

阻抗并联具有分流的作用。

2.5.3 阻抗谐振

(1) 阻抗串联谐振

含有电感和电容元件的无源二端网络，在一定条件下，电路只呈现阻性，即网络中的电压和电流同相，感抗等于容抗，这种工作状态称为谐振。R、L、C 串联电路发生的谐振现象称为串联谐振。

当电路参数与频率满足特定关系时，$X_L=X_C$，阻抗角 $\varphi=0$，电压$\dot{U}$与电流$\dot{I}$同相位，电路呈现纯电阻性。

阻抗串联谐振发生的条件是：

$$\omega_0 L=\frac{1}{\omega_0 C} \tag{2-36}$$

串联谐振角频率 $$\omega_0=\frac{1}{\sqrt{LC}}$$

串联谐振频率 $$f_0=\frac{1}{2\pi\sqrt{LC}}$$

说明：调节电路中，ω、L、C 三个参数中的任意一个，都可能使阻抗串联电路发生谐振现象。

(2) 串联谐振的特点

① 电压$\dot{U}$与电流$\dot{I}$同相位，阻抗角 $\varphi=0$，串联电路呈现纯电阻性。

$\omega<\omega_0$、$X_L<X_C$、$\varphi<0$，电压$\dot{U}$滞后于电流$\dot{I}$，串联电路呈现电容性。

$\omega>\omega_0$、$X_L>X_C$、$\varphi>0$，电压$\dot{U}$超前于电流$\dot{I}$，串联电路呈现电感性。

② 阻抗值最小

$$Z=R+\mathrm{j}(X_L-X_C)=R$$

③ 电源电压有效值保持不变，电流达最大值

$$I=I_0=U/R$$

④ 可能产生过电压现象。

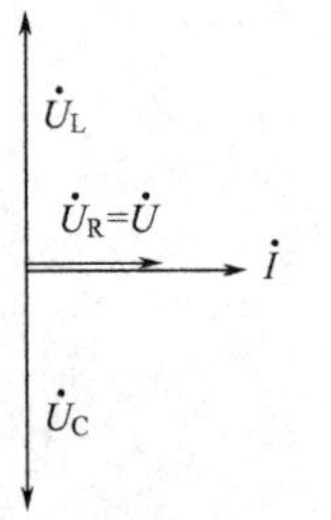

图 2-26 过电压现象

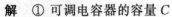

谐振时 $X_L=X_C$，电感端电压与电容端电压相互补偿，即$\dot{U}_L=-\dot{U}_C$。电源电压等于电阻端电压，即$\dot{U}_R=\dot{U}$，如图 2-26 所示。

电源电压有效值 $U=U_R=I_0R$

电感电压有效值 $U_L=I_0X_L=\dfrac{U}{R}X_L$

电容电压有效值 $U_C=I_0X_C=\dfrac{U}{R}X_C$

如果谐振时 $X_L=X_C>R$，则 $U_L=U_C\gg U$，产生过电压现象。

品质因数为谐振时电感或电容电压与电源电压之比，用 Q 表示。

$$Q=\frac{U_L}{U}=\frac{U_C}{U}=\frac{\omega_0 L}{R}=\frac{1}{\omega_0 CR}$$

Q 是衡量谐振剧烈程度的物理量。

【例 2-5】 电路如图 2-27 所示，已知 $L=300\mu H$、$R=15\Omega$，现欲接收$f_0=828kHz$ 的广播信号，计算：

① 可调电容器的容量 C；

② 谐振电路的品质因数 Q；

③ 如果该频率信号的有效值$U=12\mu V$，计算谐振电路的电流 I 和电容器的端电压 U_C。

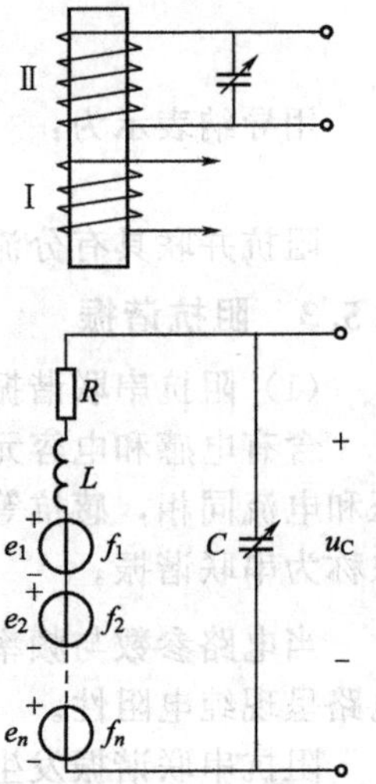

图 2-27 例 2-5 图

解 ① 可调电容器的容量 C

根据谐振条件

$$\omega_0 L=\frac{1}{\omega_0 C}$$

$$C=\frac{1}{\omega_0^2 L}$$

$$C=\frac{1}{(2\pi f_0)^2 L}$$

$$=\frac{1}{(2\pi\times 828\times 10^3)^2\times 300\times 10^{-6}}=123pF$$

② 品质因数 Q

$$Q=\frac{2\pi\times 828\times 10^3\times 300\times 10^{-6}}{15}=104$$

③ 谐振电流和电容器的端电压

$$I_0=\frac{U}{R}=\frac{12\times 10^{-6}}{15}=0.8\mu A$$

$$U_C=QU=104\times 12\times 10^{-6}=1248\mu F=1.25mV$$

(3) 并联谐振的特点

① 阻抗近似为最大值。

$$Z=\frac{\dfrac{L}{C}}{R+j\omega L+\dfrac{1}{j\omega C}}\quad\frac{1}{\dfrac{RC}{L}+j\left(\omega C-\dfrac{1}{\omega L}\right)}$$

上式中分母虚部为零 $Z=\dfrac{L}{RC}$

Z 近似达最大值。

② 电源电压为定值 U，谐振电流为最小值（近似）。

$$I_0=\frac{U}{|Z|}=\frac{U}{L/(RC)}=\frac{URC}{L}$$

③ $\dot{U}$与$\dot{I}$同相位，电路呈现纯电阻性，等效为一个高电阻。

如图 2-28 所示，在电力系统中用作高频阻波器。

有用信号 e_S，噪音信号 e_N，高阻谐振滤波器 f_N。

LC 高阻谐振滤波器谐振频率为 f_N，对噪音信号发生谐振，呈现最大阻抗，噪音信号基本上降落在 LC 并联电路两端，负载只接受有用信号 e_S。

④ 可能出现过电流现象。

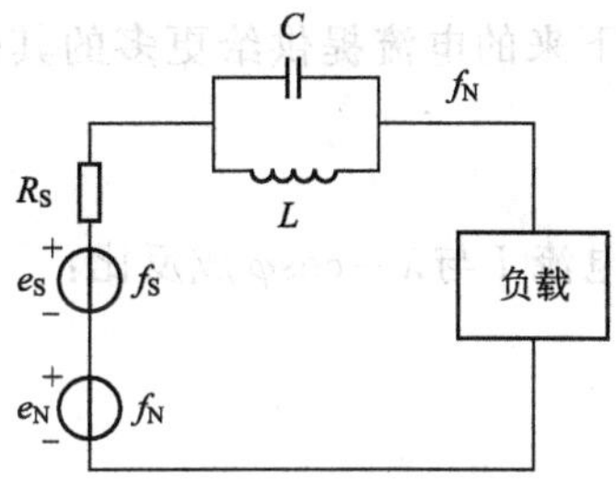

图 2-28　例 2-6 图

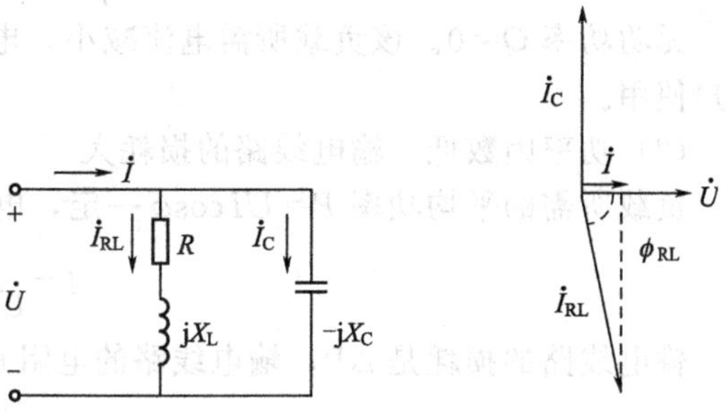

图 2-29　过电流现象

如图 2-29 所示，支路电流$\dot{I}_{RL}$与$\dot{I}_C$近似反相，数值相等。

当$\frac{1}{\omega_0 C}\approx\omega_0 L\gg R$ 时，支路电流 $I_{RL}\approx I_C\gg I_0$（总电流）。

2.6　功率因数的提高及有功功率的测量

2.6.1　功率因数的概念

功率因数指的是电路中感抗与容抗初相差的余弦值，即 $\lambda=\cos\varphi$，取决于负载的性质和参数。电力设备如变压器、感应电动机、电力线路等，除从电力系统吸取有功功率外，还要吸取无功功率。无功功率仅完成电磁能量的相互转换，并不做功。无功和有功同样重要，没有无功，变压器不能变压，电动机不能转动，电力系统不能正常运行。但无功功率占用了电力系统发供电设备提供有功功率的能力，同时也增加了电力系统输电过程中有功功率的损耗，导致用电功率因数降低。

平均功率 $P=UI\cos\varphi$，在交流供电系统中负载多为电感性。例如三相异步电动机，在额定工作状态下，功率因数约为 0.8～0.9，而轻载工作时仅为 0.2～0.3。

功率因数低会产生如下问题：

(1) 发电设备的容量未能充分利用

发电设备的容量

$$S_N=U_N I_N$$

$\lambda=\cos\varphi=1$　$P=U_N I_N\cos\varphi=S_N$　发电设备得到了最充分的利用。

$\lambda=\cos\varphi<1$　$P=U_N I_N\cos\varphi<S_N$　$\lambda=\cos\varphi$ 越大，P 越小，发电设备未被充分利用。

【例 2-6】 感性负载，端电压 $U=220\text{V}$，功率 $P=10\text{kW}$，功率因数 $\lambda_1=\cos\varphi_1=0.5$，计算此时电源提供的电流 I_1 和无功功率 Q。

解　功率　　　　$P=UI\cos\varphi_1$

电流 $I_1=\dfrac{P}{U\cos\varphi_1}=\dfrac{10\times10^3}{220\times0.5}=90.91\text{A}$

无功功率 $Q=UI\sin\varphi_1$

$\varphi_1=\arccos0.5=60^\circ$

$Q=UI\sin\varphi_1=220\times90.91\times\sin60^\circ=17.32\text{kvar}$

讨论 功率因数越小，所需电流 I_1 越大，无功功率 Q 也越大。

反之，若将功率因数提高为 $\lambda_2=\cos\varphi_2=1$，则电源提供的电流减小：

$$I_2=\frac{P}{U\cos\varphi_2}=\frac{10\times10^3}{220}=45.45\text{A}$$

无功功率 $Q=0$。该负载所需电流减小，电源即可将节省下来的电流提供给更多的其他用户使用。

(2) 功率因数低，输电线路的损耗大

负载所需的平均功率 $P=UI\cos\varphi$ 一定，电压 U 一定，则电流 I 与 $\lambda=\cos\varphi$ 成反比：

$$I=\frac{P}{U\cos\varphi}$$

输电线路的损耗是 ΔP，输电线路的电阻是 R，则

$$\Delta P=I^2R=\left(\frac{P}{U}\right)^2R\,\frac{1}{\cos^2\varphi}$$

功率因数 $\lambda=\cos\varphi$ 越小，ΔP 越大。

根据用电规则，高压供电的工业企业功率因数不得低于 0.95，其他用户不得低于 0.9。

2.6.2 为什么要提高功率因数？

功率因数是电力技术经济中的一个重要指标。提高功率因数意味着：

① 提高用电质量，改善设备运行条件，保证设备在正常条件下工作，有利于安全生产；

② 可节约电能，降低生产成本，减少企业的电费开支，例如 $\cos\varphi=0.5$ 时的损耗是 $\cos\varphi=1$ 时的 4 倍；

③ 提高企业用电设备利用率，充分发挥企业的设备潜力；

④ 减少线路的功率损失，提高电网输电效率；

⑤ 因发电机容量的限定，提高功率因数将意味着让发电机多输出有功功率。

提高功率因数的意义：

① 提高供电设备的利用率；

② 减少线路上的能量损耗。

2.6.3 提高功率因数的方法

① 避免感性设备的空载和减少其轻载。

② 在线路两端并联适当电容。

在实际生活中，大多数的负载是感性的，因此，提高供电系统功率因数的主要方法是在电感性负载两端并联一个容量数值合适的电容器，这个电容器称为补偿电容，如图 2-30 所示。

工作原理 未并联电容，如图 2-31 所示。

感性负载支路电流 $\dot{I}_{RL}$；

总电流 $\dot{I}=\dot{I}_{RL}$；

电路的功率因数 $\lambda_1=\cos\varphi_1$；

分解 有功分量 $I_R=I_{RL}\cos\varphi_1$；

无功分量 $I_X=I_{RL}\cos\varphi_1$。

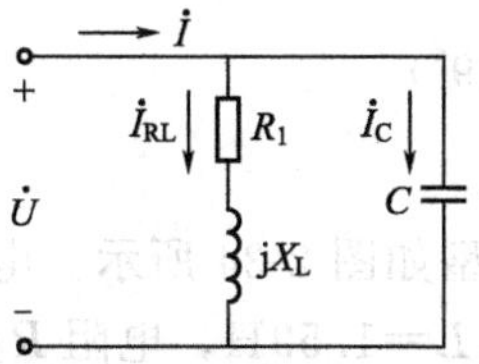

图 2-30 提高功率因数的方法

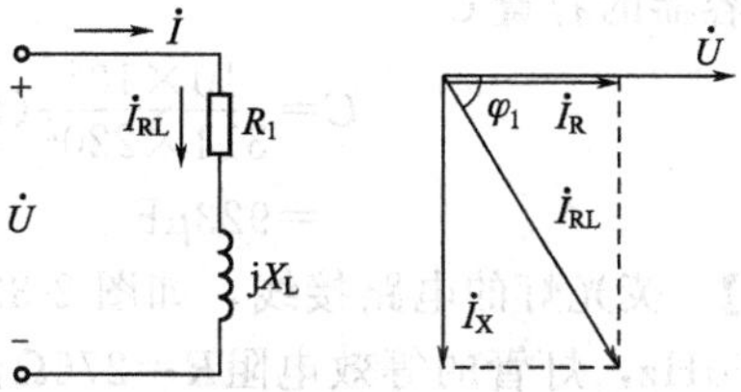

图 2-31 未并联电容的电路

并入电容后，如图 2-32 所示。

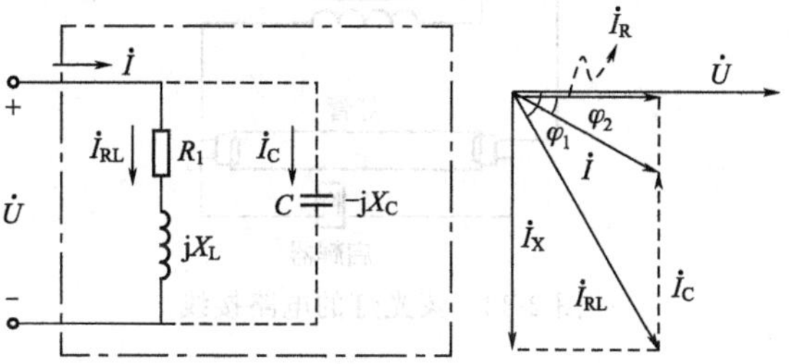

图 2-32 并入电容后的电路

电容支路电流$\dot{I}_C$；

$\dot{I}_C$与无功分量$\dot{I}_X$相位相反，相互补偿；

总电流$\dot{I}=\dot{I}_{RL}+\dot{I}_C$；

有效值 $I<I_{RL}$；

总电流$\dot{I}$与电压$\dot{U}$的相位差角 $\varphi_2<\varphi_1$；

补偿后的功率因数 $\lambda_2=\cos\varphi_2>\lambda_1=\cos\varphi_1$；

把功率因数从 $\lambda_1=\cos\varphi_1$ 提高到 $\lambda_2=\cos\varphi_2$，应该并联电容器的容量：

$$I_C=I_{RL}\sin\varphi_1-I\sin\varphi_2$$
$$=\left(\frac{P}{U\cos\varphi_1}\right)\sin\varphi_1-\left(\frac{P}{U\cos\varphi_2}\right)\sin\varphi_2$$
$$=\frac{P}{U}(\tan\varphi_1-\tan\varphi_2)$$

电容支路的电流
$$I_C=\frac{U}{X_C}=U\omega C$$

代入上式

$$C=\frac{I_C}{\omega U}=\frac{P}{\omega U^2}(\tan\varphi_1-\tan\varphi_2)$$

【例 2-7】 感性负载，$P=10\text{kW}$，$U_N=220\text{V}$，$\lambda_1=\cos\varphi_1=0.5$，计算电源提供的电流 I_1 和无功功率 Q_1。

若将功率因数提高到 $\lambda_2=\cos\varphi_2=0.95$，计算电源提供的电流 I_2 和无功功率 Q_2，计算补偿电容器的容量 C。

解 并联电容前

$$I_1=\frac{P}{U\cos\varphi_1}=\frac{10\times10^3}{220\times0.5}=90.91\text{A}$$
$$Q_1=UI\sin\varphi_1$$
$$\cos\varphi_1=0.5\quad \varphi_1=60°\quad \sin\varphi_1=0.866$$
$$Q_1=UI\sin\varphi_1=220\times90.91\times0.866=17.32\text{kvar}$$

并联电容后

$$I_2=\frac{P}{U\cos\varphi_2}=\frac{10\times10^3}{220\times0.95}=47.85\text{A}$$
$$\cos\varphi_2=0.95\quad \varphi_2=18.19°\quad \sin\varphi_2=0.312$$
$$Q_2=UI\sin\varphi_2=220\times47.85\times0.312=3.28\text{kvar}$$

补偿电容器的容量 C

$$C=\frac{10\times10^3}{314\times220^2}(\tan60°-\tan18.19°)$$
$$=923\mu F$$

【例 2-8】 荧光灯的电路接线，如图 2-33 所示。电路模型如图 2-34 所示。电源电压 $U=220V$，$f=50Hz$，灯管的等效电阻 $R=276\Omega$，镇流器的电感 $L=1.59H$，电阻 $R_L=13.6\Omega$。

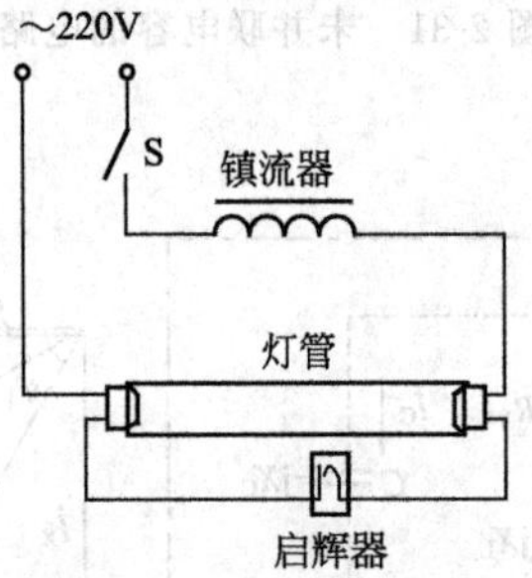

图 2-33 荧光灯的电路接线

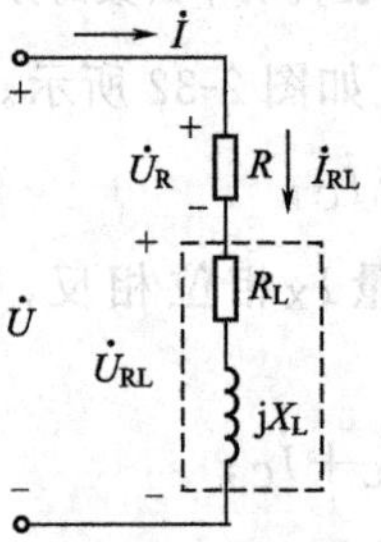

图 2-34 例 2-9 电路模型

① 计算灯管电流 I_{RL}、电压 U_R，镇流器电压 U_{RL}，灯管的平均功率 P_R，整个电路的平均功率 P 及功率因数 $\cos\varphi_1$。

② 与荧光灯电路并联电容 $C=4.75\mu F$，计算电源提供的电流 I 和提高后的功率因数 $\cos\varphi_2$。

解 ① 镇流器的感抗

$$X_L=314\times1.59=499.26\Omega$$

荧光灯电路的总阻抗

$$Z=(R+R_L)+jX_L$$
$$=(276+13.6)+j499.26$$
$$=289.6+j499.26$$
$$=577.17\angle59.88°\Omega$$

电源电压 $\dot{U}=220\angle0°V$

电流（未并联电容 C）

$$\dot{I}=\dot{I}_{RL}=\frac{\dot{U}}{Z}=\frac{220\angle0°}{577.17\angle59.88°}=0.38\angle-59.88°A$$

灯管的电压

$$\dot{U}_R=\dot{I}_{RL}R=0.38\angle-59.88°\times276$$
$$=104.88\angle-59.88°V$$
$$\dot{U}_{RL}=\dot{I}_{RL}\times(R_L+jX_L)$$
$$=0.38\angle-59.88°\times(13.6+j499.26)$$
$$=0.38\angle-59.88°\times499.44\angle88.44°$$
$$=189.79\angle28.56°V$$

所求 $I_{RL}=0.38A$ $U_R=104.88V$ $U_{RL}=189.79V$

灯管和荧光灯电路的平均功率

$$P_R=I_{RL}^2R=0.38^2\times276=39.85W$$
$$P=UI\cos\varphi=220\times0.38\times\cos59.88°$$

$=41.95W$

功率因数　　$\cos\varphi_1=\cos59.88°=0.5$

② 并入电容 C 后，如图 2-35 所示。

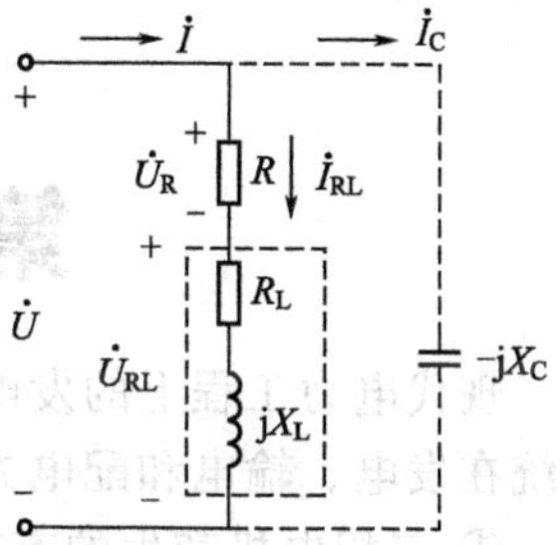

图 2-35　并联电容 C 电路

容抗　　$X_C=\frac{1}{\omega C}=\frac{1}{314\times4.75\times10^{-6}}=670.47\Omega$

电容电流

$$\dot I_C=\frac{220\angle0°}{-j670.47}=0.33\angle90°A$$

$$\dot I=\dot I_{RL}+\dot I_C$$

$$=0.38\angle-59.88°+0.33\angle90°=0.19\angle0°A$$

功率因数角　　$\varphi_2=\varphi_u-\varphi_i=0°$

功率因数　　$\cos\varphi_2=\cos0°=1$

习　题　2

2-1. 什么是交流电的周期、频率和角频率？它们之间有什么关系？

2-2. 什么是交流电的最大值、瞬时值和有效值？它们之间有什么关系？

2-3. 把 $C=10\mu F$ 的电容接在电压 $u=311\sin(314t+45°)$ V 的电源上。试求：

（1）电容的容抗；

（2）电容电流的有效值；

（3）写出电流瞬时值表达式；

（4）无功功率。

2-4. 把一个线圈（视为一个纯电感）与一个电阻 R 串联后接入 220V 的工频电流上，测得电阻 R 两端的电压为 177.5V，线圈两端的电压为 130V，电流为 2.5A，试求电路中的参数 R、L。

第 3 章　三相交流电路

现代电力工程上的发电与输电、配电系统大多数均采用三相交流电方式。三相交流供电系统在发电、输电和配电方面较单相供电具有很多优点，主要表现在：

① 三相电机产生的有功功率为恒定值，因此电机的稳定性特别好；

② 三相交流电的产生与传输更经济一些；

③ 三相负载和单相负载相比，相同容量的情况下体积要小得多。

三相交流电路是以三相交流电源为中心组成的供电系统。由于以上优点，使三相供电在生产和生活中得到了极其广泛的应用。

3.1　三相交流电的产生

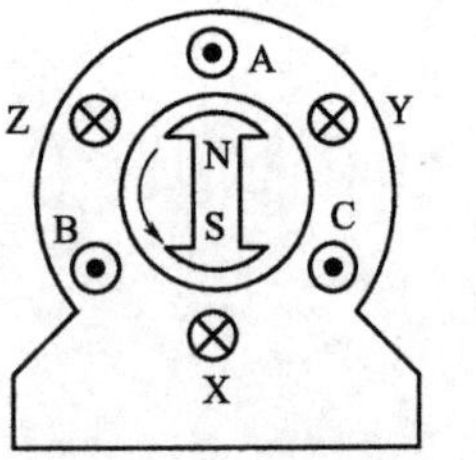

图 3-1　三相发电机示意图

三相交流电是由三相发电机产生的。三相发电机主要由定子和转子组成，如图 3-1 所示。

定子是固定不动的部分，在定子的槽中嵌入三组线圈，即 AX、BY 和 CZ，首端分别为 A、B、C，末端分别为 X、Y、Z。每组称为一相，每相线圈的匝数、形状、参数都相同，在空间上彼此相差 120°，转子是一个可以旋转的磁极，由永久磁铁或电磁铁组成。在发电机工作时，转子在外部动力带动下以角速度 ω 旋转，三个定子绕组都会感应出随时间按正弦规律变化的电势，这三个电势的振幅和频率相同，且由于三组线圈在空间位置上相差 120°，故相位差互为 120°，因此称这组电源为正弦三相对称电压源，可将其表示为

$$e_A = E_m \sin(\omega t)$$

$$e_B = E_m \sin(\omega t - 120°)$$

$$e_C = E_m \sin(\omega t - 240°) = E_m \sin(\omega t + 120°)$$

电路分析中很少用电动势，通常用电压来表示。以 A 相绕组的感应电压为参考正弦量，则发电机感应的对三相电压分别为

$$\begin{aligned} u_A &= U_m \sin(\omega t) \\ u_B &= U_m \sin(\omega t - 120°) \\ u_C &= U_m \sin(\omega t + 120°) \end{aligned} \tag{3-1}$$

相量式

$$\begin{aligned} \dot{U}_A &= U_P \angle 0° \\ \dot{U}_B &= U_P \angle -120° \\ \dot{U}_C &= U_P \angle +120° \end{aligned} \tag{3-2}$$

三相交流发电机能够产生三个频率相同、有效值相等、彼此之间有 120°相位差的电动势 e_A、e_B、e_C。用端电压表示电源的作用效果。其波形图和相量图如图 3-2 所示。

相序为相电势依次达到最大值的先后顺序［三相交流电动势（电压）从超前到滞后的排列顺序］，若顺序为 A→B→C，称为正相序，反之，若按 A→C→B，则称为逆相序。容易证

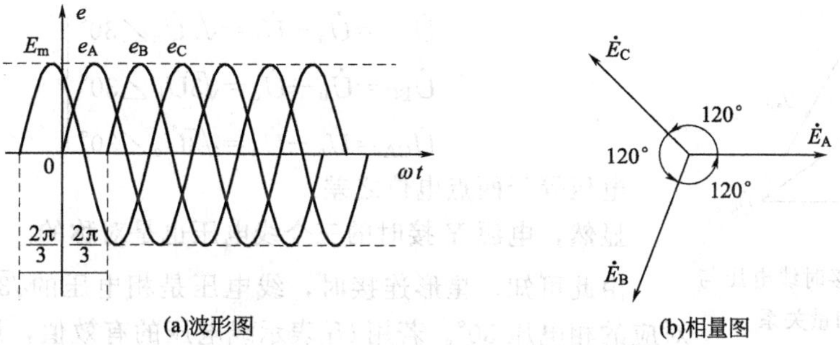

图 3-2　三相对称电势波形图和相量图

明，不论正序或逆序，三相对称电势总有

$$\dot{E}_A+\dot{E}_B+\dot{E}_C=0$$

对称三相电压的特点：瞬时值之和等于零。

$$u_A+u_B+u_C=0$$

3.2　三相电源的连接方式

3.2.1　星形（Y）连接方式

将 A、B、C 三相电源的末端 X、Y、Z 连在一起，组成一个公共点 N，对外形成 A、B、C、N 四个端子，这种连接形式称为三相电源的星形连接或 Y 形连接，如图 3-3 所示。

A、B、C 三相电源首端分别向外引出端线，称为相线（端线），俗称火线。N 三相电源尾端公共点向外引出的导线称为中性线，中性线俗称零线。

相电压　三条相线到中性线的电压，即三相电源的三个相电压 $\dot{U}_a$、$\dot{U}_b$、$\dot{U}_c$。，等于发电机绕组的三相感应电压。

线电压　三条相线之间的电压，即火线与火线之间的电压。线电压的正方向：$\dot{U}_{AB}$、$\dot{U}_{BC}$、$\dot{U}_{CA}$。

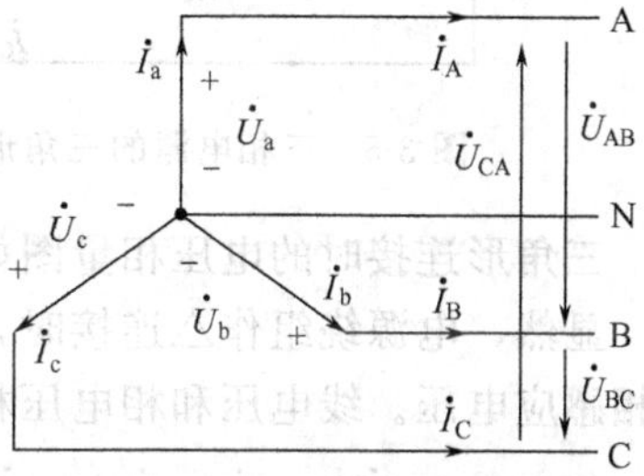

图 3-3　三相电源的星形连接

三相电源绕组作 Y 形连接时，可以向负载提供两种电压。此种供电系统称为三相四线制。电源的中性点总是接地的，因此相电压在数值上等于各相绕组首端电位。

线电压分别超前于相应的相电压 30°。

线电压的有效值

$$U_{AB}=2U_a\cos30°=\sqrt{3}U_a$$
$$U_{BC}=2U_b\cos30°=\sqrt{3}U_b$$
$$U_{CA}=2U_c\cos30°=\sqrt{3}U_c \qquad (3\text{-}3)$$

从图 3-3 可知，星形连接时，线电流与相电流的关系为

$$\dot{I}_A=\dot{I}_a,\ \dot{I}_B=\dot{I}_b,\ \dot{I}_C=\dot{I}_c$$

即星形连接时线电流和对应的相电流相等。

线电压与相电压的相量关系如图 3-4 所示。

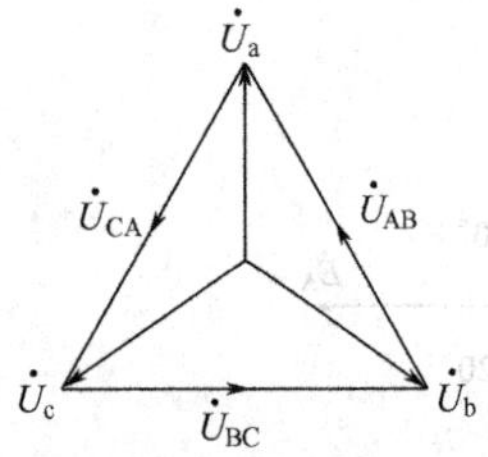

图 3-4 星形连接时线电压与相电压的相量关系

从图 3-4 可知

$$\left.\begin{aligned}\dot U_{AB}&=\dot U_a-\dot U_b=\sqrt{3}\dot U_a\angle 30^\circ\\ \dot U_{BC}&=\dot U_b-\dot U_c=\sqrt{3}\dot U_b\angle 30^\circ\\ \dot U_{CA}&=\dot U_c-\dot U_a=\sqrt{3}\dot U_c\angle 30^\circ\end{aligned}\right\}\qquad(3\text{-}4)$$

电压等于两点电位之差。

显然，电源 Y 接时的三个线电压也是对称的。

由此可知，星形连接时，线电压是相电压的$\sqrt{3}$倍，相位超前对应的相电压 30°。若用U_L表示线电压的有效值，用U_P表示相电压的有效值，则有

$$U_L=\sqrt{3}U_P\qquad(3\text{-}5)$$

3.2.2 三角形（△）连接

将三个电源的首尾依次相接组成一个三角形，再从三个端子分别引出端线，这种接法称为三相电源的三角形连接，简记为△连接，如图 3-5 所示。图中 AZ、BX、CY 分别连在一起，引出端线 A、B、C，从而构成△连接。

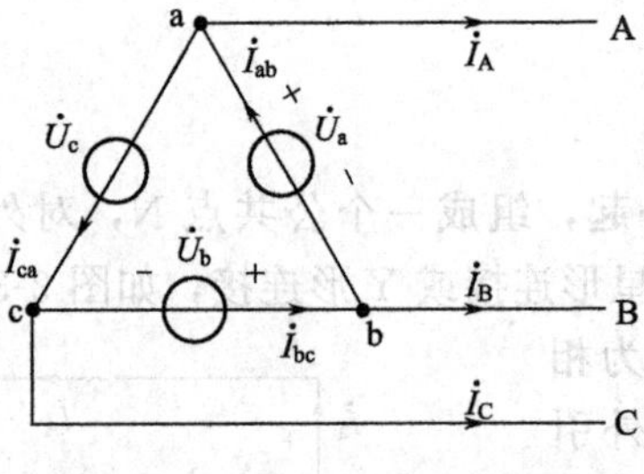

图 3-5 三相电源的三角形连接

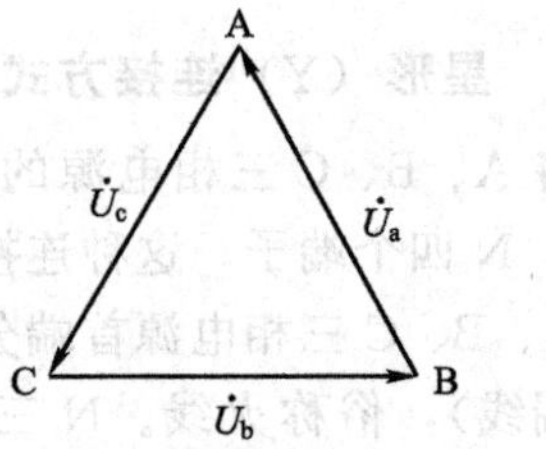

图 3-6 三角形连接电压相量图

三角形连接时的电压相量图如图 3-6 所示。

显然，电源绕组作△连接时，线电压等于发电机绕组的三相感应电压。线电压和相电压相等，$U_{线}=U_{相}$，即

$$\dot U_{AB}=\dot U_a,\ \dot U_{BC}=\dot U_b,\ \dot U_{CA}=\dot U_c$$

从图 3-5 知线电流和相电流的关系为

$$\left.\begin{aligned}\dot I_A&=\dot I_{ab}-\dot I_{ca}\\ \dot I_B&=\dot I_{bc}-\dot I_{ab}\\ \dot I_C&=\dot I_{ca}-\dot I_{bc}\end{aligned}\right\}$$

设该电路所接负载也是对称的，那么三个相电流$\dot I_{ab}$、$\dot I_{bc}$、$\dot I_{ca}$也应是大小相等、相位依次相差 120°的对称电流，如图 3-7 所示。

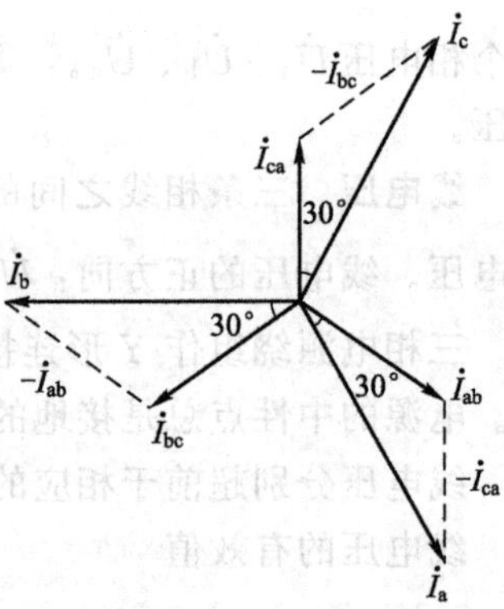

图 3-7 线电流和相电流的关系

线电流和相电流的关系为

$$\left.\begin{aligned}\dot I_A&=\dot I_{ab}-\dot I_{ca}=\sqrt{3}\dot I_{ab}\angle 30^\circ\\ \dot I_B&=\dot I_{bc}-\dot I_{ab}=\sqrt{3}\dot I_{bc}\angle 30^\circ\\ \dot I_C&=\dot I_{ab}-\dot I_{ca}=\sqrt{3}\dot I_{ca}\angle 30^\circ\end{aligned}\right\}$$

即三角形连接时，线电压和相电压相等，线电流等于相电流的$\sqrt{3}$倍，相位滞后相电流30°。若用I_L表示线电流的有效值，用I_P表示相电流的有效值，则有

$$I_L=\sqrt{3}I_P \tag{3-6}$$

此外，三角形连接时必须注意极性，因为只有正确连接，才有$\dot{U}_a+\dot{U}_b+\dot{U}_c=0$。

发电机三相绕组作△连接时，不允许首尾端接反！否则将在三角形环路中引起大电流而致使电源过热烧损。

发电机绕组作△连接时只能向负载提供一种电压。

三相电源绕组作△连接时，线电压等于电源绕组的感应电压。此种供电系统称为三相三线制。通常电源绕组的连接方式为星形。

三相四线制供电系统两种电压一般表示为$\dot{U}_L=\sqrt{3}\dot{U}_P\angle 30°$。

日常生活与工农业生产中，多数用户的电压等级为：$U_L=380V$、$U_P=220V$或$U_L=220V$、$U_P=127V$，低压配电系统民用和动力混合使用的供电系统。

3.3　三相电源和负载的连接

负载接入三相电源的原则：

① 电源电压等于负载的额定电压，如图 3-8 所示；

② 多个负载应均匀地接入三相电源，尽量保证三相电源的负载均衡、对称。

3.3.1　单相负载

单相负载主要包括照明负载、生活用电负载及一些单相设备。单相负载常采用三相中引出一相的供电方式。为保证各个单相负载电压稳定，各单相负载均以并联形式接入电路。在单相负荷较大时，如大型居民楼供电，可将所有单相负载平均分为三组，分别接入 A、B、C 三相电路，如图 3-9 所示，以保证三相负载尽可能平衡，提高安全供电质量及供电效率。

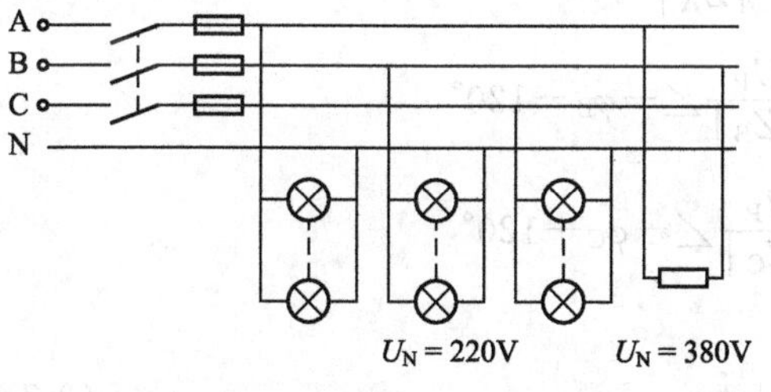

图 3-8　电源电压等于负载的额定电压电路接法

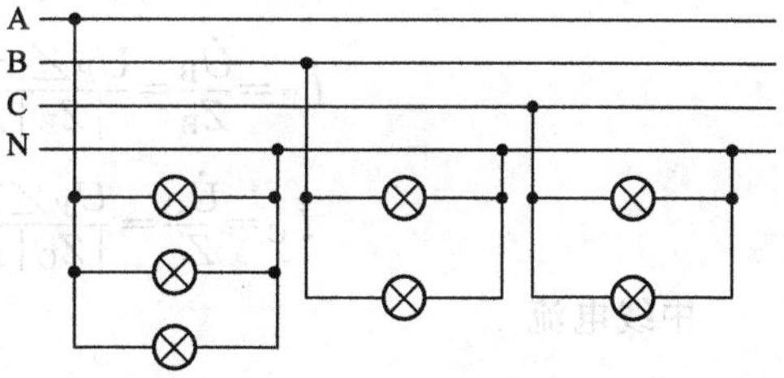

图 3-9　单相负载的连接

负载的额定电压$U_N=220V$，接在相线与中线之间，均匀分布。

若负载的额定电压$U_N=380V$，接在相线与相线之间。

3.3.2　三相负载

三相负载主要是一些电力负载及工业负载。三相负载的连接方式有 Y 形连接和△连接。三相负载的额定电压$U_N=220V$，以星形方式接在相线与中线之间。三相负载的额定电压$U_N=380V$，以三角形方式接在相线与相线之间。

当三相负载中各相负载都相同（即阻抗大小相等、阻抗角相同）时，称为三相对称负载，否则即为不对称负载。连接方式有：三相四线制 Y-Y 连接、三相三线制 Y-Y 连接、Y-△连接、△-Y 连接、△-△连接等，如图 3-10 所示。

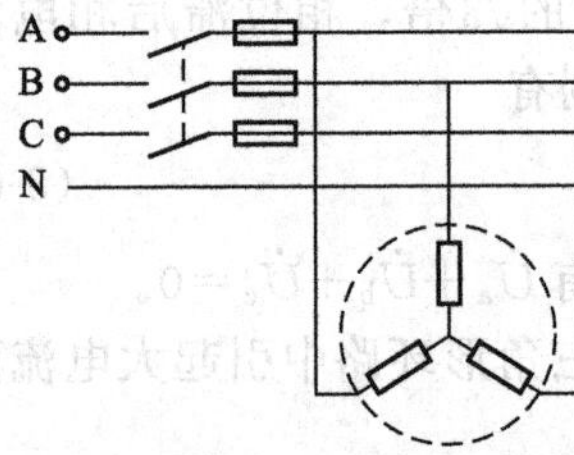

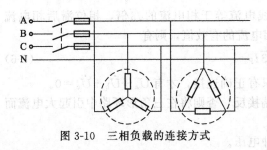

图 3-10 三相负载的连接方式

注意：负载不对称而又没有中线时，负载上可能得到大小不等的电压，当有的超过用电设备的额定电压时，可能烧损或减少使用寿命；而有的达不到额定电压，不能正常工作。如前面所讲到的照明电路，由于中线断开且一相发生故障，由此造成各相负载的不对称。换句话讲，如果有中线，当一相发生故障时，其他无故障负载相仍能正常工作。因此，对通常工作在不对称情况下的三相电路而言，中线绝对不允许断开！而且必须保证中线可靠。为确保中线在运行中不断开，中线上不允许安装保险丝和开关。

3.4 三相电路的计算

3.4.1 负载星形连接的计算

三相负载的额定电压等于电源相电压时，按星形方式连接。

(1) 三相负载星形连接时的特点

负载相电流：流过每一相负载的电流，有效值用 I_P 表示。

线电流：流过相线的电流，有效值用 I_L 表示。

正方向从电源端指向负载端 $\dot{I}_a$、$\dot{I}_b$、$\dot{I}_c$。

中线电流 $\dot{I}_N$ 正方向从负载端指向电源端。

三相负载星形连接（且有中线）时的特点：

① 负载相电压等于电源相电压，负载相电压对称；

② 负载相电流等于对应的线电流。

$$\dot{I}_A=\frac{\dot{U}_A}{Z_A}=\frac{U_P\angle 0^\circ}{|Z_A|\angle\varphi_A}=\frac{U_P}{|Z_A|}\angle-\varphi_A$$

$$\dot{I}_B=\frac{\dot{U}_B}{Z_B}=\frac{U_P\angle-120^\circ}{|Z_B|\angle\varphi_B}=\frac{U_P}{|Z_B|}\angle-\varphi_B-120^\circ$$

$$\dot{I}_C=\frac{\dot{U}_C}{Z_C}=\frac{U_P\angle 120^\circ}{|Z_C|\angle\varphi_C}=\frac{U_P}{|Z_C|}\angle-\varphi_C+120^\circ$$

中线电流

$$\dot{I}_N=\dot{I}_A+\dot{I}_B+\dot{I}_C \tag{3-7}$$

(2) 三相对称负载星形连接电路的计算

$$Z_A=|Z_A|\angle\varphi_A \quad Z_B=|Z_B|\angle\varphi_B \quad Z_C=|Z_C|\angle\varphi_C$$

三相对称负载

$$|Z_A|=|Z_B|=|Z_C|=|Z| \quad \varphi_A=\varphi_B=\varphi_C=\varphi$$

电路如图 3-11 所示，三相电源对称，三相负载也对称，即 $Z_A=Z_B=Z_C=|Z|\angle\varphi$。

负载中点与电源中点等电位，若连线阻抗可忽略，则可以看作是直接相连，所以，每相的计算均可单独进行。

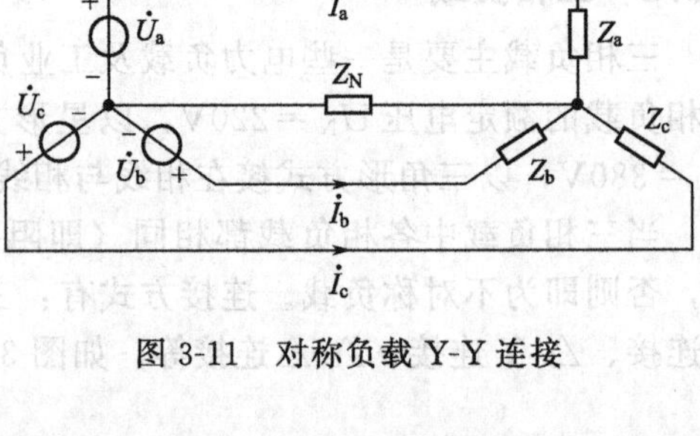

图 3-11 对称负载 Y-Y 连接

负载电压分别为

$$\dot{U}_a=\dot{U}_A=\dot{U}_P\angle 0^\circ$$

$$\dot{U}_b=\dot{U}_B=\dot{U}_P\angle 120^\circ$$

$$\dot{U}_c=\dot{U}_C=\dot{U}_P\angle -120$$

负载电流分别为

$$\dot{I}_a=\frac{\dot{U}_A}{\dot{Z}_a}=\frac{\dot{U}_p}{|Z|}\angle -\varphi$$

$$\dot{I}_b=\frac{\dot{U}_B}{\dot{Z}_b}=\frac{\dot{U}_p}{|Z|}\angle -\varphi-120^\circ$$

$$\dot{I}_c=\frac{\dot{U}_C}{\dot{Z}_c}=\frac{\dot{U}_p}{|Z|}\angle -\varphi+120^\circ$$

结论：三个相电流对称（有效值相等，彼此间依次有 120°相位差）。

中线电流　$\dot{I}_N=\dot{I}_A+\dot{I}_B+\dot{I}_C=0$

中线可以断开——三相三线制供电系统。此时依靠电路的对称性，负载中点 N 和电源中点 N′电位仍保持相等，负载工作不受影响。

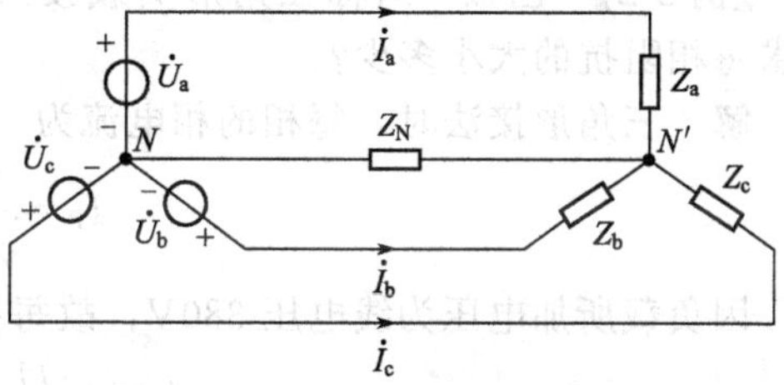

图 3-12　负载中点 N 和电源中点 N′电位保持相等

【例 3-1】 白炽灯 60 盏，额定电压 $U_N=220V$、额定功率 $P_N=100W$ 的三相四线制电源，电压 220V/380V。

(1) 白炽灯如何接入三相电源？

(2) 60 盏白炽灯全部点亮，计算负载的相电流 $\dot{I}_A$、$\dot{I}_B$、$\dot{I}_C$。

解　(1) 白炽灯 $U_N=220V$，星形连接。每相 20 盏，负载对称。

(2) 每相负载电阻

每盏白炽灯电阻　$R=\frac{U_N^2}{P_N}=\frac{220^2}{100}=484\Omega$

20 盏白炽灯全部点亮，电阻　$R_P=\frac{484}{20}=24.2\Omega$

取 $\dot{U}_A$ 为参考相量　$\dot{U}_A=220\angle 0^\circ V$

A 相负载相电流　$\dot{I}_A=\frac{\dot{U}_A}{R_P}=\frac{220\angle 0^\circ}{24.2}=9.09\angle 0^\circ A$

依据对称原则

$$\dot{I}_B=9.09\angle -120^\circ A$$

$$\dot{I}_C=9.09\angle 120^\circ A$$

中线不能断开。仍保持三相四线制电源。

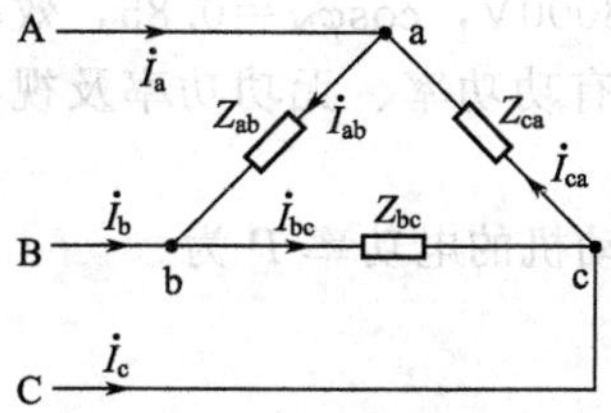

图 3-13　负载的三角形连接

3.4.2　负载三角形连接的计算

当负载接成三角形时，则不论电源是 Y 形连接还是△连接，负载上的电压都是线电压。如图 3-13 所示，设电源线电压分别为 $\dot{U}_{AB}=U_l\angle 0^\circ$，$\dot{U}_{BC}=U_l\angle -120^\circ$，$\dot{U}_{CA}=U_l\angle 120^\circ$，三相负载 $Z_{ab}=Z_{bc}=Z_{ca}=|Z|\angle\varphi$。

各相负载中的电流为

$$\dot{I}_{ab}=\frac{\dot{U}_{AB}}{\dot{Z}_a}=\frac{\dot{U}_1}{|Z|}\angle-\varphi$$

$$\dot{I}_{bc}=\frac{\dot{U}_{BC}}{\dot{Z}_b}=\frac{\dot{U}_1}{|Z|}\angle-\varphi-120°$$

$$\dot{I}_{ca}=\frac{\dot{U}_{CA}}{\dot{Z}_c}=\frac{\dot{U}_1}{|Z|}\angle-\varphi+120°$$

显然三相负载的相电流依然是对称的。

根据三角形连接线电流与相电流的关系，可知

$$\dot{I}_a=\sqrt{3}\dot{I}_{ab}\angle-30°=\sqrt{3}\frac{U_1}{|Z|}\angle-\varphi-30°$$

$$\dot{I}_b=\sqrt{3}\dot{I}_{bc}\angle-30°=\sqrt{3}\frac{U_1}{|Z|}\angle-\varphi-150°$$

$$\dot{I}_c=\sqrt{3}\dot{I}_{ca}\angle-30°=\sqrt{3}\frac{U_1}{|Z|}\angle-\varphi+90°$$

【例 3-2】 已知一对称三角形负载接入线电压为 380V 的电源中，测出线电流为 15A，试求每相阻抗的大小多少？

解 三角形接法时，每相的相电流为

$$I_P=\frac{1}{\sqrt{3}}I=8.66\text{A}$$

因负载所加电压为线电压 380V，故每相负载的大小为

$$|Z|=\frac{U}{I_P}=\frac{380}{8.66}=43.9\Omega$$

3.5 三相电路的功率

三相电路的总功率，等于三相负载各相的功率之和，即

$$P=P_A+P_B+P_C \tag{3-8}$$

对于三相对称负载，各相电压、电流大小相等、阻抗角相同，故各相的有功功率是相等的，即

$$P=P_A+P_B+P_C=U_AI_A\cos\varphi_A+U_BI_B\cos\varphi_B+U_CI_C\cos\varphi_C=3U_PI_P\cos\varphi \tag{3-9}$$

同理，三相电路的无功功率为

$$Q=Q_A+Q_B+Q_C=3U_PI_P\sin\varphi=\sqrt{3}U_NI_N\cos\varphi$$

三相电路的视在功率为

$$S=\sqrt{P^2+Q^2}=\sqrt{3}U_NI_N$$

【例 3-3】 一台三相电动机，额定功率 $P_N=75$kW，$U_N=3000$V，$\cos\varphi_N=0.85$，效率 $\eta_N=0.82$，试求额定状态运行时电机的电流 I_N 为多少？电机的有功功率、无功功率及视在功率各为多少？

解 电机的额定功率 P_N 是指机轴上输出的机械功率，则电动机的电功率 P 为

$$P=\frac{P_N}{\eta_N}=\frac{75}{0.82}=91.5\text{kW}$$

又

$$P_N=\sqrt{3}U_NI_N\cos\varphi_N\eta_N$$

故电机的额定电流

$$I_N=\frac{P_N}{\sqrt{3}U_N\cos\varphi_N\eta_N}=\frac{75\times10^3}{\sqrt{3}\times3000\times0.85\times0.82}=20.71A$$

电机的容量

$$S=\sqrt{3}U_NI_N=\sqrt{3}\times3000\times20.71=107609V\cdot A=107.6kV\cdot A$$

电机消耗的无功功率为

$$Q=\sqrt{S^2+P^2}=\sqrt{107.6^2-91.5^2}=56.6kvar$$

本章小结

本章着重理解和掌握以下几个问题。

(1) 由对称三相电源、对称三相负载、端线阻抗相等组成的三相电路称为对称的三相电路。

(2) 由于在日常生活中经常遇到三项负载不对称的情况，为了保证负载能正常工作，在低压配电系统中，通常采用三相四线制，中性线不能断开，所以中性线是不允许接入开关或熔断器的。

(3) 对称三相电源连接的特点

Y 形连接　　$U_L=\sqrt{3}U_P$

△连接　　$U_L=U_P$

(4) 对称三相负载连接的特点

Y 形连接　　$U_L=\sqrt{3}U_P, I_L=I_P$

△连接　　$U_L=U_P, I_L=\sqrt{3}I_P$

(5) 在对称的三相电路中，三相负载的总功率为

$$P=\sqrt{3}U_LI_L\cos\varphi$$

式中，φ 角是相电压与相电流之间的相位差，$\cos\varphi$ 是每相负载的功率因数。

习　题　3

3-1. 已知三相对称电源，每相电压 $U_P=380V$，频率 $f=50Hz$。若以 A 相为参考相量，求三相电压的正弦表示式和相量表示式。

3-2. 对称三相电路如题图 3-1 所示，已知 $Z=9+j16\Omega$，线电压的有效值 $U_L=380V$。试求负载中各相的电流。

3-3. 已知三角形连接的三相负载，每相负载均为 $Z=10+j10\Omega$，接入三相电源的线电压为 $U_{AB}=380\sin\omega t$ V，试计算负载的相电流及线电流。

3-4. 对称三相电路的线电压 $U_L=230V$，负载阻抗 $Z=12+j16\Omega$。试求：

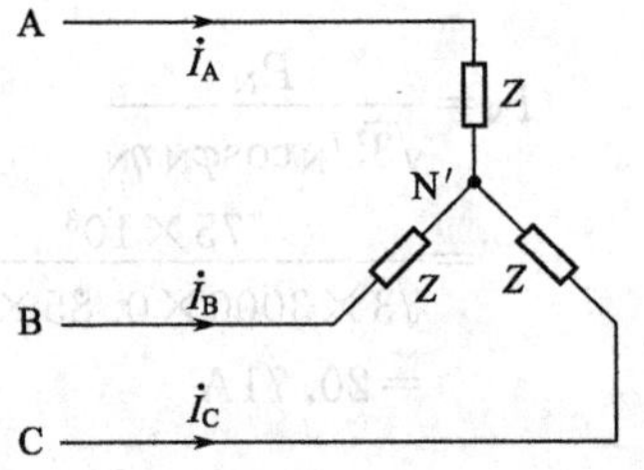

题图 3-1

(1) 星形连接负载时的线电流和吸收的总功率；

(2) 三角形连接负载时的线电流、相电流和吸收的总功率；

(3) 比较 (1) 和 (2) 的结果能得到什么结论？

3-5. 题图 3-2 所示为对称 Y-Y 三相电路，电源相电压 220V，负载阻抗 $Z=30+\mathrm{j}20\Omega$。试求：

(1) 图中电流表的读数；

(2) 三相负载吸收的功率；

(3) 若 A 相的负载阻抗为 0，再求 (1)、(2)；

(4) 若 A 相的负载开路，再求 (1)、(2)。

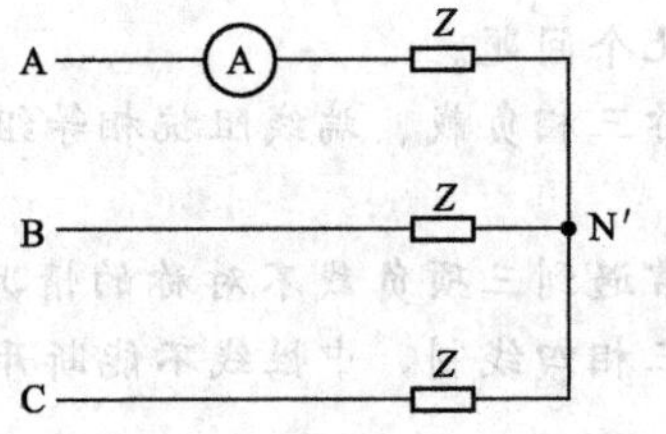

题图 3-2

3-6. 三相电路如题图 3-3 所示，已知 $U_L=220\text{V}$，$R=8\Omega$，$X_L=6\Omega$。试求：

(1) 每相负载的相电流和线电流的有效值；

(2) 三相负载的有功功率、无功功率、视在功率。

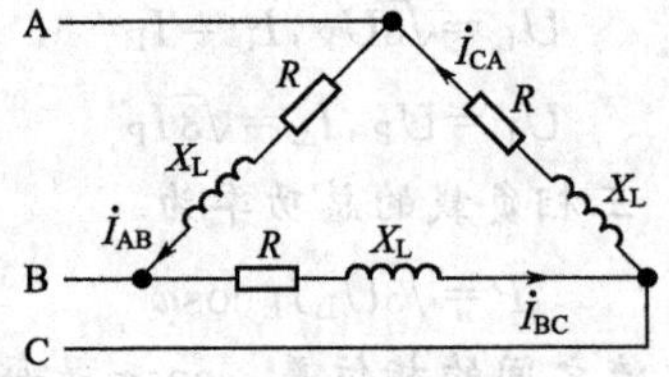

题图 3-3

第4章 磁路与变压器

我国是世界上最早发现磁现象的国家，早在战国末年就有磁铁的记载。我国古代的四大发明指南针就是其中之一，指南针的发明为世界的航海业做出了巨大的贡献。在现代生活中，利用磁场的仪器或工具也随处可见。

4.1 磁路的基本定律

磁场作为电机实现机电能量转换的耦合介质，其强弱程度和分布状况不仅关系到电机的参数和性能，还决定电机的体积、重量。然而电机的结构、形状比较复杂，并有铁磁材料和气隙并存，很难用麦克斯韦尔方程直接求解。因此，在实际工程中，将电机各部分磁场等效为各段磁路，并认为各段磁路中磁通沿其截面积均匀分布，各段磁路中磁场强度保持为恒值，其意义是各段磁路的磁压降应等于磁场内对应点之间的磁位差。从工程观点来说，将复杂的磁场问题简化为磁路计算，其准确度是足够的。

4.1.1 磁场的几个常用物理量

(1) 磁感应强度 B

磁场是电流通入导体后产生的，表征磁场强弱及方向的物理量是磁感应强度 B，它是一个矢量。磁场中各点的磁感应可以用闭合的磁感应矢量线来表示，它与产生它的电流方向可以用右手螺旋定则来确定，如图 4-1 所示。

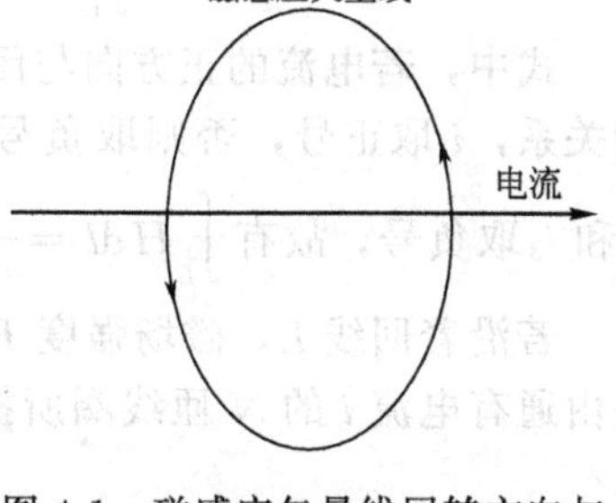

图 4-1 磁感应矢量线回转方向与电流方向的关系

国际单位制中，B 的单位为 T（特［斯拉］），$1\text{T}=1\text{Wb/m}^2$。

(2) 磁通 Φ

在均匀磁场中，磁感应强度 B 的大小与垂直于磁场方向面积 A 的乘积，为通过该面积的通量，简称磁通 Φ（一般情况下，磁通量的定义为 $\Phi=\int B\mathrm{d}A$）。由于 $B=\Phi/A$，B 也称为磁通量密度，可简称磁通密度。若用磁感应矢量线来描述磁场，通过单位面积磁感应矢量线的疏密反映了磁感应强度（磁通密度）的大小以及磁通量的多少。国际单位制中，Φ 的单位为 Wb（韦［伯］）。

(3) 磁场强度 H

磁场强度 H 是计算磁场时所引用的一个物理量，它也是一个矢量。用来表示物质磁导能力大小的量称为磁导率 μ，它与磁场强度 H 的乘积等于磁感应强度，即 $B=\mu H$，真空的磁导率为 μ_0，国际单位制中 $\mu_0=4\pi\times10^{-7}\text{H/m}$，铁磁材料的磁导率 $\mu_{\text{Fe}}\gg\mu_0$。

4.1.2 磁路的概念

如同把电流流过的路径称为电路一样，磁通所通过的路径称为磁路。不同的是磁通的路径可以是铁磁物质，也可以是非磁体。图 4-2 所示为常见的磁路。

在电机和变压器里，常把线圈套装在铁芯上，当线圈内通有电流时，在线圈周围的空间（包括铁芯内、外）就会形成磁场。由于铁芯的导磁性能比空气要好得多，所以绝大部分磁

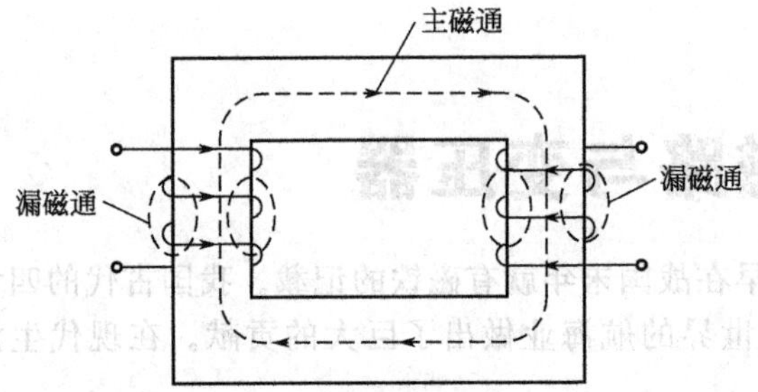

图 4-2 变压器磁路

通将在铁芯内通过，这部分磁通称为主磁通，用来进行能量转换或传递。围绕载流线圈，在部分铁芯和铁芯周围的空间还存在少量分散的磁通，这部分磁通称为漏磁通，漏磁通不参与能量转换或传递。主磁通和漏磁通所通过的路径分别构成主磁路和漏磁路。图 4-2 中示意地表示出了这两种磁路。

用以激励磁路中磁通的载流线圈称为励磁线圈，励磁线圈中的电流称为励磁电流。若励磁电流为直流，磁路中的磁通是恒定的，不随时间变化而变化，这种磁路称为直流磁路，直流电机的磁路就属于这一类。若励磁电流为交流，磁路中的磁通是随时间变化而变化的，这种磁路称为交流磁路，交流铁芯线圈、变压器、感应电机的磁路都属于这一类。

4.1.3 磁路的基本定律

进行磁路分析和计算时，常用到以下几条定律。

(1) 安培环路定律

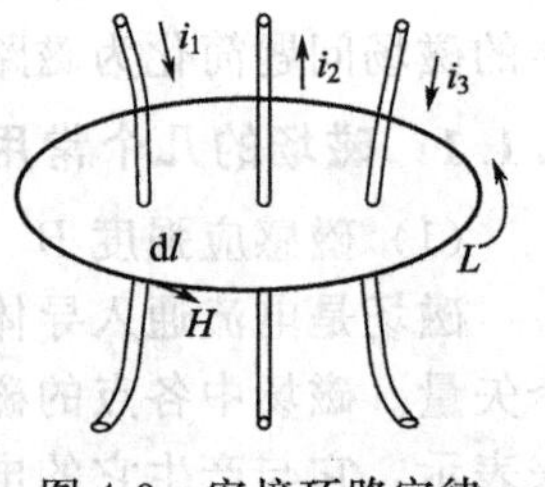

图 4-3 安培环路定律

沿着任何一条闭合回线 L，磁场强度 H 的线积分值 $\int_L H \cdot dl$ 等于该闭合回线所包围的总电流值 $\sum i$（代数和），这就是安培环路定律，如图 4-3 所示。用公式表示，即

$$\int_L H dl = \sum i \tag{4-1}$$

式中，若电流的正方向与闭合回线 L 的环行方向符合右手螺旋关系，i 取正号，否则取负号。例如，在图 4-3 中，i_2 取正号，i_1 和 i_3 取负号，故有 $\int_L H dl = -i_1 + i_2 - i_3$。

若沿着回线 L，磁场强度 H 的大小处处相等（均匀磁场），且闭合回线所包围的总电流是由通有电流 i 的 N 匝线圈所提供，则式(4-1) 可简写成

$$Hl = Ni \tag{4-2}$$

(2) 磁路的欧姆定律

图 4-4(a) 所示是一个等截面无分支的铁芯磁路，铁芯上有励磁线圈 N 匝，线圈中通有电流 i；铁芯截面积为 A，磁路的平均长度为 l，μ 为材料的磁导率。若不计漏磁通，并认为各截面上磁通密度均匀，且垂直于各截面，则磁通量将等于磁通密度乘以面积，即

$$\Phi = \int B dA = BA \tag{4-3}$$

而磁场强度等于磁通密度除以磁导率，即 $H = B/\mu$，于是式(4-2) 可改写成如下形式；

$$Ni = lB/\mu = \Phi l/(\mu A) \tag{4-4}$$

或

$$F = \Phi R_m = \Phi/\Lambda \tag{4-5}$$

式中 F——作用在铁芯磁路上的安匝数，称为磁路的磁动势，$F = Ni$，单位为 A；

R_m——磁路的磁阻，$R_m = l/(\mu A)$，它取决于磁路的尺寸和磁路所用材料的磁导率，单位为 H^{-1}，$1H^{-1} = 1A/Wb$；

Λ——磁路的磁导，$\Lambda = 1/R_m$，它是磁阻的倒数，单位为 H，1H=1Wb/A。

式(4-5) 表明，作用在磁路上的磁动势 F 等于磁路内的磁通量 Φ 乘以磁阻 R_m。

此关系与电路中的欧姆定律在形式上十分相似，因此式(4-5) 称为磁路的欧姆定律。这里，把磁路中的磁动势 F 类比于电路中的电动势 E，磁通量 Φ 类比于电流 I，磁阻 R_m 和磁导 Λ 分别类比于电阻 R 和电导 G。图 4-4(b) 所示为相应的模拟电路图。

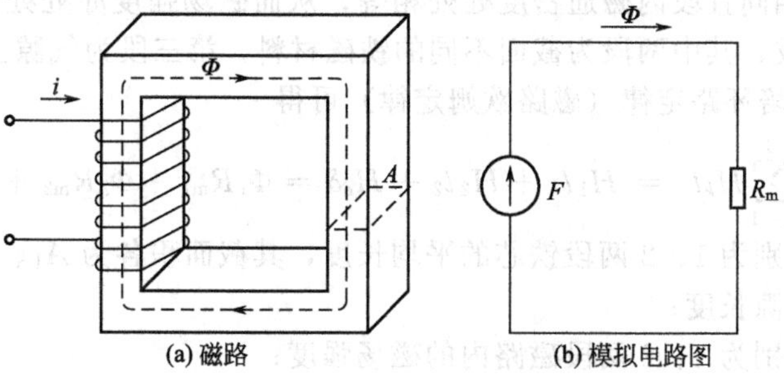

(a) 磁路　　(b) 模拟电路图

图 4-4　无分支铁芯磁路

磁阻 R_m 与磁路的平均长度 l 成正比，与磁路的截面积 A 及构成磁路材料的磁导率 μ 成反比。需要注意的是，导电材料的电导率 γ 是常数，则电阻 R 为常数；而铁磁材料的磁导率 μ 和磁阻 R_m 均不为常数，是随磁路中磁感应强度 B 的饱和程度大小而变化的。这种情况称为非线性，因此用磁阻 R_m 定量对磁路计算时就不很方便，但一般用它定性说明磁路问题还是可以的。

【例 4-1】 有一闭合铁芯磁路，铁芯的截面积 $A=9\times10^{-4}\ \mathrm{m}^2$，磁路的平均长度 $l=0.3\mathrm{m}$，铁芯的磁导率 $\mu_{Fe}=5000\mu_0$，套装在铁芯上的励磁绕组为 500 匝。试求在铁芯中产生 1T 的磁通密度时，需要多少励磁磁动势和励磁电流。

解　用安培环路定律求解：

磁场强度　$$H=B/\mu_{Fe}=\frac{1}{5000\times4\pi\times10^{-7}}\mathrm{A/m}=159\mathrm{A/m}$$

磁动势　$$F=Hl=159\times0.3\mathrm{A}=47.7\mathrm{A}$$

励磁电流　$$i=F/N=\frac{47.7}{500}\mathrm{A}=9.54\times10^{-2}\mathrm{A}$$

(3) 磁路的基尔霍夫定律

① 磁路的基尔霍夫第一定律　如果铁芯不是一个简单回路，而是带有并联分支的磁路，如图 4-5 所示，当在中间铁芯柱上加有磁动势 F 时，磁通的路径将如图中虚线所示。若令进入闭合面 A 的磁通为负，穿出闭合面的磁通为正，从图 4-5 可见，对闭合面 A 显然有

$$-\Phi_1+\Phi_2+\Phi_3=0$$

$$\sum\Phi=0 \tag{4-6}$$

式(4-6) 表明，穿出或进入任何一闭合面的总磁通恒等于零，这就是磁通连续性定律。

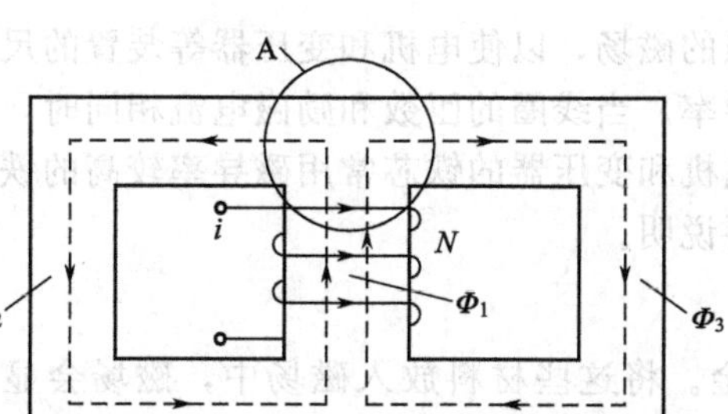

图 4-5　磁路的基尔霍夫第一定律

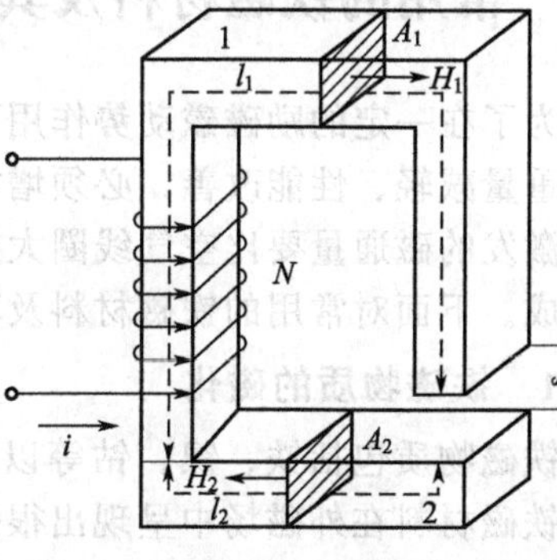

图 4-6　磁路的基尔霍夫第二定律

比拟于电路中的基尔霍夫第一定律$\sum i=0$，该定律亦称为磁路的基尔霍夫第一定律。

② 磁路的基尔霍夫第二定律 电机和变压器的磁路总是由数段不同截面、不同铁磁材料的铁芯组成的，还可能含有气隙。磁路计算时，总是把整个磁路分成若干段，每段由同一材料构成，截面积相同且段内磁通密度处处相等，从而磁场强度亦处处相等。例如，图4-6所示磁路由3段组成，其中两段为截面不同的铁磁材料，第三段为气隙。若铁芯上的励磁磁动势为Ni，根据安培环路定律（磁路欧姆定律）可得

$$Ni=\sum_{k=1}^{3}H_kl_k=H_1l_1+H_2l_2+H_\delta\delta=\Phi_1R_{m1}+\Phi_2R_{m2}+\Phi_\delta R_{m\delta} \tag{4-7}$$

式中 l_1、l_2——分别为1、2两段铁芯的平均长度，其截面积各为A_1、A_2；

δ——气隙长度；

H_1、H_2——分别为1、2两段磁路内的磁场强度；

H_δ——气隙内的磁场强度；

Φ_1、Φ_2——分别为1、2两段铁芯内的磁通；

Φ_δ——气隙内磁通；

R_{m1}、R_{m2}——分别为1、2两段铁芯磁路的磁阻；

$R_{m\delta}$——气隙磁阻。

由于H_k亦是磁路单位长度上的磁位差，H_kl_k则是一段磁路上的磁位差，它也等于Φ_kR_{mk}，Ni是作用在磁路上的总磁动势，故式(4-7)表明：沿任何闭合磁路的总磁动势恒等于各段磁路磁位差的代数和。类比于电路中的基尔霍夫第二定律，该定律就称为磁路的基尔霍夫第二定律，此定律实际上是安培环路定律的另一种表达形式。

必须指出，磁路和电流虽然具有类比关系，但是两者性质却是不同的，分析计算时也有以下几点差别。

① 电流中有电流I时，就有功率损耗I^2R；而在直流磁路中，维持一定的磁通量Φ时铁芯中没有功率损耗。

② 在电路中可以认为电流全部在导线中流通，导线外没有电流。在磁路中，则没有绝对的磁绝缘体，除了铁芯中的磁通外，实际上总有一部分漏磁通散布在周围的空气中。

③ 电路中导体的电阻率ρ在一定的温度下是不变的，而磁路中铁芯的磁导率μ_{Fe}却不是常值，它是随铁芯的饱和程度大小而变化的。

④ 对于线性电路，计算时可以应用叠加原理，但对于铁芯磁路，计算时不能应用叠加原理，因为铁芯饱和时磁路为非线性。

所以，磁路与电路仅是一种形式上的类似，而不是物理本质的相似。

4.2 常用的铁磁材料及其特性

为了在一定的励磁磁动势作用下能激励较强的磁场，以使电机和变压器等装置的尺寸缩小、重量减轻、性能改善，必须增加磁路的磁导率。当线圈的匝数和励磁电流相同时，铁芯线圈激发的磁通量要比空气线圈大得多，所以电机和变压器的铁芯常用磁导率较高的铁磁材料制成。下面对常用的铁磁材料及其特性做简要说明。

4.2.1 铁磁物质的磁化

铁磁物质包括铁、镍、钴等以及它们的合金。将这些材料放入磁场中，磁场会显著增强。铁磁材料在外磁场中呈现出很强的磁性，此现象称为铁磁物质的磁化。铁磁物质能被磁化的原因是在它的内部存在着许多很小的被称为磁畴的天然磁化区。在图4-7中，磁畴用一

些小磁铁来示意表明。在没有外磁场的作用时，各个磁畴排列混乱，磁效应互相抵消，对外不显示磁性［图 4-7(a)］。在外磁场的作用下磁畴就顺外磁场方向而转向，排列整齐并显示出磁性来。这就是说铁磁物质被磁化了［图 4-7(b)］。由此形成的磁化磁场叠加在外磁场上，使合成磁场大为加强。由于磁畴产生的磁化磁场比非铁磁物质在同一磁场强度下所激励的磁场强得多，所以铁磁材料的磁导率 μ_{Fe} 要比非铁磁材料大得多。非铁磁材料的磁导率接近于真空的磁导率 μ_0，电机中常用的铁磁材料磁导率 $\mu_{Fe}=(2000\sim6000)\mu_0$。

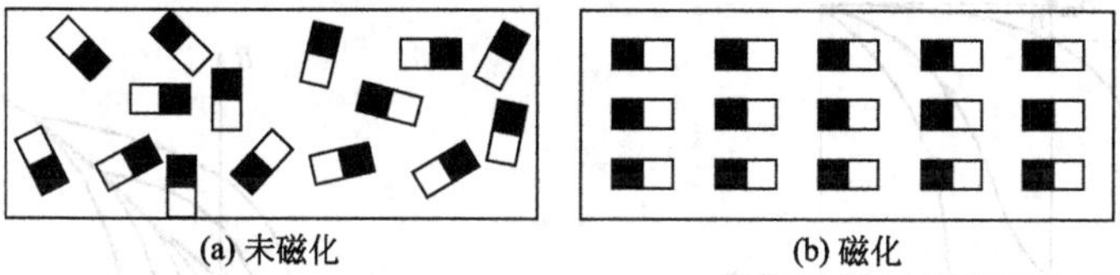

图 4-7　铁磁物质的磁化

4.2.2　磁化曲线和磁滞回线

(1) 起始磁化曲线

在非铁磁材料中，磁通密度 B 和磁场强度 H 之间呈直线关系，直线的斜率就等于 μ_0（如图 4-8 中虚线所示）。铁磁材料的 B 与 H 之间则为非线性关系。将一块未磁化的铁磁材料进行磁化，当磁场强度 H 由零逐渐增大时，磁通密度 B 将随之增大。用 $B=f(H)$ 描述的曲线就称为起始磁化曲线，如图 4-8 所示。

起始磁化曲线基本上可分为 4 段：开始磁化时，外磁场较弱，磁通密度增加得不快，见图 4-8 中 Oa 段。随着外磁场的增强，铁磁材料内部大量磁畴开始转向，趋向于外磁场方向，此时 B 值增加得很快，见图中 ab 段。若外磁场继续增加，大部分磁畴已趋向外磁场方向，可转向的磁畴越来越少，B 值亦增加得越来越慢，见图中 bc 段，这种现象称为饱和。达到饱和以后，磁化曲线基本上成为与非铁磁材料的 $B=\mu_0 H$ 特性相平行的直线，见图中 cd 段。磁化曲线开始拐弯的 b 点，称为膝点或饱和点。

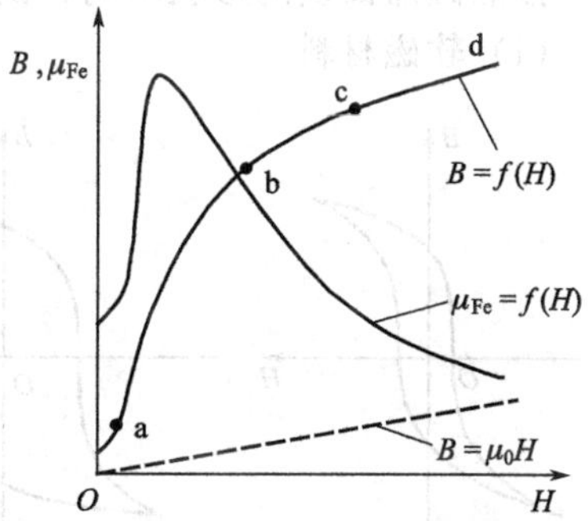

图 4-8　铁磁材料的起始磁化曲线和 $B=f(H)$ 和 $\mu_{Fe}=f(H)$ 曲线

由于铁磁材料的磁化曲线不是一条直线，所以磁导率 $\mu_{Fe}=B/H$ 也不是常数，将随着 H 值的变化而变化。进入饱和区后，μ_{Fe} 急剧下降，若 H 再增大，μ_{Fe} 将继续减小，直至逐渐趋近于 μ_0。图 4-8 中同时还示出了曲线 $\mu_{Fe}=f(H)$，这表明在铁磁材料中，磁阻随饱和度增加而增大。

各种电机、变压器的主磁路中，为了获得较大的磁通量，又不过分增大磁动势，通常把铁芯内工作点的磁通密度选择在漆点附近。

(2) 磁滞回线

若将铁磁材料进行周期性磁化，B 和 H 之间的变化关系就会变成如图 4-9 中曲线 abcdefa 所示形状。由图可见，当 H 开始从零增加到 H_m 时，B 相应地从零增加到 B_m；以后逐渐减小磁场强度 H，B 值将沿曲线 ab 下降。当 $H=0$ 时，B 值并不等于零，而等于 B_r。这种去掉外磁场之后，铁磁材料内仍然保留的磁通密度 B_r 称为剩余磁通密度，简称剩磁。要使 B 值从 B_r 减小到零，必须加上相应的反向外磁场。此反向磁场强度称为矫顽力，用 H_c 表示。B_r 和 H_c 是铁磁材料的两个重要参数。铁磁材料所具有的这种磁通密度 B 的变化滞后于磁场强度 H 变化的现象，叫做磁滞。呈现磁滞现象的 B-H 闭合回线，称为磁滞回线，见

图 4-9 中的 abcdefa。磁滞现象是铁磁材料的另一个特性。

(3) 基本磁化曲线

对同一铁磁材料，选择不同的磁场强度 H_m 反复进行磁化时，可得不同的磁滞回线，如图 4-10 所示。将各条回线的顶点连接起来，所得曲线称为基本磁化曲线或平均磁化曲线。基本磁化曲线与起始磁化曲线的差别很小。磁路计算时所用的磁化曲线都是基本磁化曲线。

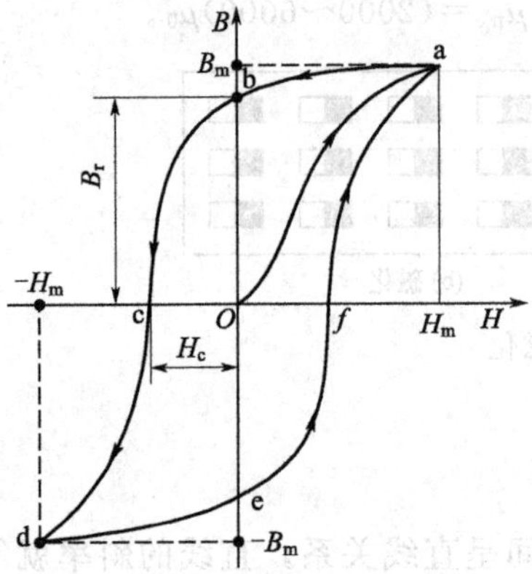

图 4-9 铁磁材料的磁滞回线

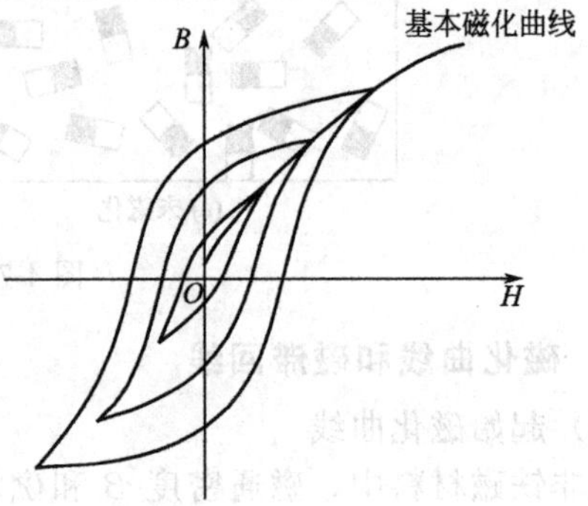

图 4-10 基本磁化曲线

4.2.3 铁磁材料

按照磁滞回线的形状不同，铁磁材料可分为软磁材料和硬磁（永磁）材料两大类。

(1) 软磁材料

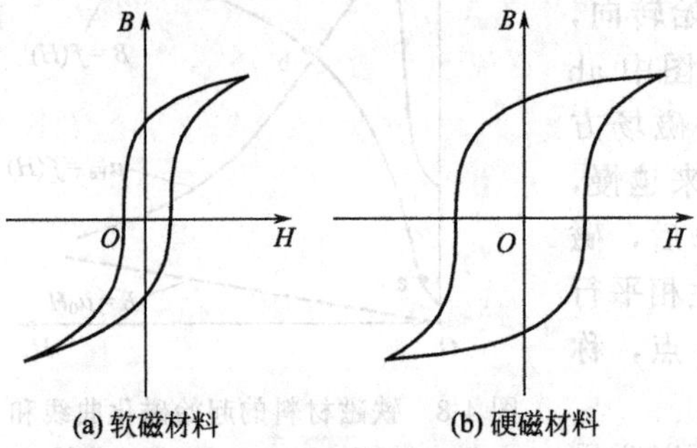

图 4-11 软磁和硬磁材料的磁滞回线

磁滞回线较窄，剩磁 B_r 和矫顽力 H_c 都小的材料，称为软磁材料，如图 4-11(a) 所示。常用的软磁材料有电工硅钢片、铸铁、铸钢等。软磁材料磁导率较高，可用来制造电机、变压器的铁芯。磁路计算时，可以不考虑磁滞现象，用基本磁化曲线是可行的。

(2) 硬磁材料

磁滞回线较宽，剩磁 B_r 和矫顽力 H_c 都大的铁磁材料，称为硬磁材料，如图 4-11(b) 所示。由于剩磁 B_r 大，可用以制成永久磁铁，因而硬磁材料亦称为永磁材料，如铝镍钴、铁氧体、稀土钴、钕铁硼等。

4.2.4 铁芯损耗

(1) 磁滞损耗

铁磁材料置于交变磁场中，材料被反复交变磁化，磁畴相互不停地摩擦而消耗能量，并以产生热量的形式表现出来，造成的损耗称为磁滞损耗。

分析表明，磁滞损耗 p_h 与磁场交变的频率 f、铁芯的体积 V 和磁滞回线的面积 $\oint H\mathrm{d}B$ 成正比，即

$$p_h = fV\oint H\mathrm{d}B \tag{4-8}$$

实验证明，磁滞回线的面积与磁通密度的最大值 B_m 的 n 次方成正比，故磁滞损耗亦可改写成

$$p_h = C_h f B_m^n V \tag{4-9}$$

式中，C_h为磁滞损耗系数，其大小决定于材料的性质；对于一般电工用硅钢片，$n=1.6\sim2.3$。由于硅钢片磁滞回线的面积较小，故电机和变压器的铁芯常用硅钢片叠片而成。

(2) 涡流损耗

因为铁芯是导电的，当通过铁芯的磁通随时间变化时，由电磁感应定律知，铁芯中将产生感应电动势，并引起环流。这些环流在铁芯内部做旋涡状流动，亦称涡流，如图 4-12 所示。涡流在铁芯中引起的损耗，称为涡流损耗。

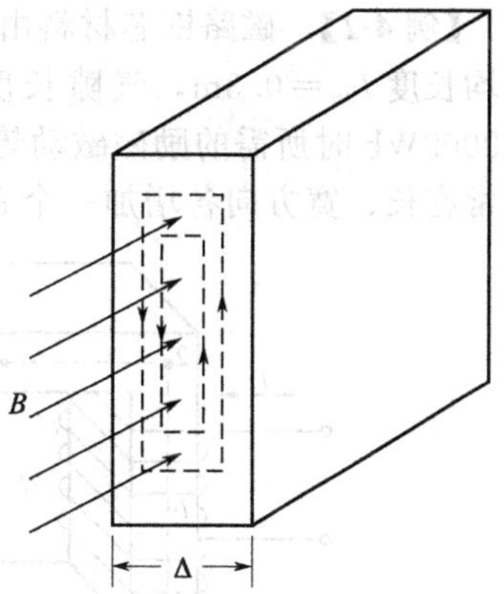

图 4-12　硅钢片中的涡流

分析表明，频率越高，磁通密度越大，感应电动势就越大，涡流损耗也越大。铁芯的电阻率越大，涡流所经过的路径越长，涡流损耗就越小。对于由硅钢片叠成的铁芯，经推导可知，涡流损耗 p_e为

$$p_e = C_e \Delta^2 f^2 B_m^2 V \tag{4-10}$$

式中，C_e为涡流损耗系数，其大小取决于材料的电阻率；Δ 为硅钢片厚度，为减小涡流损耗，电机和变压器的铁芯都采用含硅量较高的薄硅钢片(厚度为 0.35～0.5mm) 叠成。

(3) 铁芯损耗

铁芯中的磁滞损耗和涡流损耗都将消耗有功功率，使铁芯发热，磁滞损耗与涡流损耗之和称为铁芯损耗，用 p_{Fe}表示，即

$$p_{Fe} = p_h + p_e = (C_h f B_m^n + C_e \Delta^2 f^2 B_m^2) V \tag{4-11}$$

对于一般电工硅钢片，正常工作点的磁通密度为 $1T < B_m < 1.8T$，式(4-11) 可近似写成

$$p_{Fe} \approx C_{Fe} f^{1.3} B_m^2 G \tag{4-12}$$

式中，C_{Fe}为铁芯的损耗系数；G 为铁芯重量。铁芯的损耗与频率的 1.3 次方、磁通密度的平方和铁芯重量成正比。

4.3　直流磁路的计算

磁路计算所依据的基本原理是安培环路定律，其计算有两种类型：一类是给定磁通量，计算所需要的励磁磁动势，称为磁路计算的正问题；另一类是给定励磁磁动势，求磁路内的磁通量，称为磁路计算的逆问题。电机、变压器的磁路计算通常属于这一类。

对于磁路计算的正问题，步骤如下：

① 将磁路按材料性质和不同的截面尺寸分段；

② 计算各段磁路的有效截面积 A_k和平均长度 l_k；

③ 计算各段磁路的平均磁通密度 $B_k = \Phi_k / A_k$；

④ 根据 B_k求出对应的磁场强度 H_k，对铁磁材料，H_k可从基本磁化曲线上查出，对于空气隙，可直接用 $H_\delta = B_\delta / \mu_0$ 算出；

⑤ 计算各段磁路的磁位降 $H_k l_k$，最后求得产生给定磁通量时所需的励磁磁动势 F，$F = \sum H_k l_k$。

对于逆问题，由于磁路是非线性的，常用试探法去求解。

4.3.1 简单串联磁路

简单串联磁路就是不计漏磁影响，仅有一个磁回路的无分支磁路，如图 4-13 所示。此时通过整个磁路的磁通量相同，但由于各段磁路的截面积不同或材料不同，各段的磁通密度也不一定相同。这种磁路虽然简单，却是磁路计算的基础。下面举例说明。

【例 4-2】 磁路铁芯材料由铸钢和空气隙构成，铁芯截面积 $A_{Fe}=3\times3\times10^{-4}\,m^2$，磁路平均长度 $l_{Fe}=0.3m$，气隙长度 $\delta=5\times10^{-4}\,m$，见图 4-13。求该磁路获得磁通量为 $\Phi=0.0009Wb$ 时所需的励磁磁动势。考虑到气隙磁场的边缘效应，在计算气隙的有效面积时，通常在长、宽方向各增加一个 δ 值。

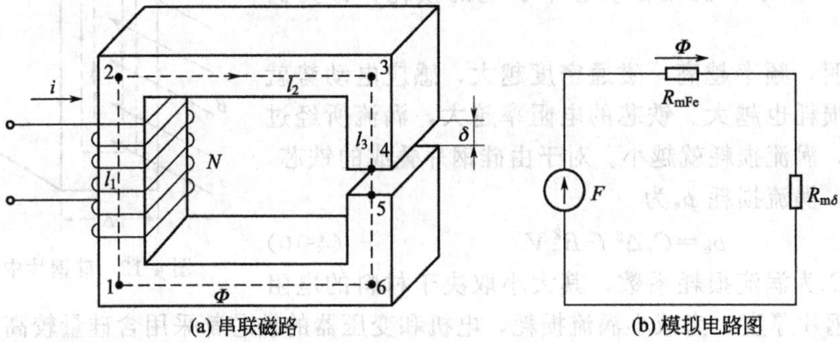

图 4-13 简单串联磁路

解 铁芯内磁通密度为

$$B_{Fe}=\frac{\Phi}{A_{Fe}}=\frac{0.0009}{9\times10^{-4}}T=1T$$

从铸钢磁化曲线查得，与 B_{Fe}对应的 $H_{Fe}=9\times10^2\,A/m$，则

铁芯段的磁位差 $\quad H_{Fe}l_{Fe}=9\times10^2\times0.3A=270A$

空气隙内磁通密度 $\quad B_\delta=\frac{\Phi}{A_\delta}=\frac{0.0009}{3.05^2\times10^{-4}}T\approx0.967T$

气隙磁场强度 $\quad H_\delta=\frac{B_\delta}{\mu_0}=\frac{0.967}{4\pi\times10^{-7}}A/m\approx77\times10^4\,A/m$

气隙磁位差 $\quad H_\delta l_\delta=77\times10^4\times5\times10^{-4}\,A=385A$

励磁磁动势 $\quad F=H_{Fe}l_{Fe}+H_\delta l_\delta=655A$

4.3.2 简单并联磁路

简单并联磁路是指考虑漏磁影响，或磁路有两个以上分支。电机和变压器的磁路大多属于这一类。

【例 4-3】 图 4-14 所示并联磁路，铁芯所用材料为 DR530 硅钢片，铁芯柱和铁轭的截面积均为 $A=2\times2\times10^{-4}\,m^2$，磁路段的平均长度 $l=5\times10^{-2}\,m$，气隙长度 $\delta_1=\delta_2=2.5\times10^{-3}\,m$，励磁线圈匝数 $N_1=N_2=1000$ 匝。不计漏磁通，试求在气隙内产生 $B_\delta=1.211T$ 的磁通密度时，所需的励磁电流 i。

解 由于磁路是并联且对称的，故只需计算其中一个磁回路即可。

根据磁路基尔霍夫第一定律，得

$$\Phi_\delta=\Phi_1+\Phi_2=2\Phi_1=2\Phi_2$$

根据磁路基尔霍夫第二定律，得

$$\sum H_k l_k=H_1l_1+H_3l_3+2H_\delta\delta=N_1i_1+N_2i_2$$

由图 1-14(a) 知，中间铁芯段的磁路长度为

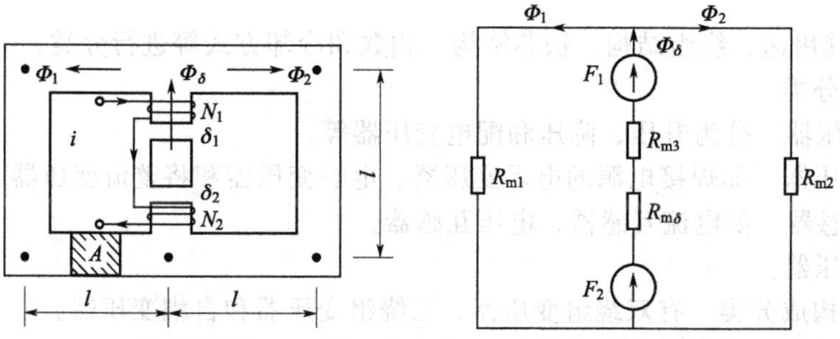

(a) 并联磁路　(b) 模拟电路图

图 4-14　简单并联磁路

$$l_3=l-2\delta=(5-0.5)\times10^{-2}\,\text{m}=4.5\times10^{-2}\,\text{m}$$

左、右两边铁芯段的磁路长度均为

$$l_1=l_2=3l=3\times5\times10^{-2}\,\text{m}=15\times10^{-2}\,\text{m}$$

(1) 气隙磁位差

$$2H_\delta\delta=2\frac{B_\delta}{\mu_0\delta}=2\times\frac{1.211}{4\pi\times10^{-7}}\times2.5\times10^{-3}\,\text{A}\approx4818\text{A}$$

(2) 中间铁芯段的磁通密度

$$B_3=\frac{\Phi_\delta}{A}=\frac{1.211\times(2+0.25)^2\times10^{-4}}{4\times10^{-4}}\text{T}=1.533\text{T}$$

从 DR530 的磁化曲线查得，与 B_3 对应的 $H_3=19.5\times10^2\,\text{A/m}$，则中间铁芯段的磁位降

$$H_3l_3=19.5\times10^2\times4.5\times10^{-2}=87.75\text{A}$$

(3) 左、右两边铁芯的磁通密度

$$B_1=B_2=\frac{\Phi_\delta/2}{A}=\frac{0.613\times10^{-3}/2}{4\times10^{-4}}\text{T}=0.766\text{T}$$

由 DR530 的磁化曲线查得，$H_1=H_2=215\text{A/m}$，由此得左、右两边铁芯段的磁位降

$$H_1l_1=H_2l_2=215\times15\times10^{-2}\,\text{A}=32.25\text{A}$$

(4) 总磁动势和励磁电流分别为

$$\sum Ni=2H_\delta\delta+H_3l_3+H_1l_1=(4818+87.75+32.25)\text{A}=4938\text{A}$$

$$i=\frac{\sum Ni}{N}=\frac{4938}{2000}\text{A}=2.469\text{A}$$

变化的电流能产生磁场，磁场在一定条件下又能产生电流，两者密不可分，许多电气设备的工作原理是基于电磁的相互作用，如变压器、电机、电磁铁、电工测量仪表以及其他各种铁磁元件，不仅有电路的问题，同时还有磁路的问题。只有同时掌握了电路和磁路的基本理论，才能对各种电工设备的工作原理做全面的分析。

4.4　变压器的基本工作原理和结构

变压器是利用电磁感应原理，将某一数值的交变电压变换为同一频率的另一数值的交变电压。

4.4.1　变压器的构造

(1) 变压器的应用和分类

变压器的主要用途是在输配电系统，高压电传输，不仅可以减小输电线的截面积，节约材料，同时还可减小输电线路的功率损耗。变压器还可用来改变电流、变换阻抗以及产生脉冲。

通常可按其用途、绕组结构、铁芯结构、相数和冷却方式等进行分类。

① 按用途分类

a. 电力变压器 分为升压、降压和配电变压器等。

b. 特种变压器 如焊接电源的电焊变压器、电炉变压器和将整流变压器。

c. 仪用互感器 如电流互感器、电压互感器。

d. 其他变压器。

② 按绕组构成分类 有双绕组变压器、三绕组变压器和自耦变压器。

③ 按铁芯结构分类 有心式变压器和壳式变压器。

④ 按相数分类 有单相、三相和多相变压器。

⑤ 按冷却方式分类 有干式、油浸自冷、油浸风冷变压器、强迫油循环和充气式变态器。

(2) 变压器的构造

由铁芯和绕组构成。

铁芯是变压器的磁路通道，是用磁导率较高且相互绝缘的硅钢片制成，以便减少涡流和磁滞损耗。按其构造形式可分为心式和壳式两种，如图 4-15(a)、(b) 所示。

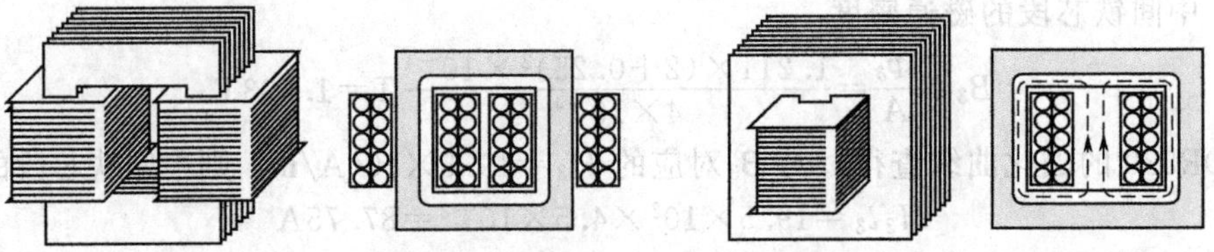

(a) (b)

图 4-15 心式和壳式变压器

线圈是变压器的电路部分，是用漆色线、沙包线或丝包线绕成。其中和电源相连的线圈叫原线圈（初级绕组），和负载相连的线圈叫副线圈（次级绕组）。

(3) 额定值及使用注意事项

① 额定值

a. 额定容量 变压器二次绕组输出的最大视在功率。其大小为副边额定电压和电流的乘积，一般以千伏安表示。

b. 原边额定电压 接到变压器一次绕组上的最大正常工作电压。

c. 二次绕组额定电压 当变压器的一次绕组接上额定电压时，二次绕组接上额定负载时的输出电压。

② 使用注意事项

a. 分清一次绕组、二次绕组，按额定电压正确安装，防止损坏绝缘或过载。

b. 防止变压器绕组短路，烧毁变压器。

c. 工作温度不能过高，电力变压器要有良好的绝缘。

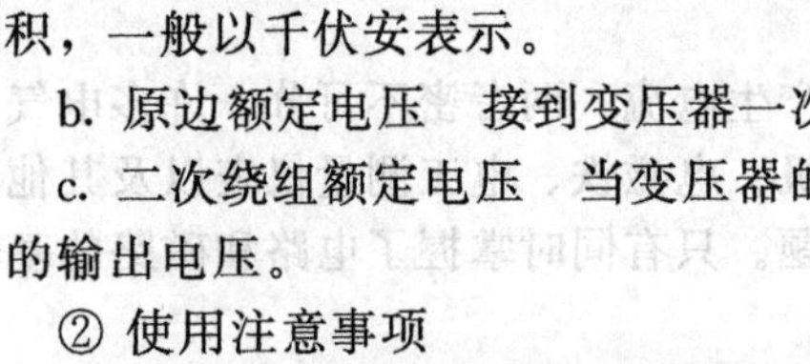

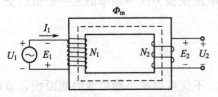

图 4-16 变压器空载运行原理图

4.4.2 变压器的工作原理

变压器是按电磁感应原理工作的，原线圈接在交流电源上，在铁芯中产生交变磁通，从而在原、副线圈产生感应电动势，如图 4-16 所示。

(1) 变压器的空载运行和变压比

如图 4-16 所示，设原线圈匝数为 N_1，端电压

为 U_1；副线圈匝数为 N_2，端电压为 U_2。则原、副线圈（一次、二次绕组）电压之比等于匝数比，即

$$\frac{U_1}{U_2}=\frac{N_1}{N_2}=n \tag{4-13}$$

n 叫做变压器的变压比或变化。

注意：上式在推导过程中，忽略了变压器原、副线圈的内阻，所以上式为理想变压器的电压变换关系。

（2）变压器的负载运行和变流比

在图 4-16 的副线圈端加上负载 $|Z_2|$，流过负载的电流为 I_2，分析理想变压器原线圈、副线圈的电流关系。

将变压器视为理想变压器，其内部不消耗功率，输入变压器的功率全部消耗在负载上，即

$$U_1I_1=U_2I_2$$

将上式变形带入式(4-13)，可得理想变压器电流变换关系

$$\frac{I_1}{I_2}=\frac{U_2}{U_1}=\frac{N_2}{N_1}=\frac{1}{n} \tag{4-14}$$

（3）变压器的阻抗变换作用

设变压器初级输入阻抗为 $|Z_1|$，次级负载阻抗为 $|Z_2|$，则

$$|Z_1|=\frac{U_1}{I_1}$$

将 $U_1=\frac{N_1}{N_2}U_2$，$I_1=\frac{N_2}{N_1}I_2$ 代入，得

$$|Z_1|=\left(\frac{N_1}{N_2}\right)^2\frac{U_2}{I_2}$$

因为

$$\frac{U_2}{I_2}=|Z_2|$$

所以

$$|Z_1|=\left(\frac{N_1}{N_2}\right)^2|Z_2|=n^2|Z_2|$$

即

$$\frac{|Z_1|}{|Z_2|}=n^2 \tag{4-15}$$

可见，次级接上负载 $|Z_2|$ 时，相当于电源接上阻抗为 $n^2|Z_2|$ 的负载。变压器的这种阻抗变换特性，在电子线路中常用来实现阻抗匹配和信号源内阻相等，使负载上获得最大功率。

4.4.3　变压器的功率和效率

（1）变压器的功率

实际变压器在工作时必然存在功率损失。变压器的功率消耗等于原边输入功率 $P_1=U_1I_1\cos\varphi_1$ 和副边输出功率 $P_2=U_2I_2\cos\varphi_2$ 之差，及

$$\Delta P=P_1-P_2$$

变压器的功率损耗包括铜损和铁损两部分，它们可以通过计算或这里使用的方法求出。铜损是由于原、副边有电阻，电流在电阻上要消耗一定的功率。铁损是由于交变的主磁通在铁芯中产生的磁滞损耗和涡流损耗。

（2）变压器的效率

变压器的效率为变压器输出功率与输入功率的百分比，即

$$\eta=\frac{P_2}{P_1}\times100\% \tag{4-16}$$

大容量变压的效率可达98%～99%，小型电源变压器效率约为70%～80%。

4.4.4 几种常用变压器

(1) 自耦变压器

自耦变压器原、副线圈共用一部分绕组，它们之间不仅有磁耦合，还有电的关系，如图4-17所示。原、副线圈电压之比和电流之比的关系为

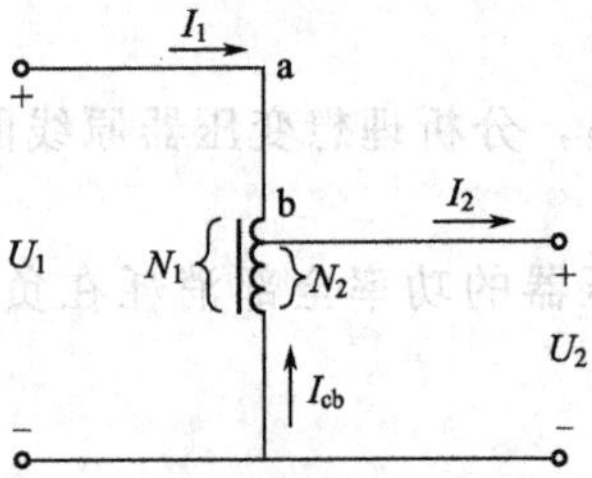

图4-17 自耦变压器符号及原理图

$$\frac{U_1}{U_2}=\frac{I_2}{I_1}\approx\frac{N_1}{N_2}=n$$

注意：自耦变压器在使用时，一定要注意正确接线，否则易于发生触电事故。接通电压前，要将手柄转到零位。接通电源后，渐渐转动手柄，调节出所需要的电压。

(2) 小型电源变压器

小型电源变压器广泛应用于电子仪器中。它一般有1～2个一次绕组和几个不同的二次绕组，可以根据实际需要连接组合，以获得不同的输出电压。

(3) 互感器

互感器是一种专供测量仪表，控制设备和保护设备中高电压或大电流时使用的变压器。可分为电压互感器和电流互感器两种。

① 电压互感器 使用时，电压互感器的高压绕组跨接在需要测量的供电线路上，低压绕组则与电压表相连，如图4-18所示。

可见，高压线路的电压U_1等于所测量电压U_2和变压比n的乘积，即$U_1=nU_2$。

注意：a. 次级绕组不能短路，防止烧坏次级绕组；

b. 铁芯和次级绕组一端必须可靠接地，防止高压绕组绝缘被破坏时而造成设备的破坏和人身伤亡。

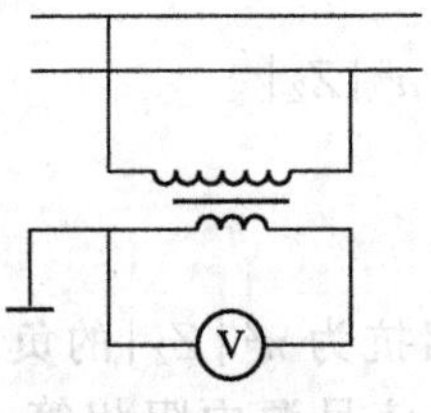

图4-18 电压互感

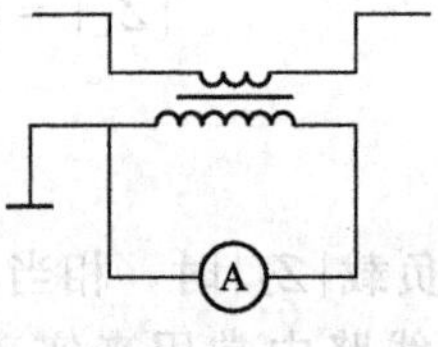

图4-19 电流互感

② 电流互感器 使用时，电流互感器的初级绕组与待测电流的负载相串联，次级绕组则与电流表串联成闭和回路，如图4-19所示。

通过负载的电流就等于所测电流和变压比倒数的乘积。

注意：a. 绝对不能让电流互感器的次级开路，否则易造成危险；

b. 铁芯和次级绕组一端均应可靠接地。

常用的钳形电流表也是一种电流互感器。它是由一个电流表接成闭合回路的次级绕组和一个铁芯构成，其铁芯可开、可合。测量时，把待测电流的一根导线放入钳口中，电流表上可直接读出被测电流的大小，如图4-20所示。

(4) 三相变压器

三相变压器就是三个相同的单相变压器的组合，如图4-21所示。三相变压器用于供电系统中。根据三相电源和负载的不同，三相变压器初级和次级线圈可接成星形或三角形。

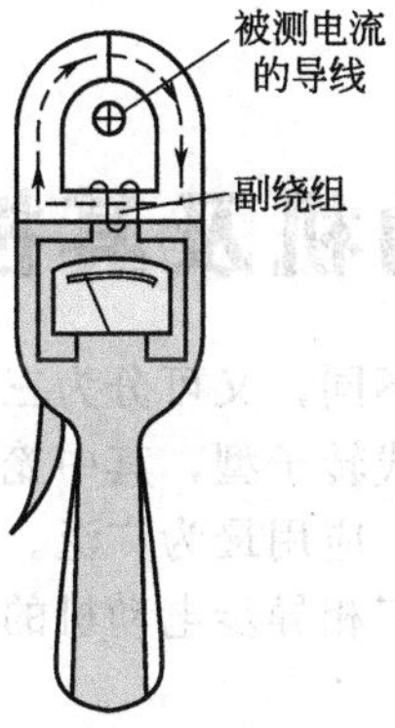

图 4-20　测电流

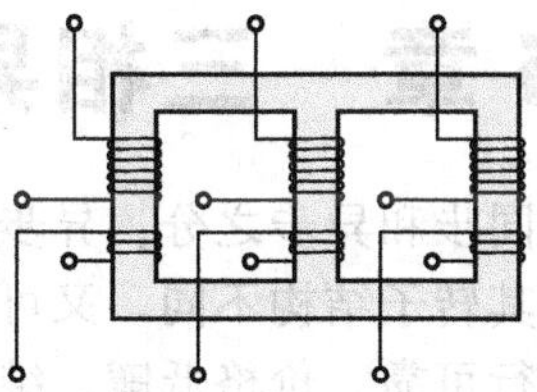

图 4-21　三相变压器

在变压器外壳上均有一块铭牌，要安全正确地使用变压器，必须掌握铭牌上各个数据的含义。

① 型号　用以表明变压器的主要结构、冷却方式、电压和容量等级等。如 SJL-560/10 中：S 表示三相，单相变压器用 D 表示；J 表示油浸自冷式冷却方式，风冷式用 F 表示；L 表示装有避雷装置；560 表示容量为 560kV·A；10 表示高压绕组额定电压为 10kV。

② 额定电压　变压器空载时的电压。三相变压器指线电压。

③ 额定电流　变压器正常运行时允许通过的最大电流。三相变压器指线电流。

④ 额定容量　额定容量指变压器的额定输出视在功率 S。在单相变压器中 $S=U_2I_2$；在三相变压器中 $S=\sqrt{3}U_2I_2$。

⑤ 温升　温升是指变压器某些部分与周围环境的温差，变压器所允许的温升由材料的绝缘等级来定。变压器运行时，要注意其温升，确保安全运行。

习　题　4

4-1. 变压器在电力系统中有什么作用？

4-2. 变压器的负载增加时，其原绕组中电流怎样变化？铁芯中主磁通怎样变化？输出电压是否一定要降低？

4-3. 若电源电压低于变压器的额定电压，输出功率应如何适当调整？若负载不变会引起什么后果？

4-4. 变压器能否改变直流电压？为什么？

4-5. 一台变压器有两个原边绕组，每组额定电压为 110V，匝数为 440 匝，副边绕组匝数为 80 匝，试求：①原边绕组串联时的变压比和原边加上额定电压时的副边输出电压；②原边绕组并联时的变压比和原边加上额定电压时的副边输出电压。

第5章 三相异步电动机及其控制

交流电动机有同步和异步之分。异步电动机按相数不同，又可分为三相异步电动机和单相异步电动机；按其转子结构不同，又可分为笼型和绕线转子型，其中笼型三相异步电动机具有结构简单、运行可靠、价格低廉、维护方便的特点，应用最为广泛。本章主要介绍三相异步电动机的结构、工作原理及其负载特征，重点分析三相异步电动机的机械特性及电力拖动的相关知识，对单相异步电动机也做简要介绍。

5.1 三相异步电动机

5.1.1 三相异步电机的工作原理

(1) 三相异步电动机的基本结构

三相异步电动机由定子和转子两个基本部分组成，如图5-1所示。定子铁芯为圆桶形，由互相绝缘的硅钢片叠成，铁芯内圆表面的槽中放置着对称的三相绕组 U_1U_2、V_1V_2、W_1W_2。转子铁芯为圆柱形，也是用硅钢片叠成，表面的槽中有转子绕组。转子绕组有笼型和绕线型两种型式。笼型的转子绕组做成笼状，在转子铁芯的槽中放入铜条，其两端用环连接，或者在槽中浇铸铝液，铸成笼型。绕线型的转子绕组同定子绕组一样，也是三相，每相终端连在一起，始端通过滑环、电刷与外部电路相连。

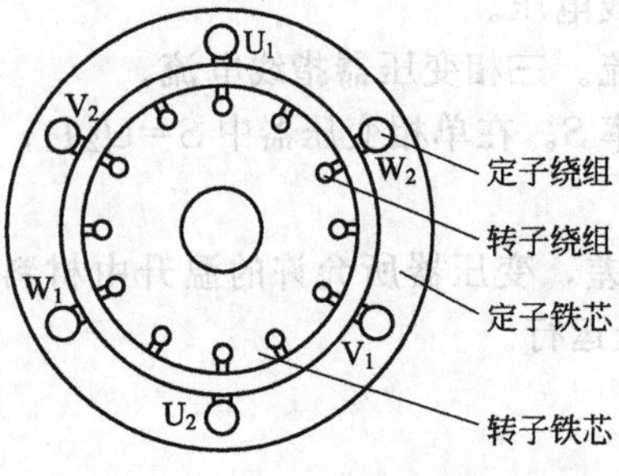

图5-1 三相异步电机结构原理图

(2) 异步电动机的工作原理

笼型与绕线型只是在转子的结构上不同，它们的工作原理是一样的。电动机定子三相绕组：U_1U_2、V_1V_2、W_1W_2 可以连接成星形也可以连接成三角形，如图5-2所示。

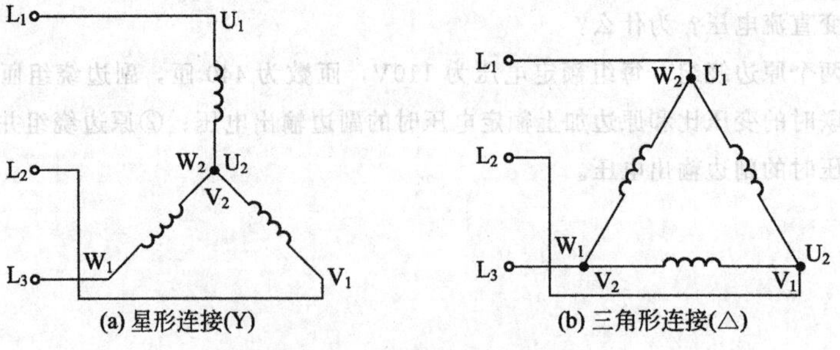

图5-2 定子三相绕组的连接

假设将定子绕组连接成星形，并接在三相电源上，绕组中便通入三相对称电流，其波形如图5-3所示。

$$
\begin{aligned}
i_U &= I_m \sin(\omega t) \\
i_V &= I_m \sin(\omega t - 120^\circ) \\
i_W &= I_m \sin(\omega t + 120^\circ)
\end{aligned}
\tag{5-1}
$$

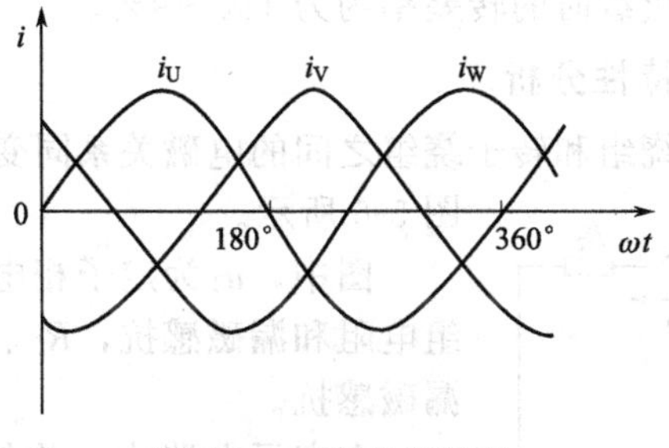

图 5-3　三相电流波形

三相电流共同产生的合成磁场将随着电流的交变而在空间不断地旋转，即形成所谓的旋转磁场，如图 5-4 所示。

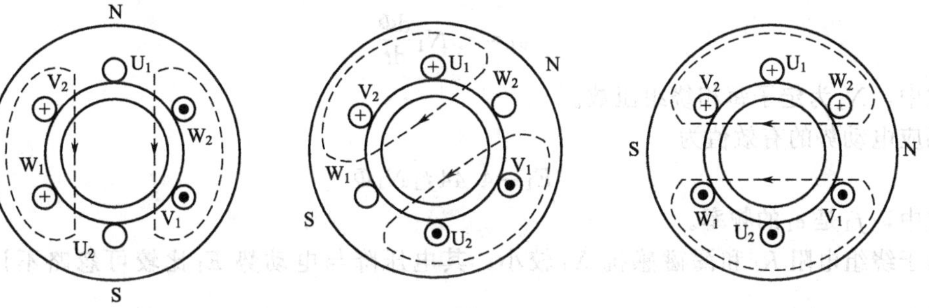

图 5-4　三相电流产生旋转磁场

旋转磁场切割转子导体，便在其中感应出电动势和电流，如图 5-5 所示。电动势的方向可由右手定则确定。转子导体电流与旋转磁场相互作用，便产生电磁力 F 施加于导体上。电磁力 F 的方向可由左手定则确定。由电磁力产生电磁转矩，从而使电动机转子转动起来。转子转动的方向与磁场旋转的方向相同，而磁场旋转的方向与通入绕组的三相电流的相序有关。如果将连接三相电源的三相绕组端子中的任意两相对调，就可改变转子的旋转方向。

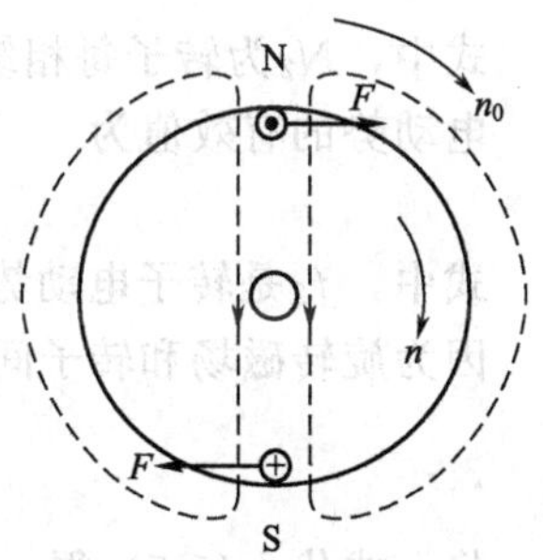

图 5-5　转子转动原理图

旋转磁场的转速 n_0 称为同步转速，其大小取决于电流频率 f_1 和磁场的极对数 p。当定子每相绕组只有一根线圈时，绕组的始端之间相差 120°空间角，如图 5-4 所示，则产生的旋转磁场具有一对极，即 $p=1$。当电流交变一次时，磁场在空间旋转一周，旋转磁场的转速 $n_0=60f_1$。若每相绕组有两个线圈串联，绕组的始端相差 60°空间角，则产生两对极，即 $p=2$。电流交变一次时，磁场在空间旋转半周，即转速 $n_0=\frac{60f_1}{2}$，以此类推，可得：

$$n_0=\frac{60f_1}{p} \tag{5-2}$$

式中，n_0 的单位为 r/min。

由工作原理可知，转子的转速 n 必然小于旋转磁场的转速 n_0（即所谓“异步”），两者相差的程度用转差率 s 来表示，即

$$s=\frac{n_0-n}{n_0} \tag{5-3}$$

一般异步电动机在额定负载时的转差率约为1%～9%。

5.1.2 三相异步电动机的特性分析

三相异步电动机的定子绕组和转子绕组之间的电磁关系同变压器类似，其每相电路图如图5-6所示。

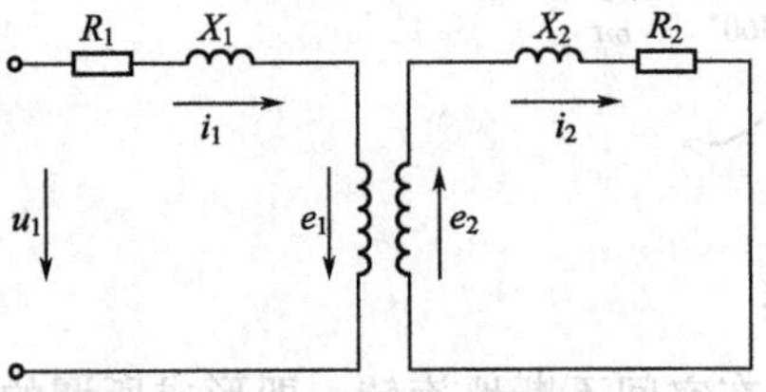

图5-6 三相异步电动机每相电路

图中，u_1为定子相电压，R_1、X_1为定子每相绕组电阻和漏磁感抗，R_2、X_2为转子每相绕组电阻和漏磁感抗。

在定子电路中，旋转磁场通过每相绕组的磁通为$\Phi=\Phi_m\sin(\omega t)$。其中$\Phi_m$是通过每相绕组的磁通最大值，在数值上等于旋转磁场的每极磁通Φ。定子每相绕组中由旋转磁通产生的感应电动势为

$$e_1=-N_1\frac{d\Phi}{dt}$$

式中，N_1为定子每相绕组匝数。

感应电动势的有效值为

$$E_1=4.44f_1N_1\Phi \tag{5-4}$$

式中，f_1是e_1的频率。

由于绕组电阻R_1和漏磁感抗X_1较小，其电压降与电动势E_1比较可忽略不计，因此$U_1\approx E_1$。

在转子电路中，旋转磁场在每相绕组中感应出的电动势为

$$e_2=-N_2\frac{d\Phi}{dt}$$

式中，N_2为转子每相绕组匝数。

电动势的有效值为

$$E_2=4.44f_2N_2\Phi \tag{5-5}$$

式中，f_2是转子电动势e_2的频率。

因为旋转磁场和转子间的相对转速为n_0-n，所以

$$f_2=\frac{p(n_0-n)}{60}=sf_1 \tag{5-6}$$

将上式代入(5-5)得

$$E_2=4.44sf_1N_2\Phi \tag{5-7}$$

转子每相绕组漏磁感抗X_2与转子频率f_2有关，即

$$X_2=2\pi f_2L_2 \tag{5-8}$$

式中，L_2为转子每相绕组漏磁电感。

在$n=0$即$s=1$时，转子绕组漏磁感抗为

$$X_{20}=2\pi f_1L_2 \tag{5-9}$$

由式(5-8)和式(5-9)得出

$$X_2=sX_{20}$$

转子每相绕组的电流为

$$I_2=\frac{E_2}{\sqrt{R_2^2+X_2^2}}=\frac{E_2}{\sqrt{R_2^2+(sX_{20})^2}} \tag{5-10}$$

由于转子绕组存在漏磁感抗X_2，因此I_2比E_2滞后φ_2角。转子功率因数为

$$\cos\varphi_2=\frac{R_2}{\sqrt{R_2^2+X_2^2}}=\frac{R_2}{\sqrt{R_2^2+(sX_{20})^2}} \tag{5-11}$$

异步电动机的电磁转矩 T（以下简称转矩）可由转子绕组的电磁功率 P_2 与转子相对于旋转磁场的角速度 ω_2 之比求出

$$T=\frac{P_2}{\omega_2}=\frac{m_1E_2I_2\cos\varphi_2}{s\omega_0} \tag{5-12}$$

式中，m_1 为定子绕组的相数，旋转磁场的角速度 $\omega_0=2\pi f_1/p$。

将式(5-4)、式(5-7)、式(5-11) 代入式(5-12) 得

$$T=\frac{Km_1pU_1^2R_2s}{2\pi f_1[R_2^2+(sX_{20})^2]} \tag{5-13}$$

式中，比例常数 $K=\left(\frac{N_2}{N_1}\right)^2$。

当电动机结构参数固定，电源电压不变时，可由式(5-13) 得到转矩与转差率的关系曲线 $T=f(s)$，称为电动机的机械特性曲线，如图 5-7 所示。图中，与转矩最大值 T_{max} 对应的转差率 s_c 称为临界转差率。可令 $dT/ds=0$，求出

$$s_c=\frac{R_2}{X_{20}} \tag{5-14}$$

把式(5-14) 代入式(5-13) 得到

$$T_{max}=\frac{Km_1pU_1^2}{4\pi f_1X_{20}} \tag{5-15}$$

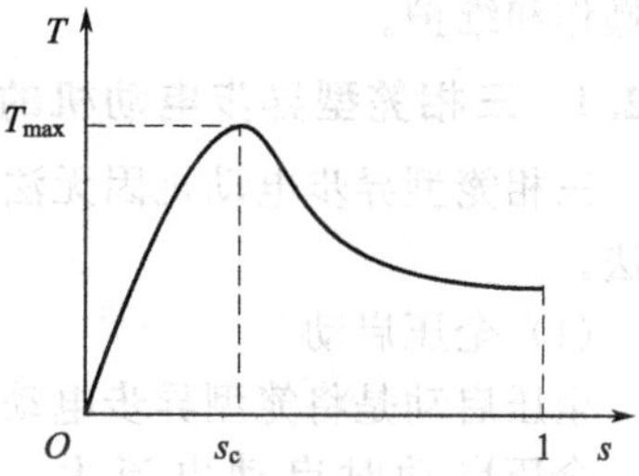

图 5-7　电动机的 $T=f(s)$ 曲线

（1） 固有机械特性

三相异步电动机的固有机械特性是指异步电动机在额定电压和额定频率下，按规定的接线方式接线，定、转子电路外接电阻和电抗为零时的转速 n 与电磁转矩 T 之间的关系。

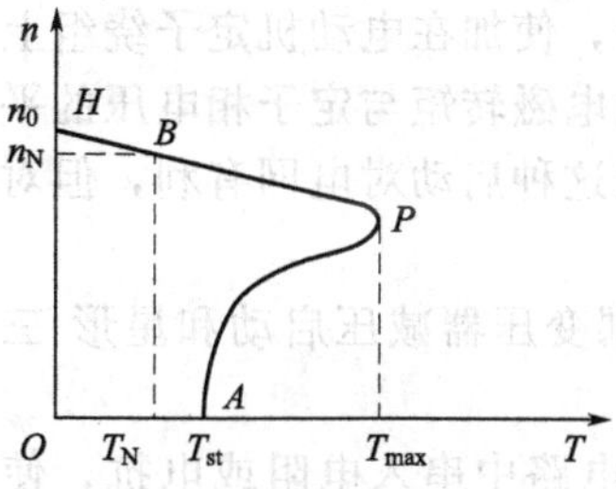

图 5-8　三相异步电机的固有特性

上面已找到电磁转矩与转差率之间的关系，考虑到 $n=n_0(1-s)$，则用 $n=f(T)$ 表示的异步电动机的机械特性，如图 5-8 所示。

为了描述三相异步电动机机械特性的特点，下面重点介绍几个反映电动机工作的特殊运行点。

① 启动点 A　对应这一点的转速 $n=0(s=1)$，电磁转矩 T 为启动转矩 T_{st}，启动转矩 T_{st} 反映异步电动机直接启动时的带负载能力。启动电流 I_{st} 为 4～7 倍的额定电流 I_N。

② 额定工作点 B　对应于这一点的转速 n_N、电磁转矩 T_N、电流 I_N 都是额定值。这是电动机平稳运转时的工作点。

③ 同步转速点 H　在这点，电动机以同步转速 n_0 运行（$s=0$），转子的感应电动势为零，$I_2=0$，$T=0$。在这一点电动机不输出转矩，它以 n_0 转速运转，需在外力下克服空载转矩方能实现。该点不但所带负载为零，电动机转子电流也为零，是理想空载点。

④ 最大电磁转矩点 P　电动机在这点时能提供最大转矩，这是电动机能提供的极限转矩。这点也叫临界点，转矩为临界转矩，转差率为临界转差率。

（2） 人为机械特性

在实际应用中，往往需要人为地改变某些参数，即可得到不同的机械特性，这样改变参数后得到的机械特性称为人为机械特性。由式(5-13) 可知，电动机的电磁转矩 T 是由某一

转速 n 下的电压 U_1、电源频率 f_1、定子极对数 p 以及转子电路的参数 R_2、X_{20} 决定的。因此人为改变这些参数就可得到各种不同的机械特性。

5.2 三相异步电机的启动与制动

电动机工作时，转子从静止状态到稳定运行的过程称为启动过程，或简称启动。电动机拖动生产机械的启动情况，是依不同生产机械而异的。有的生产机械如电梯、起重机等，其启动时的负载转矩与正常运行时的相同；而机床电动机的启动过程接近空载，待转速接近稳定时再加负载；对于鼓风机，在启动时只有很小的静摩擦转矩，当转速升高时，负载转矩很快增大；还有的生产机械电动机需频繁启动、停止等。这些都对电动机的启动转矩 T_{st} 提出了不同要求。在电力拖动系统中，一方面要求电动机具有足够大的启动转矩，使拖动系统尽快达到正常运行状态；另一方面要求启动电流不要太大，以免电网产生过大的电压降，从而影响接在同一电网上其他用电设备的正常运行。此外，还要求启动设备尽量简单、经济，便于操作和维护。

5.2.1 三相笼型异步电动机的启动

三相笼型异步电动机因无法在转子回路中串接电阻，所以只有全压启动和减压启动两种方法。

(1) 全压启动

全压启动是将笼型异步电动机定子绕组直接接到额定电压的电源上，故又称直接启动。

全压启动时启动电流大，可达 I_N 的 4～7 倍，启动转矩并不大，一般为（0.8～1.3）T_N，启动方法简单，操作方便，如果电源容量允许，应尽量采用。一般 10kW 及以下电动机均采用直接启动。

(2) 减压启动

减压启动一般来说不是降低电源电压，而是采用某种方法，使加在电动机定子绕组上的电压降低。减压启动的目的是减小启动电流，但由于电动机的电磁转矩与定子相电压的平方成正比，在减压启动的同时也减小了电动机的启动转矩。因此这种启动对电网有利，但对被拖负载的启动不利，适用于对启动转矩要求不高的场合。

减压启动常用的方法有定子串电阻或电抗减压启动、自耦变压器减压启动和星形-三角形减压启动等。

① 定子串电阻或电抗减压启动 电动机启动时，在定子电路中串入电阻或电抗，使加在电动机定子绕组上的相电压 $U_{1\phi}$ 低于电源相电压 $U_{N\phi}$（即全压启动时的定子额定相电压），启动电流 I'_{st} 小于全压启动时的启动电流 I_{st}。定子串电阻启动原理电路及等效电路如图 5-9 所示。

设 k 为启动电流所需降低的倍数，则减压启动时的启动电流 I'_{st} 为

$$I'_{st}=\frac{I_{st}}{k} \tag{5-16}$$

串电阻后定子绕组相电压 $U_{1\phi}$ 与电源相电压 U_{1N} 的关系应为

$$U_{1\phi}=\frac{U_{N\phi}}{k}$$

从而减压时的启动转矩 T'_{st} 与全压启动时的启动转矩 T_{st} 关系将为

$$T'_{st}=\frac{T_{st}}{k^2} \tag{5-17}$$

这种启动方法具有启动平稳、运行可靠，设备简单之优点，但启动转矩随电压的平方降

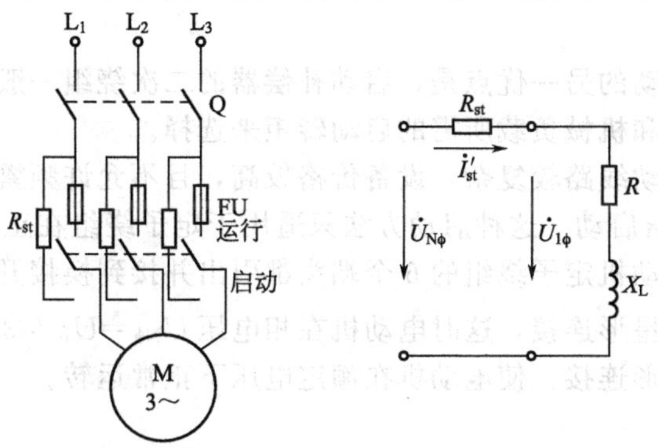

(a) 原理电路图　　(b) 等效电路图

图 5-9　笼型异步电动机定子串电阻减压启动

低，只适合空载或轻载启动，同时启动时电能损耗较大。对于小容量电动机往往采用串电抗减压启动。

② 自耦变压器减压启动　自耦变压器用作电动机减压启动时，就称为启动补偿器，其接线原理见图 5-10。启动时，自耦变压器的高压侧接电网，低压侧（有抽头，供选择）接电动机定子绕组。启动结束，切除自耦变压器，电动机定子绕组直接接至额定电压运行。

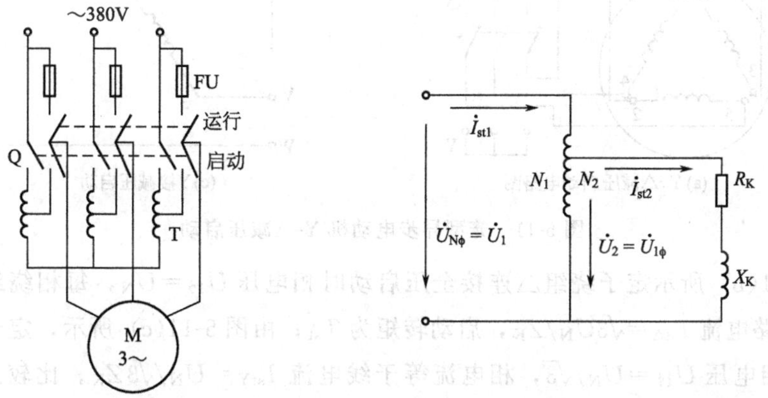

(a) 原理电路图　　(b) 一、二次电压、电流关系电路图

图 5-10　笼型异步电动机自耦变压器减压启动

自耦变压器减压启动工作原理见图 5-10(a)。若自耦变压器一次电压与二次电压之比为 k，则 $k=N_1/N_2=U_1/U_2=U_{1\phi}/U_2>1$。启动时加在电动机定子绕组上的相电压 $U_{1\phi}=U_2=U_{N\phi}/k$，电动机的电流（即自耦变压器的二次电流 I_{st2}）为 $I_{st2}=U_{1\phi}/Z_K=U_{N\phi}/kZ_K=I_{st}/k$（$Z_K$ 为电动机 $s=1$ 时的等值相阻抗，I_{st} 为电动机全压启动时的启动电流）。由于电动机接在自耦变压器的二次侧，自耦变压器的一次侧接电网，故电网供给电动机的一次启动电流，也就是自耦变压器的一次电流 I_{st1} 为

$$I_{st1}=I_{st2}/k=I_{st}/k^2 \tag{5-18}$$

又因 $U_{1\phi}=U_{N\phi}/k$，则启动转矩 T'_{st} 为

$$T'_{st}=T_{st}/k^2 \tag{5-19}$$

比较上述两种减压启动方法，在限制启动电流相同情况下，采用自耦变压器减压启

动可获得比串电阻或电抗减压启动更大的启动转矩，这是自耦变压器减压启动的主要优点之一。

自耦变压器减压启动的另一优点是，启动补偿器的二次绕组一般有 3 个抽头，用户可根据电网允许的启动电流和机械负载所需的启动转矩来选择。

采用自耦变压器启动线路较复杂，设备价格较高，且不允许频繁启动。

③ 星形-三角形减压启动　这种启动方法只适用于定子绕组在正常工作时为三角形连接的三相异步电动机。电动机定子绕组的 6 个端头都引出并接到换接开关上，如图 5-11 所示。启动时，定子绕组接成星形连接，这时电动机在相电压 $U_{N\phi}=U_N/\sqrt{3}$下启动，待电动机转速升高后，再改接成三角形连接，使电动机在额定电压下正常运转。

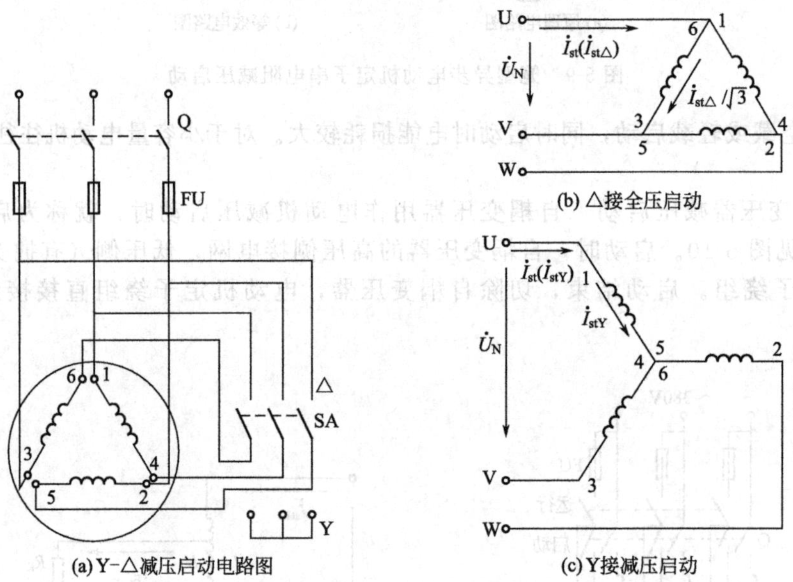

图 5-11　笼型异步电动机 Y-△减压启动

由图 5-11(b) 所示定子绕组△连接全压启动时相电压 $U_{1\phi}=U_N$，每相绕组启动电流为 $U_{N\phi}/Z_K$，线路电流 $I_{st\Delta}=\sqrt{3}U_N/Z_K$，启动转矩为 T_{st}；由图 5-11(c) 所示，定子绕组 Y 接减压启动时，相电压 $U_{1\phi}=U_N/\sqrt{3}$，相电流等于线电流 $I_{stY}=U_N/\sqrt{3}Z_K$。比较上述的 $I_{st\Delta}$ 与 I_{stY}，两者关系为

$$I_{stY}=I_{st\Delta}/3$$

或

$$I'_{st}=I_{st}/3$$

可见，Y-△减压启动相当于 $k=\sqrt{3}$的自耦变压器减压启动，启动电流降到全压启动的 1/3，限流效果好；但启动转矩仅为全压启动时的 1/3，故此种方法只适用于空载或轻载启动。Y-△减压启动具有设备简单、成本低、运行比较可靠的优点。Y 系列 4kW 及以上的三相笼型异步电动机皆为△连接，可以采用 Y-△减压启动。

④ 减压启动方法的比较　表 5-1 列出了上述三种减压启动方法的技术参数，并与全压启动做一比较。表中，U'_1/U_{1N}表示减压启动时加于电动机一相定子绕组上的电压与全压启动时加于定子的额定相电压之比；I'_{st}/I_{st}表示减压启动时电网向电动机提供的线电流与全压启动时的线电流之比；T'_{st}/T_{st}为减压启动时电动机产生的启动转矩与全压启动时启动转矩之比。

表 5-1 减压启动的技术参数

启动方法	$U_{1\phi}/U_{1N}$	I'_{st}/I_{st}	T'_{st}/T_{st}	特 点
全压启动	1	1	1	启动设备最简单，启动电流大，启动转矩小，只适用于小容量电动机轻载启动
串电阻或电抗启动	$1/k$	$1/k$	$1/k^2$	启动设备较简单，启动电流较小，启动转矩较小，适用于轻载启动，串接电阻时电能损耗大
自耦变压器启动	$1/k$	$1/k^2$	$1/k^2$	启动设备较复杂，可灵活选择电压抽头得到合适的启动电流和启动转矩，启动转矩较大，可带较大负载启动
Y-△启动	$1/\sqrt{3}$	1/3	1/3	启动设备简单，启动转矩较小，适用于轻载启动，只可用于△连接电动机

5.2.2 三相绕线转子异步电动机的启动

对于大、中型容量电动机，当需要重载启动时，不仅要限制启动电流，而且要有足够大的启动转矩。为此选用三相绕线转子异步电动机，并在其转子回路中串入三相对称电阻或频敏变阻器来改善启动性能。

(1) 转子串电阻启动

图 5-12 为绕线转子异步电动机转子串电阻启动原理图和启动特性图。启动时，合上电源开关 QS，三个接触器的触头 KM_1、KM_2、KM_3 都处于断开状态，电动机转子串入全部电阻 $R_{st1}+R_{st2}+R_{st3}$ 启动，对应于人为机械特性曲线 4 上的 a 点，电动机转速沿曲线 4 上升，T_{st} 下降，到达 b 点时，接触器 KM_1 触头闭合，将电阻 R_{st1} 切除，电动机切换到人为机械特性曲线 3 上的 c 点，并沿特性曲线 3 上升，这样，逐段切除转子电阻，电动机启动转矩始终在 T_{st1} 和 T_{st2} 之间变化，直至在固有机械特性曲线的 h 点，电动机稳定运行。为保证启动过程平衡快速，一般 $T_{st1}=(1.5\sim2)T_N$，$T_{st2}=(1.1\sim1.2)T_N$。

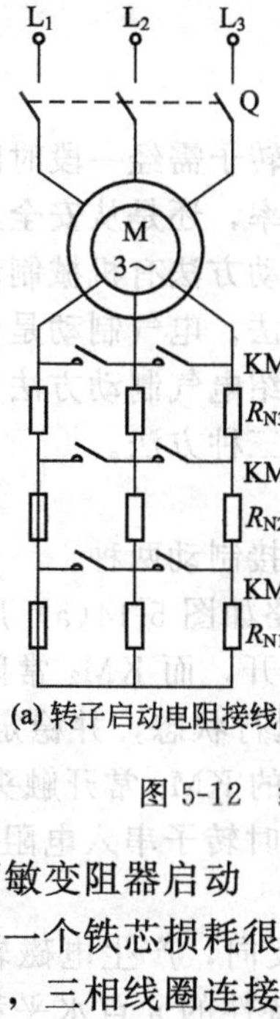

(a) 转子启动电阻接线图

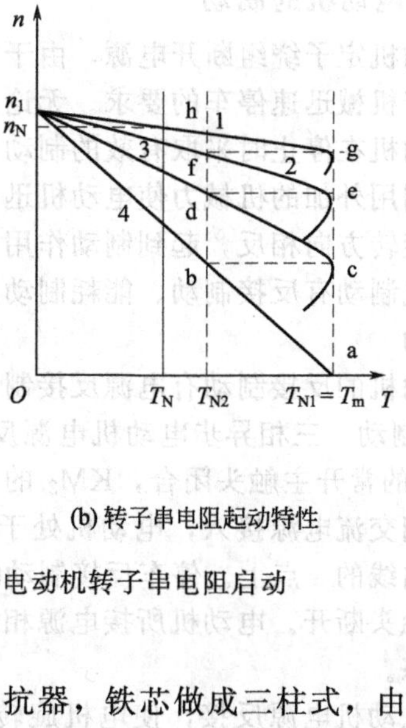

(b) 转子串电阻起动特性

图 5-12 绕线转子异步电动机转子串电阻启动

(2) 转子串频敏变阻器启动

频敏变阻器是一个铁芯损耗很大的三相电抗器，铁芯做成三柱式，由较厚的钢板叠成。每柱上绕一个线圈，三相线圈连接成星形，然后接到绕线转子异步电动机转子绕组上，如图

5-13所示。转子串频敏变阻器的等效电路如图5-13(b)所示，其中R_2为转子绕组电阻，sX_2为转子绕组电抗，R_p为频敏变阻器每相绕组电阻，R_{mp}为反映频敏变阻器铁芯损耗的等效电阻，sX_{mp}为频敏变阻器每相电抗。

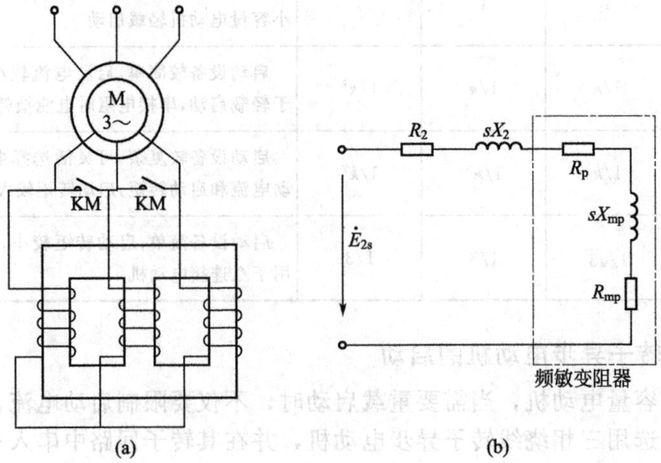

图5-13 绕线转子异步电动机转子串电阻启动

电动机启动时，$s=1$，$f_2=f_1$，铁芯损耗大，R_{mp}大，而由于启动电流的作用，频敏阻器铁芯饱和，使X_{mp}不大。此时相当于在转子电路中串入一个较大的启动电阻R_{mp}，使启动电流减小而启动转矩增大，获得较好的启动性能。随着电动机转速的升高，s的减小，f_2降低，铁芯损耗随频率二次方成正比下降，R_{mp}减小，此时sX_{mp}也减小，相当于随电动机转速升高，自动且连续地减小启动电阻值。当转速接近额定值时，s_N很小，f_2极低，此时R_{mp}及sX_{mp}都很小，相当于将启动电阻全部切除。此时应将频敏变阻器短接，电动机运行在固有特性上，启动过程结束。由此可知，绕线转子三相异步电动机转子串频敏变阻器启动具有减小启动电流、增大启动转矩的优点，同时又具有转子等效电阻随电动机转速升高自动且连续减小的优点，所以启动过程平滑性好。

5.2.3 三相异步电动机的制动

三相异步电动机定子绕组断开电源，由于机械惯性，转子需经一段时间才停止旋转，这往往不能满足生产机械迅速停车的要求。无论从提高生产率，还是从安全及准确停车等方面考虑，都要求电动机在停止时采取有效的制动。常用的制动方法有机械制动与电气制动。所谓机械制动，是利用外加的机械力使电动机迅速停止的方法。电气制动是使电动机的电磁转矩方向与电动机旋转方向相反，起到制动作用。本节仅介绍电气制动方法及其工作原理。三相异步电动机电气制动有反接制动、能耗制动及回馈制动三种方法。

(1) 反接制动

三相异步电动机的反接制动有电源反接制动和倒拉反接制动两种。

① 电源反接制动 三相异步电动机电源反接制动电路如图5-14(a)所示。在反接制动前，接触器KM_1的常开主触头闭合，KM_2的常开触头断开，而KM_2常闭触头闭合，将转子电阻短接。三相交流电源接入，电动机处于正向电动运行状态，并稳定运行在图5-14(b)中固有机械特性曲线的a点上。停车反接制动时，接触器的KM_1常开触头断开，KM_2常开触头闭合、常闭触头断开。电动机所接电源相序反向，同时转子串入电阻R_{2b}，电动机进入电源反接制动状态。

此时，由于电动机电源反接，使电机旋转磁场方向反向，产生电磁转矩T_b变为负值，而此时转子转速因机械惯性来不及变化，工作点从固有特性的a点水平移到曲线2上的b

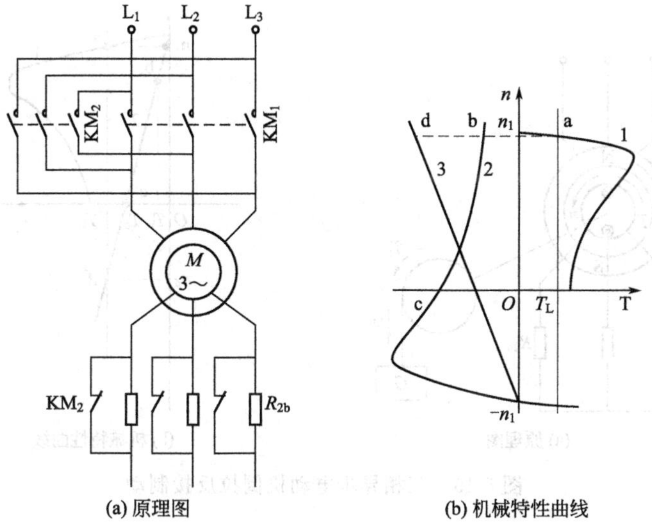

图 5-14　三相异步电动机电源反接制动

点，转速仍为正，故为制动状态。在 T_b 和负载转矩 T_L 的共同作用下，电动机转速迅速下降，当达到 c 点时，转速为零，制动结束。对于要求迅速停车的反抗性负载，此时应立即切断电源，否则电动机将反向启动。

反接制动时，理想空载转速由 n_1 变为 $-n_1$，所以转差率 s 为

$$s=\frac{-n_1-n}{-n_1}=\frac{n_1+n}{n_1}>1$$

上式表明，反接制动的特点是转差率 $s>1$。电源反接制动机械特性，实际上是反向电动机状态时的机械特性在第Ⅱ象限的延伸。电源反接制动时，从电源输入的电磁功率和从负载送入的机械功率，将全部消耗在转子电路中，为此，应在转子电路中串入较大的电阻 R_{2b}，以减小转子电流，并消耗大部分功率，使电动机不致过热而烧坏。转子串入 R_{2b} 的人为机械特性如图 5-14(b) 中曲线 3 所示。反接制动时，由固有特性曲线上的 a 点平移至曲线 3 的 d 点，对应的制动转矩 $|T_d|>|T_b|$，制动转矩增大了，而制动电流反而减小。

反接制动迅速，但能耗大。对于笼型三相异步电动机，因其转子电路无法串电阻，只能在定子回路中串电阻，因此反接制动不能过于频繁。

② 倒拉反接制动　当三相异步电动机拖动位能性负载时，如图 5-15 所示。设电动机原运行在图 5-15(b) 上的固有机械特性曲线的 a 点提升重物，若在其转子回路中串入较大电阻 R_{2b}，在串入转子附加电阻的瞬间，电动机转速因机械惯性来不及变化，故工作点由 a 点平移至人为特性上的 b 点，$T_b<T_L$，系统开始减速，当转速 n 降为零时，电动机的电磁转矩 T_c 仍小于负载转矩 T_L，在重物作用下拖动电动机反向旋转，即电动机转速由正变负。此时电磁转矩 $T>0$，而转速 $n<0$，T 成为制动转矩，电动机进入反接制动状态。

在重力负载作用下，电动机反向加速，电动机电磁转矩逐渐增大，当到 d 点时，$T_d=T_L$，电动机以 n_d 转速稳定下放重物，处于稳定制动运行状态。这种倒拉反接制动的转差率为

$$s=\frac{n_1-(-n)}{n_1}=\frac{n_1+n}{n_1}>1$$

与电源反接制动一样，倒拉反接制动将电动机输入的电磁功率和负载送入的机械功率全部消耗在转子回路的电阻上，所以能量损耗大，但倒拉反接制动能获得任意低的转速来下放重物，故安全性好。

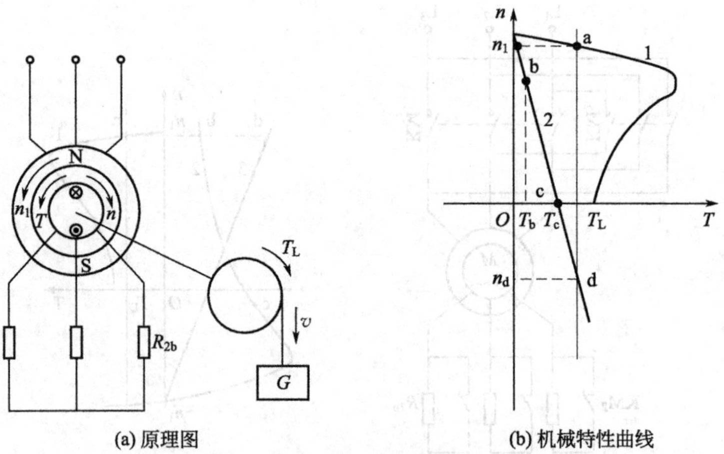

图 5-15 三相异步电动机倒拉反接制动

(2) 能耗制动

能耗制动是把原处于电动运行状态的电动机定子绕组从三相交流电源上切除，迅速将其接入直流电源，通入直流电流，如图 5-16(a) 所示。流过电动机定子绕组的直流电流在电动机气隙中产生一个静止的恒定磁场，而转子因惯性继续按原方向旋转，转子导体切割恒定磁场产生感应电动势和感应电流，转子感应电流与恒定磁场相互作用产生电磁力与电磁转矩，由左手定则判断，该电磁转矩方向与转子旋转 n 方向相反，起制动作用，与 T_L一起迫使电动机转速迅速下降，如图 5-16(b) 所示。直到 $n=0$ 时，转子导体不再切割磁力线，转子感应电动势为零，转子电流为零，电磁力、电磁转矩均为零，制动过程结束。这种制动是将转子动能转换为电能消耗在转子回路的电阻上，动能耗尽，转子停转，故称能耗制动。

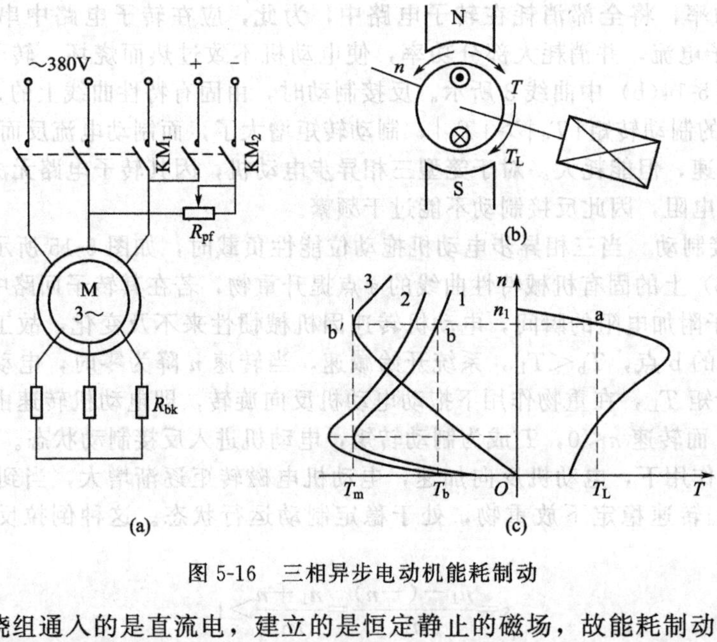

图 5-16 三相异步电动机能耗制动

由于定子绕组通入的是直流电，建立的是恒定静止的磁场，故能耗制动机械特性曲线过坐标原点。而在能耗制动过程中，定子磁场静止不动，转子切割磁场的转速就是电动机的转速，所以处于能耗制动状态的异步电动机实质上变成了一台交流发电机，所有的输入是电动机储存的动能，它的负载是转子电路中的电阻，其电压和频率随转子转速降低而降低。因此能耗制动时的机械特性与发电机状态一样，处于第Ⅱ象限，如图 5-16(c) 中曲线 1 所示。

当电动机定子直流电流一定时，增加转子电阻，产生最大制动转矩的转速也增大，但最大转矩值不变，如图 5-16(c) 中曲线 3 所示；而当转子电路电阻不变，增大定子直流电流时，则最大制动转矩增大，而产生最大转矩时的转速不变，如图 5-16(c) 中曲线 2 所示。

当电动机定子断开三相交流电源，接入直流电源瞬间，由于机械惯性，电动机转速来不及变化，由原电动机状态 a 点平移至曲线 1 上的 b 点。此时的电磁转矩 T_b方向与 n_b方向相反，起制动作用。在 T_b与 T_L共同作用下使电动机转速迅速下降，直至 $n=0$，能耗制动结束。

三相异步电动机能耗制动具有制动平稳，能实现准确、快速停车，且不会出现反向启动等特点。另外，由于定子绕组已从交流电网切除，电动机不从电网吸取交流电能，只吸收少量的直流励磁电能，所以从能量角度来讲，能耗制动比较经济。但当转速较低时，制动转矩较小，制动效果较差。能耗制动适用于电动机容量较大和启动、制动频繁的场合。

(3) 回馈制动（再生发电制动）

处于电动机运行状态的三相异步电动机，如在外加转矩作用下，使转子转速 n 大于同步转速 n_1，于是电动机转子绕组切割旋转磁场的方向将与电动运行状态时相反，因而转子感应电动势、转子电流、电磁力和电磁转矩方向都与电动机状态时相反，即电磁转矩方向与 n 方向相反，起制动作用。这种制动发生在起重机重物高速下放或电动机由高速换为低速的过程中，对应的是反向回馈制动与正向回馈制动。

① 反向回馈制动　起重机就是应用反向回馈制动来获得重物高速稳定下放的。反向回馈制动时，将三相异步电动机原工作在正转提升重物状态的三相电源反接，如图 5-17(a) 所示。此时电动机定子旋转磁场反转，电动机转速因机械惯性来不及变化，从图 5-17(b) 的 a′点平移至曲线 1 上的 b 点，在第Ⅱ象限进行反接制动。当转速为零时，在电磁转矩 T_c与重力转矩 T_L的共同作用下，电动机快速反向启动，并沿第Ⅲ象限曲线 1 反向电动加速。当电动机加速到等于同步速 $-n_1$时，虽然电磁转矩降为零，但由于重力转矩 T_L的作用，仍使电动机继续加速并超过同步转速进入曲线 1 的第Ⅳ象限。此时转子绕组切割旋转磁场方向与电动机反向电动状态时相反，电磁转矩由第Ⅲ象限的小于零变成第Ⅳ象限的大于零，与转速 n 方向相反，成为制动转矩，进入第Ⅳ象限的反向回馈制动。当 $T_a=T_L$时，电动机运行在机械特性曲线的 a 点，匀速高速下放重物，电动机处于稳定反向回馈制动状态运行。

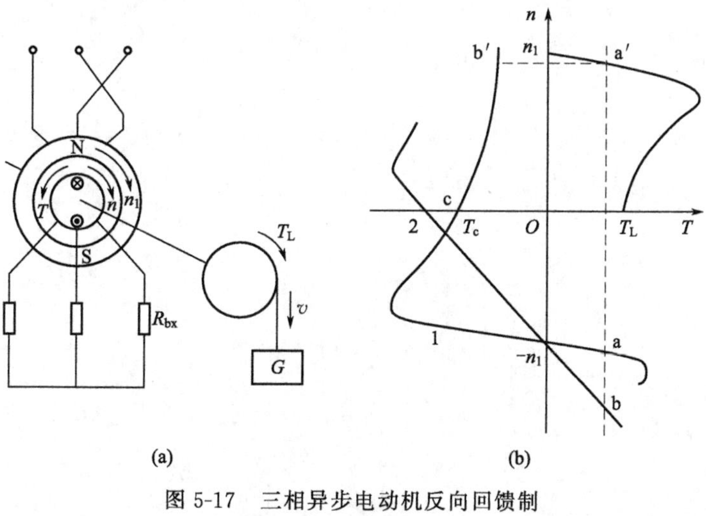

图 5-17　三相异步电动机反向回馈制

反向回馈制动下放重物时，转子所串电阻越大，下放速度越快，如图 5-17(b) 曲线 2 中的 b 点。因此，为使反向回馈制动下放重物速度不致过快，应将转子电阻短接或留有很小电阻。

反向回馈制动不但没有从电源吸取电功率，反而向电网输出功率，向电网反馈的电能是由拖动系统的机械能转换而成的。

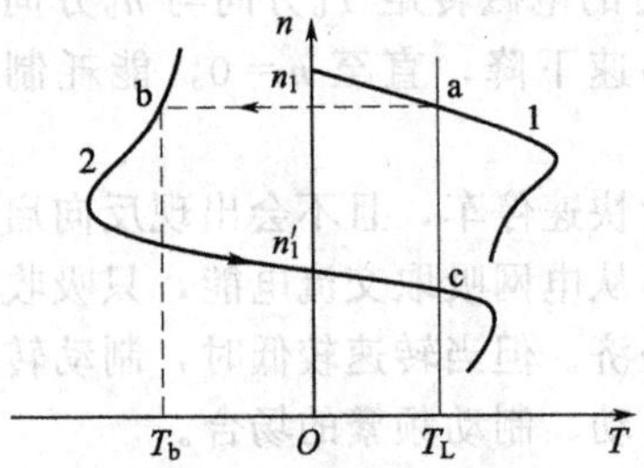

图 5-18 三相异步电动机正向回馈制动机械特性

② 正向回馈制动 正向回馈制动发生在变极调速或变频调速过程中。由高速变为低速的降速时，其机械特性如图 5-18 所示。

如果电动机正运行在机械特性 1 上的 a 点，当进行变极调速，换接到倍极数运行时，将从机械特性 1 变成机械特性 2，因机械惯性，转子转速 n 来不及变化，工作点由 a 点平移至 b 点，且 $n_b > n_1'$，进入正向回馈制动。在 T_b 与 T_L 共同作用下，电动机转速迅速下降，从 b 点到 n_1' 的降速过程都为回馈制动过程。当 $n = n_1'$ 时，电磁转矩为零，但在负载转矩 T_L 作用下转速继续下降，从 n_1' 到 c 点为电动减速过程。当到 c 点时，$T = T_L$，电动机在 n_c 转速下稳定运行。所以只有速度从 n_b 降为 n_1' 的过程为正向回馈制动过程。

习 题 5

5-1. 变压器的主要用途是什么？基本结构是怎样的？

5-2. 三相异步电动机的旋转磁场是怎样产生的？其转速由什么决定？工频下的 2、4、6、8、10 极的三相异步电动机的同步转速为多少？

5-3. 试述三相异步电动机的转动原理。旋转磁场的转向由什么决定？如何改变旋转磁场的转向？

5-4. 当三相异步电动机的转子电路开路时，电动机能否转动？为什么？

5-5. 何谓三相异步电动机的转差率？额定转差率一般是多少？启动瞬时的转差率是多少？

5-6. 试述当机械负载增加时，三相异步电动机的内部经过怎样的变化，最终使电动机在较以前低的转速下稳定运行？

第2篇　电子技术基础知识

第6章　半导体二极管

半导体器件是用半导体材料制成的电子器件。常用的半导体器件有二极管、三极管、场效应晶体管等。半导体器件是构成各种电子电路最基本的元件。

6.1　半导体基本知识

6.1.1　半导体的分类

在自然界中，各种物质按导电能力划分为导体、绝缘体、半导体。半导体指的是导电能力在导体和绝缘体之间的物质。半导体材料很多，按化学成分可分为元素半导体和化合物半导体两大类。锗和硅是最常用的元素半导体；化合物半导体包括第Ⅲ和第Ⅴ族化合物（砷化镓、磷化镓等）、第Ⅱ和第Ⅵ族化合物（硫化镉、硫化锌等）、氧化物（锰、铬、铁、铜的氧化物），以及由Ⅲ-Ⅴ族化合物和Ⅱ-Ⅵ族化合物组成的固溶体（镓铝砷、镓砷磷等）。除上述晶态半导体外，还有非晶态的玻璃半导体、有机半导体等。

6.1.2　本征半导体和掺杂半导体

（1）本征半导体

纯净而且结构完整的半导体称为本征半导体，它未经人为的改造，具有这种元素的本来特征。

在绝对零度时，半导体所有的价电子都被束缚在共价键中，不能参与导电，此时半导体相当于绝缘体。当温度逐渐升高或受光照时，由于半导体共价键中的价电子并不像绝缘体束缚得那样紧，价电子从外界获得一定的能量，少数价电子会挣脱共价键的束缚，成为自由电子，同时在原共价键处出现一个空位，这个空位称为空穴。显然，自由电子和空穴是成对出现的，所以称它们为电子空穴对。

把在热或光的作用下，本征半导体中产生电子空穴对的现象，称为本征激发，又称为热激发。而本征半导体中有自由电子和空穴两种载流子，如图6-1所示。本征半导体在电场作用下，电子和空穴两种载流子做定向运动，形成电流。

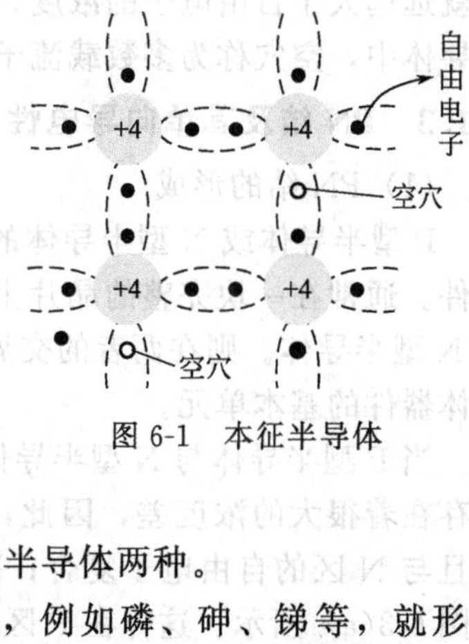

图6-1　本征半导体

（2）掺杂半导体

在本征半导体中，若掺入微量的五价或三价元素，会使其导电性能发生显著变化。掺入的五价或三价元素称为杂质。掺有杂质的半导体称为掺杂半导体或杂质半导体。按掺入杂质元素不同，掺杂半导体可分为N型半导体和P型半导体两种。

① N型半导体　在本征半导体中掺入微量的五价元素，例如磷、砷、锑等，就形成N型半导体。掺入五价元素后，半导体的晶体结构基本不变，只是在个别的位置上，例

如某个硅（或锗）原子被五价原子取代，如图 6-2(a) 所示。因为五价原子有 5 个价电子，它与相邻的 4 个原子构成完整的共价键后，还剩余 1 个价电子。这个剩余的价电子在获得外界能量时，比其他共价键上的电子更容易脱离原子核的束缚而成为自由电子，这就显著提高了其导电的能力。

在本征半导体中掺入五价元素后，热激发照样进行，因此，当达到平衡状态时，自由电子的浓度就远远大于空穴的浓度，其导电能力主要由自由电子决定，故称为 N 型半导体。在 N 型半导体中，自由电子占多数，称为多数载流子，简称多子；空穴占少数，称为少数载流子，简称少子。

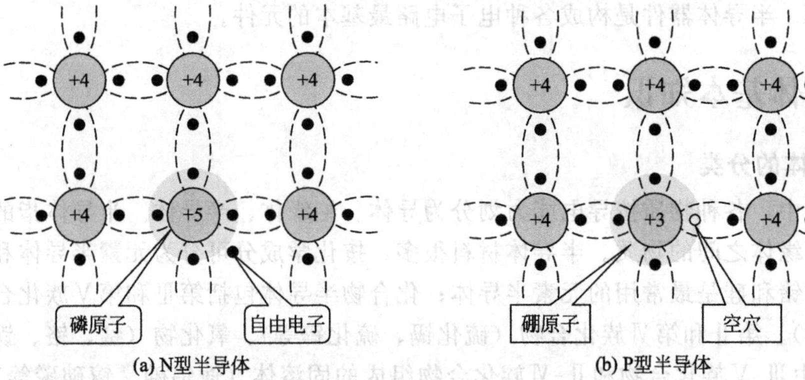

图 6-2 掺杂半导体

② P 型半导体　在本征半导体中掺入微量的三价元素，如硼、铝、铟等，就形成 P 型半导体。同理，掺入三价元素后，半导体的晶体结构基本不变，只是在个别的位置上，例如某个硅（或锗）原子被三价原子取代，如图 6-2(b) 所示。因为三价原子只有 3 个价电子，它与相邻的 4 个原子只能构成 3 个完整的共价键，还有 1 个共价键因缺少 1 个价电子而出现 1 个空位。常温下，所有的共价键电子都具有足够的能量来填补这个空位，从而产生一个空穴，因而它在外界能量作用下更容易夺取相邻原子的电子，这种半导体中就有大量的空穴，也显著提高了其导电的能力。

在本征半导体中掺入三价元素后，热激发照样进行，因此，当达到平衡状态时的空穴浓度就远远大于自由电子的浓度，其导电能力主要由空穴决定，故称为 P 型半导体。在 P 型半导体中，空穴称为多数载流子，自由电子称为少数载流子。

6.1.3 PN 结及其单向导电性

(1) PN 结的形成

P 型半导体或 N 型半导体的导电能力虽然大大增强，但是并不能直接用来制造半导体器件。通常在一块完整的晶片上，通过一定的掺杂工艺，一边形成 P 型半导体，另一边形成 N 型半导体。则在两者的交界处会形成一个特殊的区域，称之为 PN 结。PN 结是构成半导体器件的基本单元。

当 P 型半导体与 N 型半导体紧密地结合在一起时，由于在交界面两侧空穴与自由电子都存在着很大的浓度差，因此，两者都必将产生扩散运动，P 区的多子空穴向 N 区扩散，并且与 N 区的自由电子复合；N 区的多子自由电子向 P 区扩散，并且与 P 区的空穴复合，如图 6-3(a) 所示。这样在 P 区一侧就因失去空穴而留下不能移动的负离子，而在 N 区一侧就因失去自由电子而留下不能移动的正离子，这些离子被固定排列在晶格里，不能移动，所

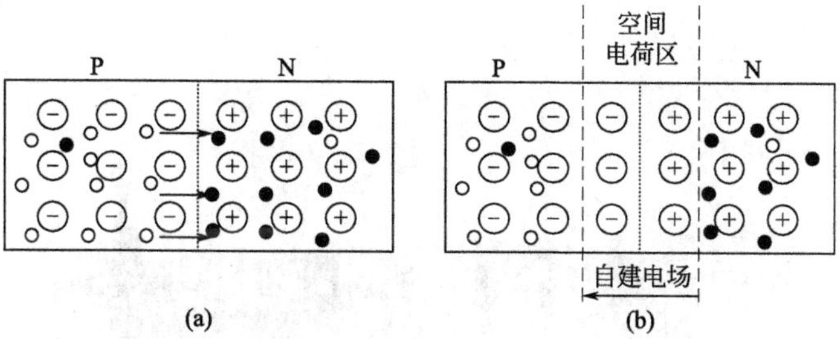

图 6-3　PN 结形成过程

以它们并不参与导电，这样，在交界面两侧就形成一个空间电荷区，并产生内建电场或势垒电场，其方向是由 N 区指向 P 区，如图 6-3(b)。内建电场的产生阻碍了多子的扩散运动，而多子的扩散又逐渐增强内建电场，所以多子的运动会逐步减弱，直至停止，使交界面形成一个稳定的特殊的薄层，即 PN 结。

(2) PN 结的单向导电性

在 PN 结的两端外加电压，称为 PN 结偏置电压。PN 结的偏置方式不同，表现出的特性也就不同。

① PN 结的正向偏置　给 PN 结加正向偏置电压，即 P 区接电源正极，N 区接电源负极，此时称 PN 结为正向偏置，简称正偏，如图 6-4(a) 所示。PN 结正偏时，由于外加电源产生的外加电场方向与内建电场方向相反，使内建电场的一部分被抵消，空间电荷区变窄，对多子扩散的阻碍作用减弱，因此，PN 结两边的多子在浓度差的作用下做扩散运动，穿过空间电荷区形成正向电流 I_F，此时 PN 结呈正向导通状态。

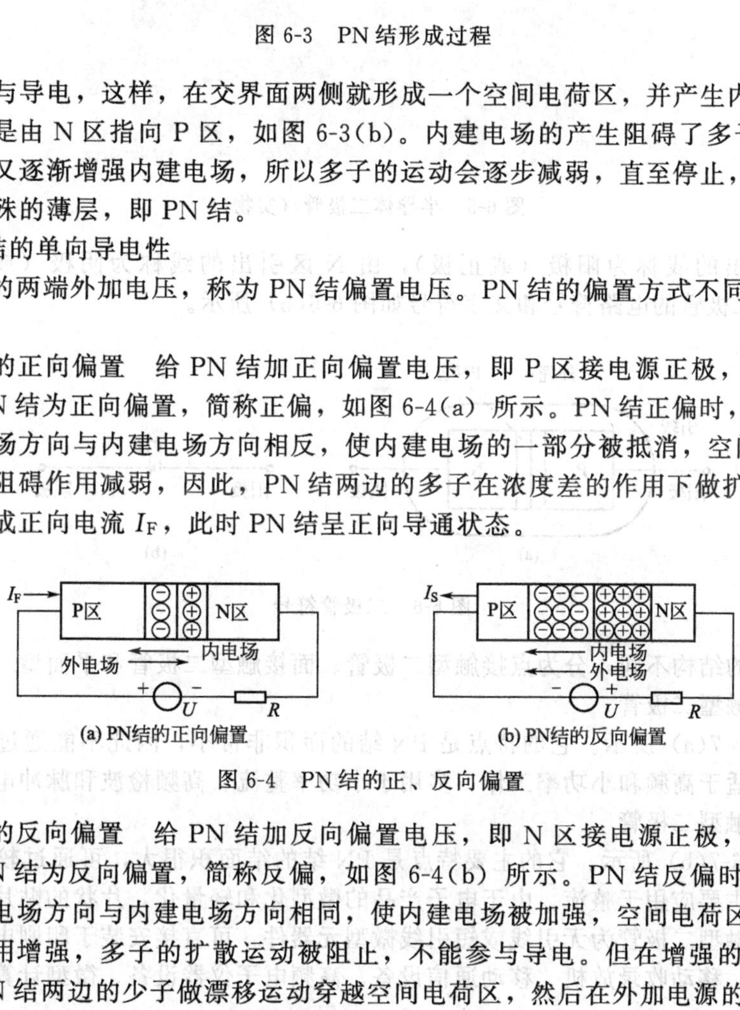

图 6-4　PN 结的正、反向偏置

② PN 结的反向偏置　给 PN 结加反向偏置电压，即 N 区接电源正极，P 区接电源负极，此时称 PN 结为反向偏置，简称反偏，如图 6-4(b) 所示。PN 结反偏时，由于外加电源产生的外加电场方向与内建电场方向相同，使内建电场被加强，空间电荷区变宽，对多子扩散的阻碍作用增强，多子的扩散运动被阻止，不能参与导电。但在增强的内建电场作用下，会推动 PN 结两边的少子做漂移运动穿越空间电荷区，然后在外加电源的作用下流出外电路，形成反向电流 I_S。由于少子浓度很低，所以由此形成的反向电流很小，通常可以忽略不计。PN 结的这种工作状态称为反向截止状态。

综上所述，PN 结具有单向导电性，即加正向电压时导通，加反向电压时截止。

6.2　半导体二极管

6.2.1　半导体二极管的结构和符号

在实际应用中，在形成 PN 结的 P 型半导体上和 N 型半导体上，分别引出两根金属引线，并用外壳封装起来，就制成了一个半导体二极管。实物如图 6-5 所示。

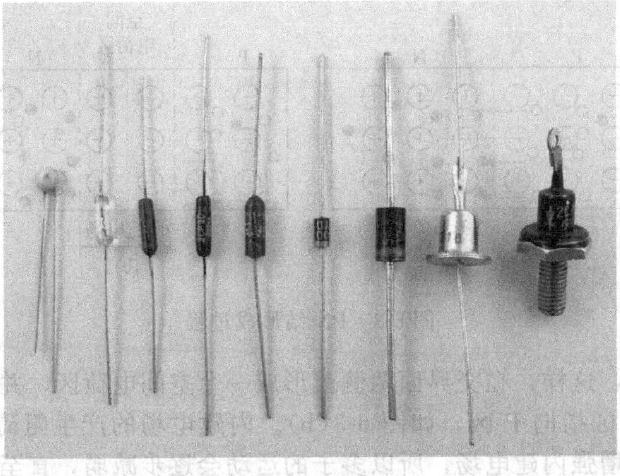

图 6-5 半导体二极管（实物）

由P区引出的线称为阳极（或正极），由N区引出的线称为阴极（或负极），如图6-6(a)所示。二极管的电路符号和文字符号如图6-6(b)所示。

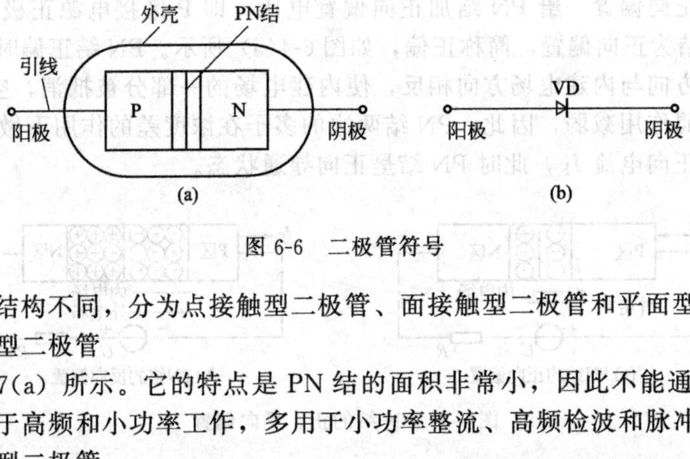

图 6-6 二极管符号

按二极管的结构不同，分为点接触型二极管、面接触型二极管和平面型二极管三类。

(1) 点接触型二极管

结构如图6-7(a)所示。它的特点是PN结的面积非常小，因此不能通过大电流；但高频性能好，故适于高频和小功率工作，多用于小功率整流、高频检波和脉冲电路。

(2) 面接触型二极管

结构如图6-7(b)所示。它的主要特点是PN结的结面积很大，可通过较大的电流；但工作频率低，主要应用于整流。由于电子产品的微型化和轻量化，片状的贴片元器件发展极为迅速，面接触型二极管为无引线或短引线微型元器件，可直接安装于印刷电路板表面，在微型收录放机、移动收录放机、移动通信设备、高频电子仪器设备、微型计算机等领域得到广泛应用。

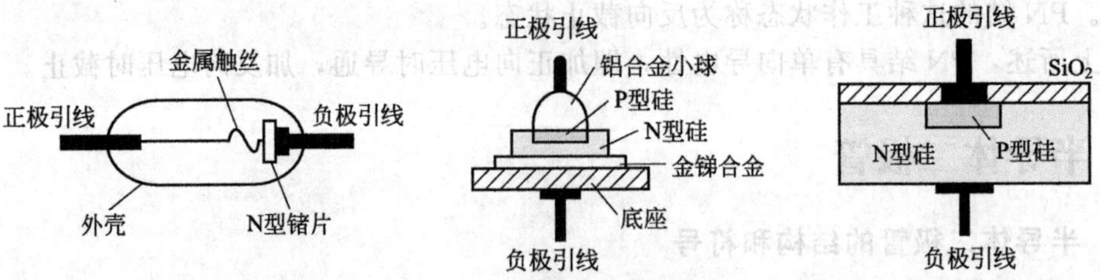

图 6-7 点接触型二极管、面接触型二极管和平面型二极管结构

（3）平面型二极管

结构如图 6-7(c) 所示。它往往用于集成电路制造工艺中，PN 结面积可大可小，用于高频整流和开关电路中。

6.2.2　半导体二极管的伏安特性

二极管的伏安特性是指二极管通过的电流与其端电压之间的关系，如图 6-8 所示。

从图 6-8 可看出：

① 二极管的伏安特性是一条曲线，这表明二极管是非线性元件；

② 当二极管两端的电压较小时，二极管中没有电流，即二极管不导通，这一段称为死区，硅管的死区电压为 0.5V，锗管为 0.1V；

③ 当电压大于死区电压后，电流急剧增大，这时二极管导通，硅管的导通电压约为 0.7V，锗管约为 0.3V。

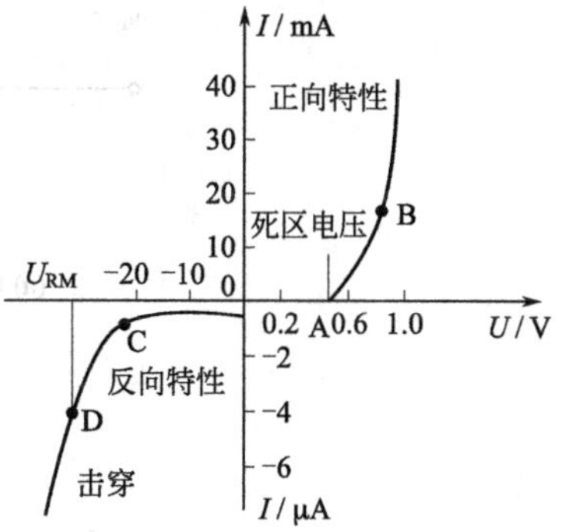

图 6-8　硅二极管的伏安特性

当二极管两端加反向电压时，管中会有很小的反向电流，且随着反向电压的增加，反向电流基本保持不变，称为反向饱和电流。硅管的反向饱和电流为几到几十微安，锗管为几十到几百微安。由于半导体的热敏特性，反向饱和电流会随着温度的升高而增大，通常温度每升高 10℃，反向饱和电流约增大一倍。

当反向电压过大时，其反向电流剧增，称为二极管反向击穿。击穿时由于二极管过热，因此可能被烧坏。

6.2.3　半导体二极管的主要参数

① 最大整流电流 I_F　它是二极管允许长期通过的最大正向平均电流。有些电流较大的二极管必须按规定加装散热片，否则可能因过热而烧坏。

② 最高反向工作电压 U_{RM}　它是二极管工作时允许承受的最大反向工作电压。实际使用时，其反向工作电压不要超过这一数值，以免造成二极管反向击穿而损坏。

③ 最高工作频率 f_M　超过这个频率，二极管将失去单向导电性。

此外，还有反向电流、正向电压等参数。

6.2.4　二极管的应用

利用二极管的单向导电性，可实现整流、限幅等功能。

（1）二极管整流电路

二极管最基本的应用是整流，即把交流电转换成脉动的直流电，图 6-9(a) 所示为半波整流电路。若忽略二极管的死区电压和反向饱和电流，则可把二极管看成理想二极管，即把二极管作为一个开关。当输入电压为正半周时，二极管导通（相当于开关闭合），$u_o=u_i$；当输入电压为负半周时，二极管截止（相当于开关断开），$u_o=0$。其输入、输出波形如图 6-9(b) 所示。

（2）二极管限幅电路

限幅电路也称为削波电路，它是一种能把输入电压的变化加以限制的电路，常用于波形变换和整形，如图 6-10(a) 所示。设 $u_i=5\sin(\omega t)$ V，$E=2$V。当 $u_i>E$ 时，二极管导通，$u_o=E=2$V；当 $u_i<E$ 时，二极管截止，电阻 R 中没有电流，$u_o=u_i$。输入、输出波形如图 6-10(b) 所示。显然，电路把输出电压的正峰值限制在 2V。

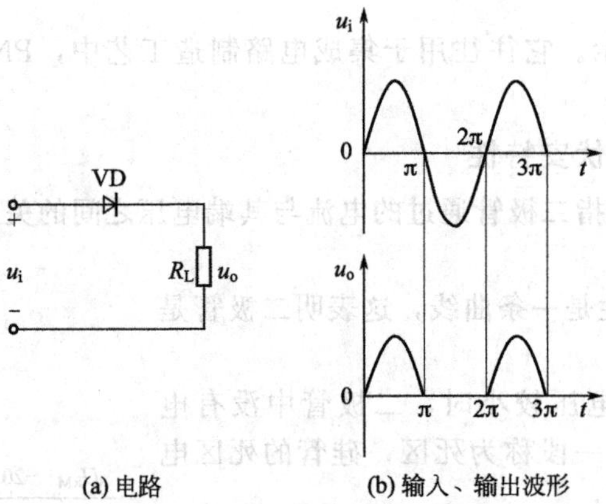

(a) 电路　(b) 输入、输出波形

图 6-9 半波整流电路及波形

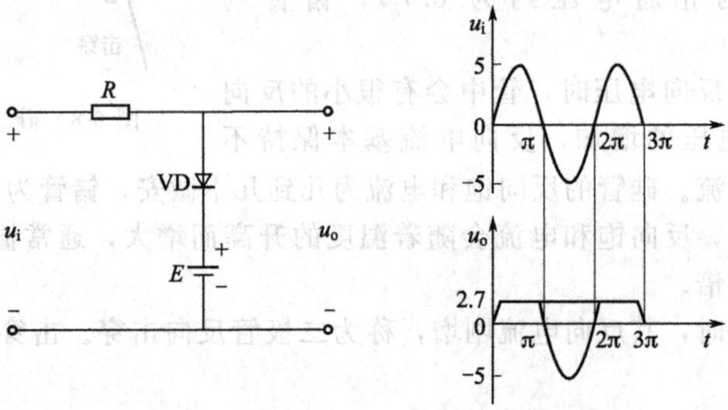

(a) 电路　(b) 输入、输出波形

图 6-10 二极管上限幅电路及波形

6.3 稳压二极管

6.3.1 稳压二极管的伏安特性

稳压二极管实际上也是一种面接触型硅二极管，简称稳压管。稳压二极管的正向特性曲线与普通硅二极管相似，但是，它的反向击穿特性较陡，反向击穿电压较低（普通面接触型二极管为数百伏，一般稳压管为数伏至数十伏），容许通过的电流也比较大。其伏安特性及符号如图 6-11 所示。

稳压管通常工作在反向击穿区。当反向击穿电流在较大范围内变化时，其两端电压变化很小，因而具有稳定电压的作用。只要反向电流不超过允许范围，稳压管就不会发生热击穿而损坏。为此，在电路中，稳压管必须串联一个适当的限流电阻。

6.3.2 稳压管的主要参数

① 稳定电压 U_Z　指稳压管正常工作时（反向击穿状态）管子的端电压，一般为 3～25V，高的可达 200V。

② 稳定电流 I_Z 和 I_{Zmax}　I_Z 指稳压管正常工作时的电流，I_{Zmax} 指稳压管允许通过的最大反向电流。

③ 额定功耗 P_Z　指保证稳压管安全工作所允许的最大功率损耗

$$P_Z = U_Z I_{Zmax}$$

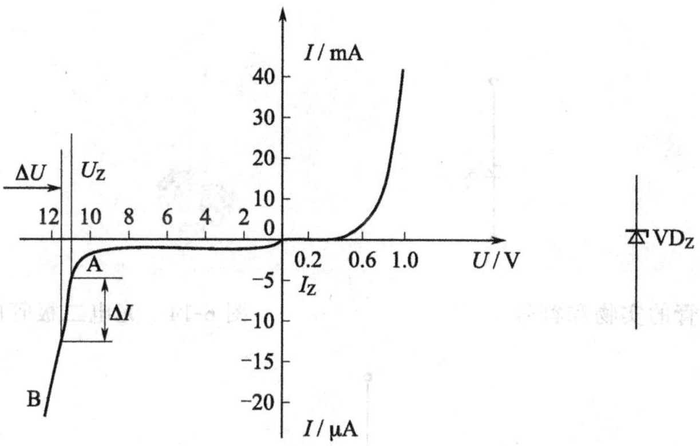

(a) 伏安特性　　(b) 符号

图 6-11　稳压管的伏安特性及符号

6.3.3　稳压管的应用

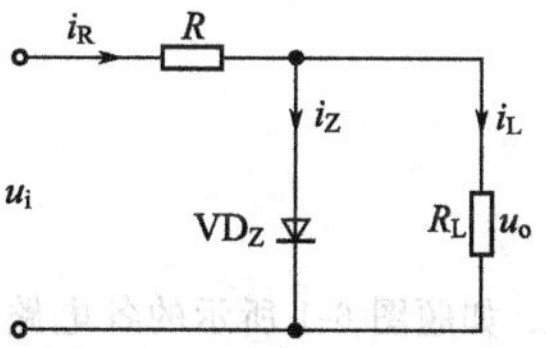

图 6-12　稳压管稳压电路

稳压管主要用于构成稳压电路，如图 6-12 所示。

(1) 工作原理

当交流电源电压升高，引起稳压电路的输入电压 U_i 增大时，输出电压（即稳压管上的电压）U_o 增加，这时稳压管的电流增加，使得电阻 R 上的电流增大，电阻 R 上的电压也增大。电阻 R 上的电压增量基本抵消了 U_i 的增量，所以输出电压 U_o 基本上可以保持不变，反之亦然。

(2) 电路元件的选择

① 稳压管的选择　稳压管的 I_Z 必须满足 $I_Z < I_{Zmax}$，稳压管的稳压值 U_Z 应等于负载所需电压 U_o（稳压管的稳定电压和稳定电流值可查晶体管手册）。多个稳压二极管也可串联使用，以获得较高的 U_o 值，但要注意稳压管不能并联使用。

② 限流电阻 R 的选择　若 R 的阻值太大，则会造成稳压管不能击穿而失去稳压作用；若 R 的阻值太小，则负载较轻时可能会烧毁稳压管。

选择 R 的阻值有两个原则：

a. 当 U_i 最大而 I_L 最小时，R 应满足 $U_{imax} \leqslant U_o + R(I_{Zmax} + I_{Lmin})$；

b. 当 U_i 最小而 I_L 最大时，R 应满足 $U_{imax} \geqslant U_o + R(I_{Zmax} + I_{Lmin})$。

6.4　特殊二极管简介

6.4.1　发光二极管（LED）

发光二极管是一种能将电能转换成光能的特殊二极管，它的实物和符号如图 6-13 所示。

6.4.2　光电二极管

光电二极管在管壳上有一个玻璃窗口以便于接受光照，它的反向电流随着光照强度的增加而上升。

图 6-14 是光电二极管的实物和符号，其主要特点是反向电流与照度成正比。

6.4.3　变容二极管

二极管存在着 PN 结电容。结电容的大小除了与二极管的结构和工艺有关外，还随反向电压的增加而减小。利用这种特性可制成变容二极管。图 6-15 所示为变容二极管的符号。

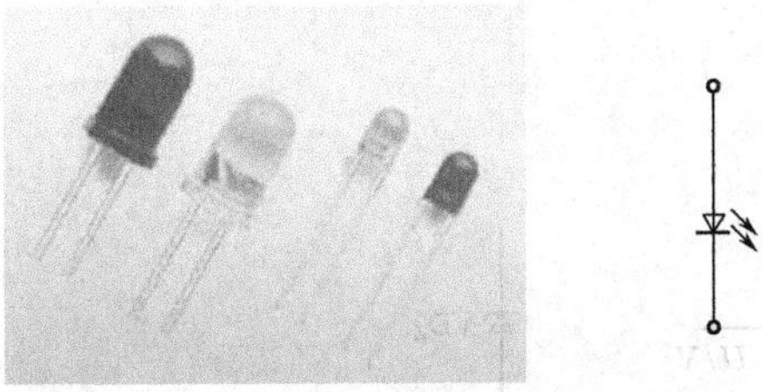

图 6-13 发光二极管的实物和符号

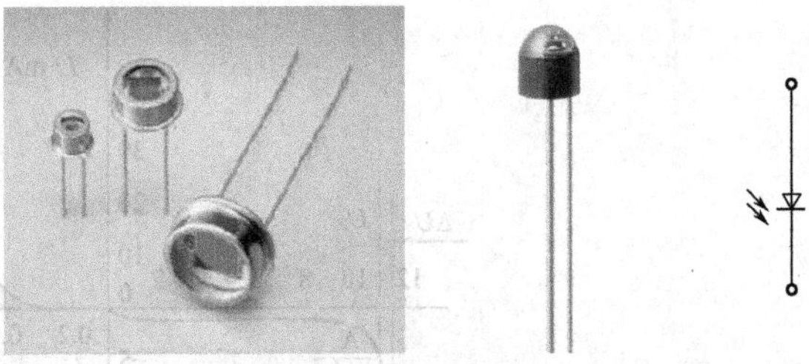

图 6-14 光电二极管的实物和符号

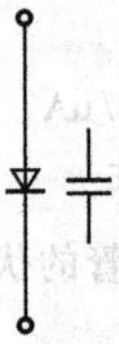

图 6-15 变容二极管的符号

习 题 6

6-1. 如题图 6-1 所示的各电路中，二极管为理想二极管。试分析二极管的工作状态，求出流过二极管的电流。

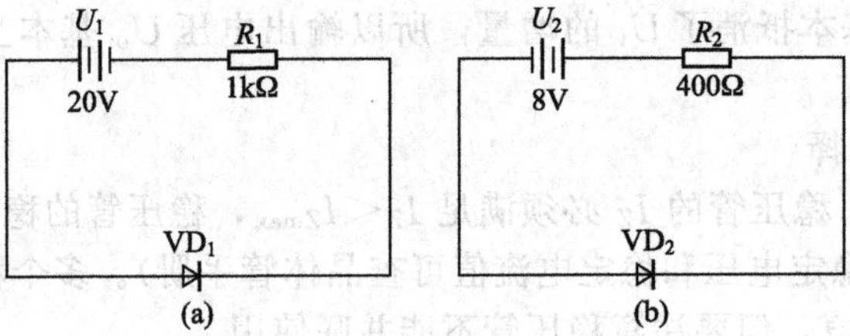

题图 6-1

6-2. 题图 6-2 中，VD_1、VD_2 都是理想二极管，求电阻 R 中的电流和电压 U_o。已知 $R=6k\Omega$，$U_1=6V$，$U_2=12V$。

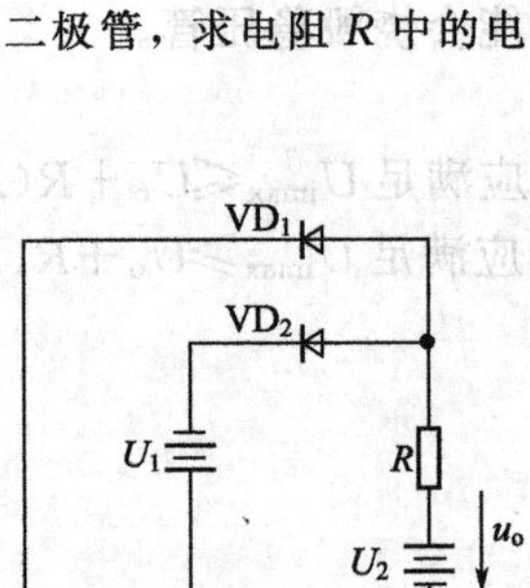

题图 6-2

6-3. 题图 6-3 中，VD_1、VD_2 均为理想二极管，直流电压 $U_1>U_2$，u_i、u_o 是交流电压信号的瞬时值。试求：

（1）当 $u_i>U_1$ 时，u_o 的值；

（2）当 $u_i<U_2$ 时，u_o 的值。

6-4. 在题图 6-4 中，设 VD 为理想二极管，已知输入电压的波形，试求输出电压的波形。

6-5. 在题图 6-5 所示电路中，$U=5V$，$u_i=10\sin(\omega t)$ V，VD_1 为理想二极管，试画出电压 u_o 的波形。

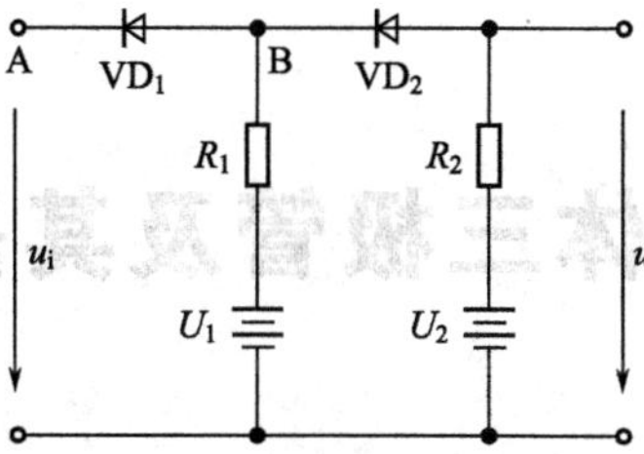

题图 6-3

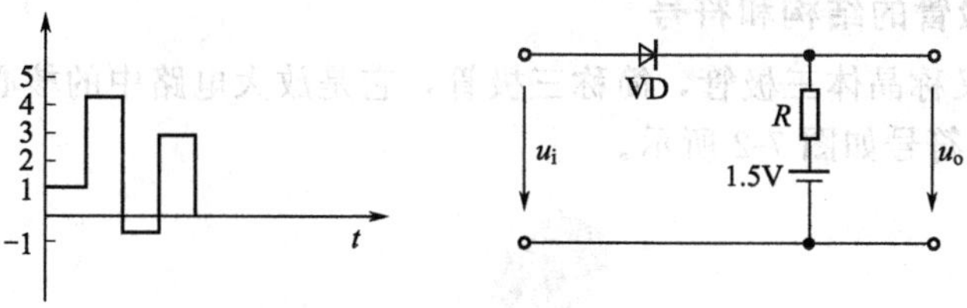

题图 6-4

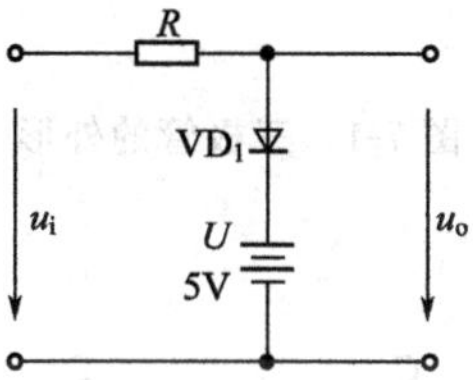

题图 6-5

6-6. 两个稳压管 VD_{Z1} 和 VD_{Z2} 的稳压值分别为 8.6V 和 5.4V，正向压降均为 0.6V，设输入电压 U_i 和 R 满足稳压要求。

(1) 要得到 6V 和 14V 电压，试画出稳压电路；

(2) 若将两个稳压管串联连接，可有几种形式？各自的输出电压是多少？

6-7. 题图 6-6 中，求下列几种情况下输出端 F 的电位 U_F 及各元件中流过的电流：

① $U_A = U_B = 0V$；

② $U_A = 3V$；$U_B = 0V$；

③ $U_A = U_B = -3V$。

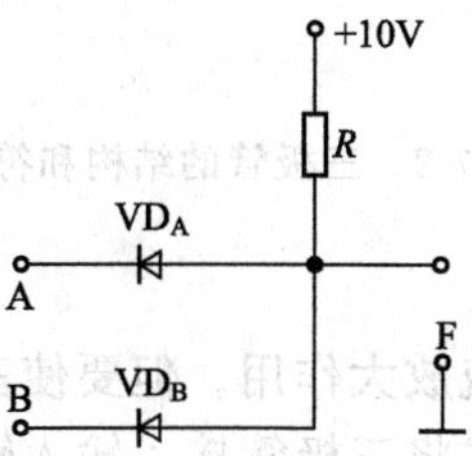

题图 6-6

第 7 章　半导体三极管及其基本放大电路

7.1　半导体三极管

7.1.1　半导体三极管的结构和符号

半导体三极管又称晶体三极管，简称三极管，它是放大电路中的核心器件，其外形如图 7-1 所示，其结构和符号如图 7-2 所示。

图 7-1　三极管的外形

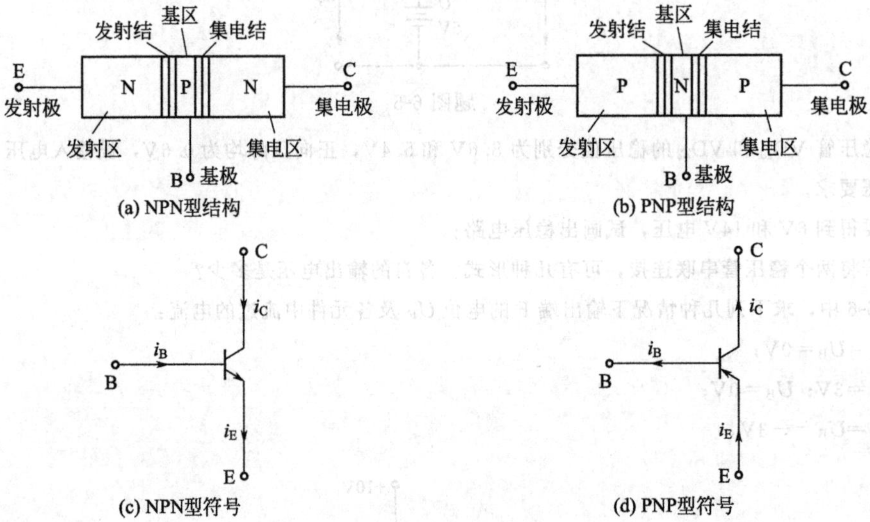

(a) NPN型结构　(b) PNP型结构

(c) NPN型符号　(d) PNP型符号

图 7-2　三极管的结构和符号

7.1.2　三极管的电流放大作用

三极管最重要的特性是具有电流放大作用。但要使三极管工作在放大状态，必须具备两个条件。一是必须以正确的连接方式将三极管接入输入输出回路。按公共端的不同，可连接成三种基本组态：共发射极、共基极和共集电极，如图 7-3 所示。不同的连接方式，其特性存在较大差异。二是必须外加正确的直流偏置电压，即发射结正向偏置、集电结反向偏置。图 7-4 所示为共发射极电路，图中 $V_{CC}>V_{BB}$，3 个电极的电位关系为 $U_C>U_B>U_E$。如果使用 PNP 型管，应将基极电源和集电极电源的极性反过来，使得 $U_C<U_B<U_E$，3 个电流 I_B、I_C 和 I_E 的方向也要反过来。

按图 7-4 所示的实验电路，可通过改变 R_B 来改变基极电流 I_B，集电极电流 I_C 和发射

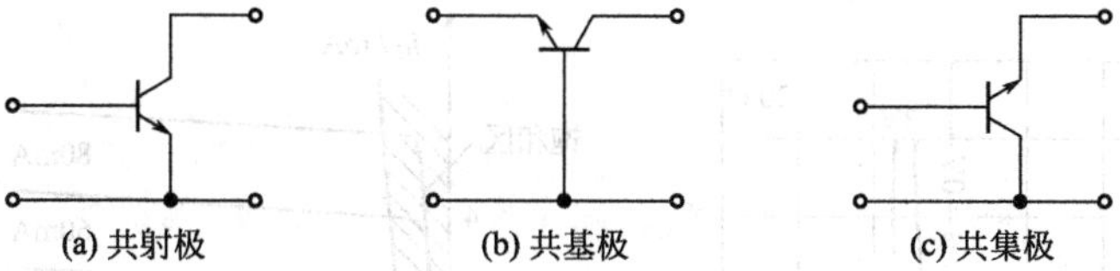

图 7-3　三极管的三种组态

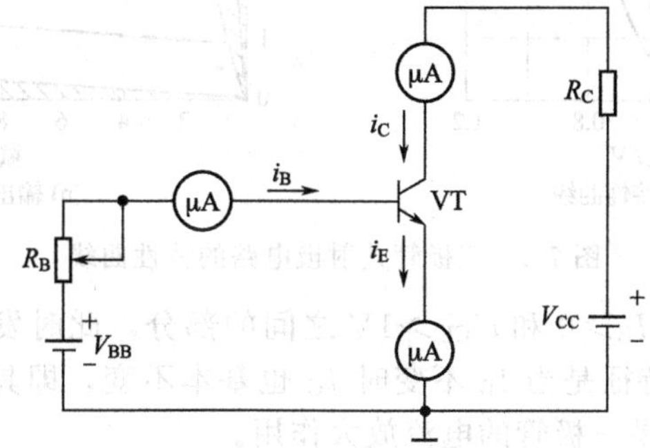

图 7-4　测试三极管电流放大作用的实验电路

极电流 I_E 也随之变化，测试结果如表 7-1 所示。

表 7-1　三极管电流放大实验测试数据

电流/mA	实验次数和测试数据			
	1	2	3	4
I_B	0	0.02	0.04	0.06
I_C	≈0	1.60	3.20	4.81
I_E	≈0	1.62	3.24	4.87

分析表 7-1 的实验测试数据，可得到以下结论：

① 三极管各电极电流的关系满足

$$I_E = I_B + I_C \tag{7-1}$$

且 I_B 很小，$I_C \approx I_E$。

② I_C 与 I_B 的比值基本保持不变，其大小由三极管的内部结构决定。定义该比值为共射极电路的直流电流放大倍数，用 $\bar{\beta}$ 表示，即

$$\bar{\beta} = \frac{I_C}{I_B} \tag{7-2}$$

式(7-2) 表明，当三极管工作在放大状态时，集电极电流始终是基极电流的 β 倍。

③ I_C 与 I_B 的变化量 ΔI_C 与 ΔI_B 的比值也基本保持不变，定义该比值为共射极电路的交流电流放大倍数，用 β 表示，即

$$\beta = \frac{\Delta I_C}{\Delta I_B} \tag{7-3}$$

7.1.3　三极管的伏安特性曲线

三极管的输入特性，是指当 U_{CE} 一定时，I_B 与 U_{BE} 之间的关系曲线，即 $I_B = f(U_{BE})|_{U_{CE}} =$ 常数，如图 7-5(a) 所示。

从输出特性曲线可以看出，三极管有三个不同的工作区域：放大区、饱和区和截止区，它们分别表示三极管的三种工作状态。三极管工作在不同区域，特点也各不相同。

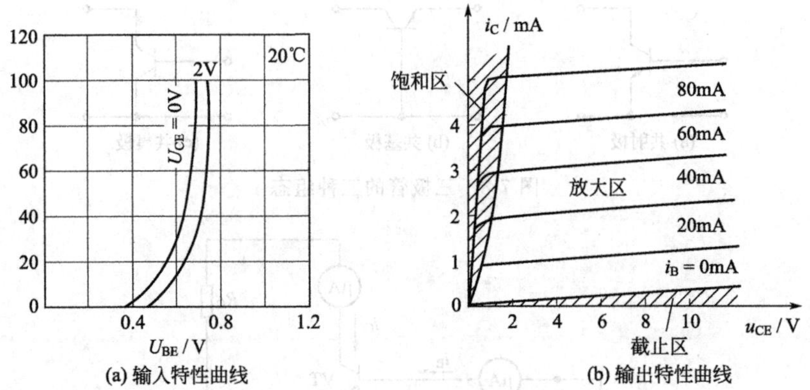

图 7-5 三极管共射极电路的特性曲线

① 放大区 指曲线上 $I_B>0$ 和 $U_{CE}>1V$ 之间的部分，此时发射结正偏、集电结反偏，三极管处于放大状态。其特征是当 I_B 不变时 I_C 也基本不变，即具有恒流特性；当 I_B 变化时，I_C 也随之变化，这就是三极管的电流放大作用。

② 截止区 指曲线上 $I_B\leqslant 0$ 的区域，此时发射结反偏，三极管为截止状态，I_C 很小，集电极与发射极间相当于开路，三极管相当于断开的开关。

③ 饱和区 指曲线上 $U_{CE}\leqslant U_{BE}$ 的区域，此时 I_C 与 I_B 无对应关系，集电极与发射极之间的压降称为饱和电压，用 U_{CES} 表示。硅管的 U_{CES} 约为 0.3V，锗管的 U_{CES} 约为 0.1V。三极管相当于闭合的开关。饱和时的集电极电流 I_C 称为临界饱和电流，用 I_{CS} 表示，大小为

$$I_{CS}=\frac{V_{CC}-U_{CES}}{R_C}\approx\frac{V_{CC}}{R_C} \tag{7-4}$$

7.1.4 三极管的主要参数

三极管的参数很多，其主要参数有以下几个。

(1) 电流放大倍数

共射极电流放大倍数为 β，共基极电流放大倍数为 α。α 定义为集电极电流 I_C 的变化量与发射极电流 I_E 的变化量之比，即

$$\alpha=\frac{\Delta I_C}{\Delta I_E} \tag{7-5}$$

(2) 极间反向电流

极间反向电流是表征三极管工作稳定性的参数。当环境温度增加时，极间反向电流会增大。

① 集电结反向饱和电流 I_{CBO} 指发射极开路时，集电极和基极之间的电流。室温下，小功率硅管的 I_{CBO} 一般小于 1μA，而锗管约为 10μA。

② 穿透电流 I_{CEO} 指基极开路时，集电极和发射极之间的电流。因为 $I_{CEO}=(1+\beta)I_{CBO}$，所以 I_{CEO} 比 I_{CBO} 大得多，因 β、I_{CBO} 和 I_{CEO} 会随着温度的升高而变大，故在稳定性要求较高的电路中或环境温度变化较大的时候，应该选用受温度影响小的硅管。

(3) 极限参数

极限参数是表征三极管能够安全工作的临界条件，也是选择管子的依据。

① 集电极最大允许电流 I_{CM} 指当集电极电流 I_C 增大到一定程度，β 出现明显下降时的 I_C 值。如果三极管在使用中出现集电极电流大于 I_{CM}，这时管子不一定会损坏，但它的性能将明显下降。

② 集电极最大允许功耗 P_{CM}　三极管工作时，应使集电极功率损耗 $U_{CE}I_C \leqslant P_{CM}$。若集电极功耗超过 P_{CM}，集电结的结温大大升高，严重时管子将被烧坏。

③ 反向击穿电压　$U_{(BR)CEO}$ 为基极开路时，集电结不致击穿而允许加在集-射极之间的最高电压；$U_{(BR)CBO}$ 为发射极开路时，集电结不致击穿而允许加在集-基极之间的最高电压；$U_{(BR)EBO}$ 为集电极开路时，发射结不致击穿而允许加在射-基极之间的最高电压。这些参数的大小关系为 $U_{(BR)CBO} > U_{(BR)CEO} > U_{(BR)EBO}$。

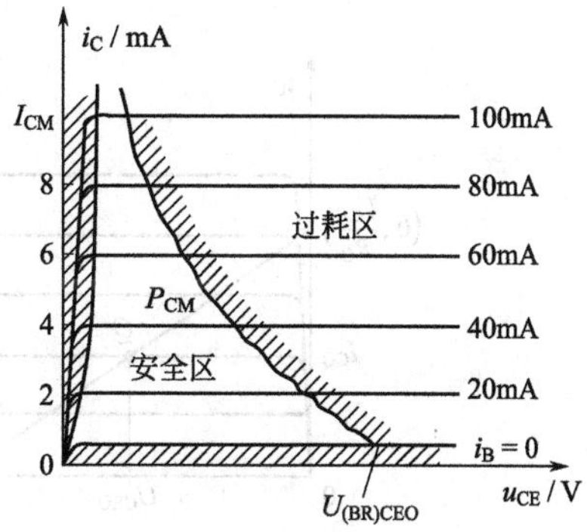

图 7-6　三极管的安全工作区

根据以上 3 个极限参数 I_{CM}、P_{CM} 和 $U_{(BR)CEO}$ 可以确定三极管的安全工作区，如图 7-6 所示。

7.2　基本放大电路分析

7.2.1　基本放大电路的组成

图 7-7(a) 所示为双电源供电的共射极放大电路。VT 是一个 NPN 型三极管，作用是放大电流；V_{CC} 是输出回路的电源，作用是为输出信号提供能量；R_C 是集电极负载电阻，作用是把电流的变化转换成电压的变化；基极电源 V_{BB} 和基极偏置电阻 R_B 的作用是为发射结提供正向偏置电压和合适的基极电流 I_B；C_1、C_2 称为隔直电容，作用是隔直流、通交流信号。图 7-7(b) 为单电源供电的共射极放大电路。

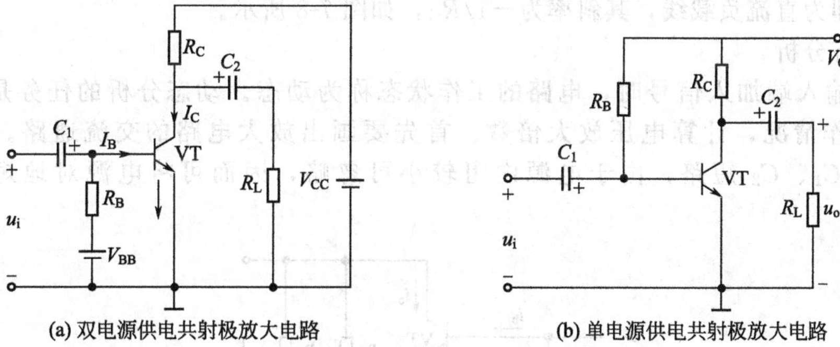

图 7-7　共射极基本放大电路

7.2.2　静态工作点的估算

静态工作点是指静态时，在晶体管的输出特性曲线上由 I_B、I_C 和 U_{CE} 组成的一个点，记为 Q 点，其坐标分别记为 I_{BQ}、I_{CQ} 和 U_{CEQ}，如图 7-8 所示。计算 Q 点坐标时，可先画出放大电路的直流通路，即让 C_1、C_2 开路，如图 7-9 所示，然后列出输入和输出回路电压方程，即可估算出 I_{BQ}、I_{CQ} 和 U_{CEQ}。

由图 7-9 知，基极回路电压方程为

$$V_{CC} = R_B I_{BQ} + U_{CE}$$

考虑管压降 U_{CE} 很小，可以忽略，得到

$$I_{BQ} = \frac{V_{CC} - U_{CE}}{R_B} \tag{7-6}$$

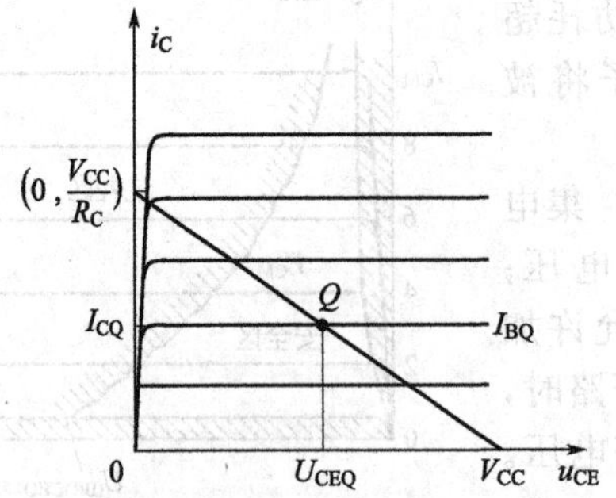

图 7-8 静态工作点

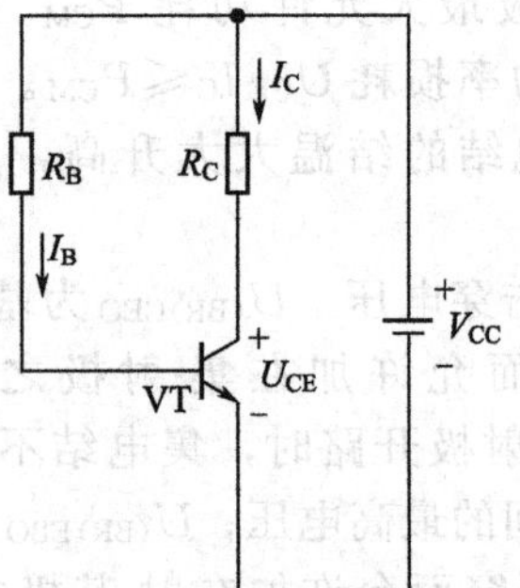

图 7-9 共射极放大电路的直流通路

$$I_{CQ}=\beta I_{BQ} \tag{7-7}$$

集电极回路电压方程为

$$U_{CEQ}=V_{CC}-I_{CQ}R_C \tag{7-8}$$

7.2.3 放大电路的图解法分析

(1) 静态分析

静态分析的任务是确定 Q 点的 I_{BQ}、I_{CQ} 和 U_{CEQ}。方法是利用式(7-6)求出 I_{BQ}，然后在晶体管输出特性曲线上作出与 R_C 和 V_{CC} 支路的电压方程 $U_{CE}=V_{CC}-I_CR_C$ 所对应的直线，该电压方程称为直流负载线方程，对应的直线称为直流负载线。直流负载线与对应 I_{BQ} 值的输出特性曲线的交点即为 Q 点。

具体做法是：选取两个特殊点，当 $U_{CE}=0$ 时，$I_C=V_{CC}/R_C$，它对应于纵轴上的一个点 $(0, V_{CC}/R_C)$；当 $I_C=0$ 时，$U_{CE}=V_{CC}$，它对应于横轴上的一个点 $(V_{CC}, 0)$。连接这两点的直线即为直流负载线，其斜率为 $-1/R_C$，如图 7-8 所示。

(2) 动态分析

放大器输入端加入信号时，电路的工作状态称为动态。动态分析的任务是分析放大器的动态工作情况，计算电压放大倍数。首先要画出放大电路的交流通路。交流通路的做法是将 C_1、C_2 短路，由于电源内阻较小可忽略，因而可将电源对地短路，如图 7-10所示。

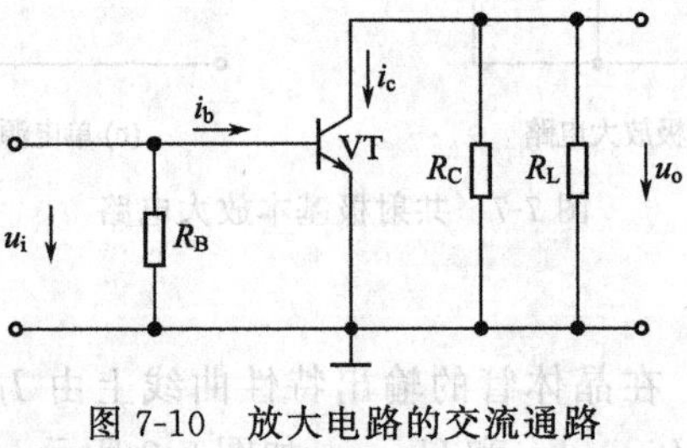

图 7-10 放大电路的交流通路

放大器的动态工作情况如图 7-11 所示。

图中文字符号的含义是：

① 小写的字母和小写的下角标，表示瞬时值，如 i_b、i_c、u_{be}、u_{ce}、u_o 等。

② 大写的字母和大写的下角标，表示直流量，如 I_B、I_C、U_{BE}、U_{CE}等。

③ 大写的字母和小写的下角标，表示交流量的有效值，如 U_i、U_o 等。

④ 小写的字母和大写的下角标，表示交流量和直流量的叠加总量，如 $i_B=I_B+i_b$，$i_C=I_C+i_c$，$u_{CE}=U_{CE}+u_{ce}$，$u_{BE}=U_{BE}+u_{be}$。

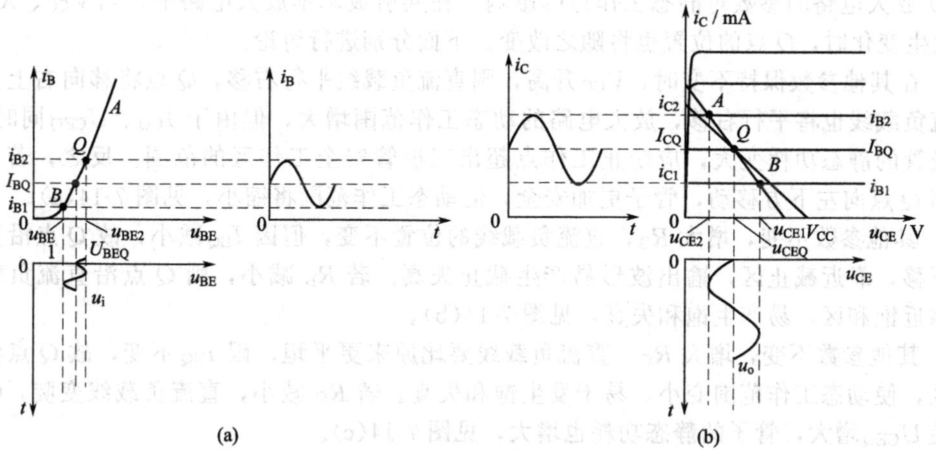

图 7-11　放大器的动态工作情况

① 电压放大倍数　利用图 7-11 中的 u_i 和 u_o 幅值，可以求出电压放大倍数 A_u：

$$A_u=\frac{u_o}{u_i}=\frac{\Delta U_o}{\Delta U_i} \tag{7-9}$$

② 放大电路的非线性失真　截止失真和饱和失真时的波形如图 7-12 和图 7-13 所示。

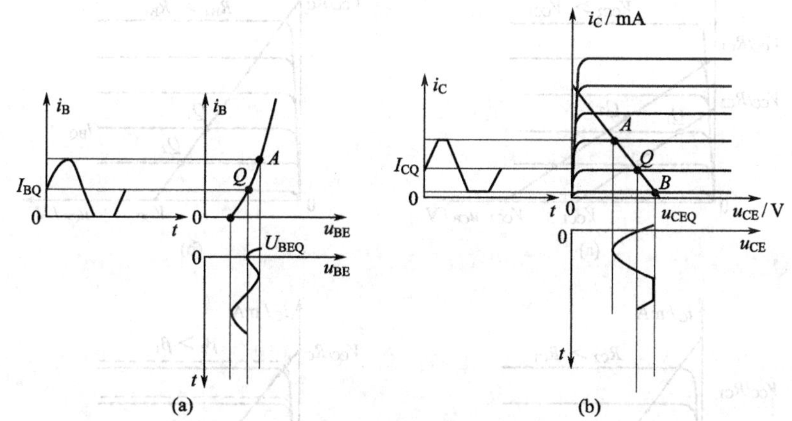

图 7-12　截止失真

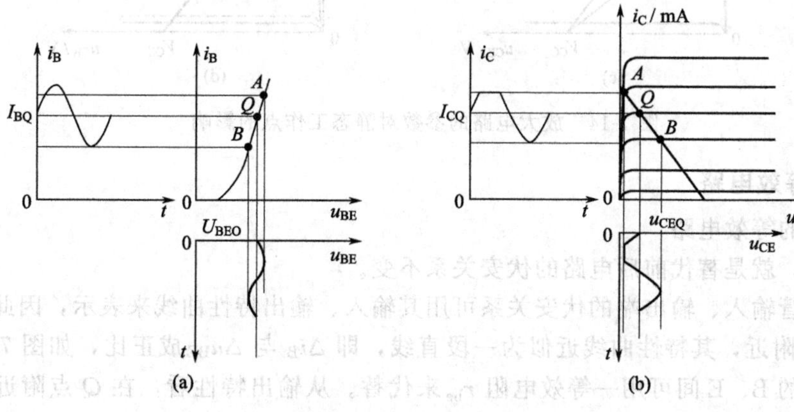

图 7-13　饱和失真

③ 放大电路的参数对静态工作点的影响 在共射极基本放大电路中，当V_{CC}、R_B、R_C及β发生变化时，Q点的位置也将随之改变。下面分别进行讨论。

a. 在其他参数保持不变时，V_{CC}升高，则直流负载线平行右移，Q点将移向右上方，此时交流负载线也将平行右移，放大电路的动态工作范围增大，但由于I_{CQ}、U_{CEQ}同时增大，使三极管的静态功耗变大，应防止工作点超出三极管安全工作区的范围。反之，若V_{CC}减小，则Q点向左下方移动，管子更加安全，但动态工作范围将缩小，见图7-14(a)。

b. 其他参数不变，增大R_B，直流负载线的位置不变，但因I_{BQ}减小，故Q点沿直流负载线下移，靠近截止区，输出波形易产生截止失真。若R_B减小，则Q点沿直流负载线上移，靠近饱和区，易产生饱和失真，见图7-14(b)。

c. 其他参数不变，增大R_C，直流负载线要比原来更平坦，因I_{BQ}不变，故Q点将移近饱和区，使动态工作范围变小，易于发生饱和失真。若R_C减小，直流负载线变陡，Q点右移，使U_{CEQ}增大，管子的静态功耗也增大，见图7-14(c)。

d. 其他参数不变，增大β，则三极管的输出特性曲线如虚线所示，此时直流负载线不变，I_{BQ}不变，但由于同样的I_{BQ}值对应的曲线升高，故Q点将沿着直流负载线上移，则I_{CQ}增大，U_{CEQ}减小，Q点靠近饱和区。若β减小，则I_{CQ}减小，Q点将沿直流负载线下移，见图7-14(d)。

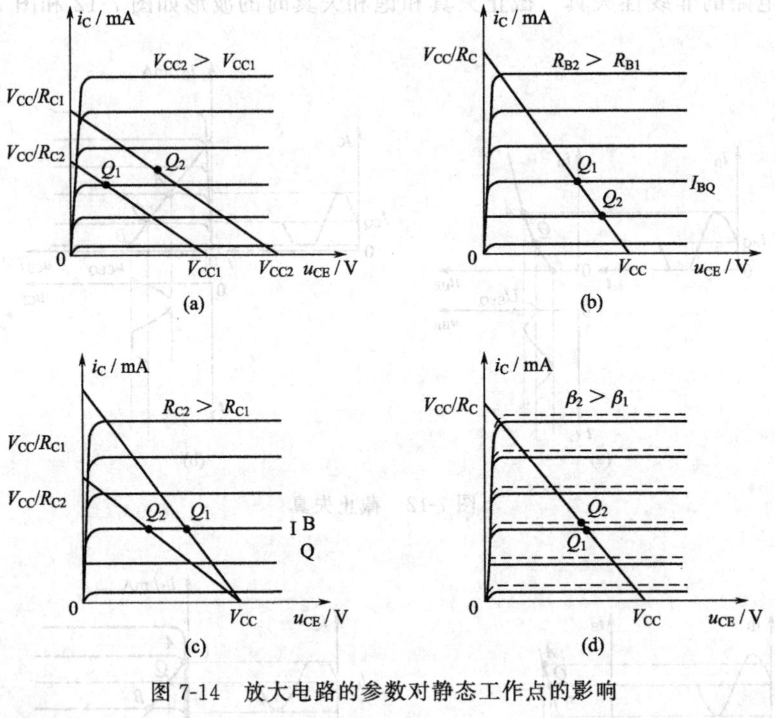

图7-14 放大电路的参数对静态工作点的影响

7.2.4 微变等效电路

(1) 简化的等效电路

所谓等效，就是替代前后电路的伏安关系不变。

由于三极管输入、输出端的伏安关系可用其输入、输出特性曲线来表示，因此在输入特性放大区Q点附近，其特性曲线近似为一段直线，即Δi_B与Δu_{BE}成正比，如图7-15(a)所示，故三极管的B、E间可用一等效电阻r_{be}来代替。从输出特性看，在Q点附近的一个小范围内，可将各条输出特性曲线近似认为是水平的，而且相互之间平行等距，即集电极电流

的变化量 Δi_C 与集电极电压的变化量 Δu_{CE} 无关，而仅取决于 Δi_B，即 $\Delta i_C=\beta\Delta i_B$，如图 7-15(b)所示。故在三极管的 C、E 间可用一个线性的受控电流源来等效，其大小为 $\beta\Delta i_B$。

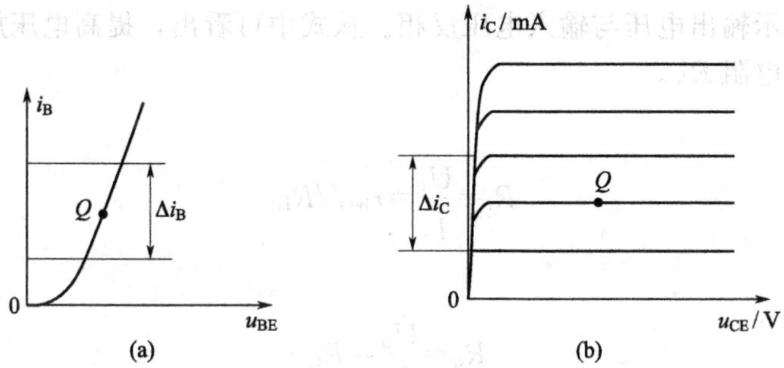

图 7-15　输入和输出特性曲线的线性近似

三极管的等效电路如图 7-16 所示。

由于该等效电路忽略了 u_{CE} 对 i_B、i_C 的影响，因此又称为简化微变等效电路。

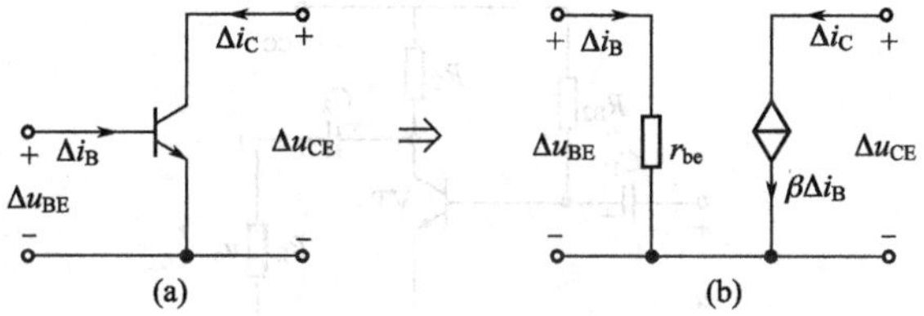

图 7-16　三极管等效电路

(2) r_{be}的近似计算公式

r_{be}称为三极管的输入电阻，在中低频时，它的大小近似为

$$r_{be}=300+(1+\beta)\frac{26}{I_{EQ}} \tag{7-10}$$

(3) R_i、R_o 和 $\dot{A}_u$的计算

动态分析的目的是为了确定放大电路的输入电阻 R_i、输出电阻 R_o 和电压放大倍数 $\dot{A}_u$。其方法是，先画出交流通路，图 7-7(b) 的交流通路如图 7-10 所示；然后根据交流通路画出微变等效电路，图 7-10 所对应的微变等效电路如图 7-17 所示。由微变等效电路可求出 R_i、R_o 和 $\dot{A}_u$。

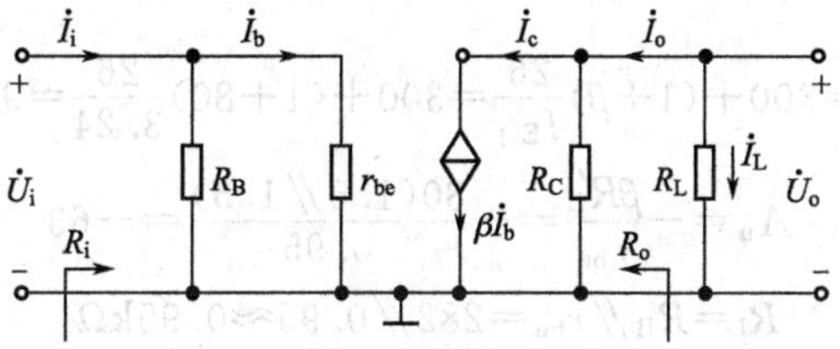

图 7-17　微变等效电路

因为

$$\dot{U}_i=\dot{I}_b r_{be},\dot{I}_c=\beta\dot{I}_b$$

$$\dot{U}_o=\dot{I}_c R_L',\dot{U}_c=-\beta\dot{I}_b R_L'$$

其中

$$R_L'=R_L//R_C$$

放大倍数

$$\dot{A}_u=\frac{\dot{U}_o}{\dot{U}_i}=\frac{-\beta\dot{I}_b R_L'}{\dot{I}_b r_{be}}=-\beta\frac{R_L'}{r_{be}} \tag{7-11}$$

式中的负号表示输出电压与输入电压反相。从式中可看出，提高电压放大倍数一种有效的办法是增大负载电阻 R_L'。

输入电阻

$$R_i=\frac{\dot{U}_i}{\dot{I}_i}=r_{be}//R_B \tag{7-12}$$

输出电阻

$$R_o=\frac{\dot{U}_o}{\dot{I}_o}=R_C \tag{7-13}$$

【例 7-1】 在图 7-18 所示的共射极基本放大电路中，已知 $\beta=80$，$R_B=282\text{k}\Omega$，$R_C=R_L=1.5\text{k}\Omega$，$V_{CC}=12\text{V}$。试求 Q 点和 $\dot{A}_u$、R_i、R_o 的值。若 $U_i=10\text{mV}$，U_o 为多少？

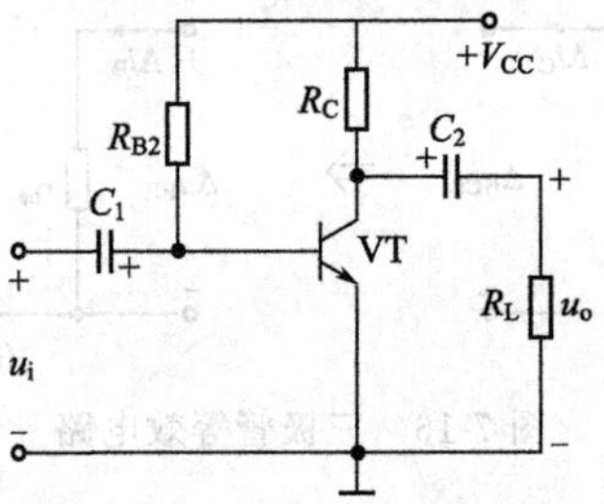

图 7-18 例 7-1 电路图

解 设 $U_{BEQ}=0.7\text{V}$，则 Q 点的值为

$$I_{BQ}=\frac{V_{CC}-U_{BEQ}}{R_B}=\frac{12-0.7}{282\times10^3}=40\mu\text{A}$$

$$I_{CQ}=\beta I_{BQ}=80\times40\times0.001=3.2\text{mA}$$

$$U_{CEQ}=V_{CC}-I_{CQ}R_C=12-3.2\times1.5=7.2\text{V}$$

由于

$$I_{EQ}=I_{CQ}+I_{BQ}=3.2+0.04=3.24\text{mA}$$

因此

$$r_{be}=300+(1+\beta)\frac{26}{I_{EQ}}=300+(1+80)\frac{26}{3.24}=950\Omega$$

$$\dot{A}_u=-\frac{\beta R_L'}{r_{be}}=-\frac{80(1.5/\!/1.5)}{0.95}=-63$$

$$R_i=R_B/\!/r_{be}=282/\!/0.95\approx0.95\text{k}\Omega$$

$$R_o=R_C=1.5\text{k}\Omega$$

则

$$\dot{U}_o=\dot{A}_u\dot{U}_i=-63\times10\sqrt{2}=-890\text{mV}=-0.89\text{V}$$

7.3 静态工作点的稳定与分压式偏置电路

图 7-19 显示了 U_{BE} 的变化对 Q 点的影响。

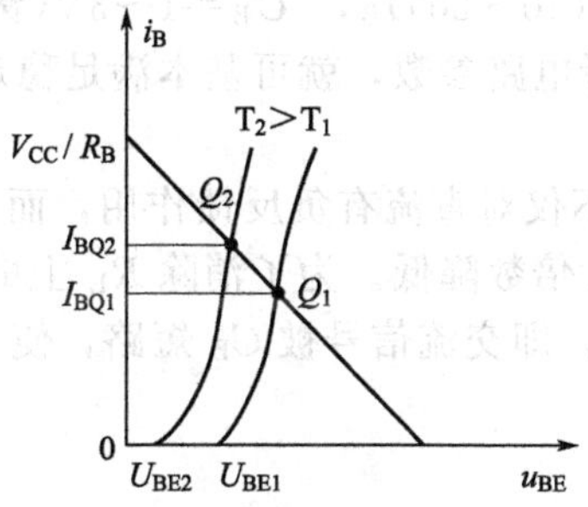

图 7-19　U_{BE}对 Q 点的影响

7.3.1　电路

分压式偏置电路如图 7-20 所示。

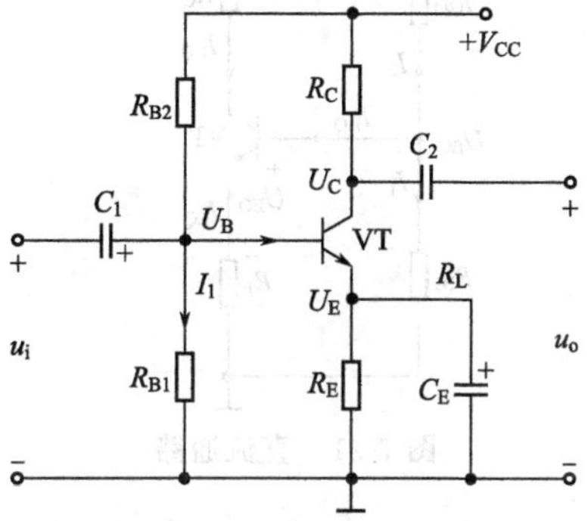

图 7-20　分压式偏置电路

其工作原理如下。

(1) 利用基极电阻 R_{B1}、R_{B2}分压来保持基极电位 U_B 基本不变

设计时要使 I_B 远小于 I_1，让 $I_1 \approx I_2$。即

$$U_B = \frac{R_{B1}}{R_{B1}+R_{B2}} V_{CC} \tag{7-14}$$

当 $U_B \gg U_{BE}$时，有：

$$I_E = \frac{U_B - U_{BE}}{R_E} \approx \frac{U_B}{R_E} \tag{7-15}$$

显然 $I_{CQ} \approx I_E$ 是固定不变的，与晶体三极管的 I_{CBO} 和 β 无关。

(2) 利用 R_E 形成电流负反馈，控制 I_C

当 I_C 随着温度 T 的升高而增大时，利用 R_E 形成电流负反馈，维持 I_C 基本不变，其过程如下：

$$T(℃)\uparrow \rightarrow I_C\uparrow \rightarrow I_E\uparrow \rightarrow U_E\uparrow \rightarrow U_{BE}=(U_B-U_E)\downarrow (\text{因 } U_B \text{ 固定}) \rightarrow I_B\downarrow \rightarrow I_C\downarrow$$

故此电路也称为电流负反馈工作点稳定电路。

(3) 稳定条件

从稳定工作点的效果看，I_1 和 U_B 应越大越好。但在实际应用中，它们要受到其他因素的限制。I_1 大，电路从电源吸取的功率也必然大，且要减小 R_{B1} 和 R_{B2}，这将使输入电阻 R_i 减小；U_B 大，必然使 U_E 增大，U_{CE}就要减小，即最大输出电压幅度减小。通常可采用下列经验数据：

$$I_1=(5\sim10)I_B,\quad U_B=3\sim5\text{V(硅管)}$$

$$I_1=(10\sim20)I_B,\quad U_B=1\sim3V(\text{锗管})$$

利用这两组经验数据来选择电路参数，就可基本满足稳定静态工作点的要求。

(4) C_E 的作用

如果没有电容 C_E，则 R_E 不仅对直流有负反馈作用，而且对交流信号也有负反馈作用，这将使输出信号变小，电压放大倍数降低。为了消除 R_E 上的交流压降，可并联上一个大的电容 C_E，其作用是对交流旁路，即交流信号被 C_E 短路，使 R_E 不对交流信号产生反馈，故称 C_E 为射极交流旁路电容。

7.3.2 电路的分析计算

(1) 静态分析

先画出直流通路，如图 7-21 所示。

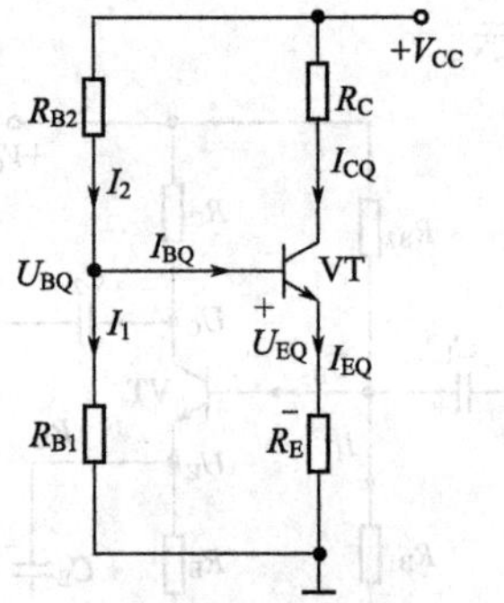

图 7-21 直流通路

设 $I_1\approx I_2$，$I_1\gg I_{BQ}$，则

$$U_{BQ}\approx\frac{R_{B1}}{R_{B1}+R_{B2}}V_{CC}$$

$$I_{EQ}\approx\frac{U_{EQ}}{R_E}=\frac{U_{BQ}-U_{BEQ}}{R_E}$$

一般情况下

$$I_{CQ}\approx I_{EQ}=\frac{U_{BQ}-U_{BEQ}}{R_E}$$

$$I_{BQ}\approx\frac{I_{CQ}}{\beta}$$

$$U_{CEQ}=V_{CC}-I_{CQ}R_C-I_{EQ}R_E$$

$$I_{BQ}\approx\frac{I_{CQ}}{\beta}$$

(2) 动态分析

微变等效电路如图 7-22 所示。

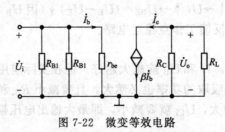

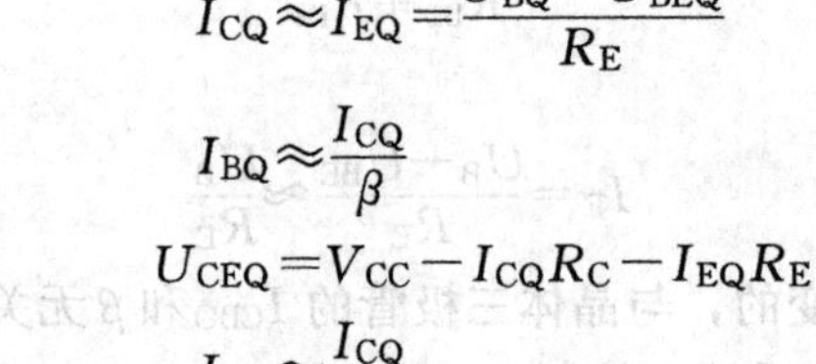

图 7-22 微变等效电路

由微变等效电路知

$$\dot{U}_i=\dot{I}_b r_{be}$$

$$\dot{U}_o=-\dot{I}_C R'_L=-\beta\dot{I}_b R'_L$$

其中
$$R'_L=R_C//R_L$$

则电压放大倍数为

$$\dot{A}_u=\frac{\dot{U}_o}{\dot{U}_i}=\frac{-\beta\dot{I}_b R'_L}{\dot{I}_b r_{be}}=-\frac{\beta R'_L}{r_{be}} \tag{7-16}$$

放大电路的输入电阻为

$$R_i=\frac{\dot{U}_i}{\dot{I}_i}=r_{be}//R_{B1}//R_{B2}$$

放大电路的输出电阻为

$$R_o=\frac{\dot{U}_o}{\dot{I}_o}=R_C$$

【例 7-2】 在图 7-20 所示的放大电路中，已知 $V_{CC}=12V$，$\beta=50$，$R_{B1}=10k\Omega$，$R_{B2}=20k\Omega$，$R_E=R_C=2k\Omega$，$R_L=4k\Omega$。求：(1) 静态工作点 Q；(2) 电压放大倍数 $\dot{A}_u$、输出电阻 R_o、输入电阻 R_i。

解　由于

$$U_{BQ}=\frac{R_{B1}}{R_{B1}+R_{B2}}\times V_{CC}=\frac{10}{10+20}\times 12=4V$$

因此

$$I_{CQ}\approx\frac{U_{BQ}-U_{BEQ}}{R_E}=\frac{4-0.7}{2}=1.65mA$$

$$I_{BQ}\approx\frac{I_{CQ}}{\beta}=\frac{1.65}{50}=0.033mA=33\mu A$$

$$U_{CEQ}=V_{CC}-I_{CQ}(R_C+R_E)=12-1.65\times(2+2)=5.4V$$

$$R'_L=R_C//R_L=2//4=1.33k\Omega$$

$$r_{be}=300+(1+\beta)\times\frac{26}{I_{EQ}}=300+51\times\frac{26}{1.65}=1.1k\Omega$$

因此

$$\dot{A}_u=-\frac{\beta R'_L}{r_{be}}=-\frac{50\times 1.33}{1.1}=-60.5$$

$$R_i=R_{B1}//R_{B2}//r_{be}=20//1.1//10=0.95k\Omega$$

$$R_o=R_C=2k\Omega$$

7.4　共集电极放大电路

7.4.1　共集电极放大电路的组成

图 7-23 所示为共集电极放大电路，图 7-24 所示为其直流通路，图 7-25(a) 所示为其交流通路。

7.4.2　共集电极放大电路的分析

(1) 静态分析

共集电极放大电路的直流通路如图 7-24 所示。

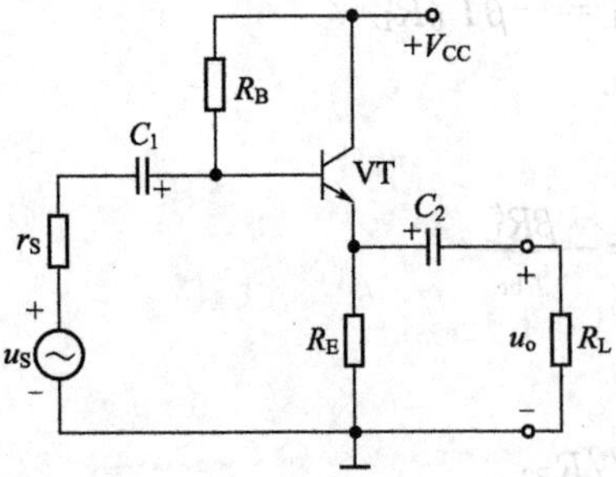

图 7-23 共集电极放大电路

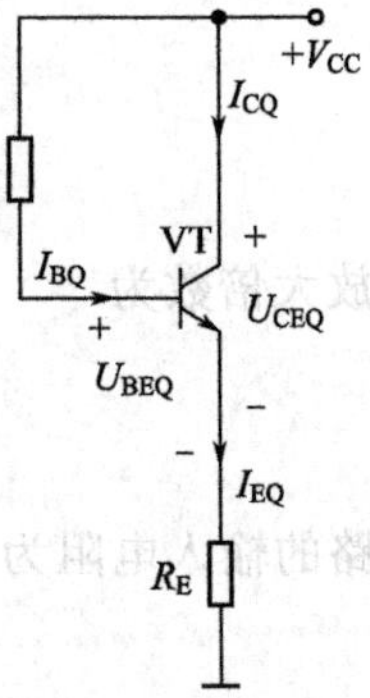

图 7-24 共集电极放大电路的直流通路

列出基极回路电压方程：

$$I_{BQ}R_B+U_{BEQ}+I_{EQ}R_E=V_{CC}$$

$$I_{BQ}=\frac{V_{CC}-U_{BEQ}}{R_B+(1+\beta)R_E}$$

$$I_{CQ}=\beta I_{BQ}$$

$$U_{CEQ}=V_{CC}-I_{EQ}R_E\approx V_{CC}-I_{CQ}R_E$$

（2）动态分析

共集电极放大电路的交流通路和微变等效电路如图 7-25(a)、(b) 所示。

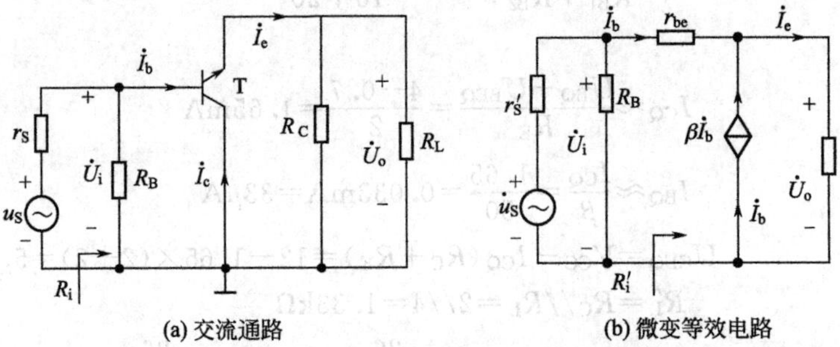

图 7-25 共集电极放大电路的交流通路和微变等效电路

① 电压放大倍数

令

$$R_E'=R_E//R_L$$

$$\dot{U}_i=-\dot{I}_b r_{be}+\dot{I}_e R_E'=\dot{I}_b[r_{be}+(1+\beta)R_E']$$

$$\dot{U}_o=\dot{I}_e R_E'=(1+\beta)\dot{I}_b R_E'$$

$$\dot{A}_u=\frac{\dot{U}_o}{\dot{U}_i}=\frac{(1+\beta)R_E'}{r_{be}+(1+\beta)R_E'}\approx 1 \quad (7\text{-}17)$$

② 输入电阻

$$R_i=[r_{be}+(1+\beta)R_E']//R_B \quad (7\text{-}18)$$

③ 输出电阻

根据输出电阻的定义，通过较为复杂的分析计算（过程省略），可得到

$$R_o=\frac{r_{be}+(r_S//R_B)}{1+\beta}//R_E$$

7.5　多级放大器

7.5.1　多级放大器的概念

前面讨论的放大器均属于由一只三极管构成的单级放大器，其放大倍数一般为几十至几百。

在实际应用中通常要求有更高的放大倍数，为此就需要把若干单级放大器级联组成多级放大器。多级放大器的一般结构如图 7-26 所示。

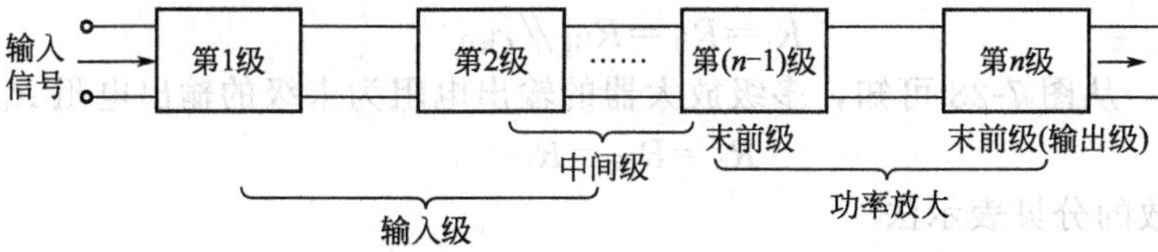

图 7-26　多级放大器的一般结构

通常称连接方式为耦合。多级放大器的耦合有阻容耦合、直接耦合和变压器耦合三种方式。

7.5.2　多级放大器的分析

以图 7-27 所示的两级阻容耦合放大器为例，分析多级放大器的工作情况。

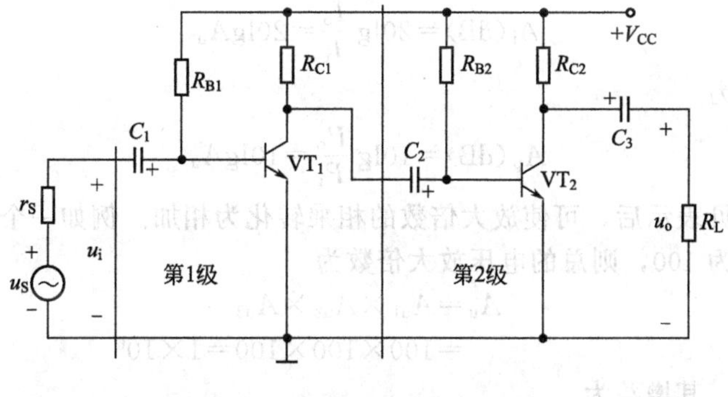

图 7-27　两级阻容耦合放大器

(1) 静态工作分析

由于级间耦合电容的存在，因此各级静态工作点彼此独立，可单独设置和计算，其方法与 7.2 节相同。

(2) 动态工作分析

动态分析的任务是求出多级放大电路的电压放大倍数、输入电阻和输出电阻。

① 电压放大倍数　图 7-27 所示的两级阻容耦合放大器的电压放大倍数为

$$\dot{A}_u=\frac{\dot{U}_o}{\dot{U}_i}=\frac{\dot{U}_o}{\dot{U}_{o1}}\times\frac{\dot{U}_{o1}}{\dot{U}_i}=\dot{A}_{u1}\dot{A}_{u2}$$

由此可知，多级放大器的电压放大倍数为各级电压放大倍数之积，即

$$\dot{A}_u=\dot{A}_{u1}\dot{A}_{u2}\cdots\dot{A}_{un} \tag{7-19}$$

② 输入电阻　图 7-27 所示电路的微变等效电路如图 7-28 所示。

从图 7-28 可知，多级放大器的输入电阻为第一级放大器的输入电阻 R_{i1}，即

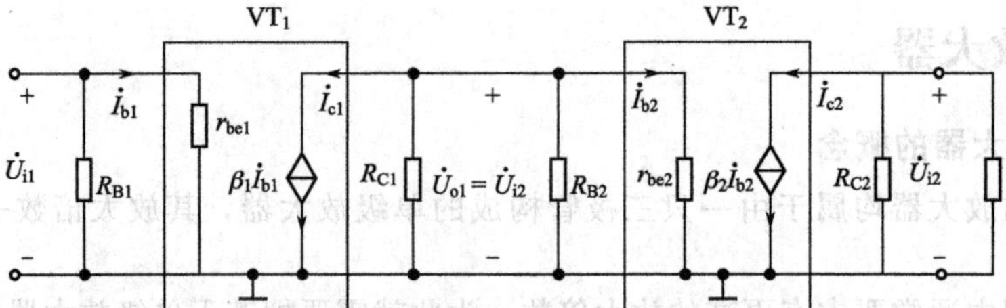

图 7-28 两级阻容耦合放大器的微变等效电路

$$R_i = R_{i1} = R_{B1} /\!/ r_{be1} \tag{7-20}$$

③ 输出电阻 从图 7-28 可知，多级放大器的输出电阻为末级的输出电阻 R_{o2}，即

$$R_o = R_{o2} = R_{C2} \tag{7-21}$$

(3) 放大倍数的分贝表示法

当放大器的级数较多时，放大倍数将非常大，甚至达几十万倍，这样一来，表示和计算都不方便。为了简便起见，常用一种对数单位——分贝（dB）来表示放大倍数。用分贝表示的放大倍数，称为“增益”。

电压增益表示为

$$A_u(\text{dB}) = 20\lg\frac{U_o}{U_i} = 20\lg A_u$$

电流增益表示为

$$A_i(\text{dB}) = 20\lg\frac{I_o}{I_i} = 20\lg A_u$$

功率增益表示为

$$A_p(\text{dB}) = 10\lg\frac{P_o}{P_i} = 10\lg A_u$$

放大倍数用分贝表示后，可使放大倍数的相乘转化为相加。例如一个三级放大器，每级的电压放大倍数都为 100，则总的电压放大倍数为

$$\begin{aligned} A_u &= A_{u1} \times A_{u2} \times A_{u3} \\ &= 100 \times 100 \times 100 = 1 \times 10^6 \end{aligned}$$

用分贝表示后，其增益为

$$\begin{aligned} A_u(\text{dB}) &= 20\lg(A_{u1} \times A_{u2} \times A_{u3}) \\ &= 20\lg(100 \times 100 \times 100) \\ &= 20\lg100 + 20\lg100 + 20\lg100 \\ &= 40 + 40 + 40 \\ &= 120\text{dB} \end{aligned}$$

习 题 7

7-1. 测得某放大电路中三极管 A、B、C 的对地电位分别为 $U_A=-9\text{V}$，$U_B=-6\text{V}$，$U_C=-6.2\text{V}$，试分析 A、B、C 中哪个是基极 b、发射极 e、集电极 c，并说明是 NPN 管还是 PNP 管。

7-2. 如何用一台欧姆表（模拟型）判断一只三极管的三个电极 e、b、c?

7-3. 某放大电路中三极管三个电极 A、B、C 的电流如题图 7-1 所示。用万用表直流电流挡测得 $I_A=-2\text{mA}$，$I_B=-0.04\text{mA}$，$I_C=+2.04\text{mA}$，试分析 A、B、C 中哪个是基极 b、发射极 e、集电极 c，并说明此管是 NPN 管还是 PNP 管，它的 β 是多少?

7-4. 判别题图 7-2 所示电路对交流信号有无放大作用。若无放大作用，怎样改变才能放大交流信号?

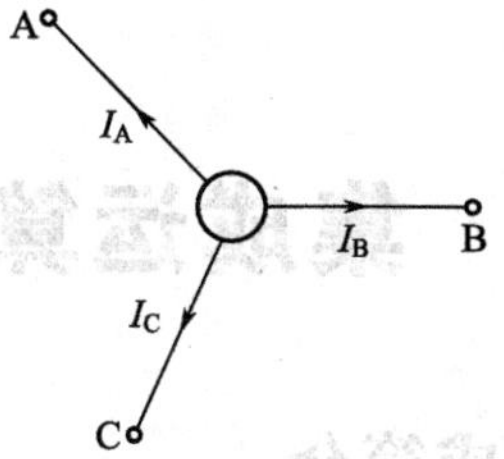

题图 7-1

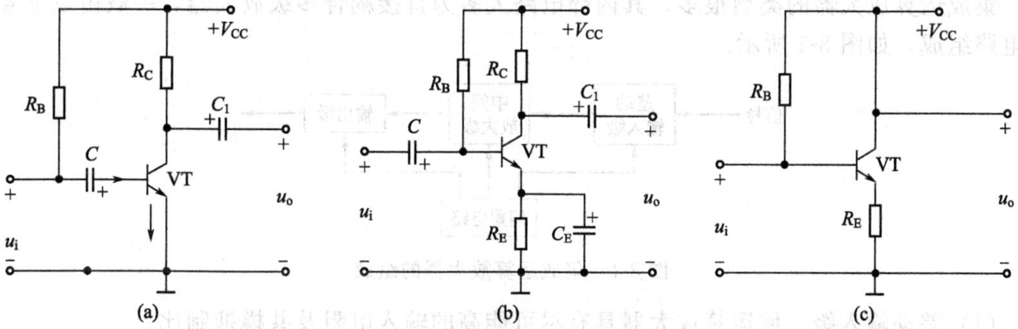

题图 7-2

7-5. 如题图 7-3，已知 $V_{CC}=12V$，$R_C=3K\Omega$，$R_B=240K\Omega$，$\beta=40$。

（1）画出直流通路，并求静态工作点；

（2）如果 $R_L=6k\Omega$，$r_{be}=0.8k\Omega$，计算电压放大倍数 A_u、输入电阻 R_i、输出电阻 R_o

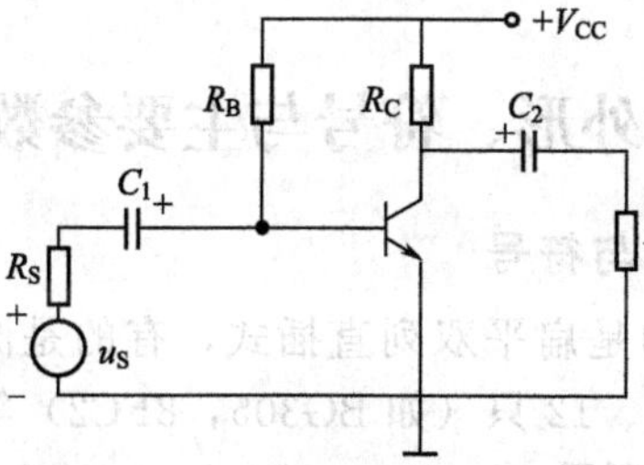

题图 7-3

第 8 章 集成运算放大器

8.1 集成运算放大器的组成简介

集成运算放大器的类型很多，其内部电路大多为直接耦合多级放大器，一般由以下 4 部分电路组成，如图 8-1 所示。

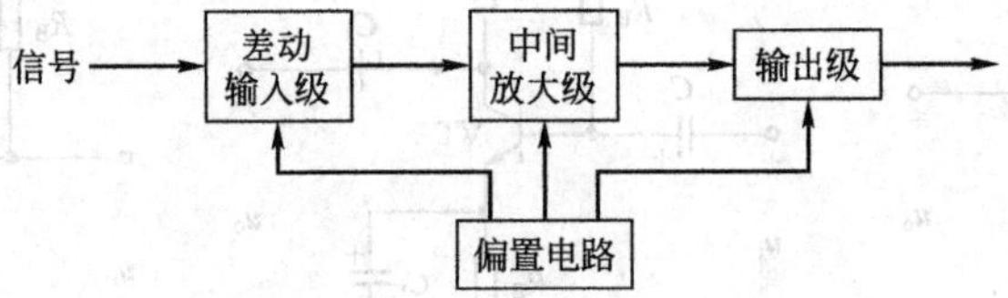

图 8-1 集成运算放大器的组成

（1）差动输入级 使运算放大器具有尽可能高的输入电阻及共模抑制比。

（2）中间放大级 由多级直接耦合放大器组成，以获得足够高的电压增益。

（3）输出级 可使运算放大器具有一定幅度的输出电压、输出电流和尽可能小的输出电阻。在输出过载时有自动保护作用以免损坏集成块。输出级一般为互补对称推挽电路。

（4）偏置电路 为各级电路提供合适的静态工作点。为使工作点稳定。一般采用恒流源偏置电路。

8.2 集成运算放大器的外形、符号与主要参数

8.2.1 集成运算放大器的外形与符号

集成运算放大器的外观有的是扁平双列直插式，有的是圆壳封装，引出脚有 8 只（如 F004，F007）、10 只（如 5G28）、12 只（如 BG305，8FC2）等多种，如图 8-2 所示。

运算放大器的符号如图 8-3 所示。

图 8-3(a) 中表示的放大器，A_d 表示运算放大器的开环电压增益；右侧为输出端，u_o 是输出端对地的电压；左侧的“－”端标志为反相输入端，表示当信号由此端与地之间输入时，输出信号与输入信号反相，这种输入方式称为反相输入；图中左侧的“＋”端为同相输入端，当信号由此端与地之间输入时，输出信号与输入信号同相，这种输入方式称为同相输入；正、负电压源分别用 $+V_{CC}$ 和 $-V_{EE}$ 表示。图 8-3(b) 为运算放大器的简化符号，图 8-3(c)为新标准图形符号。

输出端对地的电压 u_o 与两个输入端对地电压 u_- 和 u_+ 之间的关系为

$$u_o = A_d(u_+ - u_-) \tag{8-1}$$

式中的 A_d 为集成运算放大器本身的电压放大倍数，也称开环电压放大倍数。

8.2.2 理想运算放大器

理想运算放大器的主要特点是：

① 开环差模电压增益为无穷大，即 $A_d = \infty$；

② 差模输入电阻为无穷大，即 $R_{id} = \infty$；

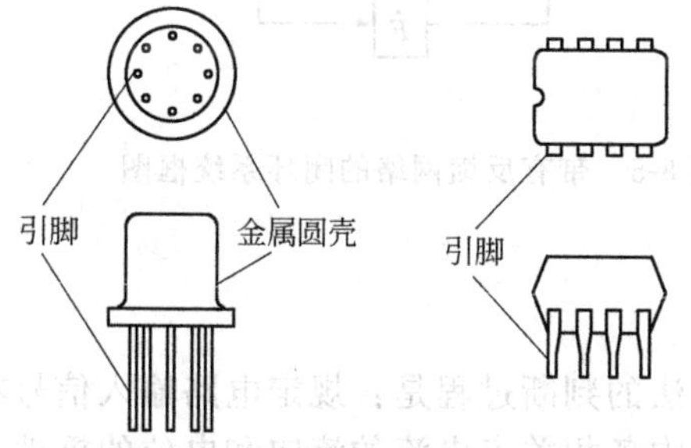

(a) 圆壳封装　(b) 双列直插封装

图 8-2　集成运算放大器的外形

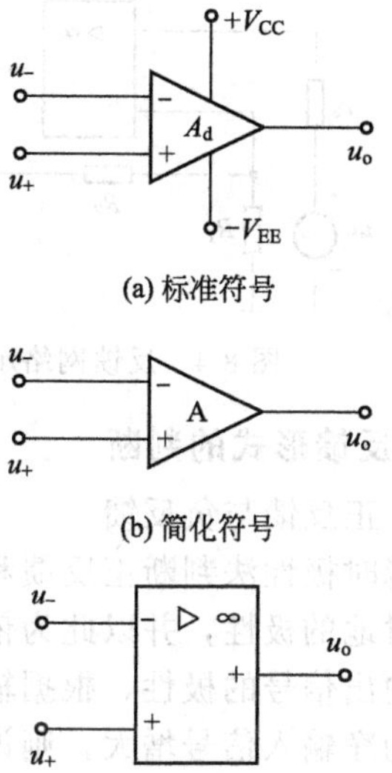

(c) 新标准图形符号

图 8-3　集成运算放大器的符号

③ 输出电阻为 0，即 $R_o=0$；

④ 输入失调电压 U_{os} 和输入失调电流 I_{os} 都为 0；

⑤ 共模抑制比为无穷大，即 $K_{\mathrm{CMRR}}=\infty$；

⑥ 开环带宽为无穷大，即 $B_W=\infty$。

根据这些特点，不难看出理想运算放大器有两个重要特征：

第一，由于理想运算放大器的电压增益 $A_d=\infty$，而输出电压 u_o 有限，因而有

$$\frac{u_O}{A_d}\approx 0$$

$$u_+-u_-=0$$

即

$$u_+=u_-$$

这说明理想运放两个输入端的电位相等，同相与反相输入端之间的电压为 0，相当于短路，常称为“虚短”；

第二，由于理想运放的输入电阻 $R_{id}=\infty$，因此反相端和同相端的输入电流等于 0，即

$$i_+=i_-=0$$

这表明运算放大器的两个输入端相当于开路，常称为“虚断”。

“虚短”与“虚断”的概念是分析理想运放电路的基本法则，利用此法则可大大简化电路的分析过程。理想运算放大器的符号如图 8-3(b)（c）所示。

8.3 负反馈的概念及对放大电路性能的影响

8.3.1 反馈的基本概念

(1) 反馈

例如图 8-4 所示电路中，电阻 R_1 和 R_2 组成反馈网络，即可判断该电路存在反馈。

(2) 闭环系统框图

图 8-5 为带有反馈网络的闭环系统框图。

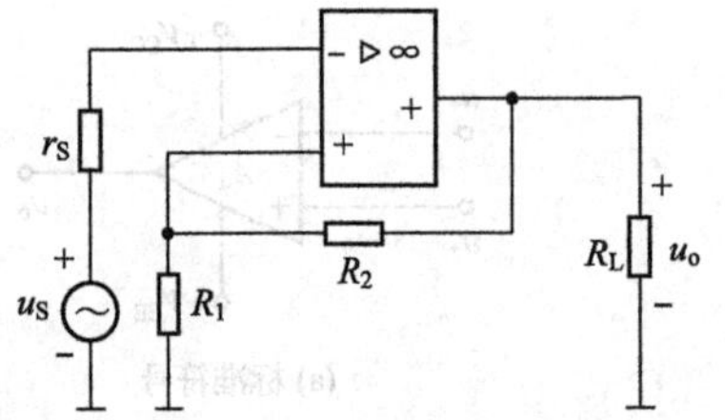

图 8-4 反馈网络示例

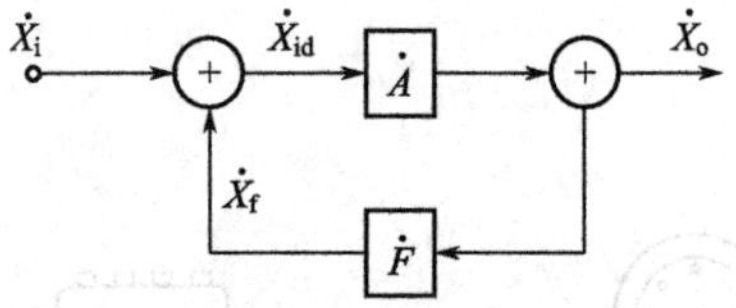

图 8-5 带有反馈网络的闭环系统框图

8.3.2 反馈形式的判断

(1) 正反馈与负反馈

用瞬时极性法判断正反馈和负反馈。瞬时极性法的判断过程是：规定电路输入信号在某一时刻对地的极性，并以此为依据，逐级判断电路中各相关点电流的流向和电位的极性，从而得到输出信号的极性，根据输出信号的极性判断出反馈信号的极性：若反馈信号使基本放大电路的净输入信号增大，则说明引入了正反馈；若反馈信号使基本放大电路的净输入信号减小，则说明引入了负反馈。现以图 8-6 所示电路为例进行判断。

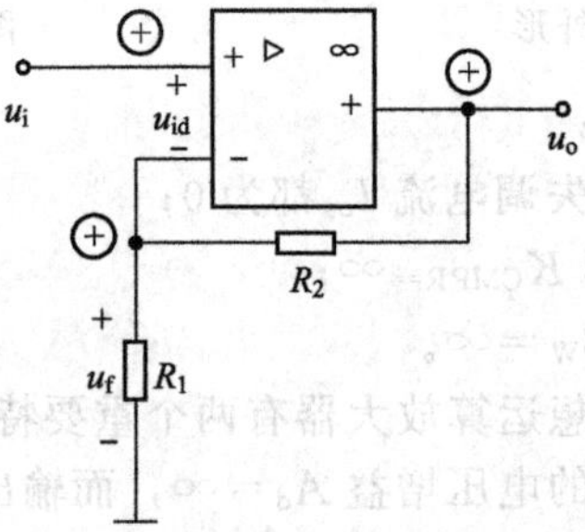

图 8-6 用瞬时极性法判断反馈的性质

反馈信号与外加输入信号叠加求和后，形成运算放大器的净输入信号。图 8-6 所示电路中，输入信号为 u_i，反馈电压为 u_f，净输入信号 $u_{id}=u_+-u_-=u_i-u_f$，且

$$u_f=\frac{R_1}{R_2+R_1}u_o$$

那么假设输入信号 u_i 对地瞬时增大，则 $u_i\uparrow\rightarrow u_+\uparrow\rightarrow u_d\uparrow\rightarrow u_o\uparrow\rightarrow u_f\uparrow\rightarrow\downarrow u_d$，即反馈信号使基本放大电路的净输入信号减小。所以引入的是负反馈。

(2) 电压反馈与电流反馈

根据反馈采样方式的不同，可以分为电压反馈和电流反馈。若反馈信号是输出电压的一部分或全部，则称为电压反馈，如图 8-7(a) 所示；若反馈信号取自输出电流，则称为电流反馈，如图 8-7(b) 所示。

(3) 串联反馈与并联反馈

根据反馈信号与输入信号在输入端的不同叠加方式，可以分为串联反馈和并联反馈。当反馈信号与输入信号在输入回路以电压形式叠加时为串联反馈，如图 8-8(a) 所示；若反馈信号与输入信号在输入回路以电流形式叠加时为并联反馈，如图 8-8(b) 所示。

8.3.3 负反馈放大电路的四种类型及特点

(1) 电压串联负反馈

电路如图 8-7(a) 所示，基本放大电路是一集成运算放大器，反馈网络由电阻 R 和 R_f 组成。通过对该电路反馈极性与类型的判断，可知是电压串联负反馈。

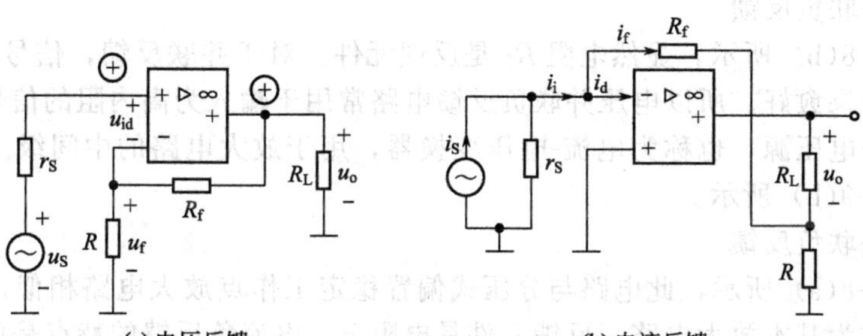

(a) 电压反馈　　　　(b) 电流反馈

图 8-7　电压反馈与电流反馈

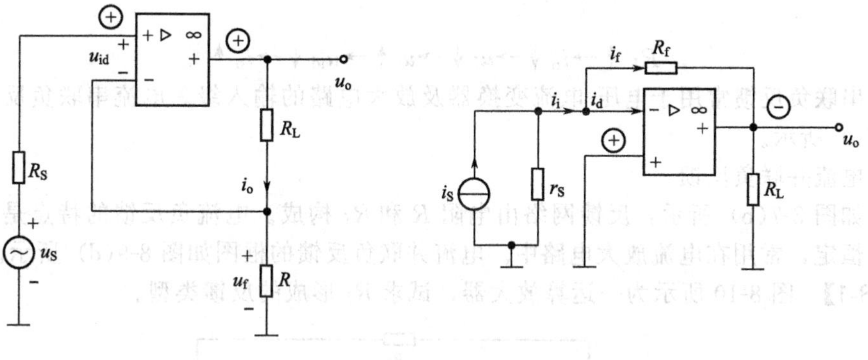

(a) 串联反馈　　　　(b) 并联反馈

图 8-8　串联反馈与并联反馈

电压负反馈的重要特点是维持输出电压的基本恒定。例如，当 u_i 一定时，若负载电阻 R_L 减小而使输出电压 u_o 下降，则电路会有如下的自动调节过程：

$$R_L\downarrow\rightarrow u_o\downarrow\rightarrow u_f\downarrow\rightarrow u_{id}\uparrow\rightarrow u_o\uparrow$$

即电压负反馈的引入抑制了 u_o 的下降，从而使 u_o 基本维持稳定。但应指出的是，对于串联负反馈，信号源内阻 r_S 愈小，u_i 愈稳定，反馈效果愈好。电压放大器的输入级或中间级常采用电压串联负反馈，其框图如图 8-9(a) 所示。

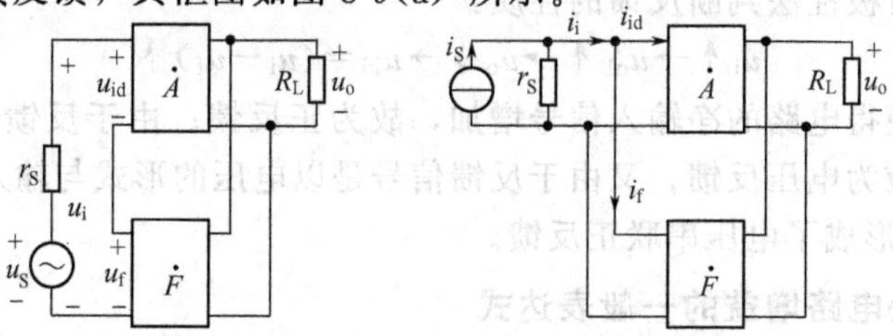

(a) 电压串联负反馈　　　　(b) 电压并联负反馈

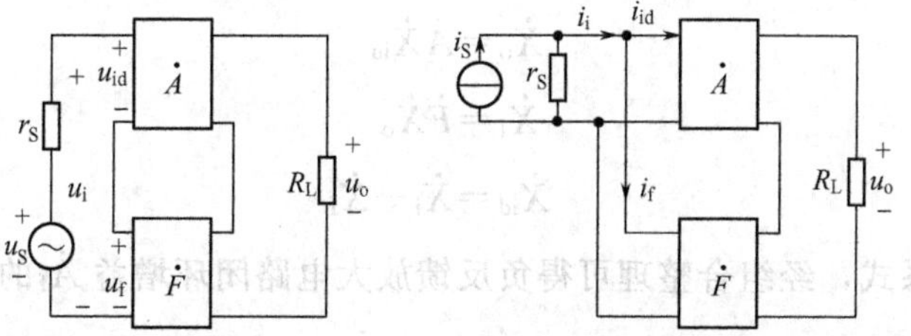

(c) 电流串联负反馈　　　　(d) 电流并联负反馈

图 8-9　四种组态负反馈的框图

(2) 电压并联负反馈

电路如图 8-8(b) 所示，显然电阻 R_f 是反馈元件。对于并联反馈，信号源内阻愈大，i_i 愈稳定，反馈效果愈好。所以电压并联负反馈电路常用于输入为高内阻的信号电流源、输出为低内阻的信号电压源，也称为电流-电压变换器，用于放大电路的中间级。电压并联负反馈的框图如图 8-9(b) 所示。

(3) 电流串联负反馈

电路如图 8-8(a) 所示，此电路与分压式偏置稳定工作点放大电路相似，只是这里用集成运算放大器作为基本放大电路，反馈元件是电阻 R。电流负反馈的特点是使输出电流基本恒定。

例如，当 u_S 一定时，若负载电阻 R_L 增大，使得 i_o 减小，则电路会有如下的自动调整过程：

$$R_L\uparrow\rightarrow i_o\downarrow\rightarrow u_f\downarrow\rightarrow u_i\uparrow\rightarrow u_{id}\downarrow\rightarrow i_o\uparrow$$

电流串联负反馈常用于电压-电流变换器及放大电路的输入级。电流串联负反馈的框图如图 8-9(c) 所示。

(4) 电流并联负反馈

电路如图 8-7(b) 所示，反馈网络由电阻 R 和 R_f 构成。电流负反馈的特点是维持输出电流基本恒定，常用在电流放大电路中。电流并联负反馈的框图如图 8-9(d) 所示。

【例 8-1】 图 8-10 所示为一运算放大器，试求 R_f 形成的反馈类型。

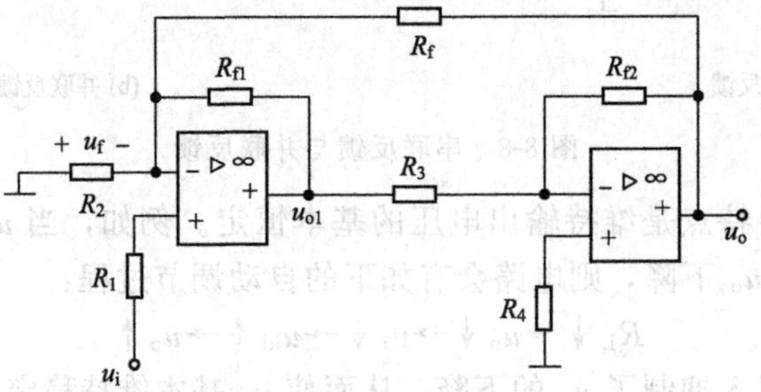

图 8-10 例 8-1 电路

解 首先用瞬时极性法判断反馈的性质：

$$u_i\uparrow\rightarrow u_{o1}\uparrow\rightarrow u_o\downarrow\rightarrow u_{id}=(u_i-u_f)\uparrow$$

因反馈的作用使得电路的净输入信号增加，故为正反馈；由于反馈电阻 R_f 直接与电路的输出端相连，故应为电压反馈；又由于反馈信号是以电压的形式与输入电压相叠加，因此是串联反馈。即 R_f 形成了电压串联正反馈。

8.3.4 负反馈放大电路增益的一般表达式

由图 8-5 可知，各信号量之间有如下的关系：

$$\dot{X}_o=\dot{A}\dot{X}_{id}$$

$$\dot{X}_f=\dot{F}\dot{X}_o \tag{8-2}$$

$$\dot{X}_{id}=\dot{X}_i-\dot{X}_f \tag{8-3}$$

根据上面的关系式，经组合整理可得负反馈放大电路闭环增益 $\dot{A}_f$ 的一般表达式为

$$\dot{A}_f=\frac{\dot{X}_o}{\dot{X}_i}=\frac{\dot{A}}{1+\dot{A}\dot{F}} \tag{8-4}$$

当 $|1+\dot{A}\dot{F}|\gg 1$ 时，称为深度负反馈，放大电路的闭环增益可近似表示为

$$\dot{A}_f=\frac{\dot{A}}{1+\dot{A}\dot{F}}\approx\frac{\dot{A}}{\dot{A}\dot{F}}=\frac{1}{\dot{F}} \tag{8-5}$$

8.3.5　负反馈对放大器性能的影响

在放大电路引入负反馈后，虽然放大倍数有所下降，但从多方面改善了放大电路的性能。

(1) 提高放大倍数的稳定性

当放大电路为深度负反馈时，由式(8-5) 可知 $\dot{A}_f\approx 1/\dot{F}$。这就是说，放大电路的增益近似取决于反馈网络，与基本放大电路几乎无关。而反馈网络一般是由一些性能稳定的电阻、电容元件组成，反馈系数 $\dot{F}$ 很稳定，使得 A_f 亦稳定。

通过对式(8-4) 中的 $\dot{A}$ 求导数，可得

$$\frac{d\dot{A}_f}{\dot{A}_f}=\frac{1}{1+\dot{A}\dot{F}}\times\frac{d\dot{A}}{\dot{A}} \tag{8-6}$$

(2) 减小非线性失真

当输入信号的幅度过大时，使放大电路的输出信号与输入信号的波形不完全一样，称之为输出信号出现了非线性失真。如图 8-11(a) 所示，正弦信号经放大后，出现正半周大、负半周小的现象。

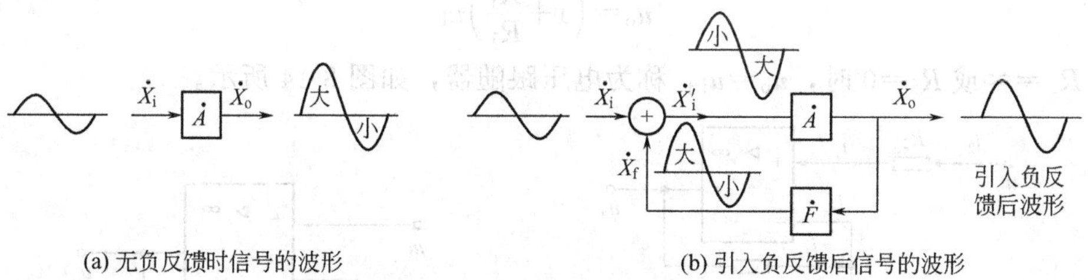

图 8-11　负反馈减小非线性失真

(3) 扩展频带

(4) 改变输入电阻和输出电阻

8.4　集成运算放大器的线性应用

8.4.1　比例运算电路

实现输出信号与输入信号成比例关系的电路，称为比例运算电路。根据输入方式的不同，有反相和同相比例运算两种形式。

(1) 反相比例运算

电路如图 8-12 所示。

由于电路存在“虚短”，$u_-=u_+=0$，即运算放大器的两个输入端与地等电位，常称为虚地；根据“虚断”的概念，$i_1=i_f$，即

$$\frac{u_i}{R_1}=-\frac{u_o}{R_f}$$

得到

$$u_o=-\frac{R_f}{R_1}u_i \tag{8-7}$$

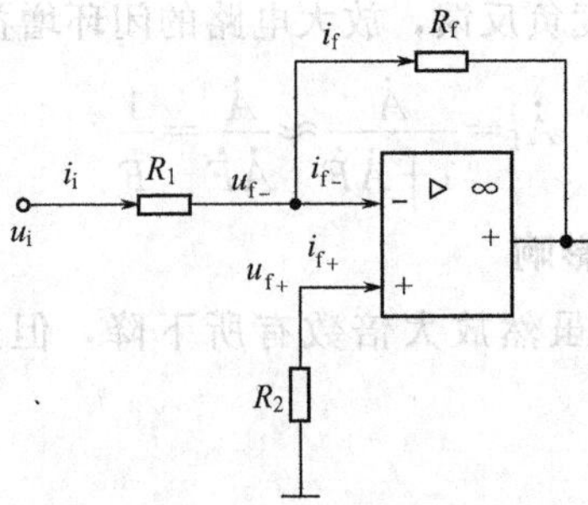

图 8-12　反相比例运算电路

(2) 同相比例运算

电路如图 8-13 所示，输入信号 u_i 通过 R_2 加到集成运放的同相输入端，输出信号通过 R_f 反馈到运放的反相输入端，构成电压串联负反馈；反相输入端经电阻 R_1 接地。根据"虚短"和"虚断"的概念，有

$$i_i = i_f, \quad u_- = u_+ = u_i$$

即

$$\frac{u_i}{R_1} = \frac{u_o - u_i}{R_f}$$

则输出电压为

$$u_o = \left(1 + \frac{R_f}{R_1}\right) u_i \tag{8-8}$$

当 $R_1 = \infty$ 或 $R_f = 0$ 时，$u_o = u_i$，称为电压跟随器，如图 8-14 所示。

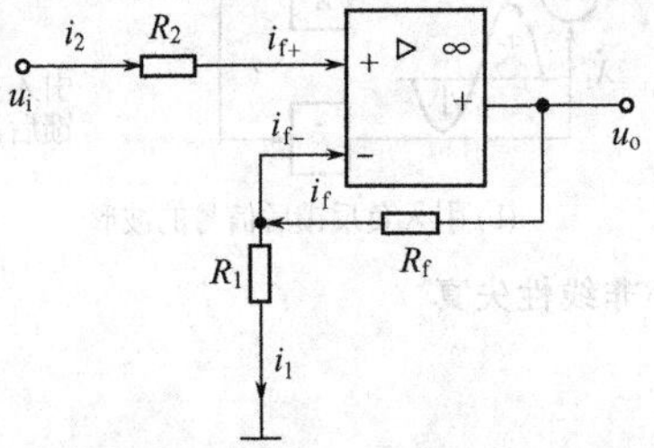

图 8-13　同相比例运算电路

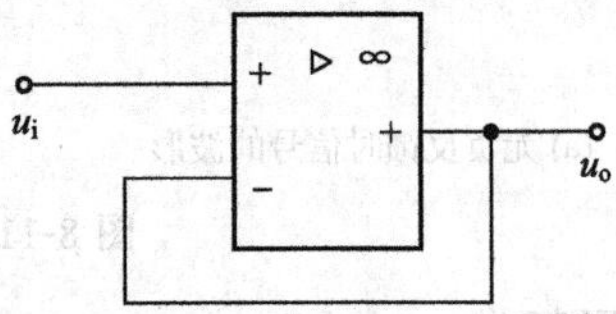

图 8-14　电压跟随器

8.4.2　加法与减法运算

加法运算电路是对多个输入信号进行和运算的电路，减法运算电路是对输入信号进行差运算的电路。

(1) 加法运算

电路如图 8-15 所示，由于

$$i_1 = \frac{u_{i1}}{R_1}, \quad i_2 = \frac{u_{i2}}{R_2}, \quad i_f = \frac{-u_o}{R_f}$$

利用 KCL：

$$i_1 + i_2 = i_f$$

即

$$\frac{-u_o}{R_f} = \frac{u_{i1}}{R_1} = \frac{u_{i2}}{R_2}$$

经整理后得到

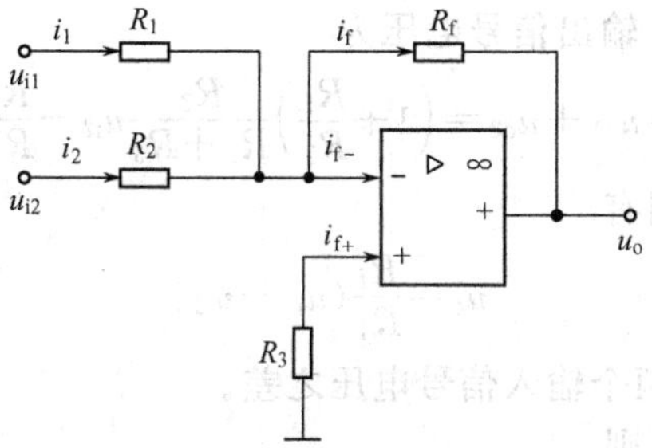

图 8-15 反相加法运算电路

$$u_o=-\left(\frac{R_f}{R_1}u_{i1}+\frac{R_f}{R_2}u_{i2}\right) \tag{8-9}$$

当 $R_1=R_2=R_f$ 时，则有

$$u_o=-(u_{i1}+u_{i2}) \tag{8-10}$$

即输出电压取决于各输入电压之和的负值。

若在图 8-15 的输出端再接一反号器，则可消除负号，实现加法运算，如图 8-16 所示。

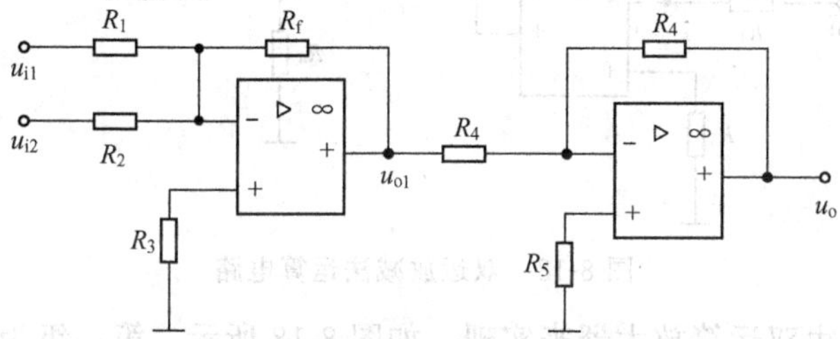

图 8-16 双运算放大器加法运算电路

其中

$$u_{o1}=\frac{-R_f}{R_1}u_{i1}-\frac{R_f}{R_2}u_{i2}$$

$$u_o=\frac{-R_4}{R_4}u_{o1}=\frac{R_f}{R_1}u_{i1}+\frac{R_f}{R_2}u_{i2} \tag{8-11}$$

(2) 减法运算

减法运算又称为差动运算，其电路如图 8-17 所示。

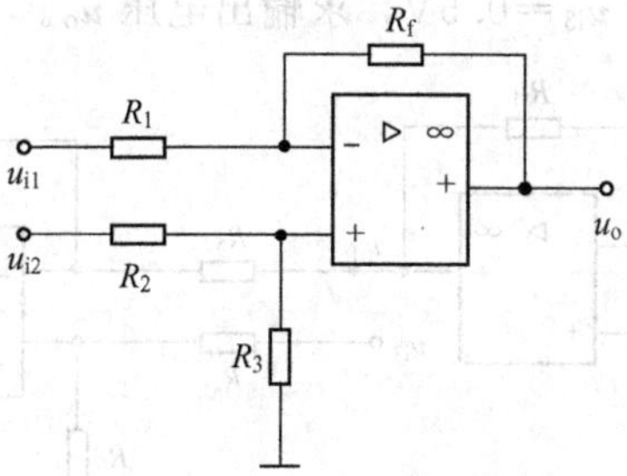

图 8-17 减法运算电路

根据叠加定理，当 u_{i1} 单独作用时，电路是反相比例运算，输出信号电压为

$$u_{o1}=\frac{-R_f}{R_1}u_{i1}$$

当 u_{i2} 单独作用时，电路是同相比例运算，输出信号电压为

$$u_{o2}=\left(1+\frac{R_f}{R_1}\right)\frac{R_3}{R_2+R_3}u_{i2}$$

当 u_{i1} 和 u_{i2} 共同作用时，输出信号电压为

$$u_o = u_{o1} + u_{o2} = \left(1+\frac{R_f}{R_1}\right)\frac{R_3}{R_2+R_3}u_{i2} - \frac{R_f}{R_1}u_{i1} \tag{8-12}$$

若取 $R_3/R_2 = R_f/R_1$，则有

$$u_o = \frac{R_f}{R_1}(u_{i2} - u_{i1}) \tag{8-13}$$

即输出信号电压正比于两个输入信号电压之差。

特别地，当 $R_f = R_1$ 时，则

$$u_o = u_{i2} - u_{i1} \tag{8-14}$$

即输出信号电压等于两个输入电压信号之差。

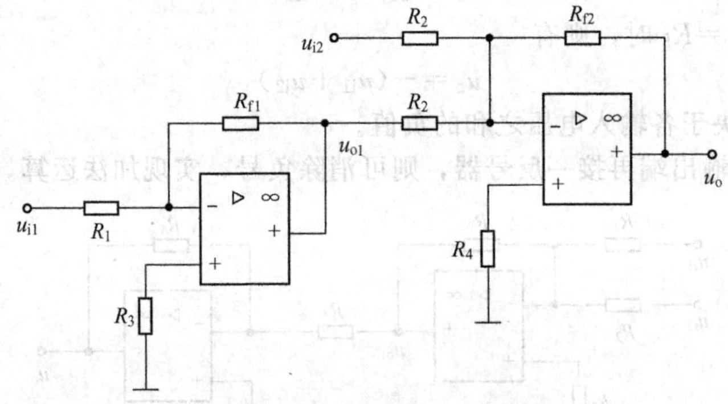

图 8-18 双运放减法运算电路

减法运算也可以由双运算放大器来实现，如图 8-18 所示。第一级为反相比例运算电路，若$R_{f1} = R_1$，则 $u_{o1} = -u_{i1}$；第二级为反相加法运算电路，输出为

$$u_o = -\frac{R_{f2}}{R_2}(u_{o1} + u_{i2}) = \frac{R_{f2}}{R_2}(u_{i1} - u_{i2})$$

取 $R_{f2} = R_2$，电路可实现常规的减法运算，即

$$u_o = u_{i1} - u_{i2}$$

【例 8-2】 电路如图 8-19 所示，已知 $R_1 = R_2 = R_{f1} = 30\text{k}\Omega$，$R_3 = R_4 = R_5 = R_6 = R_{f2} = 10\text{k}\Omega$，$u_i = 0.2\text{V}$，$u_{i2} = 0.3\text{V}$，$u_{i3} = 0.5\text{V}$，求输出电压 u_o。

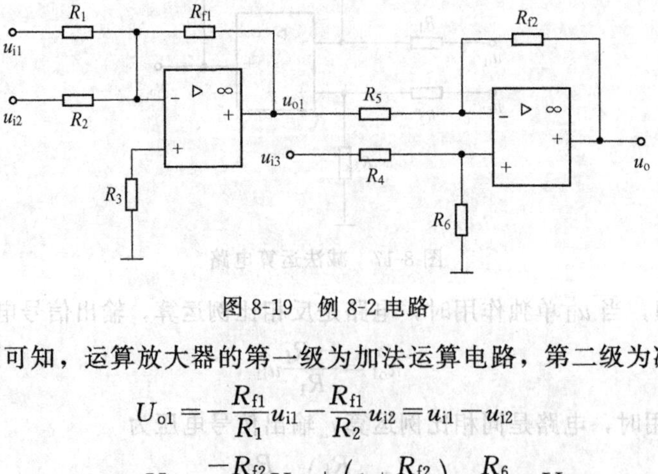

图 8-19 例 8-2 电路

解 从电路图可知，运算放大器的第一级为加法运算电路，第二级为减法运算电路。

$$U_{o1} = -\frac{R_{f1}}{R_1}u_{i1} - \frac{R_{f1}}{R_2}u_{i2} = u_{i1} - u_{i2}$$

$$U_o = \frac{-R_{f2}}{R_5}U_{o1} + \left(1+\frac{R_{f2}}{R_5}\right)\frac{R_6}{R_4+R_6}U_{i3}$$

$$=u_{i3}-[-(u_{i1}+u_{i2})]$$
$$=u_{i1}+u_{i2}+u_{i3}$$
$$=0.2+0.3+0.5$$
$$=1V$$

8.4.3　积分与微分运算

(1) 积分运算

积分电路是控制和测量系统中的重要组成部分，利用它可以实现延时、定时、产生各种波形。电路如图 8-20 所示，从图中可看出，积分电路是将反相比例运算电路中的反馈电阻 R_f 换成电容 C。

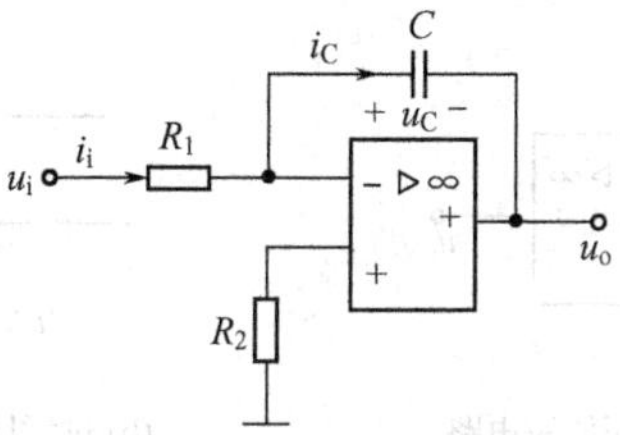

图 8-20　积分运算电路

利用“虚短”和“虚断”的概念，可知电容电流为

$$i_C=i_1=\frac{u_i}{R_1}$$

设电容 C 的初始电压为 0，则

$$u_o=-u_C=-\frac{1}{C}\int i_C\,dt$$
$$=-\frac{1}{RC}\int u_i\,dt$$

(2) 微分运算

微分运算是积分运算的逆运算，将积分电路中的电阻与电容的位置互换就构成微分电路，如图 8-21 所示。

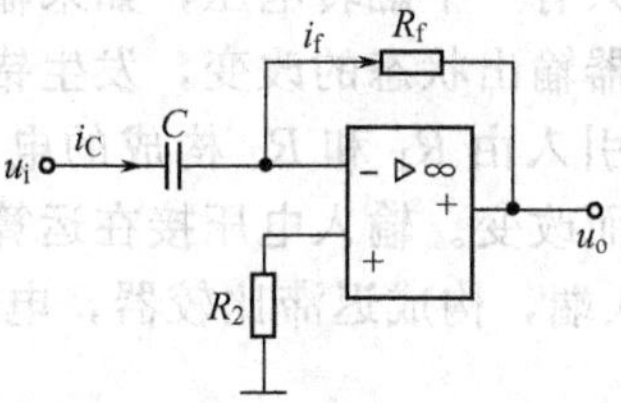

图 8-21　微分运算电

由于 $i_C=C\frac{du_i}{dt}$，$i_f=\frac{u_o}{R_f}$，$i_C=i_f$，故

$$u_o=-R_fC\frac{du_i}{dt} \tag{8-15}$$

式(8-15) 表明输出电压 u_o 取决于输入电压 u_i 对时间 t 的微分，即实现了微分运算。

8.5　集成运算放大器的非线性应用

运算放大器的非线性应用最常见的就是“电压比较器”，如图 8-22 所示。

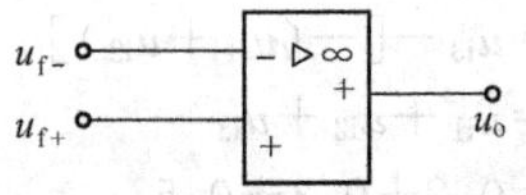

图 8-22 运算放大器的开环状态

8.5.1 单门限电压比较器

简单的电压比较器如图 8-23(a) 所示。图中运算放大器的同相输入端接地，即参考电压 $U_{REF}=0$，反相输入端接比较输入电压 u_i。由于运算放大器工作在开环状态，具有很高的电压增益，因此当 $u_i>0$ 时，输出为低电平 U_{oL}；当 $u_i<0$ 时，输出为高电平 U_{oH}。单门限电压比较器的传输特性如图 8-23(b) 所示。

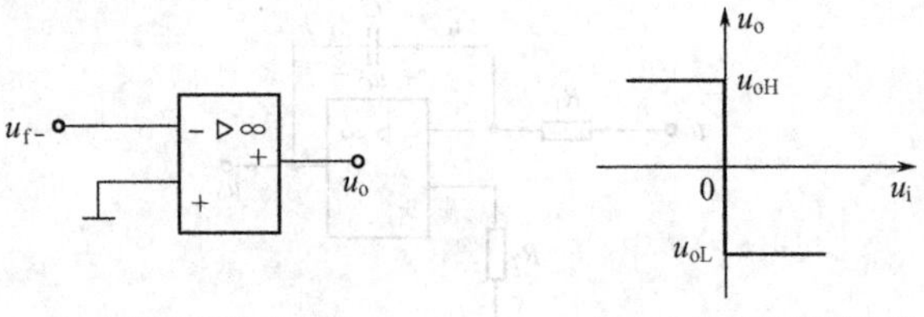

(a) 过零电压比较电路 (b) 过零比较器传输特性

图 8-23 过零电压比较器

同相单门限电压比较器，如图 8-24(a) 所示。其传输特性如图 8-24(b) 所示。

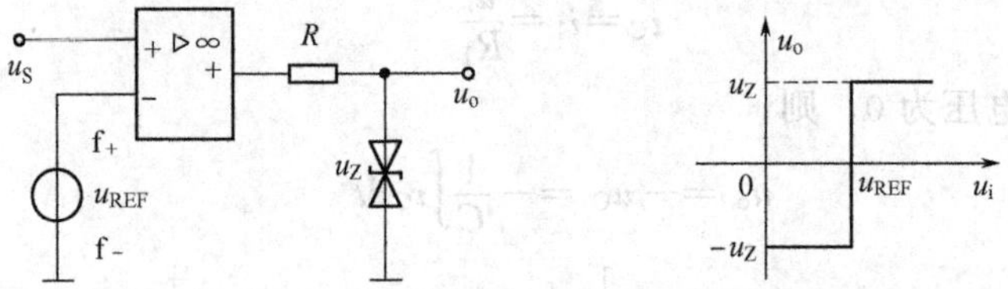

(a) 同相单门限电压比较器电路 (b) 同相单门限电压比较器传输特性

图 8-24 同相输入单门限电压比较器

8.5.2 迟滞比较

单门限电压比较器在工作时只有一个翻转电压，如果输入电压在门限电压附近受到干扰而有微小变化时，就会导致比较器输出状态的改变，发生错误翻转。为了克服这个缺点，可将比较器的输出端与输入端之间引入由 R_1 和 R_2 构成的电压串联正反馈，使得运算放大器同相输入端的电压随着输出电压而改变。输入电压接在运算放大器的反相输入端，参考电压经 R_2 接在运算放大器的同相输入端，构成迟滞比较器，电路如图 8-25(a) 所示。

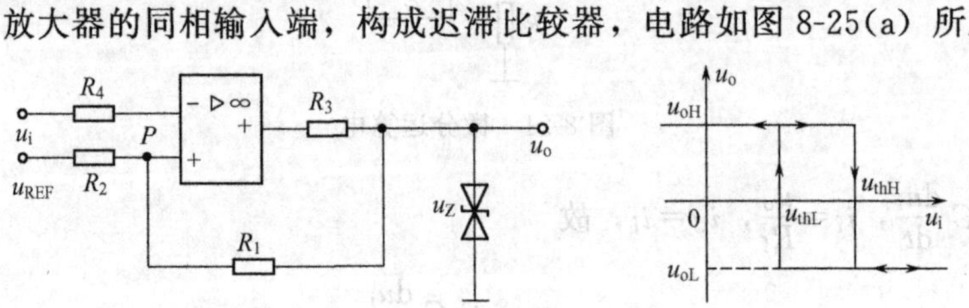

(a) 电路 (b) 传输特性

图 8-25 迟滞比较器

当输入电压很小时，比较器输出为高电平，即 $U_{oH}=U_Z$。

利用叠加定理可求出同相输入端的电压

$$u_+=\frac{R_1}{R_1+R_2}U_{REF}+\frac{R_2}{R_1+R_2}U_{oH}$$

因 $u_-=u_+$ 为输出电压的跳变条件，临界条件可用虚短和虚断的概念，所以 $u_i=u$ 和 $u_+=u_-$ 时的 u_i 即为阈值 U_{thH}，即

$$U_{thH}=u_i=u_-=u_+=\frac{R_1}{R_1+R_2}U_{REF}+\frac{R_2}{R_1+R_2}U_{oH}$$

由于 u_+ 不变，当输入电压增大至 $u_i>u_+$ 时，比较器的输出端由高电平变为低电平，即 $U_{oL}=-U_Z$，此时，同相输入端的电压变为

$$U_{thL}=u'_+=\frac{R_1}{R_1+R_2}U_{REF}+\frac{R_2}{R_1+R_2}U_{oL}$$

比较器输出才由低电平翻转为高电平，其传输特性如图 8-25(b) 所示。

【例 8-3】 求图 8-26 所示迟滞比较器的输出波形。已知输出高、低电平值分别为 ±5V，$t=0$ 时，$u_o=U_{oH}$，$u_i=4\sin(\omega t)$ V。

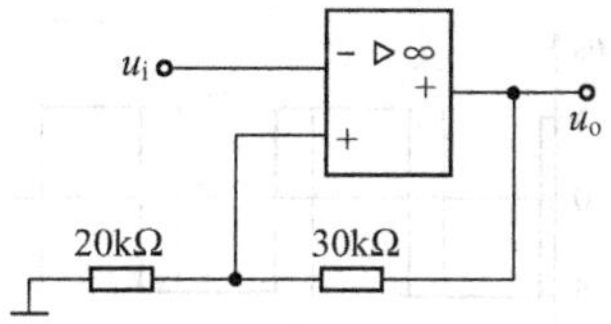

图 8-26　例 8-3 电路图

解　(1) 解题思路

分析图 8-25(b) 迟滞比较器的输入-输出特性曲线可知，两个门限电平将输入电压划分为 3 个区域，高于上门限电平与低于下门限电压的输入电压都有唯一的输出电平，而介于两个门限电平之间的输入电压所对应的输出电平取决于前一时刻的输出电平。因此，只要已知初始输出电平，就不难得出输入电压所对应的输出电平。

解迟滞比较器这类习题，首先应求出决定输出状态翻转的两个门限电平，然后按照两个门限电平所划分的区域求出相应的输出电平。

(2) 解题步骤

第一步　求两个门限电平。

由电路知：

$$u_i=u_-=u_+$$

而

$$u_+=\frac{R_1}{R_1+R_2}U_{REF}+\frac{R_2}{R_1+R_2}U_{oH}$$

所以

$$U_{thH}=\frac{R_1}{R_1+R_2}U_{REF}+\frac{R_2}{R_1+R_2}U_{oH}=0+\frac{20}{50}\times 5=2\text{V}$$

$$U_{thL}=\frac{R_1}{R_1+R_2}U_{REF}+\frac{R_2}{R_1+R_2}U_{oL}=0+\frac{20}{50}\times(-5)=-2\text{V}$$

第二步　在输入信号波形图上画出两条门限电平线，反映输入信号与门限电平的比较，并标出 $u_i>U_{thH}$ 与 $u_i<U_{thL}$ 的时间区域，如图 8-27(a) 所示。

第三步　在输出坐标轴上画出 $u_i>U_{thH}$ 与 $u_i<U_{thL}$ 所对应的时间区域的输出电压，如图 8-27(b) 所示。

第四步　对于 $U_{thL}<u_i<U_{thH}$ 相应时间区域，可参照前一时刻画出输出波形。由于 $t=0$ 时，$u_o=U_{oH}$，因此在 $0\sim t_1$ 区域 $u_o=U_{oH}$，如图 8-27(c) 所示。将图 8-27(c) 中的输出电压的虚线画成实线即成为输出波形。

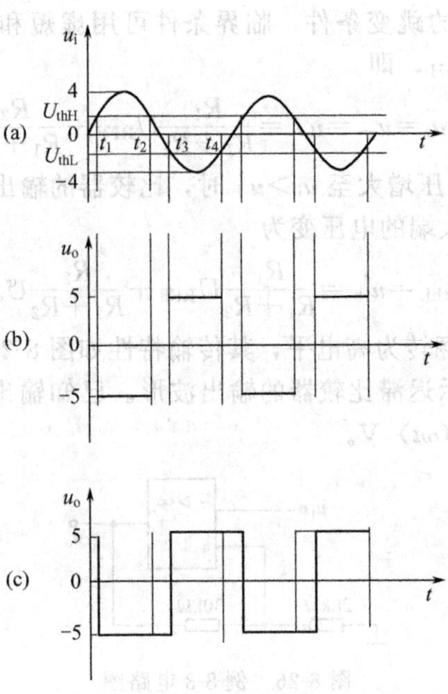

图 8-27 例 8-3 输出波形图

习 题 8

8-1. 集成运算放大器组成如题图 8-1 所示电路，已知 $R_1=10\text{k}\Omega$，$R_f=100\text{k}\Omega$，$u_i=0.6\text{V}$，求输出电压 u_o 和平衡电阻 R_2 的大小及电压放大倍数。

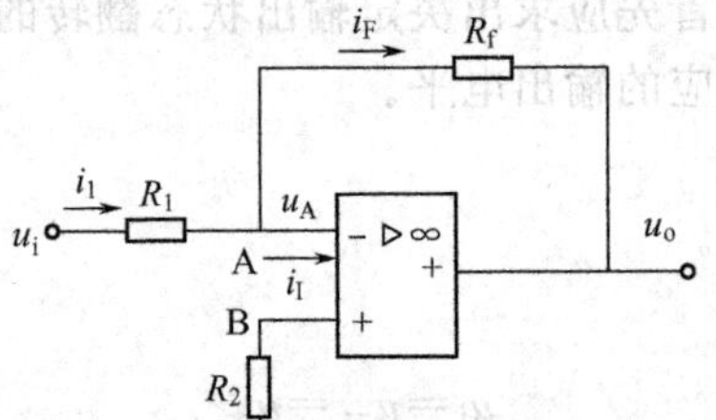

题图 8-1

8-2. 已知某减法电路如题图 8-2 所示，$R_1=R_2=R_3=R_f=5\text{k}\Omega$，$u_{i1}=10\text{mV}$，$u_{i2}=30\text{mV}$，求输出电压 u_o 和电压放大倍数。

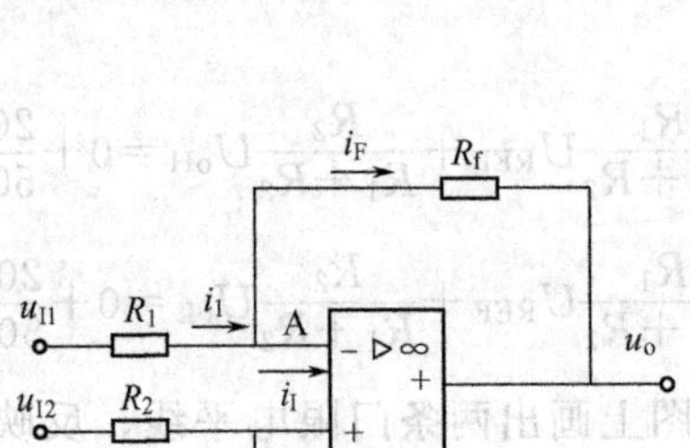

题图 8-2

8-3. 画出能实现 $u_o=-20u_i$ 关系的运算放大器电路，R_f 选用 100kΩ，要求计算出 R_1 和 R_2 的具体数值，并画出电路图。

8-4. 说明运放电路的类型，并求出输出电压 u_o？（参阅题图 8-3）

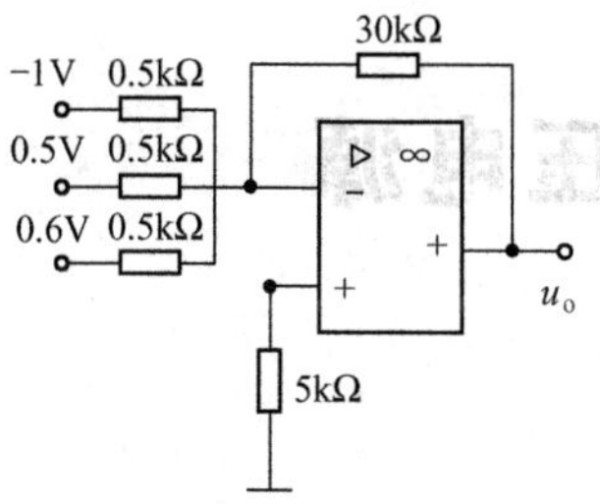

题图 8-3（a）

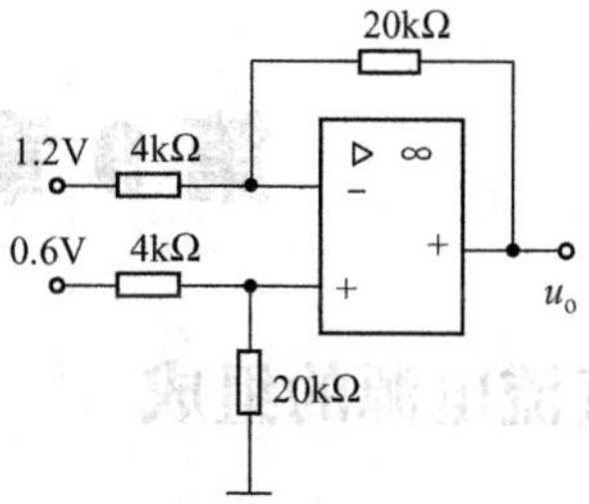

题图 8-3（b）

8-5. 求题图 8-4 中运算放大器电路的输出电压 u_{o1}、u_{o2} 和 u_o？

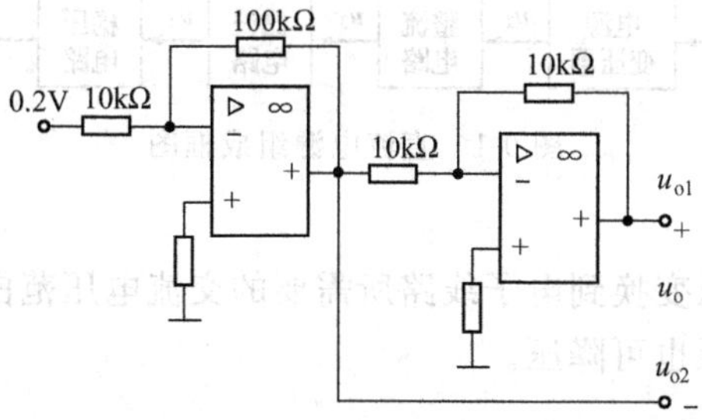

题图 8-4

8-6. 试画出符合下列关系式的集成运算放大器电路，其中 R_f 选 100kΩ，并在图上标出其他电阻的参数。

（1）$u_o=5u_i$　（2）$u_o=-u_i$　（3）$u_o=u_{i1}+2u_{i2}-5u_{i3}$

第9章　直流稳压电源

9.1　直流电源的组成

一般的直流稳压电源的组成框图如图 9-1 所示，它是由电源变压器、整流电路、滤波电路和稳压电路等 4 大部分组成，各部分的作用简介如下。

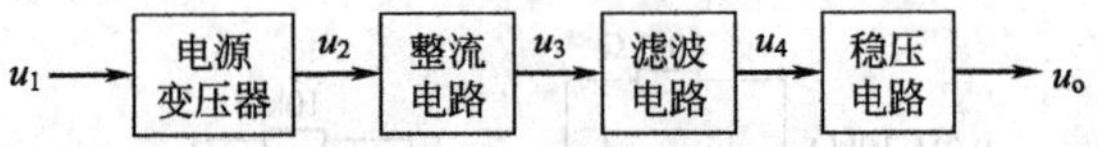

图 9-1　直流电源组成框图

（1）电源变压器

将电网提供的交流电压变换到电子线路所需要的交流电压范围，同时还可起到直流电源与电网的隔离作用，可升压也可降压。

（2）整流电路

将变压器变换后的交流电压变为单向的脉动直流电压。

（3）滤波电路

对整流输出的脉动直流进行平滑处理，使之成为一个含纹波成分很小的直流电压。

（4）稳压电路

将滤波输出的直流电压进行调节，以保持输出电压的基本稳定。由于滤波后输出直流电压受温度、负载、电网电压波动等因素的影响很大，所以要设置稳压电路。

9.2　单相桥式整流电路

9.2.1　整流电路的性能指标

（1）整流输出电压的平均值 U_o（AV）

指经过整流电路的输出电压平均值。在输入电压相同的情况下，全波整流输出电压平均值为半波整流电路的 2 倍。

（2）整流二极管的正向平均电流 I_D（AV）

指经过整流电路的输出的电流平均值。在输入电压相同的情况下，全波整流输出电流平均值为半波整流电路的 2 倍。

（3）纹波系数 γ

用示波器首先进行衰减，再测量出峰值电压，再测出纯直流电压。峰值电压减直流电压是纹波电压。纹波系数 γ 是纹波电压/输出直流电压×100%。

9.2.2　单相桥式整流电路的工作原理

单相桥式整流电路中采用 4 个二极管互相接成桥式结构，如图 9-2 所示。利用二极管的电流导向作用，在交流输入电压 u_2 的正半周内，二极管 VD_1、VD_3 导通，VD_2、VD_4 截止，在负载 R_L 上得到上正下负的输出电压；在负半周内，正好相反，VD_1、VD_3 截止，

VD_2、VD_4 导通，流过负载 R_L 的电流方向与正半周一致。因此，利用变压器的一个副边绕组和4个二极管，使得在交流电源的正、负半周内，整流电路的负载上都有方向不变的脉动直流电压和电流。电路输出电压是 $u_2=\sqrt{2}U_2\sin(\omega t)$。

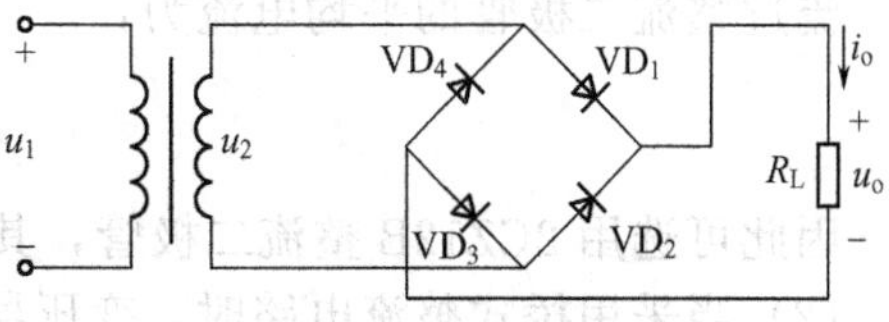

图 9-2　单项桥式整流电路

单相桥式整流电路工作时 u_2 正半周电流流向如图 9-3 所示，VD_1 和 VD_3 正偏，导通，开关闭合。VD_2 和 VD_4 反偏，截止，开关断开。

单相桥式整流电路工作时 u_2 负半周电流流向如图 9-4 所示，VD_2 和 VD_4 正偏，导通，开关闭合。VD_1 和 VD_3 反偏，截止，开关断开。

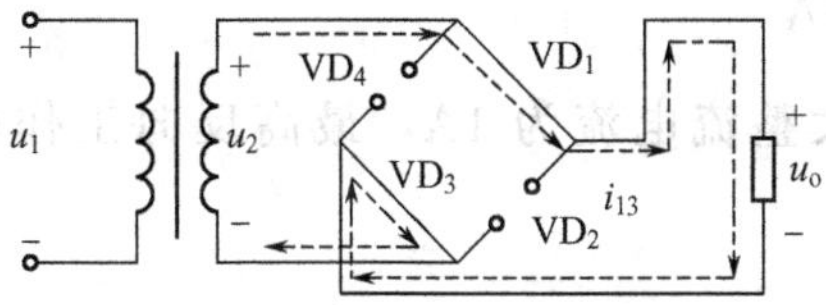

图 9-3　单相桥式整流电路正半周电流流向图

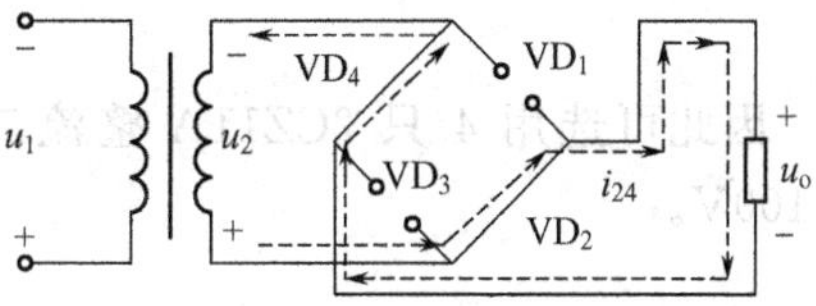

图 9-4　单相桥式整流电路负半周电流流向图

单相桥式整流电路工作输出特性曲线如图 9-5 所示。

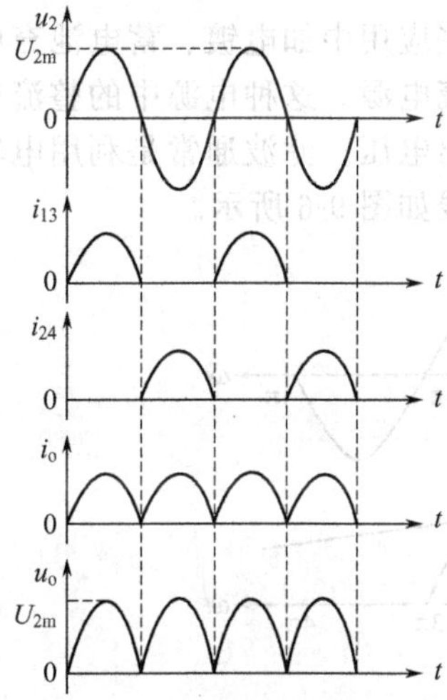

图 9-5　单相桥式整流电路输出特性曲线

单相全波整流电压的平均值为：

$$U_0=\frac{1}{\pi}\int_0^{\pi}\sqrt{2}U_2\sin(\omega t)\,\mathrm{d}(\omega t)=2\frac{\sqrt{2}}{\pi}U_2=0.9U_2$$

流过负载电阻 R_L 的电流平均值为：

$$I_o=\frac{U_o}{R_L}=0.9\frac{U_2}{R_L}$$

流经每个二极管的电流平均值为负载电流的一半，即：

$$I_D=\frac{1}{2}I_o=0.45\frac{U_2}{R_L}$$

每个二极管在截止时承受的最高反向电压为 u_2 的最大值，即：

$$U_{RM}=U_{2M}=\sqrt{2}U_2$$

【例 9-1】 试设计一台输出电压为24V，输出电流为1A的直流电源，电路形式可采用半波整流或全波整流，试确定两种电路形式的变压器副边绕组的电压有效值，并选定相应的整流二极管。

解　(1) 当采用半波整流电路时，变压器副边绕组电压有效值为：

$$U_2=\frac{U_o}{0.45}=\frac{24}{0.45}=53.3\text{V}$$

整流二极管承受的最高反向电压为：

$$U_{RM}=\sqrt{2}U_2=1.41\times53.3=75.2\text{V}$$

流过整流二极管的平均电流为：

$$I_D = I_o = 1A$$

因此可选用 2CZ12B 整流二极管，其最大整流电流为 3A，最高反向工作电压为 200V。

(2) 当采用桥式整流电路时，变压器副边绕组电压有效值为：

$$U_2 = \frac{U_o}{0.9} = \frac{24}{0.9} = 26.7V$$

整流二极管承受的最高反向电压为：

$$U_{RM} = \sqrt{2}U_2 = 1.41 \times 26.7V = 37.6V$$

流过整流二极管的平均电流为：

$$I_D = \frac{1}{2}I_o = 0.5A$$

因此可选用 4 只 2CZ11A 整流二极管，其最大整流电流为 1A，最高反向工作电压为 100V。

9.3 滤波电路

9.3.1 电容滤波电路

整流电路可以将交流电转换为直流电，但脉动较大，在某些应用中如电镀、蓄电池充电等，可直接使用脉动直流电源，但许多电子设备需要平稳的直流电源。这种电源中的整流电路后面还需加滤波电路将交流成分滤除，以得到比较平滑的输出电压。滤波通常是利用电容或电感的能量存储功能来实现的。电容滤波电路及输出特性曲线如图 9-6 所示。

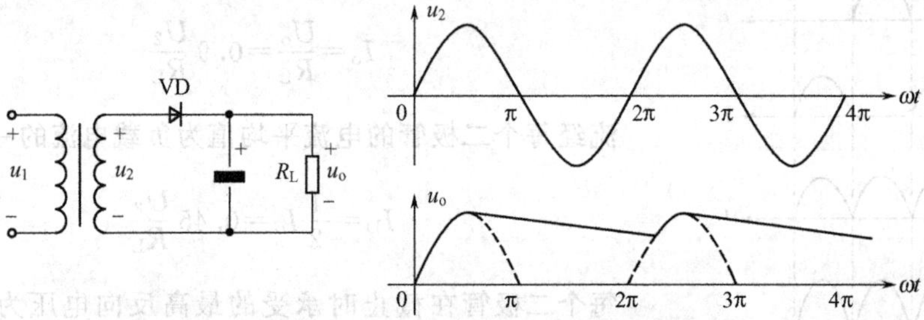

(a) 电路 (b) 波形

图 9-6 电容滤波电路及输出特性曲线

假设电路接通时恰恰在 u_2 由负到正过零的时刻，这时二极管 VD 开始导通，电源 u_2 在向负载 R_L 供电的同时又对电容 C 充电。如果忽略二极管正向压降，电容电压 u_C 紧随输入电压 u_2 按正弦规律上升至 u_2 的最大值。然后 u_2 继续按正弦规律下降，且 $u_2 < u_C$，使二极管 VD 截止，而电容 C 则对负载电阻 R_L 按指数规律放电。u_C 降至 u_2 大于 u_C 时，二极管又导通，电容 C 再次充电。这样循环下去，u_2 周期性变化，电容 C 周而复始地进行充电和放电，使输出电压脉动减小，如图 9-6(b) 所示。电容 C 放电的快慢取决于时间常数（$\tau = R_L C$）的大小，时间常数越大，电容 C 放电越慢，输出电压 u_o 就越平坦，平均值也越高。

单相桥式整流、电容滤波电路的输出特性曲线如图 9-7 所示。从图中可见，电容滤波电路的输出电压在负载变化时波动较大，说明它的带负载能力较差，只适用于负载较轻且变化不大的场合。

一般常用如下经验公式估算电容滤波时的输出电压平均值：

半波 $U_o=U_2$

全波 $U_o=1.2U_2$

为了获得较平滑的输出电压，一般要求 $R_L\geqslant(10\sim15)\frac{1}{\omega C}$，即：

$$\tau=R_LC\geqslant(3\sim5)\frac{T}{2}$$

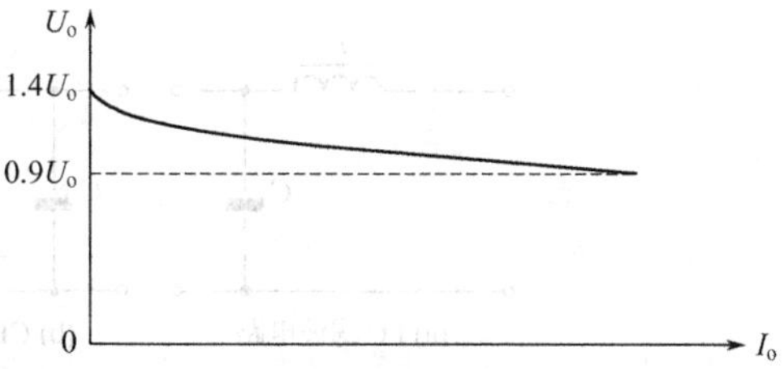

图9-7 单相桥式整流、电容滤波电路的输出特性曲线

式中，T 为交流电压的周期。滤波电容 C 一般选择体积小、容量大的电解电容器。应注意，普通电解电容器有正、负极性，使用时正极必须接高电位端，如果接反会造成电解电容器的损坏。

加入滤波电容以后，二极管导通时间缩短，且在短时间内承受较大的冲击电流（i_C+i_o），为了保证二极管的安全，选管时应放宽裕量。单相半波整流、电容滤波电路中，二极管承受的反向电压为 $u_{DR}=u_C+u_2$，当负载开路时，承受的反向电压为最高，为 $U_{RM}=2\sqrt{2}U_2$。

【例9-2】 设计一单相桥式整流、电容滤波电路。要求输出电压 $U_o=48V$，已知负载电阻 $R_L=100\Omega$，交流电源频率为50Hz，试选择整流二极管和滤波电容器。

解 流过整流二极管的平均电流

$$I_D=\frac{1}{2}I_o=\frac{1}{2}\times\frac{U_o}{R_L}=\frac{1}{2}\times\frac{48}{100}=0.24A=240mA$$

变压器副边电压有效值

$$U_2=\frac{U_o}{1.2}=\frac{48}{1.2}=40V$$

整流二极管承受的最高反向电压

$$U_{RM}=\sqrt{2}U_2=1.41\times40=56.4V$$

因此可选择2CZ11B作整流二极管，其最大整流电流为1A，最高反向工作电压为200V。

取 $\tau=R_LC=5\times\frac{T}{2}=5\times\frac{0.02}{2}=0.05s$，则

$$C=\frac{\tau}{R_L}=\frac{0.05}{100}=500\times10^{-6}F=500\mu F$$

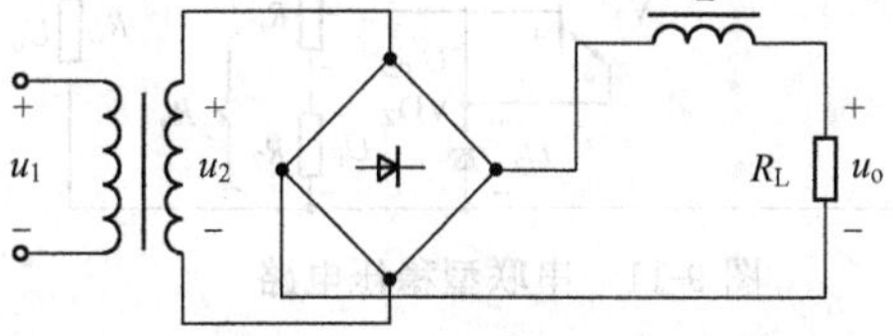

图9-8 电感滤波电路

9.3.2 电感滤波电路

电感滤波适用于负载电流较大的场合。它的缺点是制作复杂、体积大、笨重且存在电磁干扰。电感滤波电路如图9-8所示。

9.3.3 复合滤波电路

LC、CLC π型滤波电路适用于负载电流较大、要求输出电压脉动较小的场合。在负载较轻时，经常采用电阻替代笨重的电感，构成CRC π型滤波电路，同样可以获得脉动很小的输出电压。但电阻对交、直流均有压降和功率损耗，故只适用于负载电流较小的场合。复合滤波电路如图9-9所示。

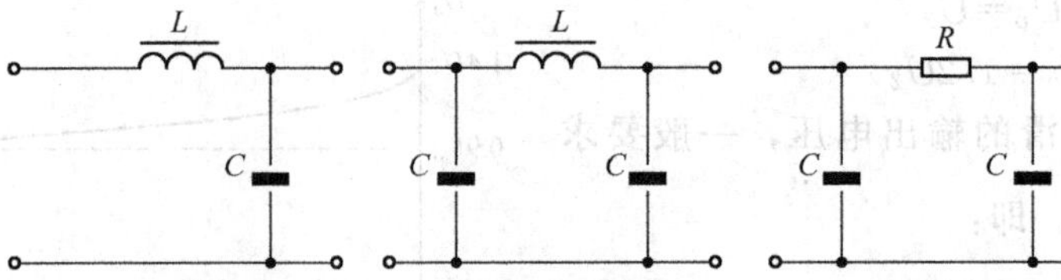

(a) LC滤波电路　　(b) CLC 滤波电路　　(c) CRC滤波电路

图 9-9 复合滤波电路

9.4 稳压电路

将不稳定的直流电压变换成稳定且可调的直流电压的电路称为直流稳压电路。直流稳压电路按调整器件的工作状态可分为线性稳压电路和开关稳压电路两大类。前者使用起来简单易行，但转换效率低，体积大；后者体积小，转换效率高，但控制电路较复杂。随着自关断电力电子器件和电力集成电路的迅速发展，开关电源已得到越来越广泛的应用。

9.4.1 并联型稳压电路

工作原理：

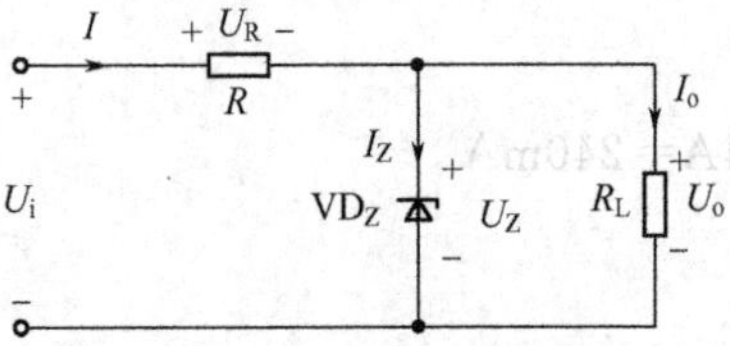

图 9-10 并联型稳压电路

输入电压 U_i 波动时会引起输出电压 U_o 波动。如 U_i 升高将引起 U_Z 随之升高，导致稳压管的电流 I_Z 急剧增加，使得电阻 R 上的电流 I 和电压 U_R 迅速增大，从而使 U_o 基本上保持不变。反之，当 U_i 减小时，U_R 相应减小，仍可保持 U_o 基本不变。并联型稳压电路如图 9-10所示。

当负载电流 I_o 发生变化引起输出电压 U_o 发生变化时，同样会引起 I_Z 的相应变化，使得 U_o 保持基本稳定。如当 I_o 增大时，I 和 U_R 均会随之增大，使得 U_o 下降，这将导致 I_Z 急剧减小，使 I 仍维持原有数值保持 U_R 不变，使得 U_o 得到稳定。

9.4.2 串联型稳压电路

在电网电压或负载变化时，该电压都会产生变化，而且纹波电压又大，经常使用串联型稳压电路使输出电压在一定的范围内稳定不变。当输入电压（U_i）改变时，能自动调节（VBE）电压的大小，使输出电压（U_o）保持恒定。串联型稳压电路如图 9-11 所示。

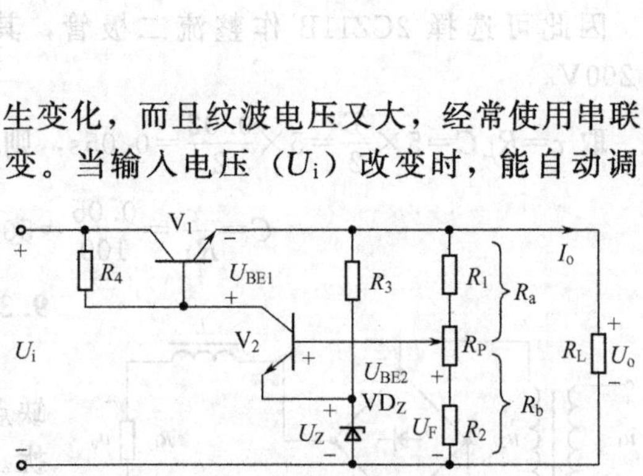

图 9-11 串联型稳压电路

9.4.3 电路的组成及各部分的作用

① 取样环节　由 R_1、R_P、R_2 组成的分压电路构成，它将输出电压 U_o 分出一部分作为取样电压 U_F，送到比较放大环节。

② 基准电压　由稳压二极管 VD_Z 和电阻 R_3 构成的稳压电路组成，它为电路提供一个稳定的基准电压 U_Z，作为调整、比较的标准。

③ 比较放大环节　由 V_2 和 R_4 构成的直流放大器组成，其作用是将取样电压 U_F 与基准电压 U_Z 之差放大后去控制调整管 V_1。

④ 调整环节　由工作在线性放大区的功率管 V_1 组成。V_1 的基极电流 I_{B1} 受比较放大电

路输出的控制，它的改变又可使集电极电流 I_{C1} 和集、射电压 U_{CE1} 改变，从而达到自动调整稳定输出电压的目的。

9.4.4 电路工作原理

当输入电压 U_i 或输出电流 I_o 变化引起输出电压 U_o 增加时，取样电压 U_F 相应增大，使 V_2 管的基极电流 I_{B2} 和集电极电流 I_{C2} 随之增加，V_2 管的集电极电位 U_{C2} 下降，因此 V_1 管的基极电流 I_{B1} 下降，使得 I_{C1} 下降，U_{CE1} 增加，U_o 下降，使 U_o 保持基本稳定。

$$U_o\uparrow \rightarrow U_F\uparrow \rightarrow I_{B2}\uparrow \rightarrow I_{C2}\uparrow \rightarrow U_{C2}\downarrow \rightarrow I_{B1}\downarrow \rightarrow U_{CE1}\uparrow \rightarrow U_o\downarrow$$

同理，当 U_i 或 I_o 变化使 U_o 降低时，调整过程相反，U_{CE1} 将减小，使 U_o 保持基本不变。

从上述调整过程可以看出，该电路是依靠电压负反馈来稳定输出电压的。

9.4.5 电路的输出电压

设 V_2 发射结电压 U_{BE2} 可忽略，则：

$$U_F=U_Z=\frac{R_b}{R_a+R_b}U_o$$

或

$$U_o=\frac{R_a+R_b}{R_b}U_Z$$

用电位器 R_P 即可调节输出电压 U_o 的大小，但 U_o 必定大于或等于 U_Z。

如 $U_Z=6\text{V}$，$R_1=R_2=R_P=100\Omega$，则 $R_a+R_b=R_1+R_2+R_P=300\Omega$，$R_b$ 最大为 200Ω，最小为 100Ω。由此可知输出电压 U_o 在 9～18V 范围内连续可调。

9.4.6 采用集成运算放大器的串联型稳压电路

采用用集成运算放大器的串联型稳压电路的晶体管是调整管，集成运算放大器是误差放大电路。电路如图 9-12 所示。基本原理是从取样电路来的输出样本与基准电压源比较，输出误差信号经算放大器放大后，控制调整管基极。

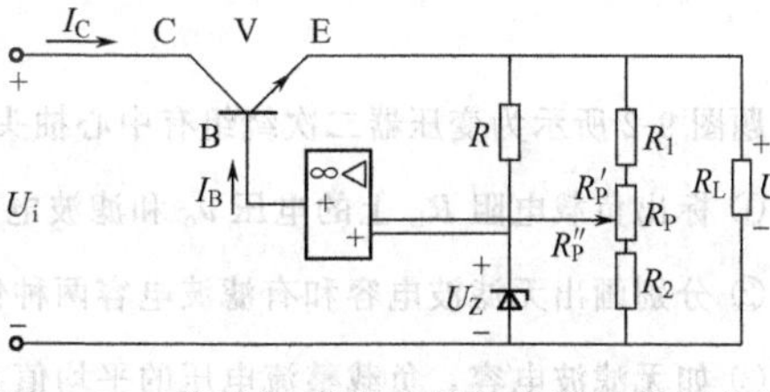

图 9-12 集成运算放大器的串联型稳压电路

(1) 采样电路

$$U_-=\frac{R_2+R''_P}{R_1+R_2+R_P}U_o$$

(2) 基准电压电路 U_Z 加入同相输入端。

(3) 放大电路控制调整管 V 的管压降 U_{CE}

(4) 电压调整电路 电压调整管 V。

(5) 稳压原理

$$U_i=U_{CE}+U_o$$

如果电源电压变化，例如：U_2 增大→U 增大→U_o 增大→U_- 增大→（U_Z—U_-）减小→U_B 减小→I_B 减小→I_C 减小→U_{CE} 增大→U_o 减小。

$$U_o=U_i-U_{CE}$$

如果负载电阻 R_L 变化（电源电压 U_2 不变）例如：R_L 减小→U_o 减小→U_- 减小→(U_Z −U_-)增大→$U_{B增大}$→I_B 增大→I_C 增大→U_{CE} 减小→U_o 增大。

根据采样电路公式

$$U_-=\frac{R_2+R''_P}{R_1+R_2+R_P}U_o$$

输出电压

$$U_o=\frac{R_1+R_2+R_P}{R_2+R_P''}U_-$$

运用虚短原理 $U_+=U_-$，而

$$U_+=U_Z$$

输出电压 $$U_o=\frac{R_1+R_2+R_P}{R_2+R_P''}U_z$$

U_o 最小值 $$U_{omin}=\frac{R_1+R_2+R_P}{R_2+R_P}U_Z$$

U_o 最大值 $$U_{omzx}=\frac{R_1+R_2+R_P}{R_2}U_Z$$

输出电压 U_o 调节范围 $$U_{omax}\geqslant U_o\geqslant U_{omin}$$

习 题 9

9-1. 在题图 9-1 图中，已知 $R_L=8k\Omega$，直流电压表ⓥ的读数为 110。二极管的正向压降忽略不计。试求：

① 直流电流表Ⓐ的读数；

② 整流电流的最大值；

③ 交流电压表 V_1。

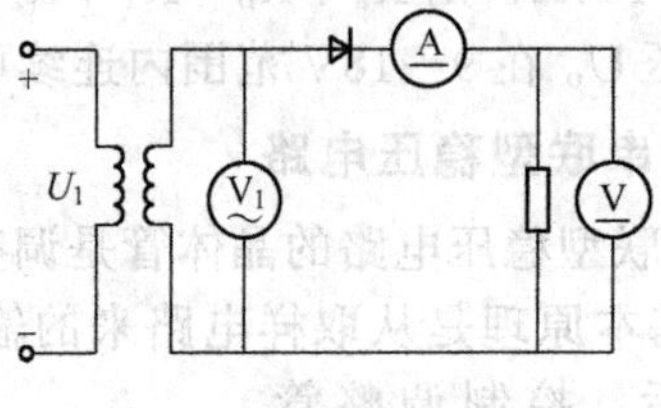

题图 9-1

9-2. 题图 9-2 所示为变压器二次绕组有中心抽头的单向整流电路，二次绕组两段的电压有效值为 U_2。

① 标出负载电阻 R_L 上的电压 u_o 和滤波电容 C 的极性。

② 分别画出无滤波电容和有滤波电容两种情况下，负载电阻上电压 u_o 的波形，是全波还是半波整流？

③ 如无滤波电容，负载整流电压的平均值 U_o 和变压器二次绕组每段的电压有效值 U_2 之间的数值关系如何？如有滤波电容，则又如何？

④ 分别说明有滤波电容和无滤波电容两种情况下，截止二极管上所承受的最高反向电压 U_{VDRM} 是否都等于 $2\sqrt{2}U_2$。

⑤ 如果整流二极管 VD_2 虚焊，U_o 是否是正常情况下的一半？如果变压器二次绕组中心抽头虚焊，这时有输出电压吗？

⑥ 如果 VD_2 因为过载极性接反，是否能正常工作？会出现什么问题？

⑦ 如果 VD_2 因过载损坏造成短路，会出现什么问题？

⑧ 如果输出端短路，又将出现什么问题？

⑨ 如果把图中的 VD_1 和 VD_2 都反接，是否仍有整流作用？所不同的是什么？

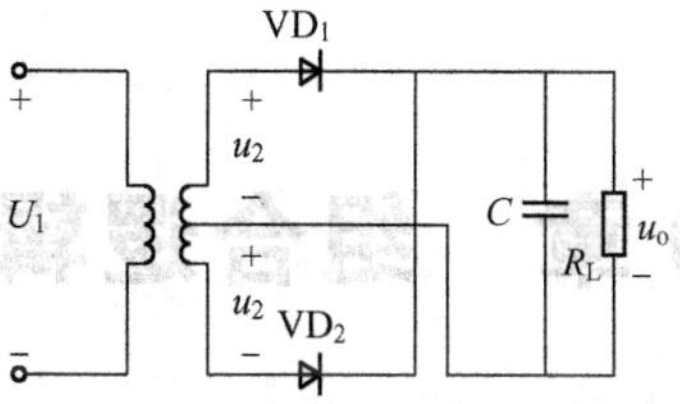

题图 9-2

9-3. 单向桥式整流电路中，变压器二次电压的有效值 $U_2=20\text{V}$，$R_L=1.1\text{k}\Omega$。计算输出电压的平均值 $U_{o(AV)}$、流过二极管的正向平均电流 $I_{VD(AV)}$ 和二极管所承受的最大反向电压 U_{RM}。

9-4. 单向桥式整流电路中，负载电阻 $R_L=330\Omega$，输出电压的平均值 $U_{o(AV)}=24\text{V}$。计算变压器二次电压的有效值 U_2、所用二极管的最大整流电流 I_F 和最高电压反向电压 U_{RM}。

9-5. 单相桥式整流和电容滤波电路如题图 9-3 所示，已知变压器二次电压的有效值 $U_2=10\text{V}$，电源频率 $f=50\text{H}_\text{Z}$。负载电阻 $R_L=1\text{k}\Omega$，$C=100\mu\text{F}$。

① 估算输出电压的平均值 $U_{o(AV)}$；

② 如果测得 $U_{o(AV)}$ 约为 9V 和 4.5V，试判断电路中分别出现了什么故障。

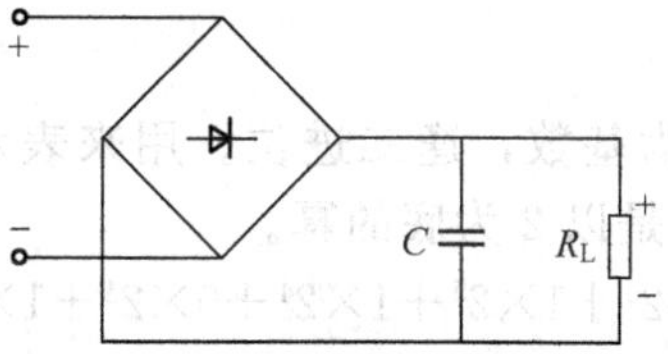

题图 9-3

第10章　组合逻辑电路

10.1　数制及其转换

10.1.1　进位计数制

常见的计数方式中数制有以下几种。

（1）十进制数

由0～9共10个数码组成，以10为基数，逢十进位。用来表示数时在数码后加D（Decimal），如58D。由于十进制数应用广泛，所以在应用时可以省略“D”。例如：$53478=5\times10^4+3\times10^3+4\times10^2+7\times10^1+8\times10^0$，对应于：

	万	千	百	十	个
十进制	5	3	4	7	8
	10^4	10^3	10^2	10^1	10^0

（2）二进制数

只有0、1两个数码，以2为基数，逢二进位。用来表示数时在数码后加B（Binary），例如10101100B。二进制数的权是以2为底的幂。

例如：$10110100=1\times2^7+0\times2^6+1\times2^5+1\times2^4+0\times2^3+1\times2^2+0\times2^1+0\times2^0$，对应于：

二进制	1	0	1	1	0	1	0	0
	2^7	2^6	2^5	2^4	2^3	2^2	2^1	2^0

（3）十六进制数

有0～9及A、B、C、D、E、F共16个数码，其中A、B、C、D、E、F分别对应十进制的10、11、12、13、14、15。以16为基数，逢十六进位。用H（Hexadecimal）结尾来表示，例如ACH。为防止16进制数与其他字符混淆，若16进制数的第一位不是0～9，则必须在其前面加“0”以示区别，例如前面的ACH应该表示为：0ACH。十六进制的权为以16为底的幂。

例如：$4F8E=4\times16^3+F\times16^2+8\times16^1+E\times16^0=20366$，对应于：

十六进制	4	F	8	E
	16^3	16^2	16^1	16^0

10.1.2　数制之间的互相转换

（1）三种进制数对应关系

如表10-1所示。

（2）十进制数转换成二进制数的方法

除二取余法，就是用2去除该十进制数，得商和余数，此余数为二进制代码的最小有效位（LSB）或最低位的值；再用2除该商数，又可得商数和余数，则此余数为LSB左邻的二进制代码（次低位）。依此类推，从低位到高位逐次进行，直到商是0为止，就可得到该十进制数的二进制代码。

表 10-1　二、十、十六进制对照表

十六进制数	十进制数	二进制数
0	0	0000
1	1	0001
2	2	0010
3	3	0011
4	4	0100
5	5	0101
6	6	0110
7	7	0111
8	8	1000
9	9	1001
A	10	1010
B	11	1011
C	12	1100
D	13	1101
E	14	1110
F	15	1111

例如将 $(67)_{10}$ 转换成二进制数，过程如下：

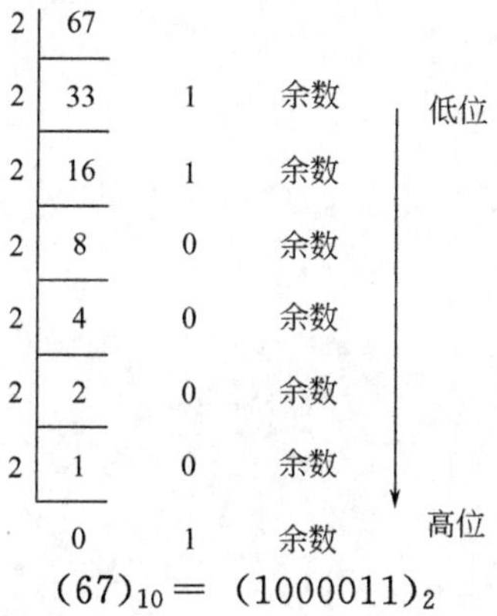

即　　　　　　　　$(67)_{10}=(1000011)_2$

(3) 十六进制数转十进制数

例：$(3AD)_{16}=(?)_{10}$

$(3AD)_{16}=3\times16^2+10\times16^1+13\times16^0=(941)_{10}$

(4) 十进制数转十六进制数

除以 16 反序取余。

例：$(941)_{10}=(?)_{16}$

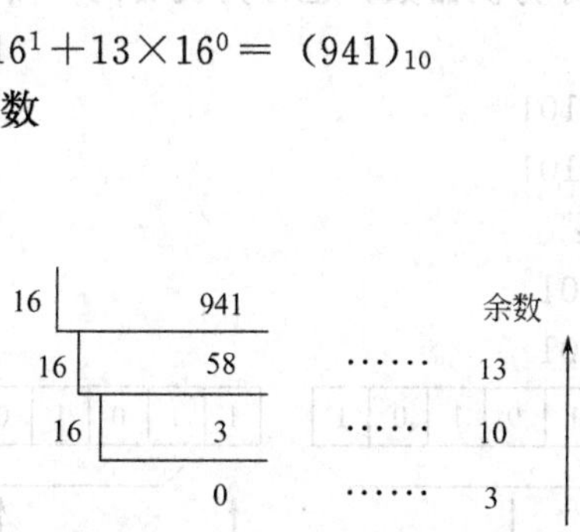

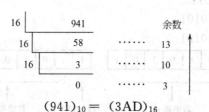

所以　　　　　　　　$(941)_{10}=(3AD)_{16}$

(5) 十六进制数转二进制数

方法一 将十六进制数转十进制数，再转为二进制数。

方法二 将十六进制数直接转二进制数，就是将每一个十六进制数分别转为四位二进制数，如果不够 4 位二进制数，则左边补 0。

例：把 $(3AD.B8)_{16}$ 转换成二进制数。

十六进制 3 A D . B 8

二进制 0011 1010 1101. 1011 0111

即 $(3AD.B8)_{16}=(1110101101.10110111)_2$

(6) 二进制数转十六进制数

方法一 将二进制数转十进制数，再转为十六进制数。

方法二 将二进制数直接转十六进制数，就是以小数点为界，分别向左右，每四位二进制数为一组，如果不够四位，则分别向两边补 0，再将 4 个二进制数分别转为十六进制数。

例：把 $(1111100111.111111)_2$ 转换成十六进制数。

二进制数 0011 1110 0111. 1111 1100

十六进制数 3 E 7 . F C

即 $(1111100111.111111)_2=(3E7.FC)_{16}$

10.1.3 逻辑运算与逻辑门电路

(1) 逻辑与运算基本规则

$$0\wedge 0=0 \tag{10-1}$$

$$1\wedge 0=0\wedge 1=0 \tag{10-2}$$

$$1\wedge 1=1 \tag{10-3}$$

(2) 逻辑或运算基本规则

$$0\vee 0=0 \tag{10-4}$$

$$1\vee 0=0\vee 1=1 \tag{10-5}$$

$$1\vee 1=1 \tag{10-6}$$

(3) 逻辑非运算基本规则

$$/0=1 \tag{10-7}$$

$$/1=0 \tag{10-8}$$

(4) 逻辑异或运算基本规则

$$0\oplus 0=1\oplus 1=0 \tag{10-9}$$

$$1\oplus 0=0\oplus 1=1 \tag{10-10}$$

10.1.4 真值与机器数

计算机用来表示数的形式称为机器数，也称为机器码，而把对应于该机器数的算术值称为真值。

设： N1＝＋1010101

N2＝－1010101

这两个数在机器中表示为：

N1：01010101

N2：11010101

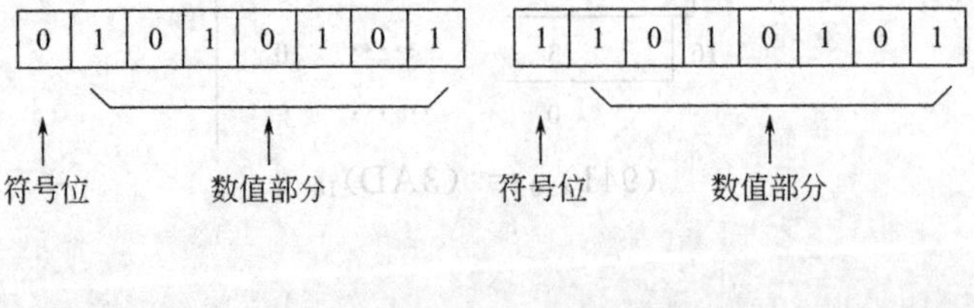

在计算机中还有一种数的表示方法，即机器中的全部有效位均用来表示数的大小，此时无符号位，这种表示方法称为无符号数的表示方法。

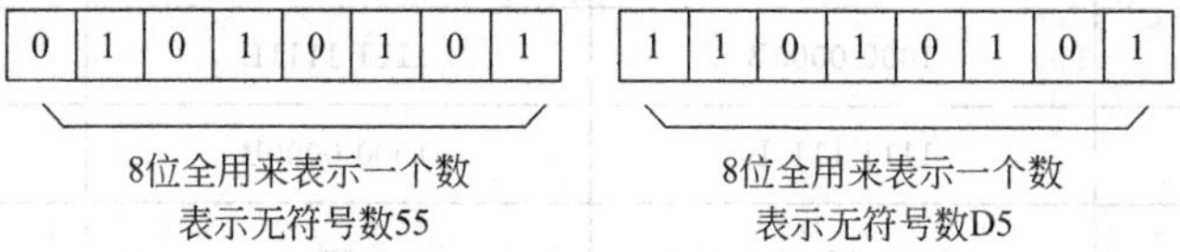

(1) 原码、反码、补码

① 原码表示法　原码表示法是最简单的一种机器数表示法，只要把真值的符号部分用 0 或 1 表示即可。

例如，真值为＋34 与－34 的原码形式为：

$[+34]_{原}=00100010$

$[-34]_{原}=10100010$

0 的原码有两种形式：

$[+0]_{原}=00000000$

$[-0]_{原}=10000000$

8 位二进制数原码的表示范围为 11111111～01111111，对应于－127～＋127。

② 反码表示法　反码是二进制数的另一种表示形式，正数的反码与原码相同；负数的反码是将其原码除符号位外按位求反，即原来为 1 变为 0，原来为 0 变为 1。

例如：

$[+34]_{反}=[+34]_{原}=00100010$

$[-34]_{原}=10100010$，$[-34]_{反}=11011101$

0 的反码也有两种形式：

$[+0]_{反}=00000000$

$[-0]_{反}=11111111$

8 位二进制数反码的表示范围为 10000000～01111111，对应于－127～＋127。

③ 补码表示法

$$\begin{array}{r} 01100000 \\ -00010101 \\ \hline 01001011 \end{array} \quad \begin{array}{r} 96 \\ -21 \\ \hline 75 \end{array} \quad \begin{array}{r} 01100000 \\ +11101011 \\ \hline \underline{1}01001011 \end{array} \quad \begin{array}{r} 96 \\ +235 \\ \hline 75 \end{array}$$

丢失

正数的补码表示方法与原码相同，负数的补码表示方法为它的反码加 1。

例如：$[-21]_{原}=10010101$

$[-21]_{反}=11101010$

$[-21]_{补}=11101011$

0 的补码只有一种表示方法，即 $[+0]_{补}=[-0]_{补}=00000000$。

8 位二进制数的补码所能表示的范围为 10000000～01111111，对应于－128～＋127。

几个典型的带符号数据的 8 位编码表见表 10-2。

表 10-2　几个典型的带符号数据的 8 位编码表

真值	原码	反码	补码
＋127	0111 1111B	0111 1111B	0111 1111B(7FH)
＋1	0000 0001B	0000 0001B	0000 0001B(01H)
＋0	0000 0000B	0000 0000B	0000 0000B(00B)

续表

真值	原码	反码	补码
－0	1000 0000B	1111 1111B	0000 0000B(00B)
－127	1111 1111B	1000 0000B	1000 0001B(81H)
－128	—	—	1000 0B(80H)

(2) BCD码

BCD码见表10-3。

表10-3 BCD码对照表

十进制	8421BCD码	二进制	十进制	8421BCD码	二进制
0	0000	0000	8	1000	1000
1	0001	0001	9	1001	1001
2	0010	0010	10	0001 0000	1010
3	0011	0011	11	0001 0001	1011
4	0100	0100	12	0001 0010	1100
5	0101	0101	13	0001 0011	1101
6	0110	0110	14	0001 0100	1110
7	0111	0111	15	0001 0101	1111

10.2 逻辑代数及其化简

10.2.1 基本逻辑关系

(1) 与逻辑

与逻辑的演示电路如图10-1所示，只有当开关A、B都闭合时，灯Y才亮，否则灯不亮，则可列出A、B和Y之间的与逻辑关系，见表10-4。这种表称为逻辑真值表或简称为真值表。

与逻辑关系的表达式为

$$Y=A\cdot B$$

表10-4 与逻辑真值表

A	B	Y
0	0	0
0	1	0
1	0	0
1	1	1

(2) 或逻辑

或逻辑的演示电路如图10-2所示，开关A、B中只要有1个闭合，灯Y就会亮。或逻辑真值表见表10-5。

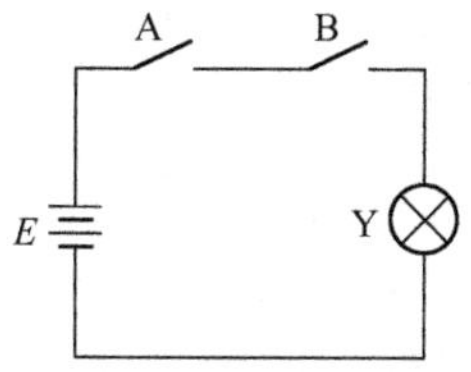

图 10-1　与逻辑演示电路

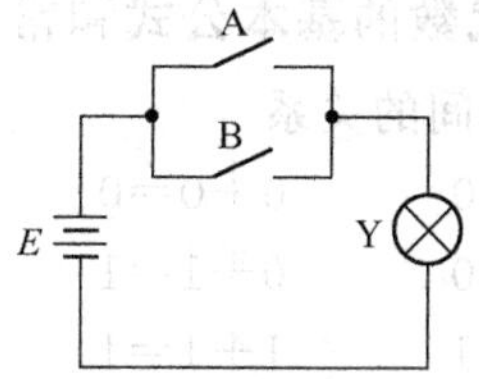

图 10-2　或逻辑演示电路

表 10-5　或逻辑真值表

A	B	Y
0	0	0
0	1	1
1	0	1
1	1	1

或逻辑关系的表达式为

$$Y=A+B$$

(3) 非逻辑

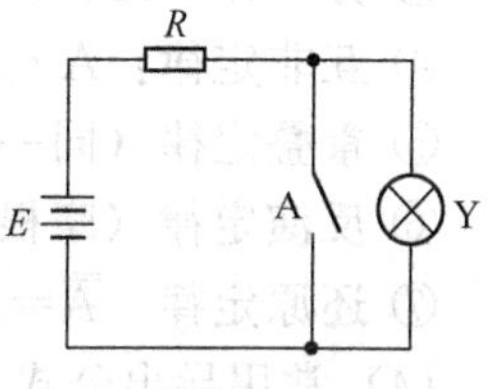

图 10-3　非逻辑演示电路

非逻辑的演示电路如图 10-3 所示，开关 A 闭合，灯 Y 就不亮；开关 A 断开，灯 Y 就亮。从此例中可抽象出这样的逻辑关系：只要某个条件具备，结果便不会发生；而条件不具备时，结果却一定发生。这种因果关系称为非逻辑，或称为逻辑求反。非逻辑的真值表如表 10-6 所示。

表 10-6　非逻辑真值表

A	Y
0	1
0	0

非逻辑关系的表达式为

$$Y=\overline{A}$$

其中逻辑关系 A 上方加符号“—”表示非的关系。

10.2.2　复合逻辑

最常见的复合逻辑如下：

① 与非逻辑　逻辑表达式为 Y=A·B，逻辑符号如图 10-4(a) 所示。

② 或非逻辑　逻辑表达式为 Y=A+B，逻辑符号如图 10-4(b) 所示。

③ 异或逻辑　逻辑表达式为 Y=A⊕B，逻辑符号如图 10-4(c) 所示。

④ 同或逻辑　逻辑表达式为 Y=A⊙B，逻辑符号如图 10-4(d) 所示。

⑤ 与或非逻辑　逻辑表达式为 Y=A·B+C·D，逻辑符号如图 10-4(e) 所示。

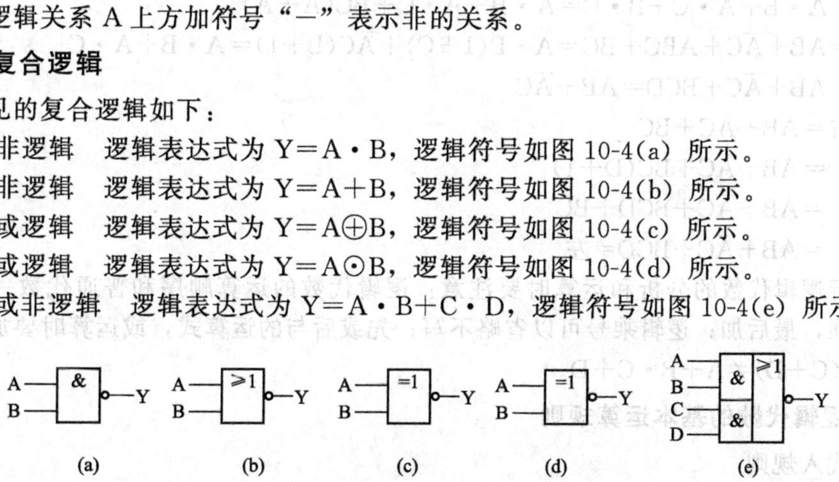

图 10-4　常见复合逻辑的逻辑符号

10.2.3 逻辑代数的基本公式和常用公式

（1）常量之间的关系

$0\cdot 0=0 \qquad 0+0=0$ （10-11）

$0\cdot 1=0 \qquad 0+1=1$ （10-12）

$1\cdot 1=1 \qquad 1+1=1$ （10-13）

$0=1 \qquad 1=0$ （10-14）

（2）变量和常量的关系

$A\cdot 1=A \qquad A+1=1$ （10-15）

$A\cdot 0=0 \qquad A+0=A$ （10-16）

（3）各种定律

① 交换律 $A+B=B+A$；$A\cdot B=B\cdot A$ （10-17）

② 结合律 $A+(B+C)=(A+B)+C$；$A\cdot(B\cdot C)=(A\cdot B)\cdot C$ （10-18）

③ 分配律 $A+B\cdot C=(A+B)\cdot(A+C)$；$A\cdot(B+C)=A\cdot B+A\cdot C$ （10-19）

④ 互非定律：$A\cdot\overline{A}=0$ （10-20）

⑤ 重叠定律（同一定律） $A\cdot A=A$；$A+A=A$ （10-21）

⑥ 反演定律（摩根定律） $\overline{A\cdot B}=\overline{A}+\overline{B}$；$\overline{A+B}=\overline{A}\cdot\overline{B}$ （10-22）

⑦ 还原定律 $\overline{\overline{A}}=A$ （10-23）

（4）常用导出公式

① $A+A\cdot B=A$ （10-24）

证 $A+A\cdot B=A(1+B)=A\cdot 1=A$

② $A+\overline{A}\cdot B=A+B$ （10-25）

证 $A+\overline{A}\cdot B=(A+\overline{A})(A+B)=A+B$（用分配律）

③ $A\cdot B+A\cdot\overline{B}=A$ （10-26）

证 $A\cdot B+A\cdot\overline{B}=A(B+\overline{B})=A\cdot 1=A$

④ $A\cdot(A+B)=A$ （10-27）

证 $A\cdot(A+B)=A\cdot A+A\cdot B=A+AB=A(1+B)=A\cdot 1=A$

⑤ $A\cdot B+\overline{A}C+B\cdot C=A\cdot B+\overline{A}C$ （10-28）

证 $A\cdot B+\overline{A}\cdot C+B\cdot C=A\cdot B+\overline{A}\cdot C+BC(A+\overline{A})$

$=AB+\overline{A}C+ABC+BC=A\cdot B(1+C)+\overline{A}C(B+1)=A\cdot B+\overline{A}\cdot C$

推理 $AB+\overline{A}C+BCD=AB+\overline{A}C$

证 右$=AB+\overline{A}C+BC$

$=AB+\overline{A}C+BC(D+1)$

$=AB+\overline{A}C+BCD+BC$

$=AB+\overline{A}C+BCD=$左

在进行逻辑代数的分析和运算时要注意：逻辑代数的运算顺序和普通代数一样，先括号，然后乘，最后加；逻辑乘号可以省略不写；先或后与的运算式，或运算时要加括号，如 $(A+B)\cdot(C+D)\neq A+B\cdot C+D$。

10.2.4 逻辑代数的基本运算规则

（1）代入规则

在任何一个逻辑等式中，若将等式两边出现的同一变量代之以另一函数，则等式仍成立。

【例 10-1】 证明：$\overline{ABC}=\overline{A}+\overline{B}+\overline{C}$。

解 根据摩根定律 $\overline{AB}=\overline{A}+\overline{B}$ 或 $\overline{A+B}=\overline{A}\,\overline{B}$

用 B=BC 代入原式两边的 B 中，则有 $\overline{ABC}=\overline{A}+\overline{BC}=\overline{A}+\overline{B}+\overline{C}$ 成立。

(2) 反演规则

对于任意的 Y 逻辑式，若将其中所有的“·”换成“+”，“+”换成“·”，0 换成 1，1 换成 0，原变量换成反变量，反变量换成原变量，则得到的结果就是 $\overline{Y}$。

【例 10-2】 已知 $Y=A(B+C)+CD$，求 $\overline{Y}$。

解 根据反演规则写出

$$\overline{Y}=(\overline{A}+\overline{B}\,\overline{C})(\overline{C}+\overline{D})=\overline{A}\,\overline{C}+\overline{A}\,\overline{D}+\overline{B}\,\overline{C}+\overline{B}\,\overline{C}\,\overline{D}$$

$$=\overline{A}\,\overline{C}+\overline{B}\,\overline{C}+\overline{A}\,\overline{D}$$

反演规则为求取已知逻辑式的反逻辑式提供了方便。使用反演规则时要注意以下两点：

① 仍需遵守“先括号，然后乘，最后加”的运算规则；

② 不属于单个变量上的反号应保留不变。

(3) 对偶规则

① 对偶式的概念 对于任何一个逻辑式 Y，若将其中的“·”换成“+”，将“+”换成“·”，将 0 换成 1，将 1 换成 0，可得到一个新的逻辑式 Y′，这个 Y′就称为 Y 的对偶式，或者说 Y 和 Y′互为对偶式。

【例 10-3】 若 $Y=A\cdot(B+C)$，则 $\overline{Y}=A+B+C$。

若 $Y=\overline{\overline{A}+\overline{B+C}}$，$\overline{Y}=\overline{\overline{ABC}}$。

② 对偶规则 若两个逻辑式相等，则它们的对偶式也相等。

10.2.5 逻辑函数的化简

表示逻辑函数的方法一般有：

①真值表；

② 函数式；

③ 逻辑图；

④ 卡诺图；

⑤ 波形图。

(1) 逻辑函数的最小项标准形式

最小项的性质如下：

在 n 变量函数中，若 m 为包含 n 个因子的乘积项，且这 n 个变量均以原变量或反变量的形式在 m 中出现一次，则称 m 为该组变量的最小项。

例如：A、B、C 三个变量，其最小项有 $2^3=8$ 个，即：ABC，$\overline{A}BC$，$A\overline{B}C$，$AB\overline{C}$，$\overline{A}\,\overline{B}C$，$\overline{A}B\overline{C}$，$A\overline{B}\,\overline{C}$，$\overline{A}\,\overline{B}\,\overline{C}$。

三变量的最小项取值如表 10-7 所示。为了表达方便，用 m_0、m_1、m_2、…、m_n 表示最小项的编号。

最小项具有下列性质：

① 在输入变量的任何取值下，必有一个最小项，而且仅有一个最小项的值为 1；

② 全体最小项之和为 1；

③ 任意两个最小项的乘积为 0；

表 10-7 三变量最小项取值表

变量			m_0	m_1	m_2	m_3	m_4	m_5	m_6	m_7
A	B	C	$\overline{A}\,\overline{B}\,\overline{C}$	$\overline{A}\,\overline{B}C$	$\overline{A}B\overline{C}$	$\overline{A}BC$	$A\overline{B}\,\overline{C}$	$A\overline{B}C$	$AB\overline{C}$	ABC
0	0	0	1	0	0	0	0	0	0	0
0	0	1	0	1	0	0	0	0	0	0
0	1	0	0	0	1	0	0	0	0	0
0	1	1	0	0	0	1	0	0	0	0
1	0	0	0	0	0	0	1	0	0	0
1	0	1	0	0	0	0	0	1	0	0
1	1	0	0	0	0	0	0	0	1	0
1	1	1	0	0	0	0	0	0	0	1

④ 具有相邻性的两个最小项之和可以合并成一项，并可消除一对因子。

相邻性是指两个最小项只有一个因子不相同。例如 $\overline{A}B\overline{C}$ 和 $AB\overline{C}$，它们只有因子 $\overline{A}$ 和 A 不相同，故它们具有相邻性。这两个最小项相加时，能够合并成一项并可消除一对因子：

$$\overline{A}B\overline{C}+AB\overline{C}=B\overline{C}(\overline{A}+A)=B\overline{C}$$

【例 10-4】 将逻辑函数 $Y=A\overline{B}\,\overline{C}D+\overline{A}CD+AC$ 展开为最小项之和的形式。

解
$$\begin{aligned}Y&=A\overline{B}\,\overline{C}D+\overline{A}CD+AC\\&=A\overline{B}\,\overline{C}D+\overline{A}CD(B+\overline{B})+AC(B+\overline{B})(D+\overline{D})\\&=A\overline{B}\,\overline{C}D+\overline{A}BCD+\overline{A}\,\overline{B}CD+ABC(D+\overline{D})+A\overline{B}C(D+\overline{D})\\&=A\overline{B}\,\overline{C}D+\overline{A}BCD+\overline{A}\,\overline{B}CD+ABC\overline{D}+A\overline{B}CD+A\overline{B}C\overline{D}\\&=m_9+m_7+m_3+m_{15}+m_{14}+m_{11}+m_{10}\\&=\sum m(3,7,9,10,11,14,15)\end{aligned}$$

【例 10-5】 写出三变量函数 $Y=\overline{AC+\overline{\overline{B}C}}+AB$ 的最小项之和表达式。

解
$$\begin{aligned}Y&=\overline{AC+\overline{\overline{B}C}}+AB=\overline{AC}\cdot\overline{\overline{\overline{B}C}}+AB\\&=\overline{AC}\cdot\overline{B}C+AB=(\overline{A}+\overline{C})\overline{B}C+AB\\&=\overline{A}\,\overline{B}C+\overline{B}C\overline{C}+AB(C+\overline{C})\\&=\overline{A}\,\overline{B}C+ABC+\overline{A}B\overline{C}\\&=\sum m(1,6,7)\end{aligned}$$

【例 10-6】 已知三变量的真值表 10-8，求最小项之和的表达式。

表 10-8 例 10-6 真值表

A	B	C	Y
0	0	0	0
0	0	1	1
0	1	0	0
0	1	1	0
1	0	0	1
1	0	1	1
1	1	0	1
1	1	1	0

解 根据真值表写出逻辑函数的表达式：

$Y=\overline{A}\,\overline{B}C+A\overline{B}\,\overline{C}+A\overline{B}C+AB\overline{C}$

$=m_1+m_4+m_5+m_6$

$=\sum m(1, 4, 5, 6)$

又如逻辑函数 $Y=A+\overline{A}C+AB$，可化简为

$$Y=A+C$$

这样一来，化简后使用较少的电子器件就可以完成同样的逻辑功能。

上面化简的形式一般称为与或逻辑式，最简与或逻辑式的标准如下：

① 逻辑函数式中乘积项（与项）的个数最少；

② 每个乘积项中的变量数最少。

(2) 公式化简法

公式化简的原理就是反复使用逻辑代数的基本公式和常用公式，消去函数式中多余的乘积项和多余的因子，以求得函数式的最简形式。

① 并项法 利用公式 $AB+A=A$，将两项合并为一项，消去一个变量，其中 A、B 可以是复杂的逻辑函数式。

【例 10-7】 化简逻辑函数 $Y=ABC+AB\overline{C}+A\overline{B}$。

解 $Y=ABC+AB\overline{C}+A\overline{B}$

$=AB(C+\overline{C})+A\overline{B}$

$=AB+A\overline{B}=A$

【例 10-8】 试用并项法化简下列逻辑函数：

$Y_1=A\overline{B}CD+A\overline{B}CD$

$Y_2=A\overline{B}+ACD+\overline{A}\,\overline{B}+\overline{A}CD$

$Y_3=\overline{A}B\overline{C}+A\overline{C}+\overline{B}\,\overline{C}$

$Y_4=B\overline{C}D+BC\overline{D}+B\overline{C}\,\overline{D}+BCD$

解 $Y_1=A(\overline{\overline{B}CD}+\overline{B}CD)=A$

利用 $B=\overline{B}CD$，$\overline{B}=\overline{\overline{B}CD}$，$AB+A\overline{B}=A$

$Y_2=A\overline{B}+ACD+\overline{A}\,\overline{B}+\overline{A}CD$

$=A(\overline{B}+CD)+\overline{A}(\overline{B}+CD)$

$=(\overline{B}+CD)(\overline{A}+A)$

$=\overline{B}+CD$

$Y_3=\overline{A}B\overline{C}+A\overline{C}+\overline{B}\,\overline{C}$

$=\overline{A}B\overline{C}+\overline{C}(A+\overline{B})$

$=\overline{C}(\overline{A}B+A+\overline{B})$

$=\overline{C}(A+B+\overline{B})$

$=\overline{C}(A+1)$

$=\overline{C}$

$Y_4=B\overline{C}D+BC\overline{D}+B\overline{C}\,\overline{D}+BCD$

$=BD+B\overline{D}$

$=B$

② 吸收法 利用公式 $A+AB=A$ 可将 AB 项消去。

【例 10-9】 试用吸收法化简下列逻辑函数：

$Y_1=(\overline{\overline{A}B}+C)ABD+AD$

$Y_2 = AB + AB\overline{C} + ABD + ABC\overline{C} + AB\overline{D}$

$Y_3 = A + \overline{\overline{A}\,\overline{BC}(\overline{A} + \overline{\overline{B}\,\overline{C} + D})} + BC$

解 $Y_1 = [(\overline{\overline{A}B} + C)B]AD + AD = AD$

$Y_2 = AB + AB[\overline{C} + D + C\overline{C} + \overline{D}] = AB$

$Y_3 = (A + BC) + (A + BC)(\overline{A} + \overline{\overline{B}\,\overline{C} + D}) = A + BC$

③ 消项法 利用公式 $AB + \overline{A}C + BC = AB + \overline{A}C$ 将多余项 BC 消除，其中 A、B、C 可以是复杂的逻辑表达式。

【例 10-10】 用消项法化简下列逻辑函数：

$Y_1 = AC + AB + \overline{B + C}$

$Y_2 = A\overline{B}C\overline{D} + \overline{A\overline{B}E} + C\overline{D}E$

解 $Y_1 = AC + A\overline{B} + \overline{B}\,\overline{C} = AC + \overline{B}\,\overline{C}$

$Y_2 = (A\overline{B})C\overline{D} + (\overline{A\overline{B}})E + (C\overline{D})E = A\overline{B}C\overline{D} + \overline{A\overline{B}}E$

④ 消因子法 利用公式 $A + \overline{A}B = A + B$ 将 $\overline{A}B$ 中的 $\overline{A}$ 因子消去，其中 A、B 均可是任何复杂的逻辑式。

【例 10-11】 利用削因子法化简下列逻辑函数：

$Y_1 = \overline{B} + ABC$

$Y_2 = A\overline{B} + B + \overline{A}B$

$Y_3 = AC + \overline{A}D + \overline{C}D$

解 $Y_1 = \overline{B} + (AC) \cdot B = \overline{B} + AC$

$Y_2 = A\overline{B} + B + \overline{A}B = A + B$

$Y_3 = AC + \overline{A}D + \overline{C}D$

$= AC + D(\overline{A} + \overline{C})$

$= AC + \overline{AC} \cdot D$

$= AC + D$

⑤ 配项法 利用公式 $A + A = A$ 可以在逻辑函数中重复写入某项，有时可能获得更加简单的化简结果。

【例 10-12】 化简逻辑函数 $Y = \overline{A}B\overline{C} + \overline{A}BC + \overline{A}BC$。

解 $Y = \overline{A}B\overline{C} + \overline{A}BC + \overline{A}BC$

$= \overline{A}B(\overline{C} + C) + BC(\overline{A} + A)$

$= \overline{A}B + BC$

【例 10-13】 化简逻辑函数 $Y = ABC\overline{D} + ABD + BC\overline{D} + ABC + BD + B\overline{C}$。

解 $Y = ABC\overline{D} + ABD + BC\overline{D} + ABC + BD + B\overline{C}$

$= ABC(\overline{D} + 1) + BD(A + 1) + BC\overline{D} + B\overline{C}$

$= ABC + BD + BC\overline{D} + B\overline{C}$

$= B(AC + D + C\overline{D} + \overline{C})$

$= B[(AC + \overline{C}) + (D + C\overline{D})]$

$= B(A + \overline{C} + D + C)$

$= B(A + D + 1)$

$= B$

(3) 逻辑函数的卡诺图化简法

① 最小项的卡诺图 将 n 变量的全部最小项各用一个小方格表示，并使具有逻辑相邻

性的最小项在几何位置上也相邻地排列起来，所得到的图形称为 n 变量最小项的卡诺图。

最小项逻辑变量卡诺图的画法：n 个逻辑变量，就有 $2n$ 个最小项，需要 $2n$ 个小方块。图 10-5 所示为两变量、三变量、四变量的卡诺图。

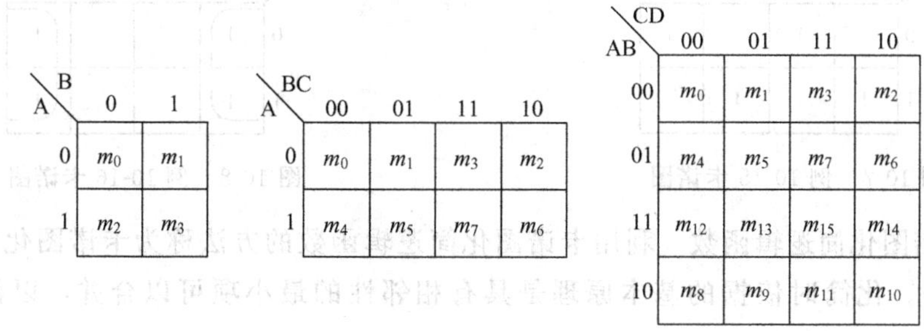

(a) 两变量　(b) 三变量　(c) 四变量

图 10-5　卡诺图

逻辑变量最小项用卡诺图表示的方法如下：

a. 根据逻辑函数所包含的逻辑变量数目，画出相应的最小项卡诺图（$2n$ 个方块）；

b. 将逻辑函数中包含的最小项，在最小项卡诺图上找到对应的方块，并填上 1，函数中不包含的最小项处填 0（什么都不填，空着也行）。

【例 10-14】 用卡诺图表示逻辑函数 $Y=\bar{A}\,\bar{B}\,\bar{C}D+\bar{A}\,B\,\bar{D}+ACD+A\,\bar{B}$。

解　如图 10-6 所示。

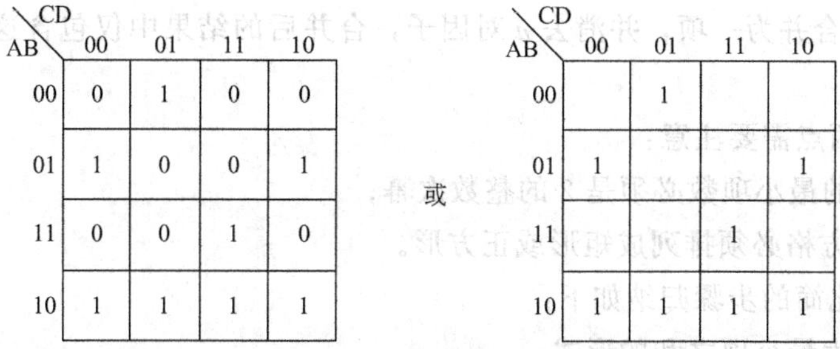

CD
AB
00 01 11 10
00 0 1 0 0
01 1 0 0 1
11 0 0 1 0
10 1 1 1 1
或
CD
AB
00 01 11 10
00 1
01 1 1
11 1
10 1 1 1 1

图 10-6　例 10-14 卡诺图

【例 10-15】 逻辑函数的卡诺图如图 10-7 所示，试写出该逻辑函数的逻辑式。

解　$Y=\bar{A}\,\bar{B}C+\bar{A}\,B\,\bar{C}+A\,\bar{B}\,\bar{C}+ABC$

【例 10-16】 已知逻辑函数的真值表 10-9，试画出对应的最小项卡诺图。

表 10-9　例 10-16 真值表

A	B	C	Y
0	0	0	1
0	0	1	0
0	1	0	1
0	1	1	0
1	0	0	1
1	0	1	0
1	1	0	1
1	1	1	0

解 $Y=\overline{A}\,\overline{B}\,\overline{C}+\overline{A}\,B\,\overline{C}+A\,\overline{B}\,\overline{C}+AB\,\overline{C}=C$

卡诺图如图 10-8 所示。

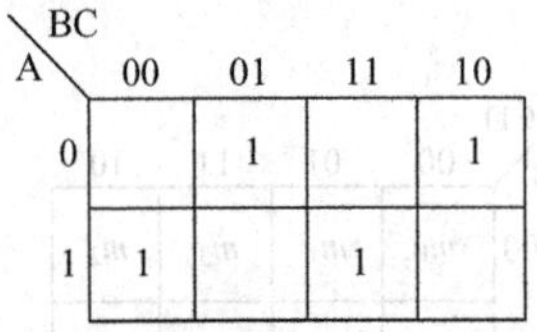

图 10-7 例 10-15 卡诺图

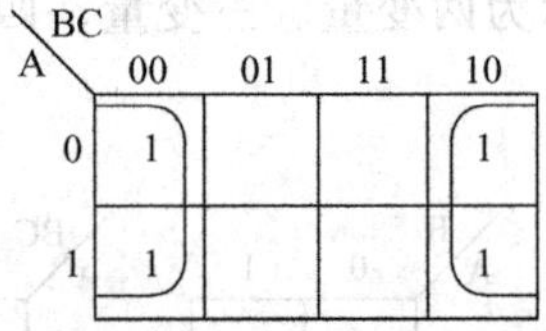

图 10-8 例 10-16 卡诺图

② 用卡诺图化简逻辑函数　利用卡诺图化简逻辑函数的方法称为卡诺图化简法，或称为图形化简法。化简时依据的基本原理是具有相邻性的最小项可以合并，以消除不同的因子。

合并最小项的规律如下：

a. 若两个最小项相邻，则可合并为一项并消去一对因子，合并后的结果中只剩下公共因子；

b. 若 4 个最小项相邻，则可合并为一项并消去两对因子，合并后的结果中只包含公共因子；

c. 若 8 个最小项相邻，则可合并为一项并消去三对因子，合并后的结果中只包含公共因子。

由此类推，可以归纳出合并最小项的一般规则：如果有 $2n$ 个最小项相邻（$n=1,2,3,\cdots$），则它们可合并为一项，并消去 n 对因子，合并后的结果中仅包含这些最小项的公共因子。

在合并时有两点需要注意：

a. 能够合并的最小项数必须是 2 的整数次幂；

b. 要合并的方格必须排列成矩形或正方形。

利用卡诺图化简的步骤归纳如下：

a. 将函数化为最小项之和的形式；

b. 画出表示该逻辑函数的卡诺图；

c. 按照合并最小项的规则，将能合并的最小项圈起来，没有相邻最小项的单独圈起来；

d. 每个包围作为一个乘积项，将乘积项相加即是化简后的与或表达式。

【例 10-17】 用卡诺图化简下列逻辑表达式：

a. $Y1(A, B, C, D)=\sum m(1, 3, 5, 7, 8, 9, 10, 12, 14)$

b. $Y_2(A, B, C, D)=\sum m(0, 1, 4, 5, 9, 10, 11, 13, 15)$

c. $Y_3(A, B, C, D)=\sum m(0, 2, 5, 6, 7, 8, 9, 10, 11, 14, 15)$

解 a. 根据函数的表达式画出相对应的最小项变量卡诺图，如图 10-9 所示。

$$\begin{aligned}Y=&\overline{A}\,\overline{B}\,\overline{C}D+\overline{A}\,\overline{B}CD+\overline{A}B\,\overline{C}D+\overline{A}BCD+AB\,\overline{C}\,\overline{D}\\&+A\,\overline{B}\,\overline{C}\,\overline{D}+ABC\,\overline{D}+A\,\overline{B}\,C\,\overline{D}+A\,\overline{B}\,\overline{C}\,\overline{D}+A\,\overline{B}\,\overline{C}\,D\\=&\overline{A}\,\overline{B}D+\overline{A}BD+A\,\overline{C}\,\overline{D}+AC\,\overline{D}+A\,\overline{B}\,\overline{C}\\=&\overline{A}D+A\,\overline{D}+A\,\overline{B}\,\overline{C}\end{aligned}$$

b. 根据函数的表达式画出相对应的卡诺图，如图 10-10 所示。

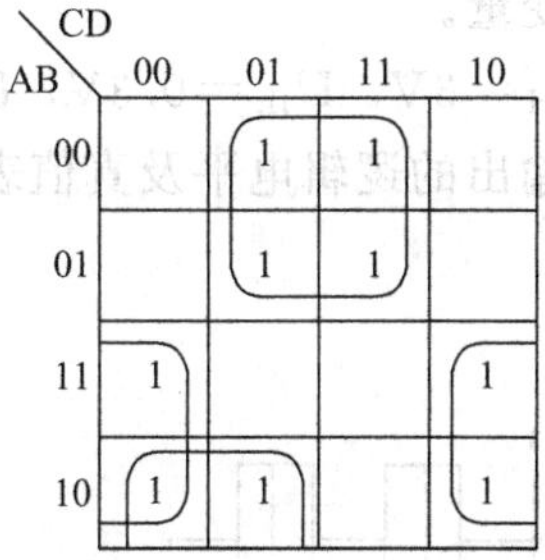

图 10-9　例 10-17（1）卡诺图

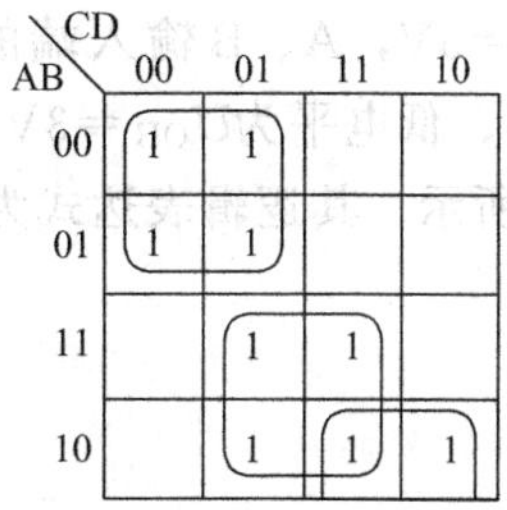

图 10-10　例 10-17（2）卡诺图

$$
\begin{aligned}
Y=&\overline{A}\,\overline{B}\,\overline{C}\,\overline{D}+\overline{A}\,\overline{B}\,\overline{C}\,D+\overline{A}\,B\,\overline{C}\,\overline{D}+\overline{A}\,B\,\overline{C}D+AB\,\overline{C}\\
&+A\,\overline{B}\,\overline{C}D+A\,\overline{B}CD+A\,\overline{B}CD+A\,\overline{B}\,C\,\overline{D}\\
=&\overline{A}\,\overline{B}\,\overline{C}+\overline{A}\,B\,\overline{C}+ABD+A\,\overline{BD}+A\,\overline{B}C\\
=&\overline{A}\,\overline{C}+AD+A\,\overline{B}C
\end{aligned}
$$

c. 根据函数的表达式画出相对应的卡诺图，如图 10-11 所示。

$$
\begin{aligned}
Y=&A\,\overline{B}\,\overline{C}\,\overline{D}+A\,\overline{B}\,\overline{C}D+A\,\overline{B}CD+A\,\overline{B}C\,\overline{D}\\
&+\overline{A}\,\overline{B}C\,\overline{D}+\overline{A}BC\,\overline{D}+ABC\,\overline{D}+A\,\overline{B}C\,\overline{D}\\
&+\overline{A}BCD+\overline{A}BC\,\overline{D}+ABCD+ABC\,\overline{D}\\
&+\overline{A}B\,\overline{C}D+\overline{A}BCD+\overline{A}\,\overline{B}\,\overline{C}\,\overline{D}\\
=&A\,\overline{B}+C\,\overline{D}+BC+\overline{A}BD+\overline{A}\,\overline{B}\,\overline{C}\,\overline{D}
\end{aligned}
$$

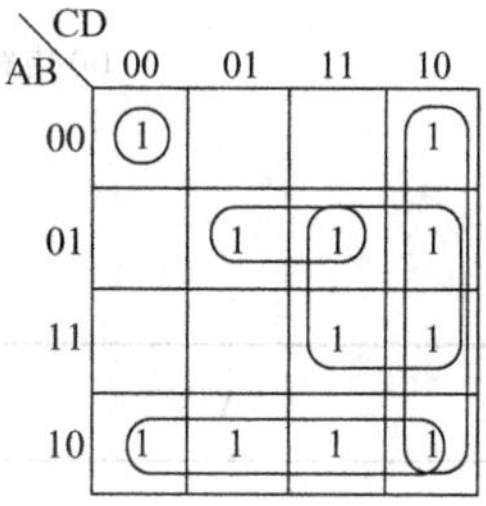

图 10-11　例 10-17（3）卡诺图

用卡诺图合并最小项时应注意：

a. 合并相邻项的圈尽可能大一些，以减少化简后相乘的因子数目；

b. 每个圈中至少应有一个最小项被圈过一次，以避免出现多余项；

c. 所有函数值为 1 的最小项都要圈起来，圈的个数应尽可能少，使简化后的乘积项数目最少；

d. 有些情况下，最小项的圈法不同，得到的最简与或表达式也不尽相同，常常要经过比较、检查才能确定哪一个是最简式。

10.3　基本逻辑关系和基本逻辑门电路

10.3.1　基本逻辑门电路

具有逻辑功能的电路称为逻辑电路或逻辑门电路，它是构成数字电路的基本单元。逻辑门电路按照结构组成的不同可分为两类。

① 分立元件门　它是由单个半导体器件组成的，目前较少使用。

② 集成门　将各种半导体元器件集成在一个芯片上。

无论哪一种门电路，都是用高、低电平分别表示逻辑 1 和 0 两种逻辑状态的，如图 10-12所示。

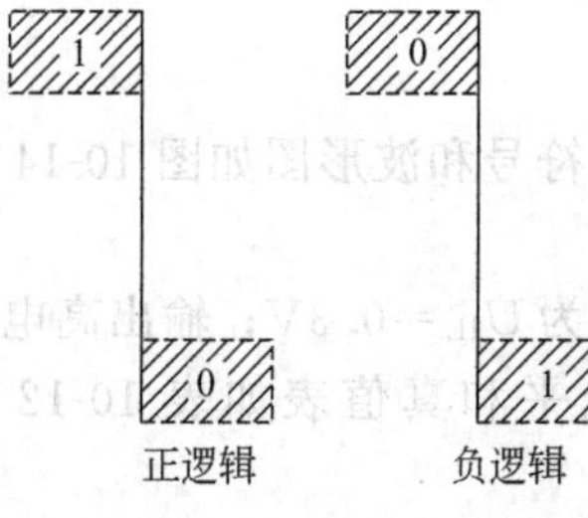

图 10-12　正逻辑与负逻辑

(1) 与门电路

能实现与逻辑关系的电路称为与门电路。二极管与门电路如图 10-13(a) 所示，其逻辑符号和波形图如图 10-13(b)

和图 10-13(c) 所示，其中 A、B 为输入变量，Y 为输出变量。

设 $V_{CC}=5V$，A、B 输入端的高、低电平分别为 $U_{IH}=3V$，$U_{IL}=0.3V$，$U_O=0.7V$。输出 Y 的高、低电平为 $U_{OH}=3V$，$U_{OL}=0.3V$。输入、输出的逻辑电平及真值表如表 10-10 和表 10-11 所示。其逻辑表达式为

$$Y=A\cdot B$$

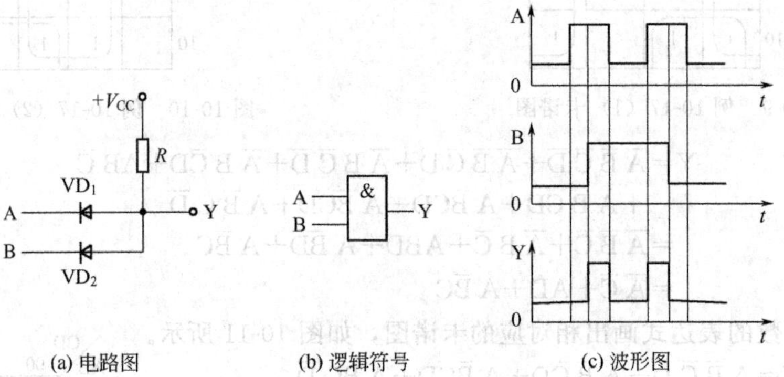

图 10-13 与门电路

表 10-10 与门电路逻辑电平

A/V	B/V	Y/V
0	0	0.7
0	3	0.7
3	0	0.7
3	3	3.7

表 10-11 与门电路真值表

A	B	Y
0	0	0
0	1	0
1	0	0
1	1	1

(2) 或门电路

能实现或逻辑关系的电路称为或门电路。二极管或门电路、符号和波形图如图 10-14 所示，其中，A、B 为输入变量，Y 为输出变量。

设 $V_{CC}=5V$，A、B 端输入高电平为 $U_{IH}=3V$，输入低电平为 $U_{IL}=0.3V$；输出高电平为 $U_{OH}=3V$，输出低电平 $U_{OL}=0.3V$。输入、输出的逻辑电平和真值表如表 10-12 和表 10-13所示。其逻辑表达式为

$$Y=A+B$$

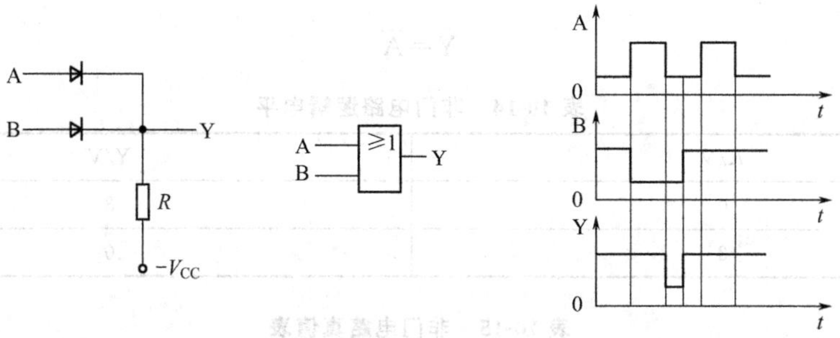

(a) 电路图　　(b) 逻辑符号　　(c) 波形图

图 10-14　或门电路

表 10-12　或门电路逻辑电平

A/V	B/V	Y/V
0	0	0.7
0	3	2.3
3	0	2.3
3	3	2.3

表 10-13　或门电路真值表

A	B	Y
0	0	0
0	1	1
1	0	1
1	1	1

（3）非门电路（反相器）

能实现非逻辑关系的电路称为非门电路。非门电路、符号和波形图如图 10-15 所示，其中 A 为输入变量，Y 为输出变量。

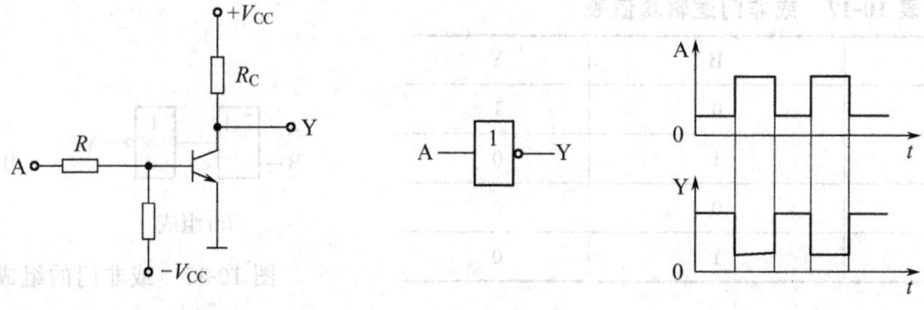

(a) 电路图　　(b) 逻辑符号　　(c) 波形图

图 10-15　非门电路

由图 10-15 可知，当输入端 A 为低电平时，输出端 Y 为高电平；当输入端 A 为高电平时，输出端 Y 为低电平。输入、输出的逻辑电平和真值表如表 10-14 和表 10-15 所示。其逻

辑表达式为

$$Y=\overline{A}$$

表 10-14 非门电路逻辑电平

A/V	Y/V
0	3
3	0

表 10-15 非门电路真值表

A	Y
0	1
1	0

10.3.2 组合逻辑门

(1) 与非门

图 10-16 所示为与非门的组成及符号，表 10-16 是与非门的真值表。其逻辑表达式为

$$Y=\overline{AB}$$

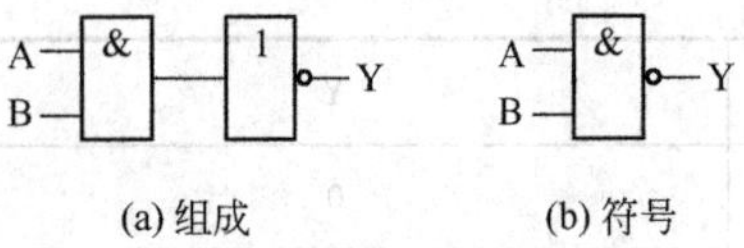

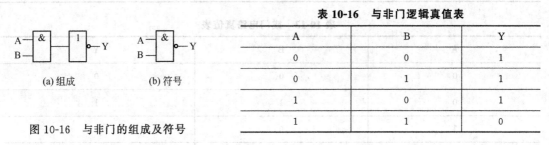

图 10-16 与非门的组成及符号

表 10-16 与非门逻辑真值表

A	B	Y
0	0	1
0	1	1
1	0	1
1	1	0

(2) 或非门

图 10-17 所示为或非门的组成及符号，表 10-17 为或非门的逻辑真值表。其逻辑表达式为

$$Y=\overline{A+B}$$

表 10-17 或非门逻辑真值表

A	B	Y
0	0	1
0	1	0
1	0	0
1	1	0

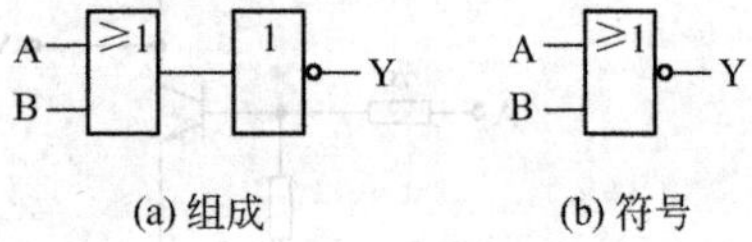

图 10-17 或非门的组成及符号

(3) 与或非门

图 10-18 所示是与或非门的组成及符号，表 10-18 是与或非门的逻辑真值表。其逻辑表达式为

$$Y=\overline{AB+CD}$$

表 10-18　是与或非门的逻辑真值表

A	B	C	D	Y
0	0	0	0	1
0	1	0	1	1
1	0	1	0	1
1	1	1	1	0

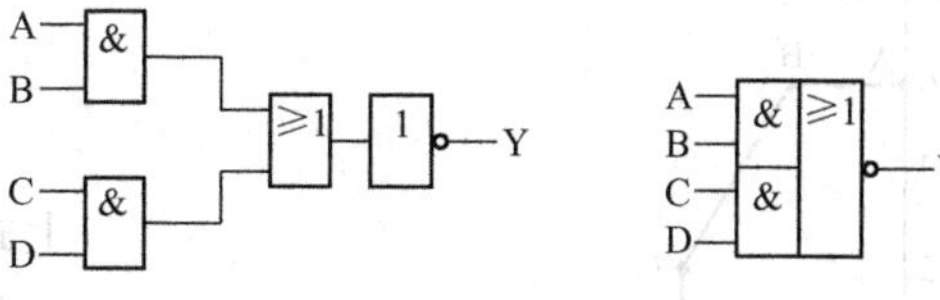

图 10-18　与或非门的组成及符号

异或非门的逻辑符号见图 10-19。

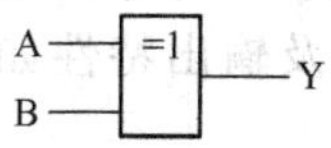

图 10-19　异或门的逻辑符号

表 10-19　异或门逻辑真值表

A	B	Y
0	0	0
0	1	1
1	0	1
1	1	0

10.3.3　TTL 集成门和 CMOS 集成门

(1) TTL 集成门电路

① TTL 与非门电路

a. 电路结构　TTL 与非门的典型电路如图 10-20 所示。

b. TTL 与非门的工作原理　当输入信号中任意一个为低电平，即 $U_{IA}=U_{IL}$ 或 $U_{IB}=U_{IL}$ 时，VT_1 的发射结正偏，$U_{B1}=U_{IL}+0.7=0.3+0.7=1V$，使 VT_1 管饱和导通，此时 $U_{B2}=1V$（要使 VT_2 导通，$U_{B2}=2\times0.7V=1.4V$）。VT_2 管截止，VT_4 也处于截止状态，而 VT_3 导通，则

$$U_O=V_{CC}=U_{OH}$$

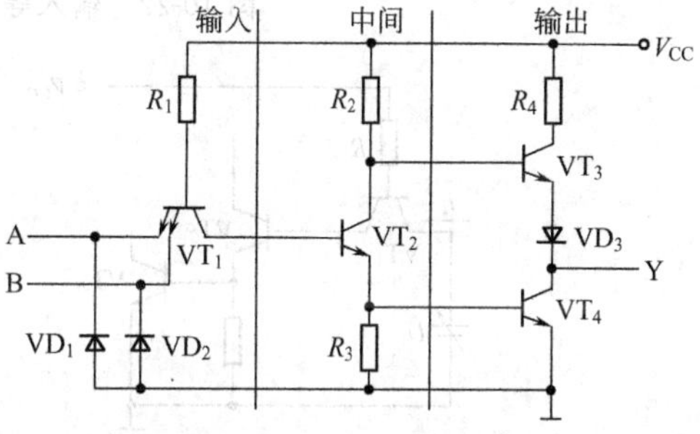

图 10-20　TTL 与非门典型电路

当输入信号都为高电平时，$U_{IA}=U_{IB}=U_{IH}=3.6V$，$U_{B1}=U_{IH}+U_{BE1}=3.6+0.7=4.3V$，$U_{BC}\approx0.1V$，则 $U_{C1}\approx4.3V$，此时 $U_{B2}>1.4V$，则 VT_2、VT_4 饱和导通，VT_3 截止输出，有 $U_O=U_{T4CHS}\approx0.3V=U_{OL}$。

综上所述，电路实现的逻辑关系为与非关系：

$$Y=A\cdot B$$

② TTL 与非门的电气特性

a. 电压传输特性　将与非门电路的输出电压随输入电压的变化用曲线描绘出来，可得到如图 10-21 所示的电压传输特性，它反映了 TTL 与非门电路的输出电压 U_O 随输入电压 U_I 的变化规律。

电压传输特性曲线可分为 4 段：AB、BC、CD、DE。

b. 输入伏安特性　输入伏安特性是指输入电压和输入电流之间的关系。图 10-22(a) 所示为输入电路，改变输入电压 U_I，测出对应的输入电流 i_I 值，即可画出输入伏安特性曲线，如图 10-22(b) 所示。

设 $R_1=4k\Omega$，$V_{CC}=5V$，当 $U_I=0V$ 时，VT_1 导通，VT_2 截止，可求得输入端对地短

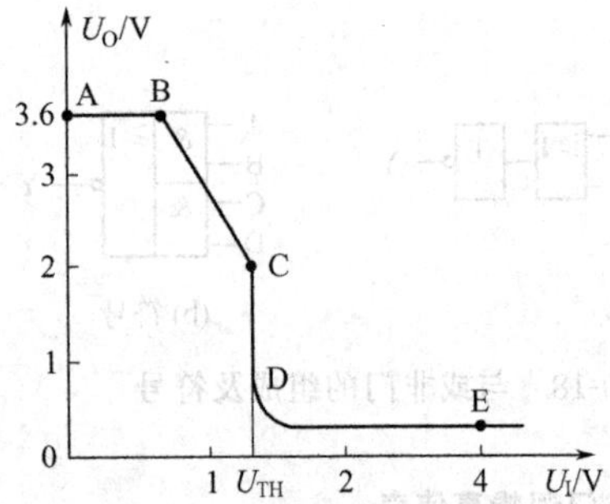

图 10-21 TTL 与非门电压传输特性

路时的输入电流，用 I_{IS}表示，称为输入短路电流，即

$$I_{IS}=\frac{V_{CC}-U_{BE}}{R_1}=\frac{5-0.7}{4}=-1.08\text{mA}$$

上式中负号表示与 i_I 的参考方向相反。

c. 输入负载特性 由于在 $U_I=0$V 时有输入电流存在，因而在输入端与地之间接入电阻 R_P，就会影响输入电压。TTL 与非门输入端串电阻接地时的等效电路如图 10-22（a）所示。输入负载特性如图 10-22（b）所示。

d. 高电平输入特性（带拉电流负载） 与非门电路的输入等效电路及输入特性如图 10-23 所示。带拉电流负载输出等效电路及输出特性如图 10-24 所示。

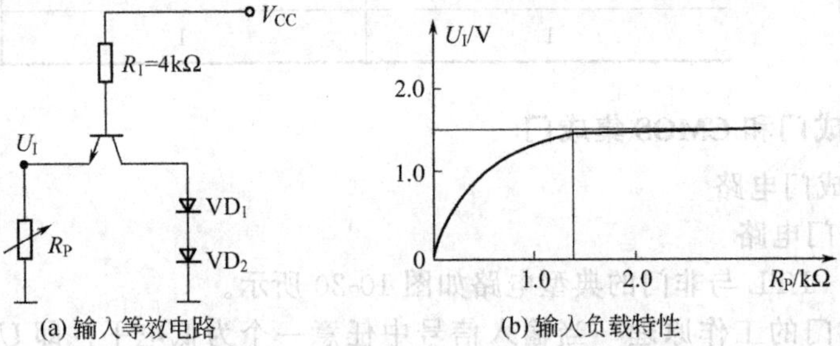

图 10-22 输入等效电路和输入负载特性

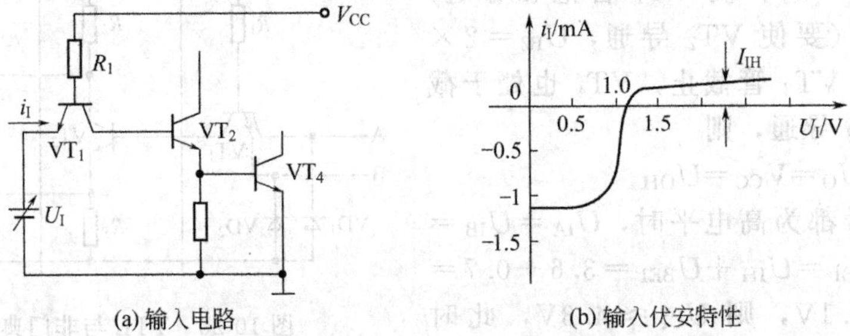

图 10-23 输入电路及输入伏安特性

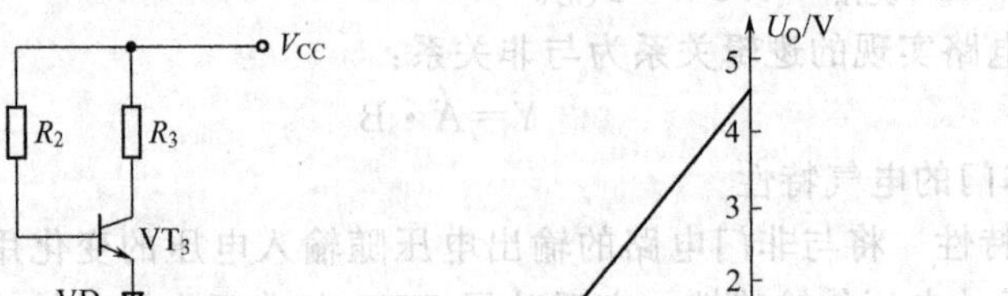

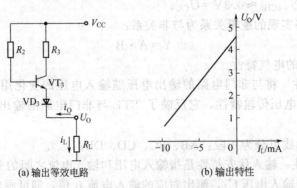

图 10-24 带拉电流负载输出等效电路及输出特性

e. 低电平输出特性（带灌电流负载） 当输入低电平时，与非门输出级的 VT_4 饱和导

通，VT_3 截止，此时的输出等效电路及输出特性如图 10-25 所示。

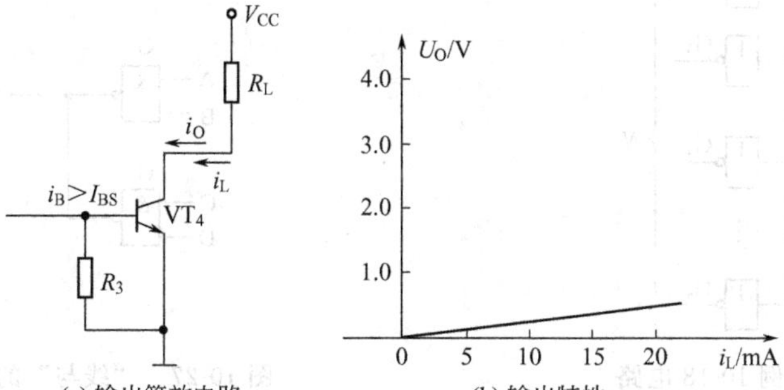

(a) 输出等效电路　(b) 输出特性

图 10-25　带灌电流负载输出等效电路及输出特性

③ TTL 与非门的扇出系数 N　扇出系数 N 表示 TTL 与非门电路的带负载能力，即代表电路能驱动同类型门电路的最大个数。

当输出高电平、带拉电流负载时：

$$N_H = \left| \frac{I_{OH}}{I_{IH}} \right|$$

当输出低电平、带灌电流负载时：

$$N_L = \left| \frac{I_{OL}}{I_{IL}} \right|$$

【例 10-18】 已知 TTL 与非门电路 T1004 的 $I_{OH} = 400\mu A$，$I_{OL} = 16mA$，$I_{IL} = -1.6mA$，$I_{IH} = 40\mu A$。电路如图 10-26 所示，求该电路的扇出系数 N。

解　当输出高电平时：

$$N_H = \frac{|I_{OH}|}{I_{IH}} = \frac{400}{40} = 10$$

当输出低电平时：

$$N_L = \frac{|I_{OL}|}{I_{IL}} = \frac{16}{1.6} = 10$$

则 $N_H = N_L = 10$，取 $N = 10$。如果 $N_H \neq N_L$，则把较小的个数定义为扇出系数。

(2) 其他类型的 TTL 门电路

① 集电极开路与非门（OC 门）　在实际使用中，经常将门电路的输出端连接在一起，以实现逻辑与的关系。图 10-27 给出了两个与非门“线与”的逻辑图，其输出逻辑表达式为

$$Y = \overline{AB}\,\overline{CD} = \overline{\overline{AB} + \overline{CD}}$$

图 10-28 所示是与非门的电路结构图，将 VT_3、VD_3、R_4 去掉，让 VT_4 的集电极输出开路，即构成了 OC 门电路，如图 10-29 所示。

② CMOS 三态输出门　三态输出门的输出有 3 种状态：高电平、低电平和高阻态。图 10-30 所示为三态输出门的逻辑符号。其中，输入信号为 A、B，输出为 Y，EN 为使能端。

其输出分别为：

$$Y = \begin{cases} \overline{A \cdot B} & (\overline{EN} = 0) \\ Z & (\overline{EN} = 1) \end{cases}$$

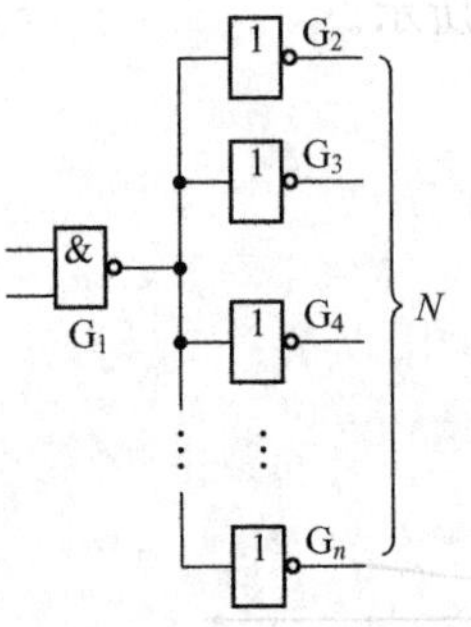

图 10-26 例 10-18 电路

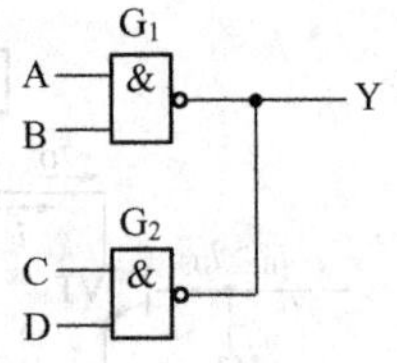

图 10-27 “线与”的逻辑图

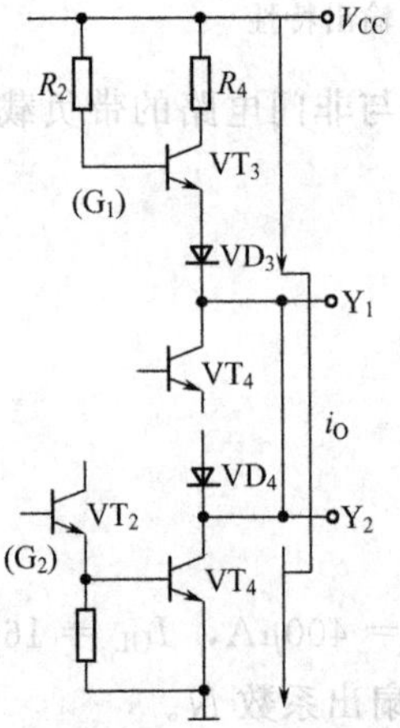

图 10-28 与非门的电路结构

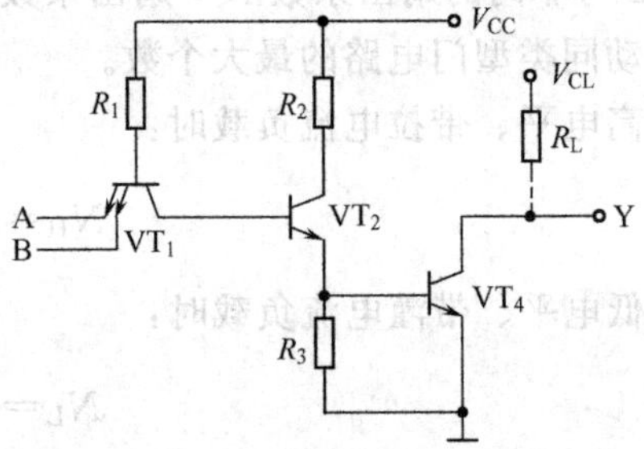

图 10-29 OC 门电路

和

$$Y=\begin{cases}\overline{A\cdot B} & (\overline{EN}=1)\\ Z & (\overline{EN}=0)\end{cases}$$

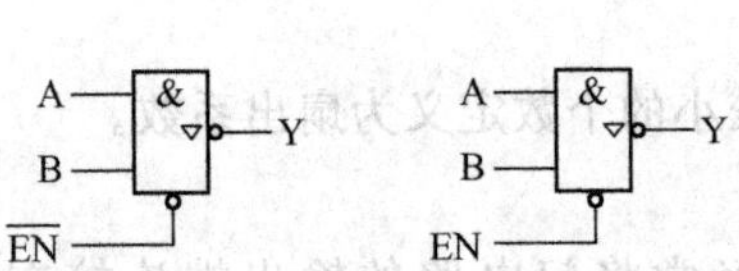

图 10-30 三态输出门的逻辑符号

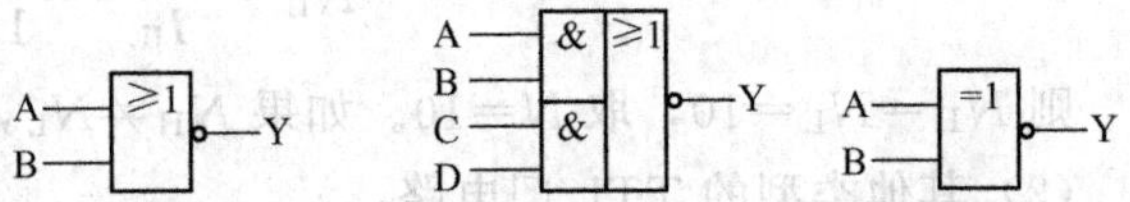

(a) 或非门 (b) 与或非门 (c) 异或门

图 10-31 逻辑符号

③ 或非门、与或非门和异或门 图 10-31 所示是 TTL 或非门、与或非门和异或门的逻辑符号。

④ TTL 集成电路系列 考虑到国际通用标准和我国的现行标准，根据不同的工作温度和电源，将 TTL 数字集成电路大体分为两大类：CT54 系列和 CT74 系列。

⑤ TTL 集合逻辑门的使用

a. 输出端的连接 除 OC 门以外，一般逻辑门的输出是不能“线与”连接的，也不能与电源或地短路。使用时，输出电压应小于手册上给出的最大值。三态门的输出端可以并联使用，但同一时刻只能有一个门工作。

b. 多余输入端的处理 TTL 集成门电路在使用时，多余的输入端一般不能悬空。为防止干扰，在保证输入正确逻辑电平的条件下，可将多余的输入端接高电平或低电平。

与门的多余输入端接高电平，或门的多余输入端接低电平。接高、低电平的方法可通过限流电阻接正电源或地，也可直接和地相连接。但要注意输入端所接的电阻不能过大，否则将改变输入逻辑状态。

(3) CMOS集成门电路

① CMOS反相器　图10-32(a)所示为CMOS反相器的原理图，其中VT_N是增强型NMOS管，VT_P是增强型PNOS管，两管的参数对称，且电压分别是：$U_{TN}=2V$，$U_{TP}=-2V$。两管的栅极相连作为输入端，漏极相连作为输出端。VT_P的源极接正电源V_{DD}，VT_N的源极接地。

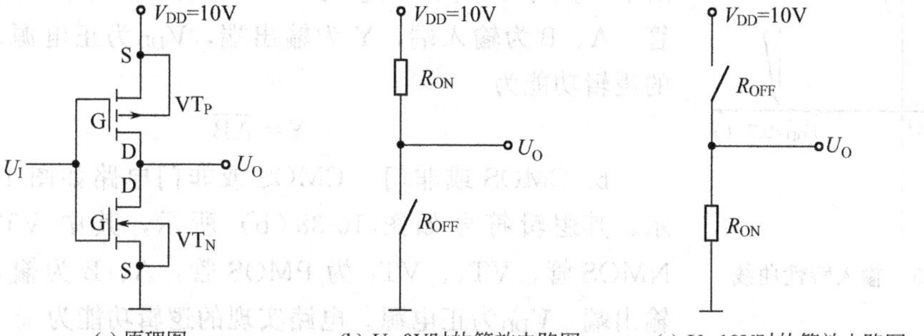

图10-32　CMOS反相器

② CMOS反相器的工作原理　其等效电路如图10-32(b)所示，此时的输出电压为

$$U_O \approx V_{DD}=10V\ (U_{OH})$$

当$U_I=U_{IH}=10V$时，$U_{GSN}=10V>U_{TN}=2V$，VT_N管导通，而$U_{GSP}=0V>U_{TP}=-2V$，则VT_P管截止，其等效电路如图10-32(c)图所示，此时的输出电压为

$$U_O=0V\ (U_{OL})$$

③ CMOS反相器的电气特性　由图10-32(b)和图10-32(c)可知，VT_N、VT_P具有相同的导通电阻和截止电阻(R_{ON}，R_{OFF})，则输出电压以输入电压的变化曲线为电压的传输特性。

a. CMOS反相器的电压传输特性　图10-33所示为CMOS反相器的电压传输特性曲线。

在特性曲线的CD段，由于$U_I \geqslant \frac{1}{2}V_{CC}$时，$VT_P$管截止，$VT_N$管导通，因此此时的输出电压为

$$U_O=U_{OL}=0V$$

b. CMOS反相器的电流转移特性　图10-34所示为CMOS反相器的电流转移特性。

c. CMOS反相器的输入和输出特性　由于存在保护电路，且MOS管的输入电阻较高($10^9\sim10^{14}\Omega$)，因此输入电流$I_I\approx0A$。输入特性曲线如图10-35所示。

图10-36(a)所示为CMOS反相器输出高电平，带拉电流负载。图10-36(b)所示为CMOS反相器输出低电平，带灌电流负载。图10-36(c)所示是CMOS反相器输出电压曲线。从曲线上看，CMOS反相器与TTL反相器相比较，带负载能力较差。

④ 其他功能的CMOS门电路

a. CMOS与非门　CMOS与非门电路如图10-37(a)所示，其逻辑符号如图10-37(b)

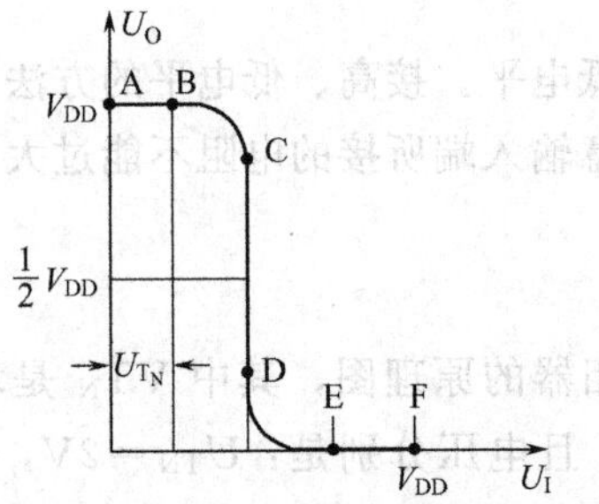

图 10-33 CMOS反相器的电压传输特性

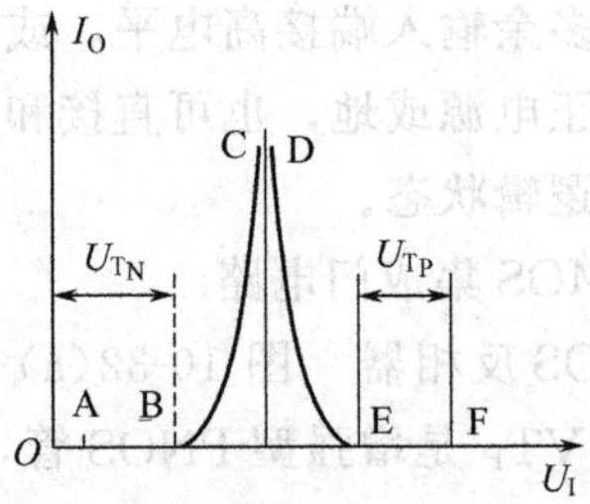

图 10-34 CMOS反相器的电流转移特性

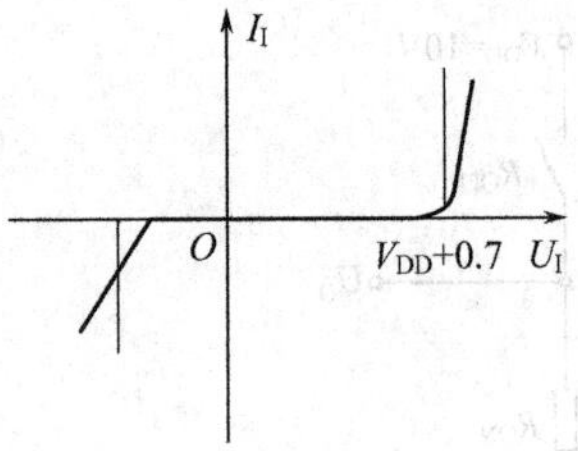

图 10-35 输入特性曲线

所示，其中 VT_1、VT_2 为 NMOS 管，VT_3、VT_4 为 PMOS 管，A、B 为输入端，Y 为输出端，V_{DD} 为正电源。电路实现的逻辑功能为

$$Y=\overline{AB}$$

b. CMOS 或非门 CMOS 或非门电路如图 10-38(a) 所示，其逻辑符号如图 10-38(b) 所示，其中 VT_1、VT_2 为 NMOS 管，VT_3、VT_4 为 PMOS 管，A、B 为输入端，Y 为输出端，V_{DD} 为正电源。电路实现的逻辑功能为

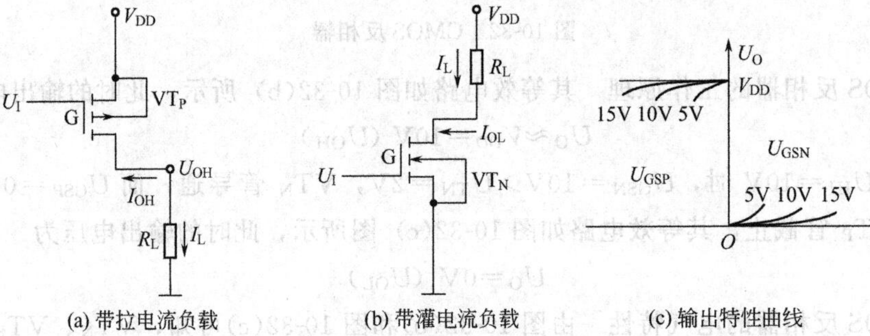

图 10-36 拉电流负载和灌电流负载及输出特性曲线

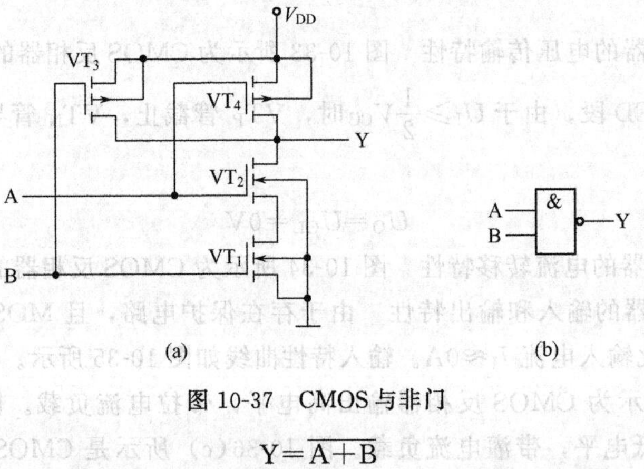

图 10-37 CMOS与非门

$$Y=\overline{A+B}$$

c. CMOS 传输门 CMOS 传输门又称为模拟开关，实质上是电压控制的无触点开关。图 10-39 所示是 CMOS 传输门电路图和逻辑符号。

图 10-40 所示为用传输门和反相器组成的双向模拟开关。

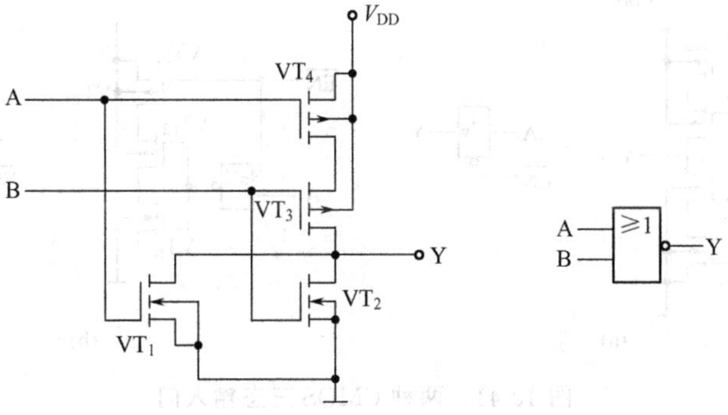

(a)　　　　　(b)

图 10-38　CMOS 或非门

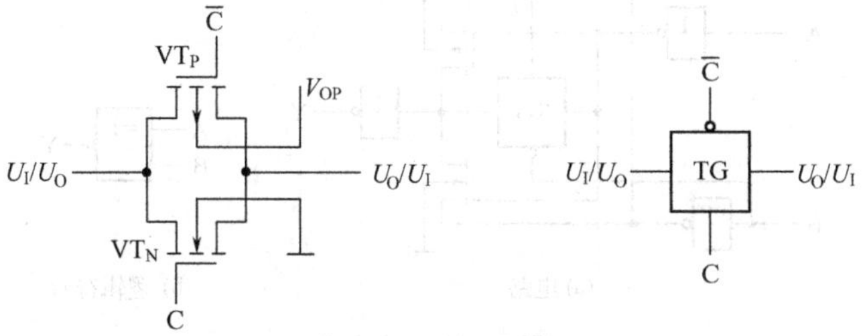

(a) 门电路图　　　　　(b) 逻辑符号

图 10-39　CMOS 传输门

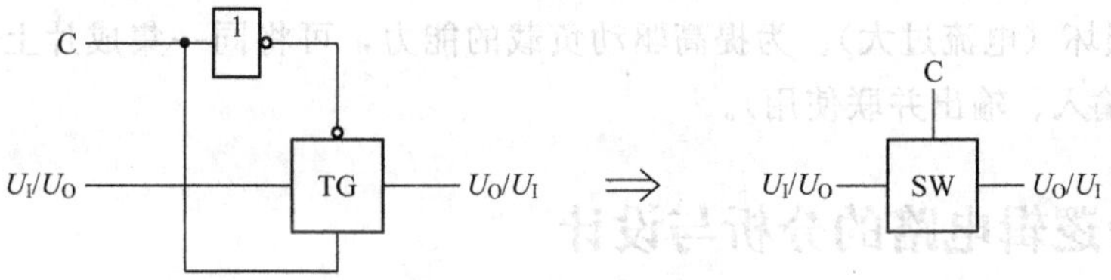

图 10-40　双向模拟开关

d. CMOS 三态门　从逻辑功能和应用的角度讲，三态输出的 CMOS 门电路和 TTL 电路中的三态门电路没有什么区别。在电路结构上，CMOS 的三态门电路要简单得多。图 10-41 所示为两种类型的 CMOS 三态输入门。

CMOS 三态门的逻辑表达式为

$$Y=\begin{cases}\overline{A} & (\overline{EN}=0)\\ Z & (\overline{EN}=1)\end{cases}$$

e. CMOS 异或门　CMOS 异或门是利用反相器和传输门电路组合而成的，能实现异或功能的电路。图10-42所示为异或门电路的结构和逻辑符号。

⑤ CMOS 集成门的正确使用

a. 电源电压　CMOS 集成门的电源极性不能接反，否则会造成电路的损坏。CMOS 集成门的电源电压值不能超限程，一般应适当选择高一些，这样有利于抗干扰。

b. 多余输入端的处理　多余的输入端不能悬空，否则易接受干扰信号。如果是与门或与非门，应将多余的输入端接高电平；如果是或门或或非门，应将多余的输入端接地或接低

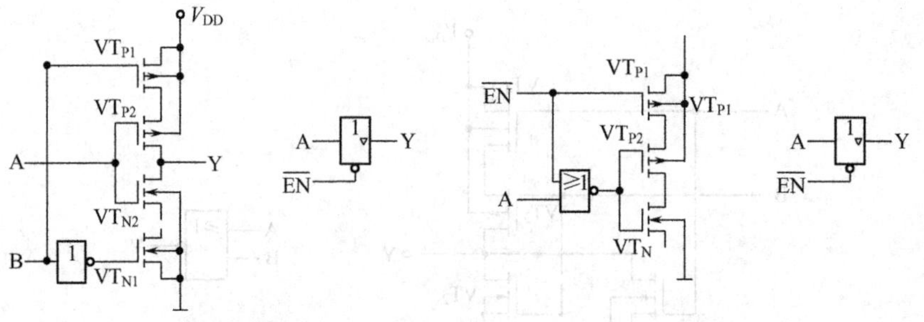

(a) (b)

图 10-41 两种 CMOS 三态输入门

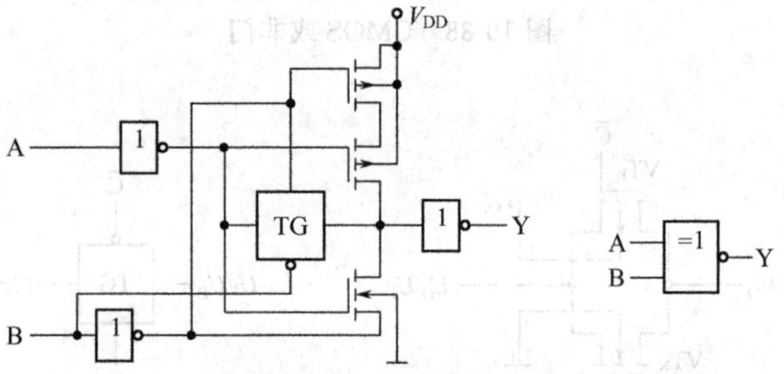

(a) 电路 (b) 逻辑符号

图 10-42 异或门

电平。多余的输入端一般不应与输入端并联使用。

c. 输出端的连接 输出端不允许与电源、地相连接，因为这样会将 CMOS 集成门输出级的 MOS 管损坏（电流过大）。为提高驱动负载的能力，可将同一集成片上的 CMOS 集成门并联使用（输入、输出并联使用）。

10.4 组合逻辑电路的分析与设计

10.4.1 组合逻辑电路

对于数字逻辑电路，当其任意时刻的稳定输出仅仅取决于该时刻的输入变量的取值，而与过去的输出状态无关，则称该电路为组合逻辑电路，简称组合电路。

10.4.2 组合逻辑电路逻辑功能表示方法

组合逻辑电路的逻辑功能是指输出变量与输入变量之间的函数关系，表示形式有输出函数表达式、逻辑电路图、真值表、卡诺图等。

10.4.3 组合逻辑电路分类

（1）按组合电路逻辑功能分类

常用的组合电路有加法器、数值比较器、编码器、译码器、数据选择器和数据分配器等。由于组合电路设计的功能可以是任意变化的，所以这里只给出基本功能分类。

（2）按照使用门电路类型分类

有 TTL、CMOS 等类型。

（3）按照门电路集成度分类

有小规模集成电路 SSI、中规模集成电路 MSI、大规模集成电路 LSI、超大规模集成电路 VLSI 等。

10.4.4　组合逻辑电路的分析方法

由给定的组合逻辑电路图通过一定的步骤推导出其功能的过程，称为组合逻辑电路的分析。

(1) 组合逻辑电路的分析步骤

下面是小规模集成组合电路的分析步骤：

① 根据给定的逻辑电路图分析电路有几个输入变量、输出变量，写出输出变量与输入变量的逻辑表达式，有若干个输出变量就要写若干个逻辑表达式；

② 对所写出的逻辑表达式进行化简，求出最简逻辑表达式；

③ 根据最简的逻辑表达式列出真值表；

④ 根据真值表说明组合电路的逻辑功能。

(2) 组合逻辑电路分析举例

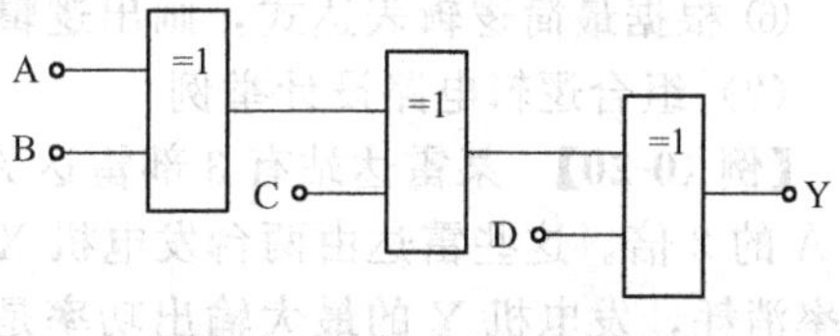

图 10-43　组合逻辑电路图

【例 10-19】 试分析图 10-43 所示组合电路的逻辑功能。

解　根据组合逻辑电路分析步骤：

① 图 10-43 有 4 个输入变量 A、B、C、D，一个输出变量 Y，根据图 10-43 写出 Y 的逻辑表达式：

$$Y = A \oplus B \oplus C \oplus D$$

② 由于 Y 的逻辑表达式不能再化简，所以直接进入第 3 步骤，列出 Y 与 A、B、C、D 关系的真值表，如表 10-20 所示。

表 10-20　例 10-19 真值表

A	B	C	D	Y
0	0	0	0	0
0	0	0	1	1
0	0	1	0	1
0	0	1	1	0
0	1	0	0	1
0	1	0	1	0
0	1	1	0	0
0	1	1	1	1
1	0	0	0	1
1	0	0	1	0
1	0	1	0	0
1	0	1	1	1
1	1	0	0	0
1	1	0	1	1
1	1	1	0	1
1	1	1	1	0

③ 根据真值表说明组合电路功能。从表 10-20 可以看出，当输入变量 A、B、C、D 中

奇数个变量为逻辑 1 时，输出变量 Y 等于 1，否则 Y 输出为 0，所以图 10-43 电路是输入奇数个 1 校验器。

10.4.5 组合逻辑电路设计

根据设计要求，设计出符合需要的组合逻辑电路，并画出组合逻辑电路图，这个过程称为组合逻辑电路的设计。下面从小规模组合逻辑电路出发，说明组合逻辑电路的设计步骤。

（1）组合逻辑电路设计步骤

① 根据设计要求，确定组合电路输入变量个数及输出变量个数。

② 确定输入变量、输出变量，并将输入变量两种输入状态与逻辑 0 或逻辑 1 对应，将输出变量两种输出状态与逻辑 0 或逻辑 1 对应。

③ 根据设计要求，列真值表。

④ 根据真值表写出各输出变量的逻辑表达式。

⑤ 对逻辑表达式进行化简，写出符合要求的最简的逻辑表达式。

⑥ 根据最简逻辑表达式，画出逻辑电路图。

（2）组合逻辑电路设计举例

【例 10-20】 某雷达站有 3 部雷达 A、B、C，其中 A 和 B 功率消耗相等，C 的消耗功率是 A 的 2 倍。这些雷达由两台发电机 X、Y 供电，发电机 X 的最大输出功率等于雷达 A 的功率消耗，发电机 Y 的最大输出功率是雷达 A 和 C 的功率消耗总和。要求设计一个组合逻辑电路，能够根据各雷达的启动、关闭信号，以最省电的方式开、停电机。

解 根据组合逻辑电路的设计步骤：

① 确定输入变量个数为 3 个，输出变量个数 2 个；

② 输入变量为 A、B、C，设定雷达启动状态为逻辑 1，雷达关闭为逻辑 0，输出变量为 X、Y，设定电机开状态为逻辑 1，关状态为逻辑 0；

③ 根据输入与输出变量的逻辑关系，列真值表 10-21；

表 10-21 例 10-20 真值表

A	B	C	X	Y
0	0	0	0	0
0	0	1	0	1
0	1	0	1	0
0	1	1	0	1
1	0	0	1	0
1	0	1	0	1
1	1	0	0	1
1	1	1	1	1

④ 根据真值表，直接画卡诺图进行化简，卡诺图如图 10-44 所示；

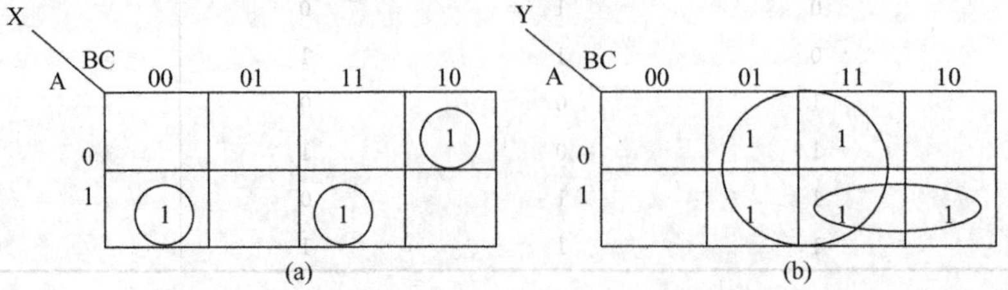

图 10-44 例 10-20 卡诺图

⑤ 写出最简表达式

$$X=\overline{A}B\overline{C}+A\overline{B}\overline{C}+ABC$$

$$Y=C+AB$$

⑥ 根据最简表达式画出逻辑电路图如图10-45所示。

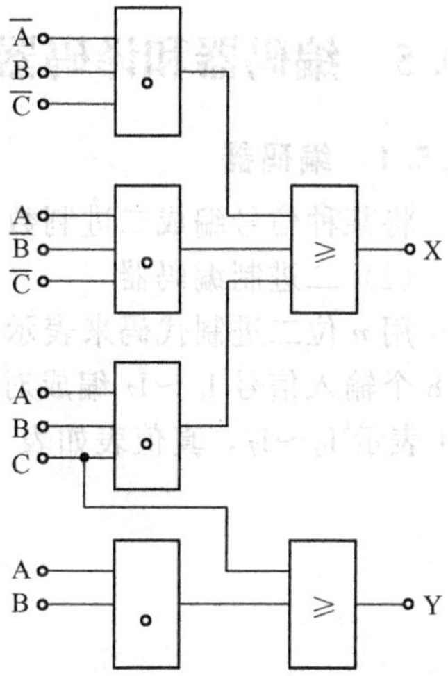

图10-45 例10-20设计的逻辑电路图

【例10-21】 设计一个表决电路，该电路有3个输入信号，输入信号有同意及不同意两种状态；当多数同意时，输出信号处于通过的状态，否则处于不通过状态，试用与非门设计该逻辑电路。

解 根据组合逻辑电路的设计步骤：

① 确定输入变量个数为3个，输出变量个数1个；

② 输入变量为A、B、C，设定输入同意状态为逻辑1，不同意为逻辑0，输出变量为Y，设定通过状态为逻辑1，不通过状态为逻辑0；

③ 根据输入与输出变量的逻辑关系，列真值表10-22；

表10-22 例10-21真值表

A	B	C	Y
0	0	0	0
0	0	1	0
0	1	0	0
0	1	1	1
1	0	0	0
1	0	1	1
1	1	0	1
1	1	1	1

④ 根据真值表，直接画卡诺图进行化简，卡诺图如图10-46所示；

⑤ 写出最简表达式

$$Y=AC+AB+BC=\overline{\overline{AB}\,\overline{BC}\,\overline{AC}}$$

⑥ 根据最简与非-与非表达式画出逻辑电路图如图10-47所示。

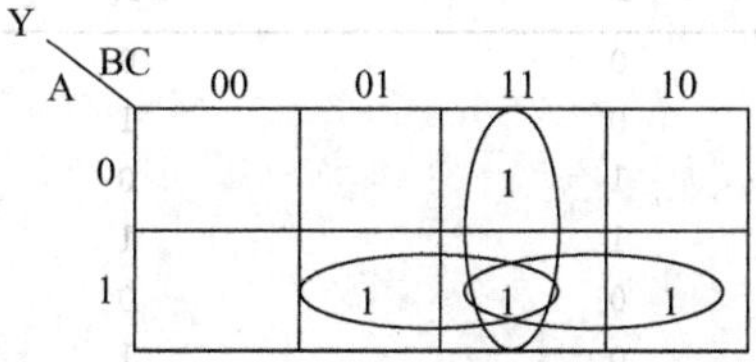

图10-46 例10-21卡诺图

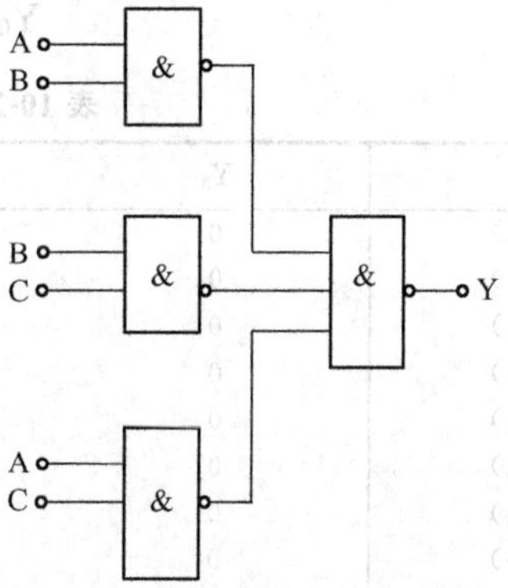

图10-47 例10-21设计的逻辑电路图

10.5 编码器和译码器

10.5.1 编码器

将某种信号编成二进制数码的逻辑电路称为编码器。

(1) 二进制编码器

用 n 位二进制代码来表示 $N=2^n$ 个信号的电路称为二进制编码器。3 位二进制编码器是把 8 个输入信号 $I_0 \sim I_7$ 编成对应的 3 位二进制代码输出，称为 8/3 线编码器。分别用 000～111 表示 $I_0 \sim I_7$，真值表如表 10-23 所示，逻辑表达式为：

$$Y_2 = I_4 + I_5 + I_6 + I_7 = \overline{\overline{I_4}\,\overline{I_5}\,\overline{I_6}\,\overline{I_7}}$$

$$Y_1 = I_2 + I_3 + I_6 + I_7 = \overline{\overline{I_2}\,\overline{I_3}\,\overline{I_6}\,\overline{I_7}}$$

$$Y_0 = I_1 + I_3 + I_5 + I_7 = \overline{\overline{I_1}\,\overline{I_3}\,\overline{I_5}\,\overline{I_7}}$$

表 10-23 3 位二进制编码器的编码表

输入	输出		
	Y_2	Y_1	Y_0
I_0	0	0	0
I_1	0	0	1
I_2	0	1	0
I_3	0	1	1
I_4	1	0	0
I_5	1	0	1
I_6	1	1	0
I_7	1	1	1

逻辑图如图 10-48 所示。

(2) 二-十进制编码器

将十进制的 10 个数码 0～9 编成二进制代码的逻辑电路称为二-十进制编码器，用于把 10 个输入信号 $I_0 \sim I_9$（代表十进制的 10 个数码 0～9）编成对应的 4 位二进制代码输出，称为 10/4 线编码器。常用的 8421 码编码器的真值表如表 10-24 所示，逻辑表达式为：

$$Y_3 = I_8 + I_9 = \overline{\overline{I_8}\,\overline{I_9}}$$

$$Y_2 = I_4 + I_5 + I_6 + I_7 = \overline{\overline{I_4}\,\overline{I_5}\,\overline{I_6}\,\overline{I_7}}$$

$$Y_1 = I_2 + I_3 + I_6 + I_7 = \overline{\overline{I_2}\,\overline{I_3}\,\overline{I_6}\,\overline{I_7}}$$

$$Y_0 = I_1 + I_3 + I_5 + I_7 + I_9 = \overline{\overline{I_1}\,\overline{I_3}\,\overline{I_5}\,\overline{I_7}\,\overline{I_9}}$$

表 10-24 8421 码编码器的真值表

I	Y_3	Y_2	Y_1	Y_0
0(I_0)	0	0	0	0
1(I_1)	0	0	0	1
2(I_2)	0	0	1	0
3(I_3)	0	0	1	1
4(I_4)	0	1	0	0
5(I_5)	0	1	0	1
6(I_6)	0	1	1	0
7(I_7)	0	1	1	1
8(I_8)	1	0	0	0
9(I_9)	1	0	0	1

逻辑图如图 10-49 所示。

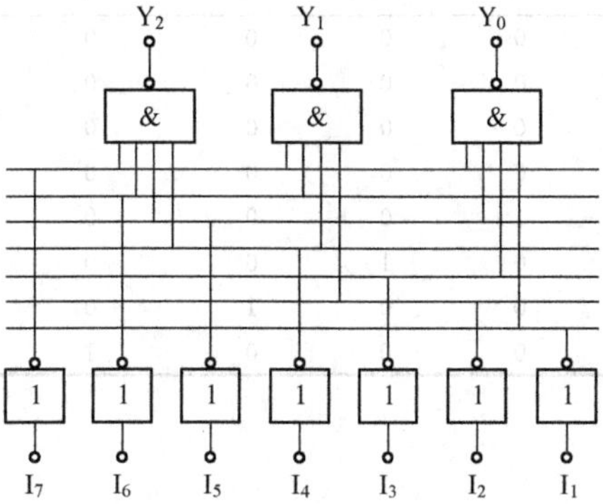

图 10-48　3 位二进制编码器的逻辑图

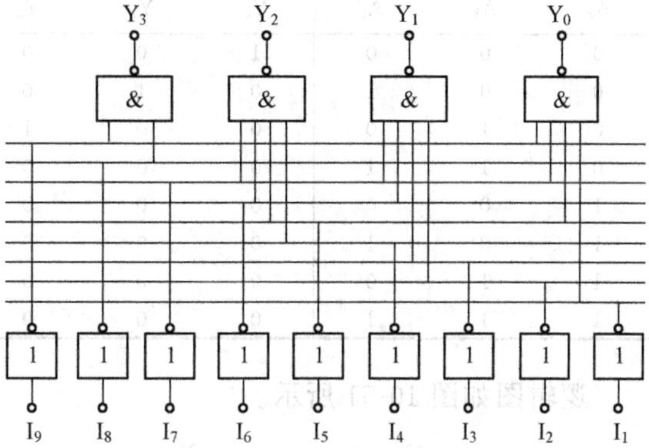

图 10-49　8421 码编码器的逻辑图

（3）优先编码器

能根据输入信号的优先级别进行编码的电路称为优先编码器。3 位二进制优先编码器的输入是 8 个要进行优先编码的信号 $I_0 \sim I_7$，设 I_7 的优先级别最高，I_6 次之，依此类推，I_0 最低，并分别用 000～111 表示 $I_0 \sim I_7$。真值表即优先编码表如表 10-25 所示，逻辑表达式为：

$$
\begin{aligned}
Y_2 &= I_7 + \overline{I}_7 I_6 + \overline{I}_7 \overline{I}_6 I_5 + \overline{I}_7 \overline{I}_6 \overline{I}_5 I_4 \\
&= I_7 + I_6 + I_5 + I_4 \\
Y_1 &= I_7 + \overline{I}_7 I_6 + \overline{I}_7 \overline{I}_6 \overline{I}_5 \overline{I}_4 I_3 + \overline{I}_7 \overline{I}_6 \overline{I}_5 \overline{I}_4 \overline{I}_3 I_2 \\
&= I_7 + I_6 + \overline{I}_5 \overline{I}_4 I_3 + \overline{I}_5 \overline{I}_4 I_2 \\
Y_0 &= I_7 + \overline{I}_7 \overline{I}_6 I_5 + \overline{I}_7 \overline{I}_6 \overline{I}_5 \overline{I}_4 I_3 + \overline{I}_7 \overline{I}_6 \overline{I}_5 \overline{I}_4 \overline{I}_3 \overline{I}_2 I_1 \\
&= I_7 + \overline{I}_6 I_5 + \overline{I}_6 \overline{I}_4 I_3 + \overline{I}_6 \overline{I}_4 \overline{I}_2 I_1
\end{aligned}
$$

表 10-25　3 位二进制优先编码表

I_7	I_6	I_5	I_4	I_3	I_2	I_1	I_0	Y_2	Y_1	Y_0
1	×	×	×	×	×	×	×	1	1	1
0	1	×	×	×	×	×	×	1	1	0
0	0	1	×	×	×	×	×	1	0	1
0	0	0	1	×	×	×	×	1	0	0
0	0	0	0	1	×	×	×	0	1	1
0	0	0	0	0	1	×	×	0	1	0
0	0	0	0	0	0	1	×	0	0	1
0	0	0	0	0	0	0	1	0	0	0

逻辑图如图 10-50 所示。

10.5.2　译码器

将输入的二进制代码翻译成输出信号以表示其原来含义的逻辑电路称为译码器。

（1）二进制译码器

二进制译码器将输入的 n 个二进制代码翻译成 $N=2^n$ 个信号输出，又称为变量译码器。3 位二进制译码器代码输入的是 3 位二进制代码 $A_2A_1A_0$，输出是 8 个译码信号 $Y_0 \sim Y_7$，真值表如表 10-26 所示，逻辑表达式为：

$$
\begin{aligned}
Y_0 &= \overline{A}_2 \overline{A}_1 \overline{A}_0 \qquad & Y_1 &= \overline{A}_2 \overline{A}_1 A_0 \\
Y_2 &= \overline{A}_2 A_1 \overline{A}_0 \qquad & Y_3 &= \overline{A}_2 A_1 A_0 \\
Y_4 &= A_2 \overline{A}_1 \overline{A}_0 \qquad & Y_5 &= A_2 \overline{A}_1 A_0 \\
Y_6 &= A_2 A_1 \overline{A}_0 \qquad & Y_7 &= A_2 A_1 A_0
\end{aligned}
$$

表 10-26 3位二进制译码器的真值表

A_2	A_1	A_0	Y_0	Y_1	Y_2	Y_3	Y_4	Y_5	Y_6	Y_7
0	0	0	1	0	0	0	0	0	0	0
0	0	1	0	1	0	0	0	0	0	0
0	1	0	0	0	1	0	0	0	0	0
0	1	1	0	0	0	1	0	0	0	0
1	0	0	0	0	0	0	1	0	0	0
1	0	1	0	0	0	0	0	1	0	0
1	1	0	0	0	0	0	0	0	1	0
1	1	1	0	0	0	0	0	0	0	1

逻辑图如图 10-51 所示。

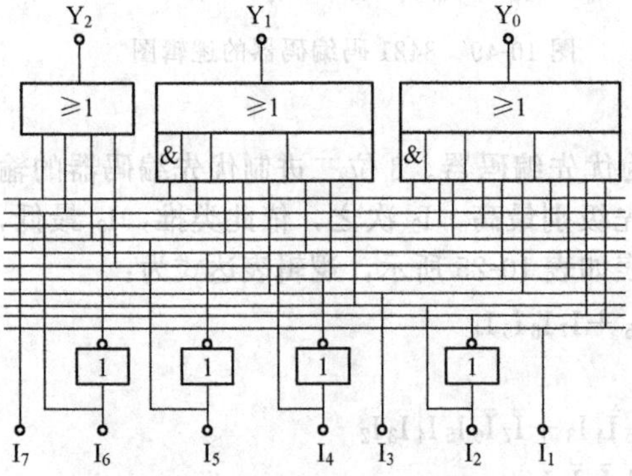

图 10-50 3位二进制优先编码器

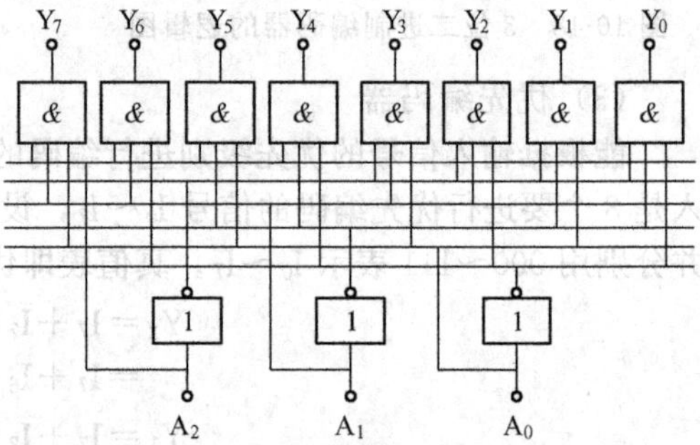

图 10-51 3位二进制译码器

集成二进制译码器和门电路配合可实现逻辑函数，其方法是：首先将函数值为1时输入变量的各种取值组合表示成与或表达式，其中每个与项必须包含函数的全部变量，每个变量都以原变量或反变量的形式出现且仅出现一次，由于集成二进制译码器大多输出为低电平有效，所以还需将与或表达式转换为与非表达式，最后按照与非表达式在二进制译码器后面接上相应的与非门即可。

(2) 二-十进制译码器

把二进制代码翻译成10个十进制数字信号的电路称为二-十进制译码器，其输入是十进制数的4位二进制编码 $A_3 \sim A_0$，输出的是与10个十进制数字相对应的10个信号 $Y_9 \sim Y_0$。8421码译码器的真值表如表 10-27 所示，逻辑表达式分别为：

$$Y_0 = \overline{A_3}\,\overline{A_2}\,\overline{A_1}\,\overline{A_0} \qquad Y_1 = \overline{A_3}\,\overline{A_2}\,\overline{A_1}\,A_0$$

$$Y_2 = \overline{A_3}\,\overline{A_2}\,A_1\,\overline{A_0} \qquad Y_3 = \overline{A_3}\,\overline{A_2}\,A_1\,A_0$$

$$Y_4 = \overline{A_3}\,A_2\,\overline{A_1}\,\overline{A_0} \qquad Y_5 = \overline{A_3}\,A_2\,\overline{A_1}\,A_0$$

$$Y_6 = \overline{A_3}\,A_2\,A_1\,\overline{A_0} \qquad Y_7 = \overline{A_3}\,A_2\,A_1\,A_0$$

$$Y_8 = A_3\,\overline{A_2}\,\overline{A_1}\,\overline{A_0} \qquad Y_9 = A_3\,\overline{A_2}\,\overline{A_1}\,A_0$$

表 10-27 8421码译码器的真值表

A_3	A_2	A_1	A_0	Y_9	Y_8	Y_7	Y_6	Y_5	Y_4	Y_3	Y_2	Y_1	Y_0
0	0	0	0	0	0	0	0	0	0	0	0	0	1
0	0	0	1	0	0	0	0	0	0	0	0	1	0
0	0	1	0	0	0	0	0	0	0	0	1	0	0
0	0	1	1	0	0	0	0	0	0	1	0	0	0
0	1	0	0	0	0	0	0	0	1	0	0	0	0

续表

A_3	A_2	A_1	A_0	Y_9	Y_8	Y_7	Y_6	Y_5	Y_4	Y_3	Y_2	Y_1	Y_0
0	1	0	1	0	0	0	0	1	0	0	0	0	0
0	1	1	0	0	0	0	1	0	0	0	0	0	0
0	1	1	1	0	0	1	0	0	0	0	0	0	0
1	0	0	0	0	1	0	0	0	0	0	0	0	0
1	0	0	1	1	0	0	0	0	0	0	0	0	0

逻辑图如图 10-52 所示。

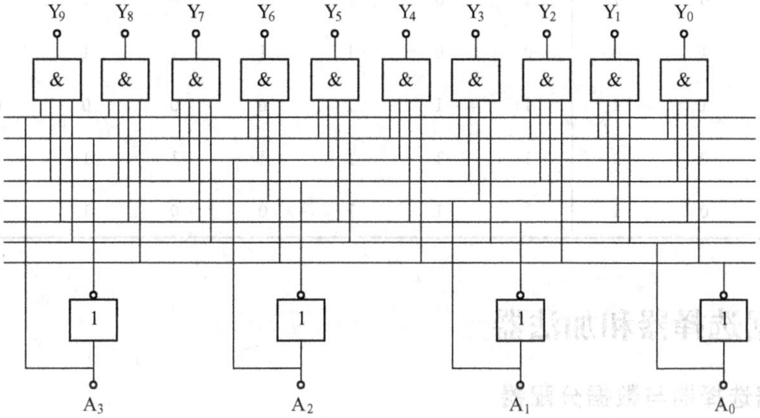

图 10-52　8421 码译码器的逻辑图

(3) 显示译码器

7 段 LED 数码显示器是将要显示的十进制数码分成 7 段，每段为一个发光二极管，利用不同发光段的组合来显示不同的数字，有共阴极和共阳极两种接法，如图 10-53 所示。发光二极管 a～g 用于显示十进制的 10 个数字 0～9，h 用于显示小数点。对于共阴极的显示器，某一段接高电平时发光；对于共阳极的显示器，某一段接低电平时发光。使用时每个二极管要串联一个约 100Ω 的限流电阻。

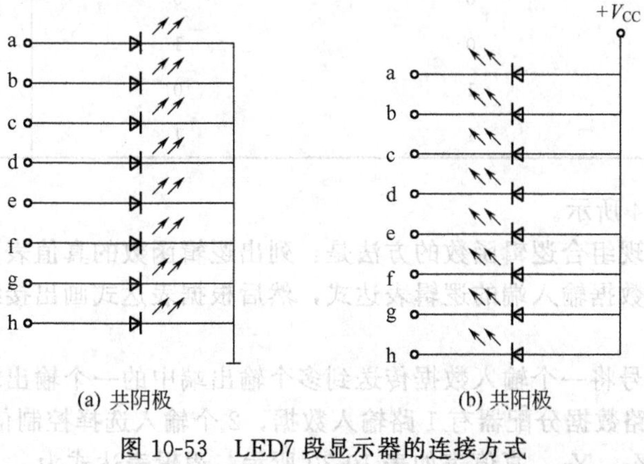

图 10-53　LED7 段显示器的连接方式

驱动共阴极的 7 段发光二极管的二-十进制译码器，设 4 个输入 A_3～A_0 采用 8421 码，真值表如表 10-28 所示。

表 10-28 7 段显示译码器的真值表

A_3	A_2	A_1	A_0	a	b	c	d	e	f	g	显示字形
0	0	0	0	1	1	1	1	1	1	0	0
0	0	0	1	0	1	1	0	0	0	0	1
0	0	1	0	1	1	0	1	1	0	1	2
0	0	1	1	1	1	1	1	0	0	1	3
0	1	0	0	0	1	1	0	0	1	1	4
0	1	0	1	1	0	1	1	0	1	1	5
0	1	1	0	0	0	1	1	1	1	1	6
0	1	1	1	1	1	1	0	0	0	0	7
1	0	0	0	1	1	1	1	1	1	1	8
1	0	0	1	1	1	1	0	0	1	1	9

10.6 数据选择器和加法器

10.6.1 数据选择器与数据分配器

(1) 数据选择器

根据选择控制信号，从多路数据中任意选出所需要的一路数据作为输出的逻辑电路，称为数据选择器。4 选 1 数据选择器有 4 个输入数据 D_0、D_1、D_2、D_3，2 个选择控制信号 A_1 和 A_0，1 个输出信号 Y，真值表如表 10-29 所示，逻辑表达式为：

$$Y=D_0\overline{A_1}\,\overline{A_0}+D_1\overline{A_1}\,A_0+D_2A_1\overline{A_0}+D_3A_1A_0$$

表 10-29 4 选 1 数据选择器的真值表

D	A_1	A_0	Y
D_0	0	0	D_0
D_1	0	1	D_1
D_2	1	0	D_2
D_3	1	1	D_3

逻辑图如图 10-54 所示。

用数据选择器实现组合逻辑函数的方法是：列出逻辑函数的真值表后与数据选择器的真值表对照，即可得出数据输入端的逻辑表达式，然后根据表达式画出接线图。

(2) 数据分配器

根据选择控制信号将一个输入数据传送到多个输出端中的一个输出端的逻辑电路，称为数据分配器。1 路-4 路数据分配器有 1 路输入数据，2 个输入选择控制信号 A_1、A_0，4 个数据输出端 Y_0、Y_1、Y_2、Y_3，真值表如表 10-30 所示，逻辑表达式为：

$$Y_0=D\overline{A_1}\,\overline{A_0}\qquad Y_1=D\overline{A_1}\,A_0$$

$$Y_2=DA_1\overline{A_0}\qquad Y_3=DA_1A_0$$

表 10-30　1 路-4 路数据分配器的真值表

A_1	A_0	Y_0	Y_1	Y_2	Y_3
0	0	D	0	0	0
0	1	0	D	0	0
1	0	0	0	D	0
1	1	0	0	0	D

逻辑图如图 10-55 示。

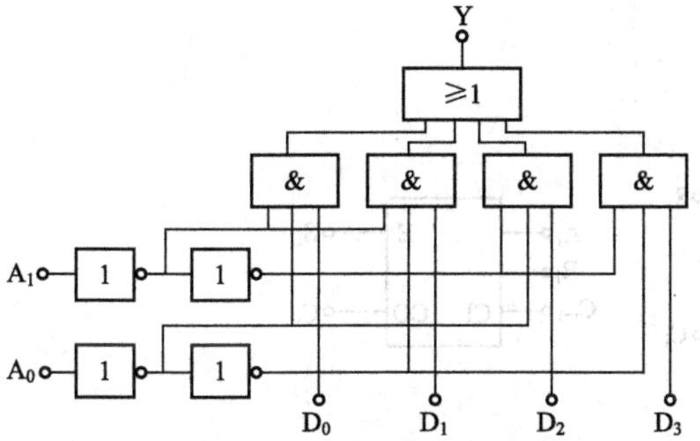

图 10-54　4 选 1 数据选择器

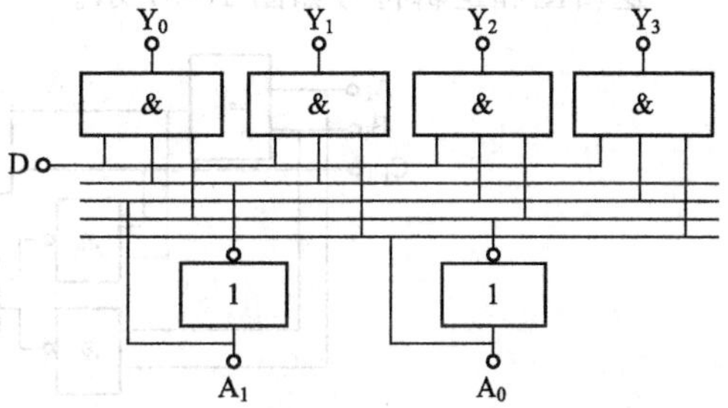

图 10-55　1 路-4 路数据分配器的逻辑图

10.6.2　加法器

能实现二进制加法运算的逻辑电路称为加法器。

① 半加器　能对两个 1 位二进制数相加而求得和及进位的逻辑电路，称为半加器。半加器的真值表如表 10-31 示，逻辑表达式为：

$$S_i = \overline{A}_i B_i + A_i \overline{B}_i = A_i \oplus B_i$$

$$C_i = A_i B_i$$

表 10-31　半加器的真值表

A_i	B_i	S_i	C_i
0	0	0	0
0	1	1	0
1	0	1	0
1	1	0	1

逻辑图和逻辑符号如图 10-56 示。

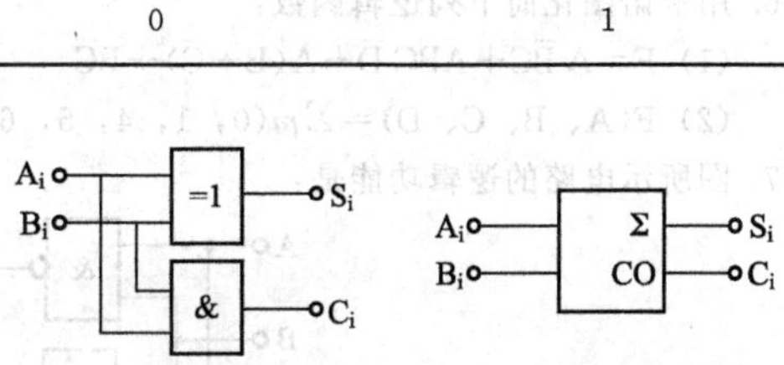

(a) 半加器的逻辑图　(b) 半加器的逻辑符号

图 10-56　半加器的逻辑图和逻辑符号

② 全加器　对两个 1 位二进制数相加并考虑低位来的进位，即相当于 3 个 1 位二进制数相加，求得和及进位的逻辑电路，称为全加器。全加器的真值表如表 10-32 示，逻辑表达式为：

$$S_i = \overline{A}_i \overline{B}_i C_{i-1} + \overline{A}_i B_i \overline{C}_{i-1} + A_i \overline{B}_i \overline{C}_{i-1} + A_i B_i C_{i-1} = A_i \oplus B_i \oplus C_{i-1}$$

$$C_i = \overline{A}_i B_i C_{i-1} + A_i \overline{B}_i C_{i-1} + A_i B_i \overline{C}_{i-1} + A_i B_i C_{i-1} = (A_i \oplus B_i)(C_{i-1} + A_i B_i)$$

表 10-32 全加器的真值表

A_i	B_i	C_{i-1}	S_i	C_i
0	0	0	0	0
0	0	1	1	0
0	1	0	1	0
0	1	1	0	1
1	0	0	1	0
1	0	1	0	1
1	1	0	0	1
1	1	1	1	1

逻辑图和逻辑符号如图 10-57 示。

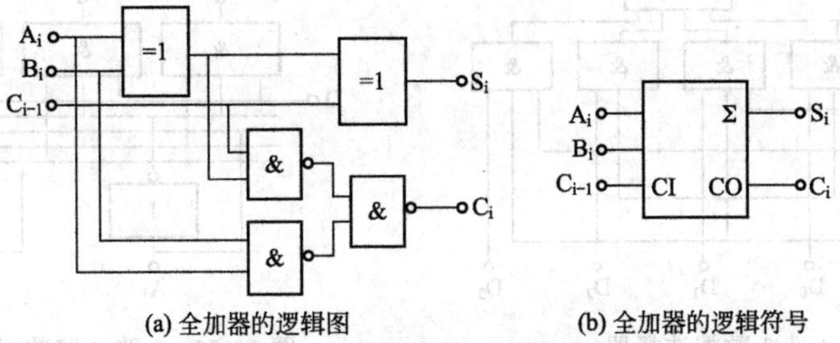

图 10-57 全加器的逻辑图和逻辑符号

习 题 10

10-1.（1）将下面的一组十进制数转换成二进制数：

①56 ②74 ③23 ④19 ⑤89 ⑥68

（2）将下面的二进制数转换成十进制数和十六进制数：

①10110011 ②10100101 ③11101001 ④10011110 ⑤10000101

⑥11000101 ⑦11101110 ⑧10001100

10-2. 完成下列数制的转换：

（1）$(256)_{10}=(\quad)_2=(100)_{16}$

（2）$(B7)_{16}=(\quad)_2=(\quad)_{10}$

（3）$(10110001)_2=(\quad)_{16}=(\quad)_8$

10-3. 用真值表证明$\overline{A\cdot B}=\overline{A}+\overline{B}$。

10-4. 将 $F=A\overline{B}+\overline{A}(B\overline{C}+\overline{B}C)$ 写成为最小项表达式。

10-5. 将 $F=AB\overline{C}+\overline{A}BC+AC$ 化为最简与或式。

10-6. 用卡诺图化简下列逻辑函数：

（1）$F=A\overline{B}C+ABC\overline{D}+A(B+\overline{C})+BC$

（2）$F(A、B、C、D)=\sum m(0，1，4，5，6，12，13)=\overline{A}\,\overline{C}+B\overline{C}+\overline{A}B\overline{D}$

10-7. 图所示电路的逻辑功能是：

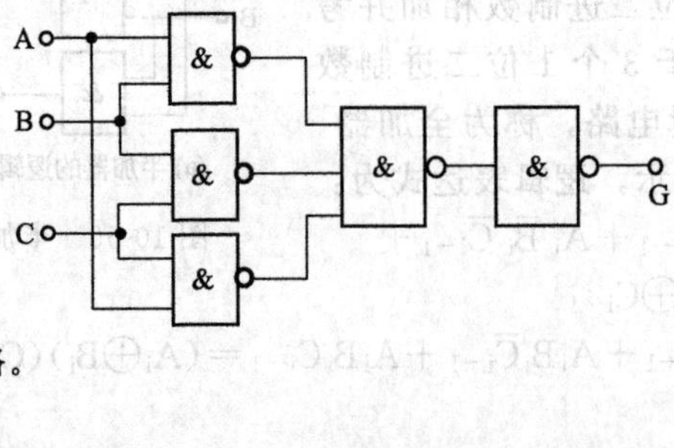

10-8. 设计一个三变量判奇电路。

第 11 章　触发器和时序电路

11.1　触发器

11.1.1　基本 RS 触发器

（1）电路结构

由两个与非门作正反馈闭环连接而成的，即由两个与非门交叉直接耦合而成的。如图 11-1 所示。它有两个输出端，一个标为 Q，另一个标为$\overline{Q}$。在正常情况下，这两个输出端总是逻辑互补的，即一个为 0 时另一个为 1。有两个输入端$\overline{R}$和$\overline{S}$，是用来加入触发信号的端子。“R”和“S”文字符号上面的“非线”符号，表明这种触发器输入信号为低电平有效。

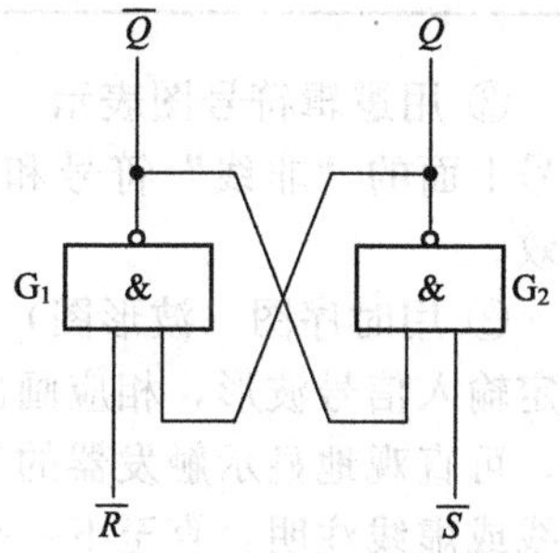

图 11-1　与非门组成的基本 RS 触发器

（2）基本工作原理

① 具有两个稳定的状态。规定以 Q 输出端的状态为触发器的状态。如 $Q=1$（$\overline{Q}=0$）时称触发器为 1 状态，$Q=0$（$\overline{Q}=1$）时称触发器为 0 状态。

分析图 11-1 电路，在接通电源后，如果$\overline{R}$和$\overline{S}$端均未加低电平，$\overline{R}=\overline{S}=1$，此时触发器若处于 1 状态，那么这个状态是稳定的。因为 $Q=1$，门 G_1 入端必然全 1，$\overline{Q}$一定为 0，门 G_2 入端有 0，$Q=1$ 是稳定的，这时$\overline{Q}=0$ 也是稳定的。如果触发器处于 0 态，那么这个状态在输入端不加低电平信号时也是稳定的，因为 $Q=0$，门 G_1 入端有 0，$\overline{Q}$一定为 1，门 G_2 入端全 1，所以 $Q=0$，$\overline{Q}=1$ 都是稳定的。这说明触发器在未接受低电平输入信号时，一定处于两个状态的一个状态，无论处于哪个状态都是稳定的，所以说触发器具有两个稳态。

② 在输入低电平信号作用下，触发器可以从一个稳态转换到另一个稳态。

若触发器的原始稳定状态（称为初态）Q 为 1，那么当$\overline{R}=0$，$\overline{S}=1$ 时，门 G_1 因入端有 0 而使$\overline{Q}$由 0 变 1，使门 G_2 入端变为全 1，Q 必然由 1 翻转为 0，此时 G_1 的入端为全 0，$\overline{Q}=1$，则 G_2 的入端为全 1，Q 保持 0 不变，触发器处于稳定状态。由此可知，若触发器的初态 Q 为 0，那么当$\overline{R}=0$，$\overline{S}=1$ 时，触发器 Q 保持 0 态不变。若触发器的初态 Q 为 0，那么当$\overline{R}=1$，$\overline{S}=0$ 时，门 G_2 因入端有 0 而使 Q 由 0 变 1，使门 G_1 入端变为全 1，$\overline{Q}$必然由 1 翻转为 0，此时 G_2 的入端为全 0，$Q=1$，则 G_1 的入端为全 1，$\overline{Q}$保持 0 不变，触发器处于稳定状态，即触发器从 0 态翻转到了 1 态。同理，若触发器的初态为 1，那么当$\overline{R}=1$，$\overline{S}=0$ 时，触发器 Q 保持 1 态不变。这里应当注意：当电路进入新的稳定状态后，即使撤消了在$\overline{R}$端或$\overline{S}$所加的低电平输入信号，使$\overline{R}=\overline{S}=1$，触发器翻转后的状态也能够稳定地保持，因此$\overline{R}$被称为置 0 端或复位端（Reset），$\overline{S}$被称为置 1 端或置位端（Set）。根据触发器具有两个稳态并能在适当信号触发下翻转的性质，顾名思义其全称为“双稳态触发器”。

（3）逻辑功能的表示方法

① 用真值表表示　图 11-1 所示的基本 RS 触发器的真值表列于表 11-1 中。从对触发器

性质的分析，不难得出：当$\overline{S}=\overline{R}=1$时，触发器保持原状态不变，称为保持功能；$\overline{S}=1$，$\overline{R}=0$时，触发器置0，称置0功能；当$\overline{S}=0$，$\overline{R}=1$时，触发器置1，称置1功能。当$\overline{S}=\overline{R}=0$时，这是触发器的失效状态。因为此时$Q=\overline{Q}=1$，破坏了$Q$和$\overline{Q}$的逻辑互补性，而且在$\overline{S}$和$\overline{R}$的低电平信号同时撤消后，$Q$和$\overline{Q}$不停地从1翻转为0，从0翻转为1，直到置0端和置1端有信号输入，所以称为不定状态。在实际使用时应避免这种情况。

表 11-1 用与非门组成的基本 RS 触发器的真值表

$\overline{S}$	$\overline{R}$	Q	$\overline{Q}$	功能说明
1	1	不	变	保持(记忆)
1	0	0	1	置“0”
0	1	1	0	置“1”
0	0	1	1	失效

② 用逻辑符号图表示 图11-1所示电路的逻辑符号如图11-2所示。“R”和“S”文字符号上面的“非线”符号和输入端上的“小圆圈”，都表明这种触发器输入信号为低电平有效。

③ 用时序图（波形图）来描述 一般先设初始状态Q为0（也可以设为1），然后根据给定输入信号波形，相应画出输出端Q的波形，如图11-3举例所示。这种波形图称为时序图，可直观地显示触发器的工作情况。在画波形图时，如遇到触发器处于失效状态，可用斜实线或虚线注明，直至下一个有效低电平的出现为止。

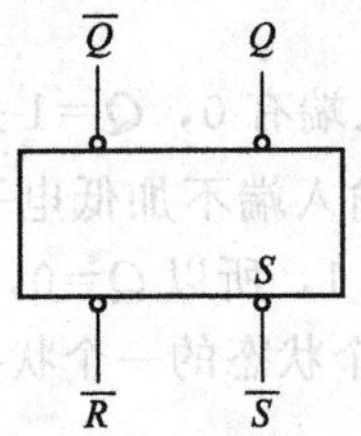

图 11-2 需要负脉冲触发的基本 RS触发器的逻辑图

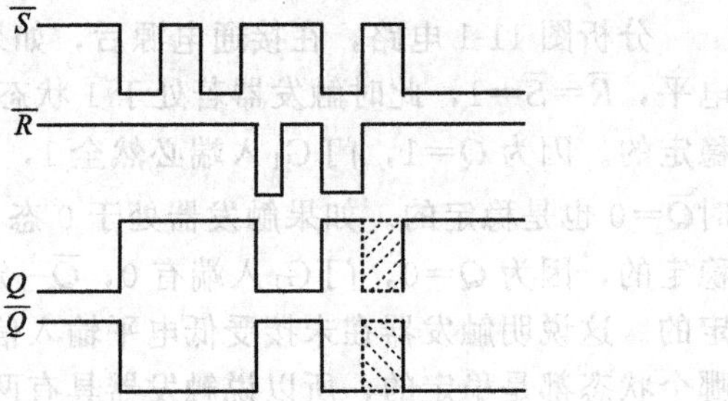

图 11-3 基本 RS 触发器波形图举例

11.1.2 同步触发器

(1) 同步RS触发器

① 电路组成及逻辑符号 它是由基本RS触发器和用来引入R、S及时钟脉冲CP的两个与非门而构成的，如图11-4所示。

② 逻辑功能分析 时钟触发器的动作时间是由时钟脉冲CP控制的。

a. 初态 规定CP作用前触发器的原状态称为初态，用Q^n表示。

b. 次态 CP作用后触发器的新状态称为次态，用Q^{n+1}表示。

分析图11-4电路可知，在$CP=0$期间，$\overline{R}=\overline{S}=1$，触发器不动作。在$CP=1$期间，$R$和$S$端的信号经倒相后被引导到基本RS触发器的输入端$\overline{R}$端和$\overline{S}$端。在$CP$作用下，新状态$Q^{n+1}$是输入信号$R$和$S$及原状态$Q^n$的函数，即$Q^{n+1}=F(R, S, Q^n)$。

时钟触发器逻辑功能除仍使用真值表（特性表）、符号图、时序图（波形图）表示以外，还可用特性方程、状态转换图（或转换表）来表示。

a. 真值表 同步RS触发器的真值表如表11-2所示，其功能与基本RS触发器相同，但

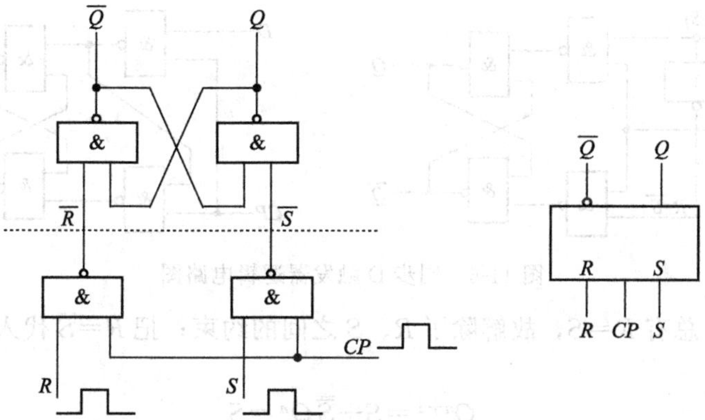

图 11-4　同步 RS 触发器的电路图和符号图

只能在 CP 到来时状态才能翻转。

表 11-2　同步 RS 触发器的真值表

脉冲 CP	输入 S	输入 R	初态 Q^n	次态 Q^{n+1}	功能说明 Q^{n+1}
0	×	×	0	0	Q^n
0	×	×	1	1	(保持)
1	0	0	0	0	Q^n
1	0	0	1	1	(保持)
1	0	1	0	0	0
1	0	1	1	0	(置 0)
1	1	0	0	1	1
1	1	0	1	1	(置 1)
1	1	1	0	不定	×
1	1	1	1	不定	

b. 特性方程　由表 11-2 可知，其真值表内容与基本 RS 触发器的真值表相似。现将 Q^{n+1} 作为输出变量，把 S、R 和 Q^n 作为输入变量，经化简后可得出特性方程为

$$\begin{cases} Q^{n+1}=S+\overline{R}Q^n \\ S\cdot R=0 \text{（约束条件）} \end{cases}$$

式中，$S\cdot R=0$ 是指不允许将 S 和 R 同时取为 1，所以称为约束条件。

c. 状态转换图　将触发器两个稳态 0 和 1 用两个圆圈表示，用箭头表示由现态到次态的转换方向，在箭头旁边用文字符号及其相应信号表示实现转换所必备的输入条件，这种图称为状态转换图。其实，它与真值表是统一的，是真值表的直观形象表示。同步 RS 触发器的状态转换图如图 11-5 所示。

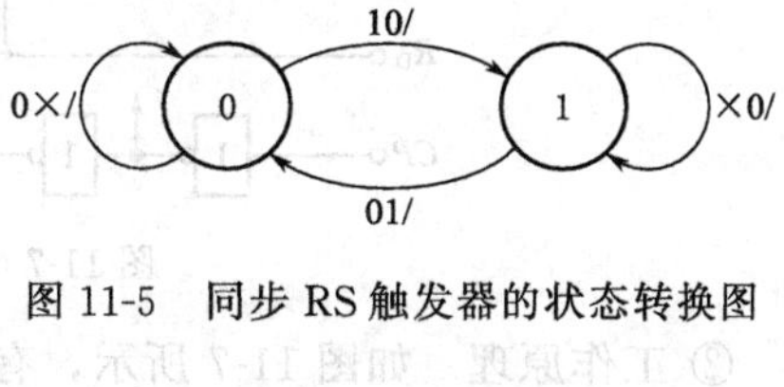

图 11-5　同步 RS 触发器的状态转换图

(2) 同步 D 触发器

同步 D 触发器逻辑电路如图 11-6 所示。

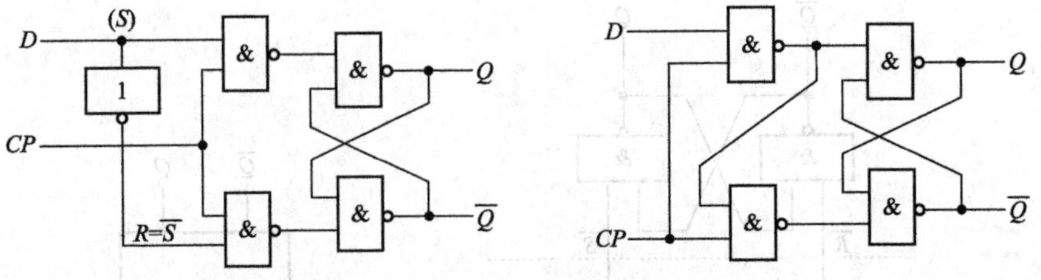

图 11-6 同步D触发器逻辑电路图

$CP=1$ 期间，总有 $R=S$，故解除了 R、S 之间的约束；把 $R=\overline{S}$ 代入同步RS触发器的特性方程：

$$Q^{n+1}=S+\overline{\overline{S}}Q^n=S$$

把原来的 S 端改称 D，可得D触发器的特性方程：

$$Q^{n+1}=D \quad (CP=1\text{有效})$$

其功能是：D 的状态确定之后，在 CP 的操作下，Q 端的状态随之被确定为与 D 相同的状态。或者说在 CP 的作用下，Q 的状态总与 D 相同，但比 D 信号的确定晚一段时间。D触发器也可以由与或非门构成。D触发器不存在约束，但 $CP=1$ 期间，输入仍直接控制输出。

11.1.3 时钟脉冲边沿触发的触发器

(1) 主从CMOS边沿D触发器

① 电路结构及符号 图11-7给出了CMOS主从型D触发器的等效逻辑图。它包含主触发器和从触发器两大部分及其控制门。其中，主触发器由或非门 G_1、G_2 和传输门 TG_2 组成；从触发器由或非门 G_3、G_4 和传输门 TG_4 组成；传输门 TG_1 和 TG_3 分别是输入和主、从触发器之间的控制门，传输门由两个互补的时钟信号 c 和 $\bar{c}$ 控制。R_D、S_D 为异步（或称直接）复位和置位端，高电平有效，它与 CP 和 D 的状态无关。D 为数据（信号）输入端，Q 和 $\overline{Q}$ 为输出端。由于 D 为信号输入端，故称D触发器。

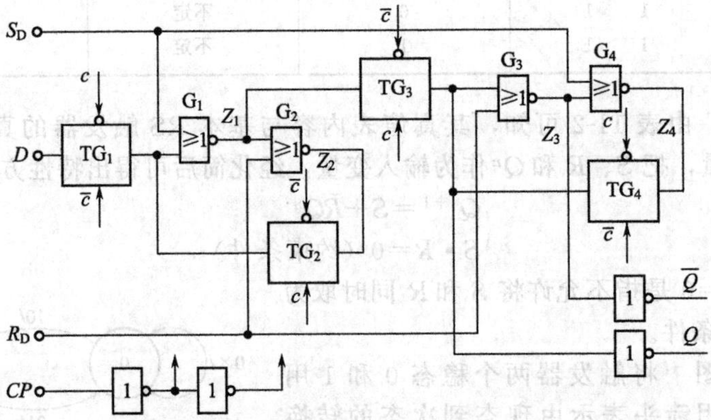

图 11-7 主从CMOS边沿D触发器

② 工作原理 如图11-7所示，有两种传输门，TG_1 与 TG_4 相同，TG_2 与 TG_3 相同。现以 TG_1 和 TG_3 为例来说明传输门的功能。TG_1 表示 $c=0$，$\bar{c}=1$ 时传输门导通，TG_3 表示 $c=1$，$\bar{c}=0$ 时传输门导通。

现在分析当 $R_D=S_D=0$ 时的工作情况。

$CP=0$ 时，$\bar{c}=1$，$c=0$，TG_1、TG_4 导通，TG_2、TG_3 截止，主、从触发器之间由 TG_1

接收输入信号 D，使 $Z_1=\overline{D}$，$Z_2=D$，即 Z_1 和 Z_2 随 D 的状态变化，使信号锁存于主触发器；从触发器通过 TG_4 闭环反馈自锁，保持原来 Q 的状态。

$CP=1$ 时，$\overline{C}=0$，$C=1$，TG_1、TG_4 截止，TG_2、TG_3 导通，输入通道被封锁，主触发器是通过 TG_2 保持 CP 上升沿到来前的一瞬间所接收的 D 信号，而从触发器 Q 的状态根据 Z_1 的状态更新。即 $Q=\overline{Z_1}=D$，因此它具有边沿触发器的特性，这类触发器被称为主从型边沿 D 触发器。

③ 逻辑功能　由对图 11-7 的分析可知，D 触发器具有锁存数据的功能，又有置 0、置 1 的功能。对于 D 触发器来说，在 CP 上升沿到来之前瞬间 $D=0$，则当 CP 上升为 1 时触发器的次态 Q^{n+1} 为 0，如果 $D=1$，则次态 Q^{n+1} 为 1。所以 D 触发器的特性方程为 $Q^{n+1}=D$。

D 触发器的真值表如表 11-3 所示，其状态转换图如图 11-8 所示。

表 11-3　D 触发器的真值表

D	Q^n	Q^{n+1}	说明
0 0	0 1	0 0	置 0
1 1	0 1	1 1	置 1

(2) 下降沿触发的 JK 触发器

JK 触发器的符号如图 11-9 所示，是下降沿触发的 JK 触发器（即在 CP 脉冲的下降沿，触发器开始动作，其他时间触发器处于保持状态）。

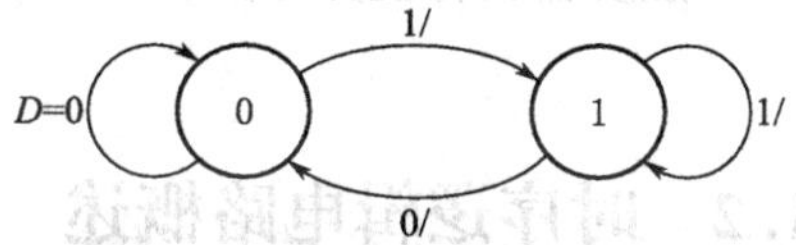

图 11-8　D 触发器的状态转换图

图中的 $\overline{S_D}$ 为异步置 1 端，$\overline{R_D}$ 为异步置 0 端，当 CP 脉冲处于下降沿的瞬时，触发器的状态 $Q^{n+1}=J\overline{Q^n}+\overline{K}Q^n$，上式也就是 JK 触发器的特性方程，对其他结构的 JK 触发器也普遍适用。CP 连线处的小圆圈表示下降沿触发，如果没有小圆圈，则是上升沿触发（在其他触发器中同样如此）。

根据 JK 触发器的特性方程可以得到其真值表和状态转换图，见表 11-4 与图 11-10。

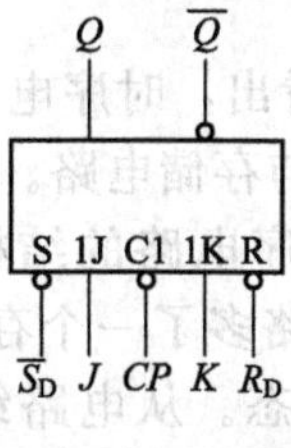

图 11-9　下降沿触发的 JK 触发器符号图

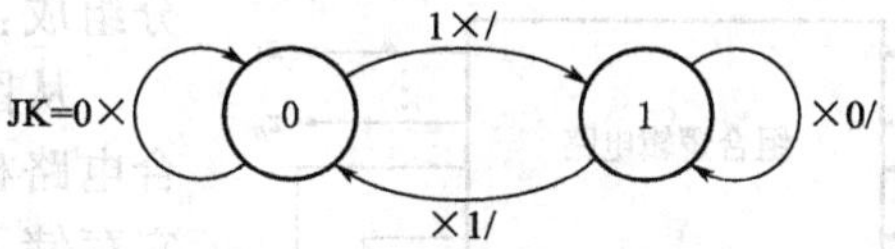

图 11-10　JK 触发器的状态转换图

表 11-4　JK 触发器的真值表

CP	J　K	Q^n	Q^{n+1}	功能说明
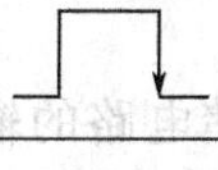	0　0 0　0	0 1	0 1	保持
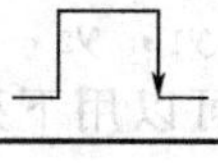	0　1 0　1	0 1	0 0	置 0

续表

CP	J K	Q^n	Q^{n+1}	功能说明
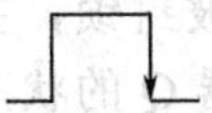	1 0 1 0	0 1	1 1	置1
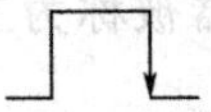	1 1 1 1	0 1	1 0	翻转

11.1.4 T触发器和T′触发器

在 CP 脉冲的作用下，根据输入信号 T 的不同（T 为1或为0），凡是具有保持和翻转功能的触发器电路都称为T触发器。

T触发器的特性方程为：

$$Q^{n+1}=T\overline{Q^n}+\overline{T}Q^n=T\oplus Q^n$$

对于T触发器来说，当 $T=0$ 时触发器保持原状态不变，当 $T=1$ 时，触发器将随 CP 脉冲发生翻转，具有计数功能。对比T和JK触发器的特性方程可知，当JK触发器取 $J=K=T$，就可实现T触发器功能。

在T触发器基础上如果固定 $T=1$，那么每来一个 CP 脉冲，触发器状态都将翻转一次，构成计数工作状态，这就是T′触发器。

T′触发器其特性方程为：

$$Q^{n+1}=\overline{Q^n}$$

11.2 时序逻辑电路概述

时序逻辑电路与组合逻辑电路相比，其最大的特点在于具有记忆功能。准确地说，组合逻辑电路在任一时刻的稳定输出仅与该时刻输入信号的取值组合有关；而时序逻辑电路的输出不仅与该时刻的输入信号取值组合有关，而且与该时刻之前电路自身的状态有关。

在上一节介绍触发器时，实际上已经了解了一些时序电路的基本特点，因为触发器实际上就是最简单的时序电路，是时序电路的基本单元。

11.2.1 时序逻辑电路的一般模型

图11-11所示为时序逻辑电路的基本结构框图。从图中可以看出，时序电路主要由两部分组成：组合逻辑电路与存储电路。

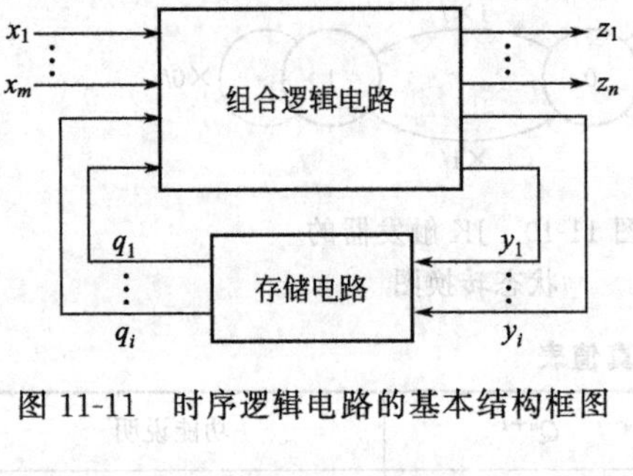

图11-11 时序逻辑电路的基本结构框图

从图中可以看出时序电路的结构特点，与组合电路相比较，时序电路多了一个存储电路部分，它存储了电路自身的状态。从电路结构上可以看出，时序电路还具有一个信号反馈通道，由存储电路储存的电路状态可以通过反馈通道进入组合逻辑电路的输入端，进而对整个电路的输出状态产生影响。所谓记忆功能就是靠这部分电路实现的，这部分电路也是时序电路与组合电路的主要区别所在。

在图11-11中，x_1，x_2，…，x_m 是外部输入信号；q_1，q_2，…，q_i 是存储电路的输出状态，同时也是组合逻辑电路的内部输入；z_1，z_2，…，z_n 是外部输出信号；y_1，y_2，…，y_i 是存储电路的激励信号，也是组合逻辑电路的内部输出。它们之间的关系可以用下列3

个向量方程来表示：

$$Z(t_n)=F[X(t_n),Q(t_0)] \tag{11-1}$$

$$Q(t_{n+1})=G[Y(t_n),Q(t_0)] \tag{11-2}$$

$$Y(t_n)=H[X(t_n),Q(t_n)] \tag{11-3}$$

上述表达式中，t_n、t_{n+1} 表示两个相邻的时间，电路在 t_n 时刻的状态称为现态，在 t_{n+1} 时刻的状态称为次态。其中式（11-1）称为输出方程，式（11-2）称为状态方程，式（11-3）称为驱动方程或激励方程。这些方程的具体使用方法将结合后续的时序电路分析与设计内容进行讨论。

11.2.2　时序逻辑电路的一般分类

根据时序电路中存储单元（触发器）状态变化的特点，可以把时序电路划分为同步时序电路与异步时序电路。在同步时序电路中，电路中只存在一个统一的公共时钟脉冲信号，所有触发器的状态更新都是在同一时钟脉冲控制下同时发生的，即电路的状态变化是同步进行的。而异步时序电路中，并非所有触发器的状态更新都是同时发生的，电路的状态变化是异步进行的，可能有一部分触发器使用公共的时钟脉冲，另一部分触发器不使用公共的时钟脉冲，甚至在某些异步时序电路中根本就不存在公共的时钟脉冲。

在异步时序电路中，根据输入信号的特点，又可以将异步时序电路分为脉冲型与电位型。

时序电路按照输出信号的特点分为米利（Mealy）型与摩尔（Moore）型。米利型时序电路的输出不仅与电路的现态有关，而且与电路当前的输入有关。而摩尔型电路的输出仅取决于电路的现态，而与电路当前的输入无关。

此外，根据逻辑功能的不同，时序电路可以分为计数器、寄存器、顺序脉冲发生器和随机存储器等；根据结构及制造工艺的不同，可以分为双极型电路与 MOS 型电路。

11.2.3　时序逻辑电路功能表示方法

时序电路的逻辑功能可以用逻辑图、逻辑函数表达式、状态表、卡诺图、状态图和时序图等 6 种方法来表示。其中的一些表示方法与组合电路的逻辑功能表示方法类似，但是也有其自身比较明显的特点。这 6 种表示方法在本质上是相通的，可以互相转换。

（1）逻辑函数表达式

时序电路的逻辑函数表达式与组合电路的逻辑函数表达式相比，在形式上非常相似，但内容要复杂得多。时序电路一套完整的逻辑函数表达式，往往包含输出方程、状态方程和驱动方程，如式（11-1）、式（11-2）和式（11-3），其中的状态方程和驱动方程是时序电路所特有的，状态方程表示的是时序电路中的触发器的次态与触发器的现态及输入信号之间的关系，而驱动方程反映的是触发器的输入信号变化的规律。

（2）状态表

状态表又称为状态转换表，其形式与真值表相似，在状态表的左侧列举了输入信号的所有可能取值以及电路中触发器现态的所有可能取值组合，在状态表右侧则包含了组合逻辑输出以及电路中触发器的次态。状态表的每一行代表了一次状态转换，表示电路的状态从表左侧的现态转换到表右侧的次态。列状态表时可以先在状态表的左侧将输入信号与现态的可能组合全部列出来，然后分别逐个代入输出方程和状态方程进行计算，计算出电路的组合逻辑输出与次态。这个过程同时也完成了逻辑函数表达式与状态表的转换。

（3）状态图

状态图又称为状态转换图，是时序电路所特有的逻辑表示方式。它以图形的形式表示时序电路的状态变化，以圆圈将时序电路的每个可能的状态圈起来，依据状态表所列的现态与次态的关系，在各个状态之间用带箭头的转移连线表示状态的变化方向，必要时还应该在转移连线旁列出状态转换的输入条件与输出信号。

(4) 卡诺图、时序图与逻辑图

时序电路的卡诺图与组合电路的卡诺图形式由真值表转换所得是完全一样的，时序电路的卡诺图是由状态表转换得到的，两者在转换过程中使用的方法与规则是完全相同的。

所谓时序图又称为波形图，它是以信号波形变化的形式来表示输入、输出信号之间的关系。时序电路的波形图可以反映出电路的输出状态与时钟脉冲、输入信号之间的时序关系，故又称为时序图。

逻辑图则是以各种逻辑符号按照逻辑函数表达式规定的逻辑关系连接起来所构成的图形，可以方便地转化为电路图。时序电路逻辑图的画法与组合电路逻辑图的画法相同，只是电路中的基本单元更多地采用触发器而不是门电路。

11.2.4 同步时序逻辑电路的分析

所谓时序电路的分析就是按照一定的方法，求出给定时序电路的逻辑关系，并对它的逻辑功能进行描述。本节将讨论同步时序逻辑电路的分析方法，并通过实例加以说明。

同步时序电路的分析，具体就是对给定的电路通过一定的方法，求出它的状态表、状态图或时序图，并以此确定具逻辑功能及工作特点。一般说来有以下几个步骤。

(1) 写方程式

仔细观察给定的逻辑图，并根据给定的逻辑图写出电路的输出方程与各触发器的驱动方程。所谓输出方程是指时序电路的组合逻辑输出的逻辑函数表达式，驱动方程就是各触发器输入信号的逻辑函数表达式。

(2) 求状态方程

将上一步求得的驱动方程代入各触发器的特性方程，即可得出电路的状态方程。

(3) 列状态表并计算

首先画出一个空的状态表的表格，在表格的左侧按照二进制的递增顺序，把输入信号与电路各触发器现态所有可能的取值组合全部列出，然后将所有数据逐一代入状态方程与输出方程，计算出时序电路的次态与组合逻辑输出的值，并将之按顺序列于状态表的右侧，将状态表完成。

(4) 画出状态图与时序图

将电路的所有状态列于图上，按照前面计算出来的状态表，用带箭头的转移连线将所有状态连接起来。注意，每一条转移连线对应状态表的一行，箭头所指状态为状态表右边所列的电路次态，箭尾所连状态为状态表左侧所列电路现态。如有输入输出条件，应同时列于转移连线旁，注意在斜线上方列出输入信号取值，斜线下方列出输出信号值。所有状态连接完成后，应对状态图稍加整理，以使图形看起来整洁美观。

如果有必要，应根据状态图所列的状态变化画出时序图。画时序图时应该注意各触发器的触发边沿是上升沿还是下降沿，注意时间上的先后关系一定不能搞错。

(5) 逻辑功能说明

通过对所得到的状态表、状态图及时序图进行分析，判断电路的逻辑功能与工作特点，并做出简要的文字说明。

以上步骤只是同步时序电路的一个通用分析步骤，对于不同的时序电路与要求，读者可以根据具体要求与自身的熟悉程度决定取舍。

11.2.5　同步时序逻辑电路分析举例

下面通过两个具体的实例说明同步时序电路的分析方法。

【例 11-1】 时序电路如图 11-12 所示，分析其功能。

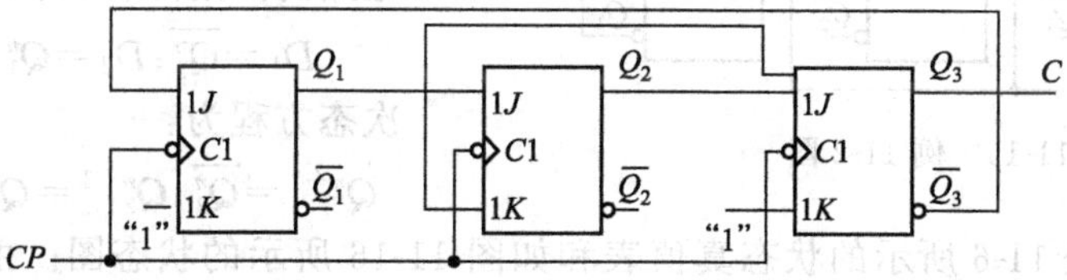

图 11-12　例 11-1 图

解　该电路为同步时序电路。

从电路图得到每一级的激励方程如下：

$$J_1=\overline{Q_3^n}\qquad K_1=1$$
$$J_2=\overline{Q_1^n}\qquad K_2=Q_1^n$$
$$J_3=Q_1^nQ_2^n\quad K_3=1$$

其次态方程为：

$$Q_1^{n+1}=\overline{Q_3^n}\,\overline{Q_1^n}$$
$$Q_2^{n+1}=Q_1^n\overline{Q_2^n}+\overline{Q_1^n}Q_2^n$$
$$Q_3^{n+1}=Q_1^nQ_2^n\,\overline{Q_3^n}$$
$$C=Q_3^n$$

根据方程可得出状态迁移表，如表 11-5 所示，再由表得状态迁移图，如图 11-13 所示。由此得出该计数器为五进制递增计数器，具有自校正能力（又称自启动能力）。

表 11-5　例 11-1 状态表

Q_3^n	Q_2^n	Q_1^n	Q_3^{n+1}	Q_2^{n+1}	Q_1^{n+1}	C
0	0	0	0	0	1	0
0	0	1	0	1	0	0
0	1	0	0	1	1	0
0	1	1	1	0	0	0
1	0	0	0	0	0	1
1	0	1	0	1	0	0
1	1	0	0	1	0	0
1	1	1	0	0	0	0

所谓自启动能力，是指当电源合上后，无论处于何种状态，均能自动进入有效计数循环，否则称其无自启动能力。

该电路的波形图如图 11-14 所示。

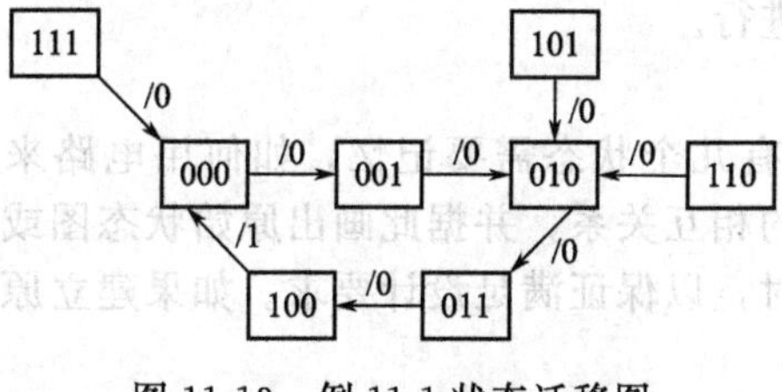

图 11-13　例 11-1 状态迁移图

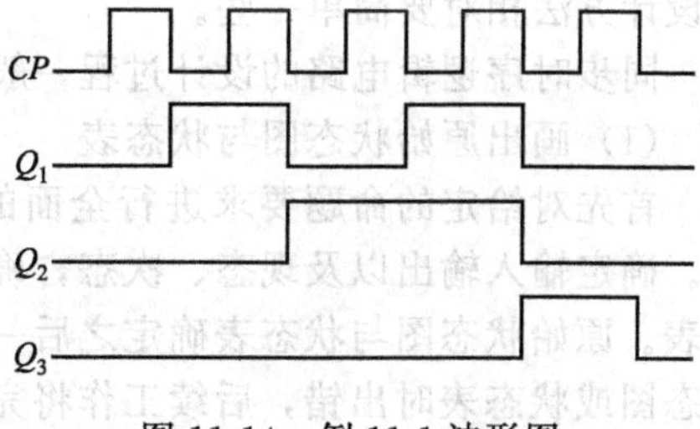

图 11-14　例 11-1 波形图

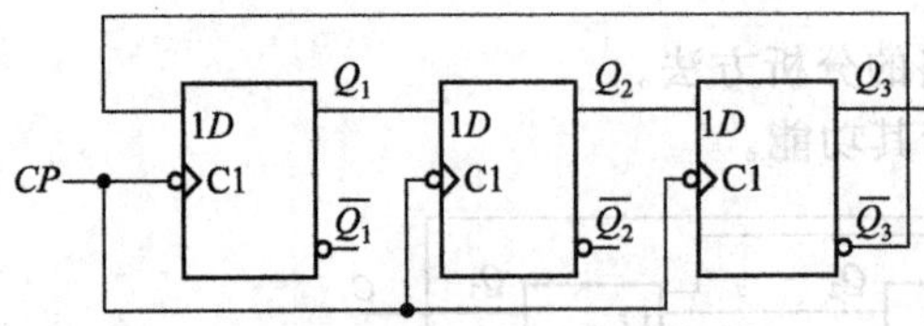

图 11-15 例 11-2 图

【例 11-2】 时序电路如图 11-15 所示，试分析其功能。

解 该电路仍为同步时序电路。

电路的激励方程为：

$$D_1=\overline{Q_3^n};D_2=Q_1^n;D_3=Q_2^n$$

次态方程为：

$$Q_1^{n+1}=\overline{Q_3^n};Q_2^{n+1}=Q_1^n;Q_3^{n+1}=Q_2^n$$

由此得出如表 11-6 所示的状态真值表和如图 11-16 所示的状态图。由状态迁移图可看出该电路为六进制计数器，又称为六分频电路，且无自启动能力。

表 11-6 例 11-2 状态真值表

Q_1^n	Q_2^n	Q_3^n	Q_1^{n+1}	Q_2^{n+1}	Q_3^{n+1}
0	0	0	1	0	0
0	0	1	0	0	0
0	1	0	1	0	1
0	1	1	0	0	1
1	0	0	1	1	0
1	0	1	0	1	0
1	1	0	1	1	1
1	1	1	0	1	1

所谓分频电路，是指可将输入的高频信号变为低频信号输出的电路。六分频是指输出信号的频率为输入信号频率的 1/6，即

$$f_o=\frac{1}{6}f_{CP}$$

所以有时又称计数器为分频器。其波形图如图 11-17 所示。

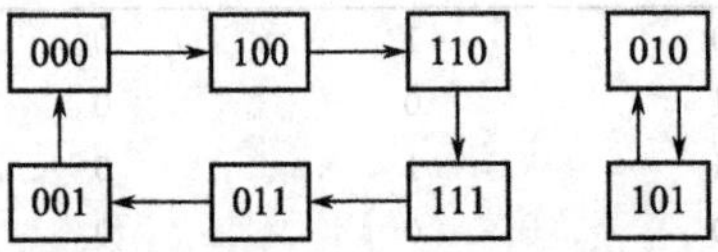

图 11-16 例 11-2 状态迁移图

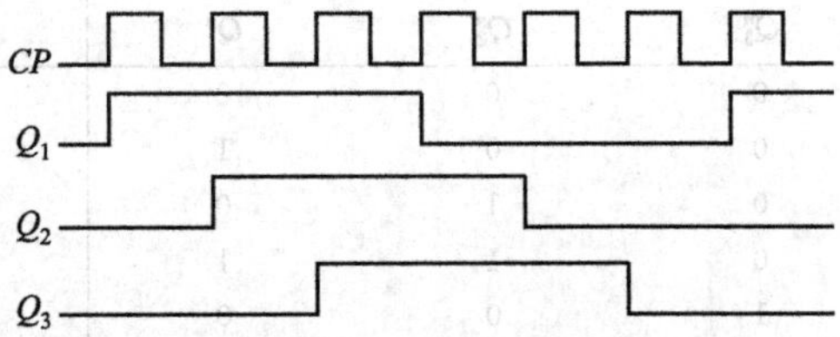

图 11-17 例 11-2 波形图

11.2.6 同步时序逻辑电路的设计

时序电路的设计是时序电路分析的逆过程，但它比时序电路分析过程复杂，它需要根据给定的逻辑功能画出可以实现该功能的时序逻辑图。对于同步时序电路，各触发器共用一个时钟信号，在这里时钟脉冲仅起同步控制作用，在设计的时候不作为一个输入信号对待，所以设计方法相对要简单一些。

同步时序逻辑电路的设计过程一般按如下步骤进行。

(1) 画出原始状态图与状态表

首先对给定的命题要求进行全面的分析，明确有几个状态需要记忆，如何用电路来实现。确定输入输出以及现态、次态，确定它们之间的相互关系，并据此画出原始状态图或状态表。原始状态图与状态表确定之后一定要反复核对，以保证满足设计要求。如果建立原始状态图或状态表时出错，后续工作将完全失去意义。

（2）进行状态化简

在初步建立的原始状态图与状态表中，常常包含有多余的状态。而状态数目越多，意味着电路中需要使用的触发器的数目将越多，使设计成本上升。因此，在满足设计要求的前提下，要通过状态化简，去除多余状态，使电路结构最简。

在原始状态图中，凡输入、输出条件相同，即将转换到的次态也相同的状态，就可以合并为一个状态。把所有多余状态都合并之后，得到的状态图就是最简状态图。

（3）进行状态分配

状态分配又称为状态编码或状态赋值，就是给最简状态图中的每一个状态指定一个二进制编码，并用这些编码去代替最简原始状态图中的原始状态，得到一个二进制编码的状态图。

首先按照化简后的状态数 N 确定触发器的数目 n，必须满足 2H 多种。确定触发器的数目之后，就可以确定所有状态的二进制编码了，并将原始状态图转化为二进制编码的状态图，然后根据所得的二进制编码状态图画出状态表。

在确定二进制编码的方案时，可以选择的方案是很多的。选择不同的方案，最后设计出的电路繁简程度也大不同。在完成设计要求的前提下，最简单的电路设计就是最佳方案。但最佳方案的获取并没有一定之规，需要多练习，以获取一定的经验，在仔细研究、反复比较之后，方可得出最佳设计方案。

（4）求状态方程与输出方程，并检查能否自启动

根据状态表，用逻辑代数的公式或卡诺图化简的方法，求出各触发器的状态方程和输出方程。对于存在无效状态的逻辑设计，则需要将无效状态的值代入状态方程与输出方程，以检验设计的电路是否可以自启动。对于不能自启动的电路，则需要修改设计，以使电路能够自启动。

（5）求驱动方程

求出状态方程与输出方程后，需要选择特性方程与求出的大多数状态方程的形式接近的触发器，来实现逻辑设计。这样可以使后面求出的驱动方程较为简单，最终达到简化电路设计的目的。

根据所选触发器的类型，写出该型触发器的特性方程，与相近似的形式进行比较，从而求出各触发器的驱动方程。

（6）画逻辑电路图

根据所得到的驱动方程与输出方程，直接画出所设计电路的逻辑图。

一般情况下，时序电路的设计比组合电路要复杂。这里只讨论同步时序电路的设计。

下面通过举例说明设计的全过程及其步骤。

【例 11-3】 设计一个中型数据检测器，该电路具有一个输入端 x 和一个输出端 z。输入为一连串随机信号，当出现“1111”序列时，检测器输出信号 $z=1$，对其他任何输入序列，输出皆为 0。

解 ①建立原始状态图。直接从设计命题得到的状态图，就是用逻辑语言来表达命题，是设计所依据的原始资料，称为原始状态图。建立原始状态图的过程，就是对设计要求的分析过程，只有对设计要求的逻辑功能有了清楚的了解之后，才能建立起正确的原始状态图。建立原始状态图时，主要遵循的原则是确保逻辑功能的正确性，而状态数的多少不是本步骤考虑的问题，在下一步状态化简中，可将多余的状态消掉。

该序列原始状态的建立过程如下。

a. 起始状态 S_0，表示没接收到待检测的序列信号。当输入信号 $x=0$ 时，次态仍为 S_0，输出 z 为 0；如输入 $x=1$，表示已接收到第一个“1”，其次态应为 S_1，输出为 0。

b. 状态为 S_1，当输入 $x=0$ 时，返回状态 S_0，输出为 0；当输入 $x=1$ 时，表示已接收到第二个“1”，其次态应为 S_2，输出为 0。

c. 状态为 S_2，当输入 $x=0$ 时，返回状态 S_0，输出为 0；当输入 $x=1$ 时，表示已连续接收到第三个“1”，其次态应为 S_3，输出为 0。

d. 状态为 S_3，当输入 $x=0$ 时，返回状态 S_0，输出为 0；当输入 $x=$“1”时，接收到第四个“1”，其次态为 S_4，输出为“1”。

e. 状态为 S_4，当输入 $x=0$ 时，返回状态 S_0，输出为 0；当输入 $x=1$ 时，上述过程的后 3 个“1”与本次的“1”，仍为连续的 4 个“1”，故次态仍为 S_4，输出为“1”。

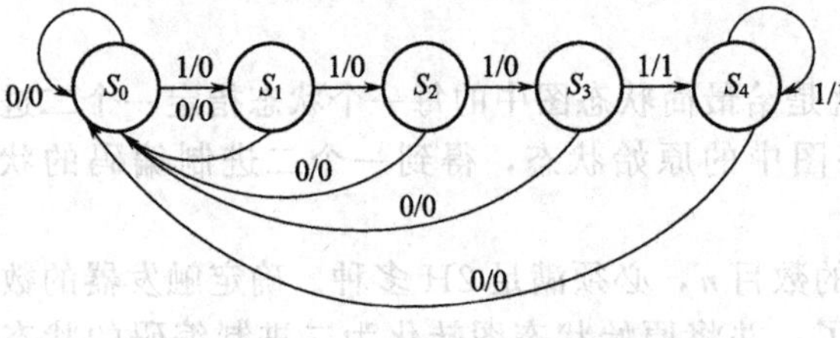

图 11-18 例 11-3 原始状态图

上述过程所得原始状态图如图 11-18所示。列出状态表，如表 11-7 所示。

表 11-3 例 11-3 状态表

现态 \ 输入	次态/输出	
	0	1
S_0	$S_0/0$	$S_1/0$
S_1	$S_0/0$	$S_2/0$
S_2	$S_0/0$	$S_3/0$
S_3	$S_0/0$	$S_4/1$
S_4	$S_0/0$	$S_4/1$

② 状态化简。在做原始状态图时，为确保功能的正确性，遵循“宁多勿漏”的原则。因此，所得的原始状态图或状态表可能包含有多余的状态，使状态数增加，将导致下列结果：

a. 系统所需触发器级数增多；

b. 触发器的激励电路变得复杂；

c. 故障增多。

因此，状态化简后减少了状态数，这对降低系统成本和电路的复杂性及提高可靠性均有好处。

状态化简就是将等价的状态进行合并，用最少的状态完成所需完成的逻辑功能。

如果两个状态在相同的输入条件下，有相同的输出和相同的次态，则该两个状态是等价的，可以合并为一个状态。如果仅是输出相同，次态不相同，则要看这两个次态是否等价，如次态等价则这两个状态也等价，如次态不等价，则这两个状态也就不等价。

考察表 11-7 中的 S_3、S_4 是等价的，可合并为一个状态并用 S_3 代替，其余均不等价。这样，状态由 5 个变为 4 个，用 S_0 S_1、S_2、S_3 表示。

③ 状态分配。状态分配是指将化简后的状态表中的各个状态用二进制代码来表示，因此，状态分配有时又称为状态编码。电路的状态通常是用触发器的状态来表示的。

由于 $2^2=4$，故该电路应选用两级触发器 Q_2 和 Q_1，它有 4 种状态：“00”、“01”、“10”、“11”，因此对 S_0、S_1、S_2、S_3 的状态分配方式有多种。分配方案不同，设计结果也不一样。最佳状态分配方案是逻辑电路简单且电路具有自启动能力。如何寻找最佳状态分配方案，人们做了大量研究工作，然而至今还没有找到一种普遍有效的方法。有的学者提出了状态分配中的一些规则，可以作为状态分配时的参考，读者可以参考有关资料。对该例状态分配如下：

S_0——00　　　S_1——10

S_2——01　　　S_3——11

11.3 计数器

计数器是用以统计输入时钟脉冲 CP 个数的电路。

计数器累计输入脉冲的最大数目称为计数器的模，用 M 表示。如模 12 计数器，简称 M12。

计数器的分类如下。

（1）按计数进制分

① 二进制计数器　按二进制数运算规律进行计数的电路。

② 十进制计数器　按十进制数运算规律进行计数的电路。

③ 任意进制计数器（又称 N 进制计数器）　二进制计数器和十进制计数器之外的其他计数器，如 7 进制计数器和 24 进制计数器等。

（2）按计数增减分

① 加法计数器　随着计数脉冲（即时钟脉冲 CP）的输入作递增计数的电路。

② 减法计数器　随着计数脉冲的输入作递减计数的电路。

③ 可逆计数器　在加/减控制信号作用下，既可进行加法计数又可进行减法计数。加/减计数器又称可逆计数器。

（3）按时钟脉冲控制方式分

① 同步计数器　计数脉冲 CP 同时加在电路所有触发器的时钟输入端上，在输入计数脉冲作用下符合翻转条件的触发器状态同时改变。

② 异步计数器　计数脉冲 CP 只加到部分触发器的时钟输入端上，其他触发器的触发信号则由电路内部提供，在输入计数脉冲作用下，具备翻转条件的触发器状态的改变有先有后。

同步计数器的计数速度比异步计数器快得多。

（4）按集成度分

① 小规模集成计数器　将集成触发器和门电路经过外部连线构成的计数器。

② 中规模集成计数器　将触发器和门电路集成在硅片上构成的计数器，它具有较完善的功能，而且很容易进行功能扩展。

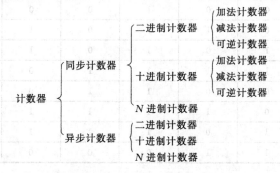

- 计数器
  - 同步计数器
    - 二进制计数器
      - 加法计数器
      - 减法计数器
      - 可逆计数器
    - 十进制计数器
      - 加法计数器
      - 减法计数器
      - 可逆计数器
    - N 进制计数器
  - 异步计数器
    - 二进制计数器
    - 十进制计数器
    - N 进制计数器

11.3.1 二进制计数器

从图 11-19 中可以看出，该电路由 4 个连接成 T 型的 JK 触发器和 3 个与门构成，CP 是输入计数脉冲，电路中的所有触发器都以此为时钟脉冲信号，C 是向高位的进位输出。

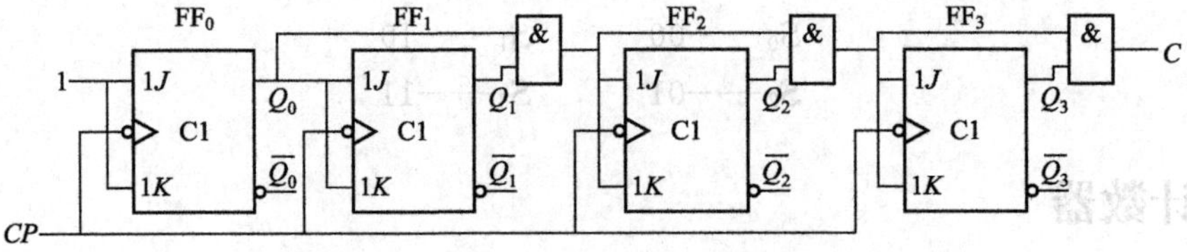

图 11-19 同步 4 位二进制递增计数器

首先，写出各触发器的驱动方程与电路的输出方程：

$$\left.\begin{aligned} J_0&=K_0=1\\ J_1&=K_1=Q_0^n\\ J_2&=K_2=Q_1^nQ_0^n\\ J_3&=K_3=Q_2^nQ_1^nQ_0^n \end{aligned}\right\}\qquad(11\text{-}4)$$

$$C=Q_3^nQ_2^nQ_1^nQ_0^n\qquad(11\text{-}5)$$

将状态方程代入 JK 触发器的特性方程中，即可得到电路的状态方程：

$$\left.\begin{aligned} Q_0^{n+1}&=\overline{Q}_0^n\\ Q_1^{n+1}&=\overline{Q}_1^nQ_0^n+Q_1^n\overline{Q}_0^n\\ Q_2^{n+1}&=\overline{Q}_2^n+Q_1^nQ_0^n+Q_2^n\overline{Q}_1^n+Q_2^n\overline{Q}_0^n\\ Q_3^{n+1}&=\overline{Q}_3^nQ_2^nQ_1^nQ_0^n+Q_3^n\overline{Q}_2^n+Q_3^n\overline{Q}_1^n+Q_3^n\overline{Q}_0^n \end{aligned}\right\}\qquad(11\text{-}6)$$

根据状态方程与输出方程，可以计算出本电路的状态如表 11-8 所示。

表 11-8 同步 4 位二进制递增计数路状态表

Q_3^n	Q_2^n	Q_1^n	Q_0^n	Q_3^{n+1}	Q_2^{n+1}	Q_1^{n+1}	Q_0^{n+1}	C
0	0	0	0	0	0	0	1	0
0	0	0	1	0	0	1	0	0
0	0	1	0	0	0	1	1	0
0	0	1	1	0	1	0	0	0
0	1	0	0	0	1	0	1	0
0	1	0	1	0	1	1	0	0
0	1	1	0	0	1	1	1	0
0	1	1	1	1	0	0	0	0
1	0	0	0	1	0	0	1	0
1	0	0	1	1	0	1	0	0
1	0	1	0	1	0	1	1	0
1	0	1	1	1	1	0	0	0
1	1	0	0	1	1	0	1	0
1	1	0	1	1	1	1	0	0
1	1	1	0	1	1	1	1	0
1	1	1	1	0	0	0	0	1

然后根据状态表所列状态变化，可以得到如图 11-20 所示的状态图。从状态表和状态图上可以看出，本电路的计数长度为 $16=2^4$，每一次状态更新都是按照二进制的规律逐渐递增，由此可判断本电路确实是同步 4 位二进制递增计数器。C 是计数器向高位的进位端，一般情况下输出都是 0，只有在计数完成一个循环，状态由 1111 变成 0000 时输出才为 1。

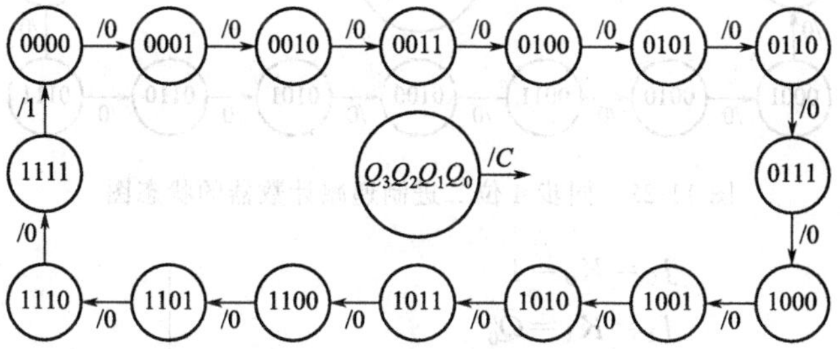

图 11-20　同步 4 位二进制递增计数器的状态图

观察如图 11-19 所示电路的结构，发现每一个触发器的 JK 输入端都并联形成了 T 触发器形式，除了 FF_0 的输入信号是 1 以外，以后各级的输入信号都是以前各级触发器的输出口逐级相与。通过观察驱动方程（11-4）也可以得出相同的结论。依次类推可得出结论，对于一个同步 n 位二进制递增计数器，当选用 JK 触发器实现时，其驱动方程为：

$$\left.\begin{aligned} &J_0=K_0=1 \\ &J_1=K_1=Q_0^n \\ &J_2=K_2=Q_1^nQ_0^n \\ &\vdots \\ &J_{n-1}=K_{n-1}=Q_{n-2}^nQ_{n-3}^n\cdots Q_1^nQ_0^n \end{aligned}\right\} \tag{11-7}$$

输出方程为：

$$C=Q_{n-1}^nQ_{n-2}^n\cdots Q_1^nQ_0^n \tag{11-8}$$

以此类推，就可以实现任意位数的同步二进制递增计数器。

图 11-21 为同步 4 位二进制递减计数器。与图 11-19 的同步 4 位二进制递增计数器相比较，可以发现电路结构很相似，都是由 4 个连接成 T 型的 JK 触发器和 3 个与门构成，只是后续各触发器的输入信号由原来的前级触发器的口端输出相与改为巨端输出相与。借位端 B 也由进位端 C 的所有 9 端相与改为所有巨端相与。当时钟脉冲连续输入时，本电路的状态变化如图 11-22 所示，从图中可以看出其输出状态是按照二进制的递减顺序变化的。证明本电路是一个同步 4 位二进制递减计数器。

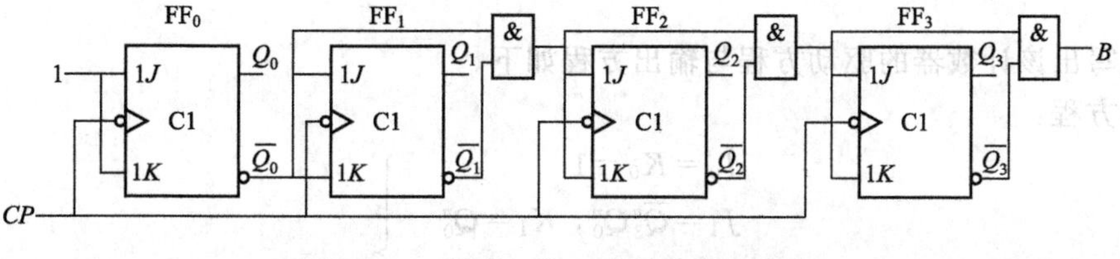

图 11-21　同步 4 位二进制递减计数器

与同步二进制递增计数器相似，当计数器位数扩展时同步二进制递减计数器也有类似的规律，每一个触发器的 JK 输入端都并联形成 T 触发器形式，除了 FF_0 的输入信号是 1 以外，以后各级的输入信号都是以前各级触发器的输出 $\overline{Q}$ 逐级相与。所以，当选用 JK 触发器来组成同步 n 位二进制递减计数器时，其驱动方程为：

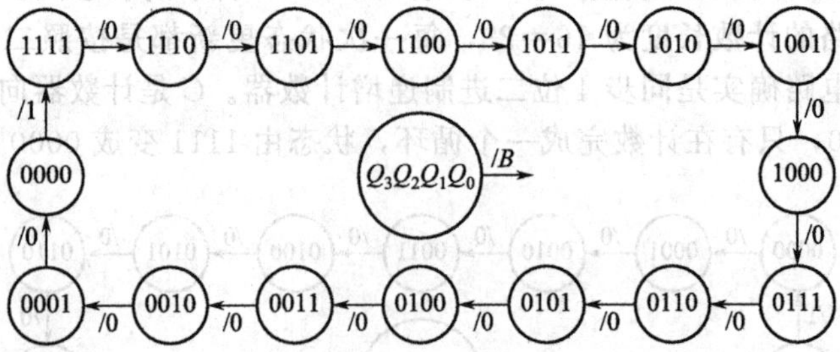

图 11-22 同步 4 位二进制递减计数器的状态图

$$\left.\begin{aligned}&J_0=K_0=1\\&J_1=K_1=\overline{Q}_0^n\\&J_2=K_2=\overline{Q}_1^n\overline{Q}_0^n\\&\vdots\\&J_{n-1}=K_{n-1}=\overline{Q}_{n-2}^n\overline{Q}_{n-3}^n\cdots\overline{Q}_1^n\overline{Q}_0^n\end{aligned}\right\}\tag{11-9}$$

输出方程为：

$$B=\overline{Q}_{n-1}^n\overline{Q}_{n-2}^n\cdots\overline{Q}_1^n\overline{Q}_0^n\tag{11-10}$$

读者可依此规律自行组成任意位数的二进制递减计数器。

11.3.2 十进制计数器

在电路中要实现真正的十进制计数是不太现实的，因为在电路中很难用电平的方式将十进制数表示出来，所以在数字电路中一般都是采用二进制编码的方式来表示十进制数，即BCD码，这样十进制计数器的准确提法应该是二-十进制计数器，或称为BCD码计数器。在十进制计数器中，应用最多的BCD码是8421BCD码。

同步十进制计数器按计数时数值的增减变化同样可以分为递增计数器、可逆计数器三类。同步十进制递增计数器的逻辑图如图 11-23 所示。

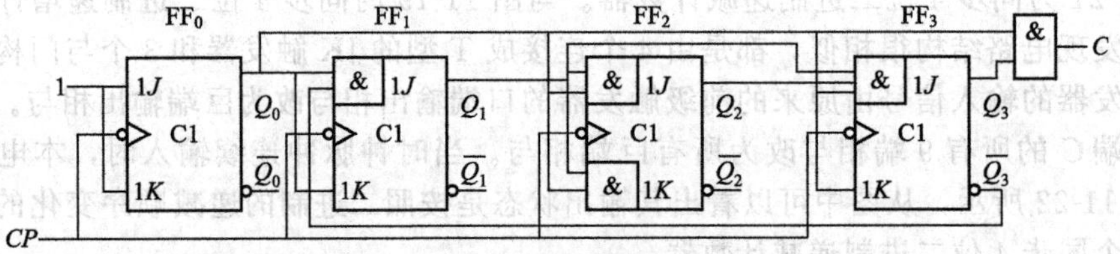

图 11-23 同步十进制递增计数器

首先写出该计数器的驱动方程与输出方程如下。

驱动方程：

$$\left.\begin{aligned}&J_0=K_0=1\\&J_1=\overline{Q}_3^nQ_0^n,\ K_1=Q_0^n\\&J_2=K_2=Q_1^nQ_0^n\\&J_3=Q_2^nQ_1^nQ_0^n,\ K_3=Q_0^n\end{aligned}\right\}$$

输出方程：

$$C=Q_3^nQ_0^n$$

将上述驱动方程代入JK触发器的特性方程，求得该计数器的状态方程：

$$\left.\begin{aligned}
Q_0^{n+1} &= \overline{Q_0^n} \\
Q_1^{n+1} &= \overline{Q_3^n}\,\overline{Q_1^n}\,Q_0^n + Q_1^n\overline{Q_0^n} \\
Q_2^{n+1} &= \overline{Q_2^n}\,Q_1^nQ_0^n + Q_2^n\overline{Q_1^n} + Q_2^n\overline{Q_0^n} \\
Q_3^{n+1} &= \overline{Q_3^n}\,Q_2^nQ_1^nQ_0^n + Q_3^n\overline{Q_0^n}
\end{aligned}\right\}$$

按状态方程计算出该电路的状态变化，得到如图 11-24 所示的状态图。从图中可以看出，该电路的主循环是一个按照 8421BCD 64 顺序递增的计数循环，有效循环以外的 6 个无效状态无需其他信号的作用，在 CP 脉冲的操作下就可以进入有效循环，即可以自启动。由此可以证实该电路是一个按 8421BCD 码规律计数的同步十进制递增计数器。

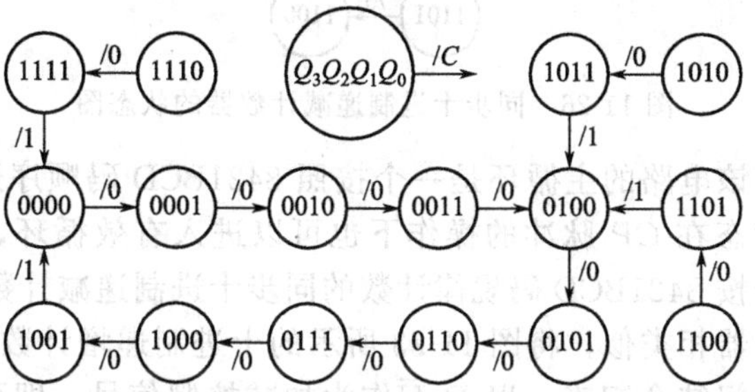

图 11-24　同步十进制递增计数器的状态图

同步十进制递减计数器的逻辑图如图 11-25 所示。

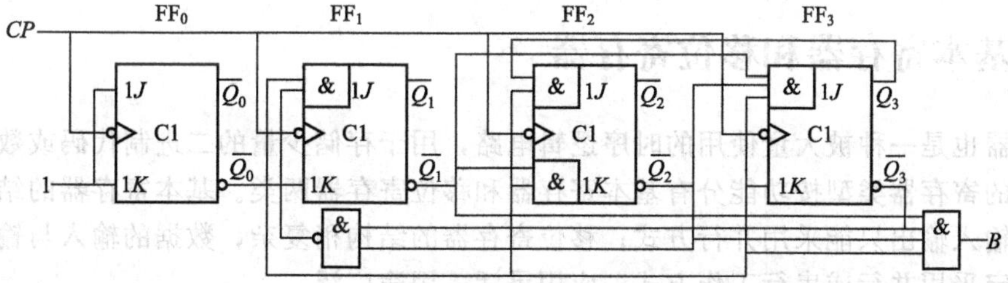

图 11-25　同步十进制递减计数器

该计数器的驱动方程与输出方程如下。

驱动方程：

$$\left.\begin{aligned}
&J_0 = K_0 = 1 \\
&J_1 = \overline{\overline{Q_3^n}\,\overline{Q_2^n}}\,\overline{Q_0^n},\quad K_1 = \overline{Q_0^n} \\
&J_2 = Q_3^n\overline{Q_0^n},\quad K_2 = \overline{Q_1^n}\,\overline{Q_0^n} \\
&J_3 = \overline{Q_2^n}\,\overline{Q_1^n}\,\overline{Q_0^n},\quad K_3 = \overline{Q_0^n}
\end{aligned}\right\}$$

输出方程：

$$B = \overline{Q_3^n}\,\overline{Q_2^n}\,\overline{Q_1^n}\,\overline{Q_0^n}$$

将上述驱动方程代入 JK 触发器的特性方程，求得该计数器的状态方程：

$$\left.\begin{aligned}
Q_0^{n+1} &= \overline{Q_0^n} \\
Q_1^{n+1} &= Q_3^n\overline{Q_1^n}\,\overline{Q_0^n} + Q_2^n\overline{Q_1^n}\,\overline{Q_0^n} + Q_1^nQ_0^n \\
Q_2^{n+1} &= Q_3^n\overline{Q_0^n} + Q_2^nQ_1^n + Q_2^nQ_0^n \\
Q_3^{n+1} &= \overline{Q_3^n}\,\overline{Q_2^n}\,\overline{Q_1^n}\,\overline{Q_0^n} + Q_3^nQ_0^n
\end{aligned}\right\}$$

将电路中现态的所有可能的取他组合代入状态方程计算，得到图 11-26 所示的状态图。

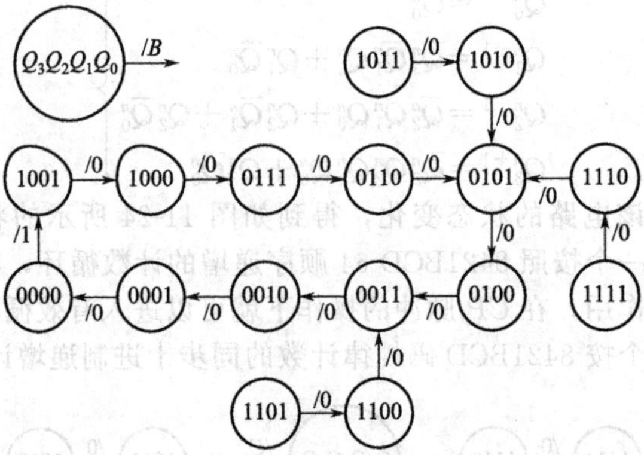

图 11-26 同步十进制递减计数器的状态图

从图中可以看出，该电路的主循环是一个按照 8421BCD 码顺序递减的计数循环，有效循环以外的 6 个无效状态在 CP 脉冲的操作下也可以进入有效循环，即本电路也可以自启动。所以该电路是一个按 8421BCD 码规律计数的同步十进制递减计数器。

与同步二进制计数器相类似，将图 11-23 所示的十进制递增计数器和图 11-25 所示的十进制递减计数器用与或门结合起来，以 $D/\overline{U}$作为加减控制信号，即可得到十进制可逆计数器，从而在一个电路中实现十进制的递增和递减两种计数功能。具体电路读者可以自行参阅相关参考资料，或者参照前面所述的二进制可逆计数器自行设计。

11.4 基本寄存器和移位寄存器

寄存器也是一种被大量使用的时序逻辑电路，用于存储少量的二进制代码或数据。

常用的寄存器类型按功能分有基本寄存器和移位寄存器两类。基本寄存器的结构比较简单，数据输入输出只能采用并行方式；移位寄存器的结构稍复杂，数据的输入与输出可以根据需要决定采用并行或串行工作方式，应用灵活，用途广泛。

根据制造时工艺的不同，可以将寄存器分为 TTL 型与 CMOS 型。

11.4.1 基本寄存器

图 11-27 是由 4 个 D 触发器构成的 4 位基本寄存器。因为 D 触发器的特性方程是 $Q_{n+1}=D$，所以当图中的 CP 上升沿到来时，无论各个触发器原来的状态是什么，都将接受并行输入的数据，变为：$Q_3^{n+1}Q_2^{n+1}Q_1^{n+1}Q_0^{n+1}=D_3D_2D_1D_0$。此后这一状态将保持下去，一直到 CP 的下一个上升沿到来为止。这就相当于将 $D_3D_2D_1D_0$ 4 个数据暂时寄存在这一基本寄存器中。

由于这一电路只需一步操作就能完成数据寄存的全过程，所以称这种方式为单拍工作方式。另有一类基本寄存器，在数据存入寄存器之前，必须先进行清零工作，把以前存储的数据清除之后，第二步才进行置数操作，所以称为双拍工作方式。目前应用较多的都是单拍工作方式。

目前常用的集成基本寄存器主要有两类：一类是由多个边沿触发 D 触发器组成的触发器型寄存器，如 74171（4D）、74174（6D）、74175（4D）、74273（8D）等；另一类是由多个带使能端的 D 锁存器（电位控制型 D 触发器）所构成的锁存器型寄存器，如 74363（8D）、74373（8D）和 74375（4D）等。

表 11-9 是 74175 的功能表，其逻辑功能示意图如图 11-28 所示。

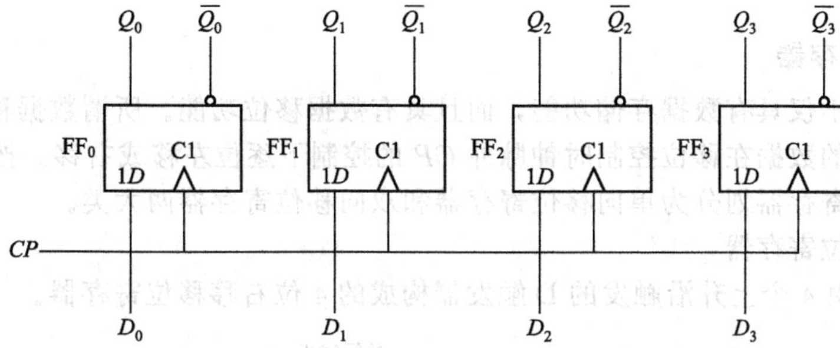

图 11-27　由 D 触发器构成的基本寄存器

表 11-9　74175 的功能表

CP		D		
0	×	×	0	1
1	↑	1	1	0
1	↑	0	0	1
1	0	×	Q^n	$\overline{Q}^n$

从功能表及逻辑功能示意图看出，74175 的时钟信号 CP 为所有触发器公用，4 个触发器的输出均为互补输出；$\overline{CR}$ 为公共异步清零端，当 $\overline{CR}=0$ 时，所有触发器清零，此时 CP 与 D 为何值，所有 Q 端输出全为 0。当 $\overline{CR}=1$ 时，在 CP 的上升沿时刻，寄存器接收并行数据输入，$Q_3^{n+1}Q_2^{n+1}Q_1^{n+1}Q_0^{n+1}=D_3D_2D_1D_0$。

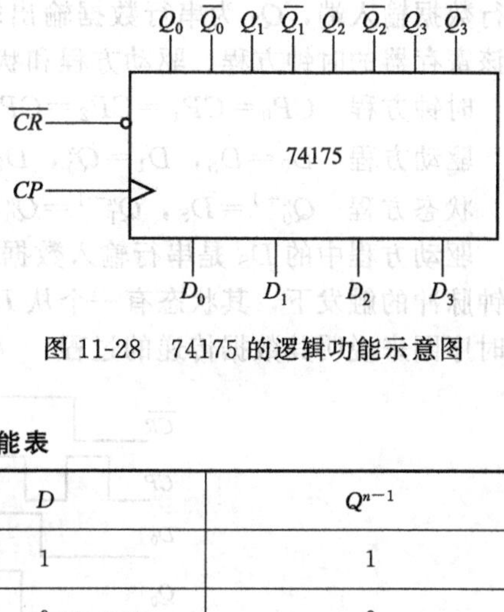

图 11-28　74175 的逻辑功能示意图

表 11-10 是 74373 的功能表，其逻辑功能示意图如图 11-29 所示。

表 11-10　74373 的功能表

$\overline{EN}$	LE	D	Q^{n-1}
0	1	1	1
0	1	0	0
0	0	×	Q^n
1	×	×	高阻

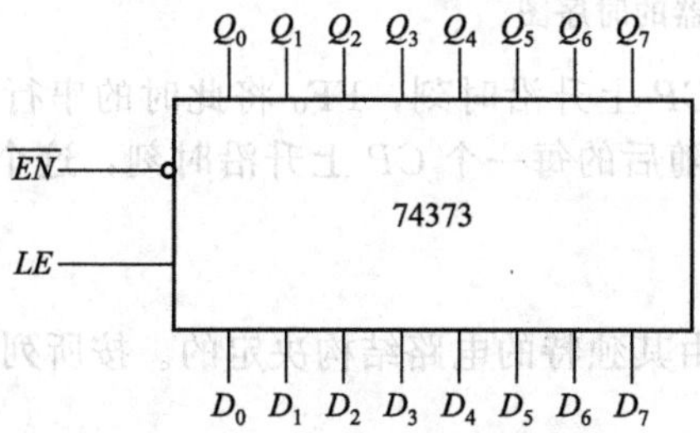

图 11-29　74373 的逻辑功能示意图

74373 是具有三态输出的 8D 锁存器，其输出端 $Q_0 \sim Q_7$ 可直接与总线相连。当三态输出控制端 $\overline{EN}$ 为低电平时，$Q_0 \sim Q_7$ 为正常逻辑输出状态，可以驱动负载或总线。当 $\overline{EN}$ 为高电平时，$Q_0 \sim Q_7$ 呈高阻态，既不驱动总线，也不成为总线的负载，但是其内部逻辑操作不受影响。

LE 为锁存允许端，当 LE 输入高电平时，输出 Q 随数据 D 而变，当 LE 为低电平时，Q 存已建立的数据电平。

11.4.2 移位寄存器

移位寄存器不仅具有数据存储功能，而且具有数据移位功能。所谓数据移位功能，就是使寄存器内寄存的数据在移位控制时钟脉冲 CP 的控制下逐位左移或右移。按照移位情况的不同，可将移位寄存器划分为单向移位寄存器和双向移位寄存器两大类。

(1) 单向移位寄存器

图 11-30 是由 4 个上升沿触发的 D 触发器构成的 4 位右移移位寄存器。

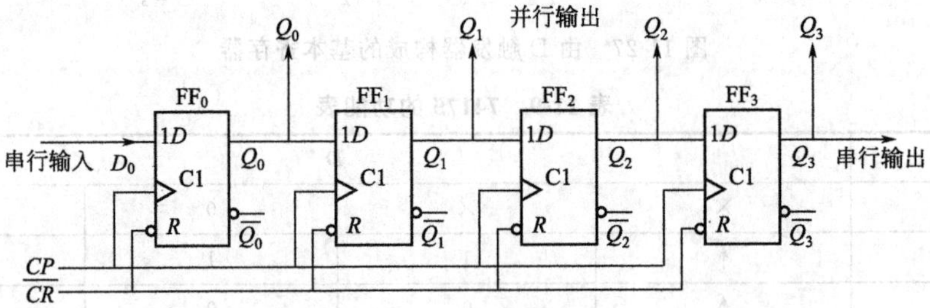

图 11-30 4 位右移移位寄存器

图中$\overline{CR}$是异步清零端，当$\overline{CR}=0$ 时，各触发器均清零。CP 是时钟信号输入端，D_0 为串行数据输入端，Q_3 为串行数据输出端，$Q_0Q_1Q_2Q_3$ 为并行数据输出端。从图中可直接得到该寄存器的时钟方程、驱动方程和状态方程为：

时钟方程 $CP_0=CP_1=CP_2=CP_3=CP$

驱动方程 $D_0=D_S$，$D_1=Q_0^n$，$D_2=Q_1^n$，$D_3=Q_2^n$

状态方程 $Q_0^{n+1}=D_S$，$Q_1^{n+1}=Q_0^n$，$Q_2^{n+1}=Q_1^n$，$Q_3^{n+1}=Q_2^n$

驱动方程中的 D_S 是串行输入数据，从 D_0 端输入。从状态方程中可以看出，各状态在时钟脉冲的触发下，其状态有一个从 $D_S \to Q_0 \to Q_1 \to Q_2 \to Q_3$ 的传递过程。可以通过图 11-31 的时序图来说明其数据传递的过程。

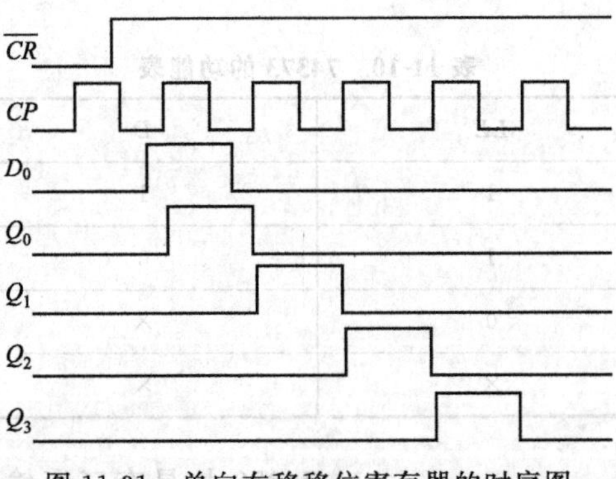

图 11-31 单向右移移位寄存器的时序图

起始时$\overline{CR}=0$，所有触发器全部清零，在第 1 个 CP 上升沿时刻，FF_0 将此时的串行输入 D_S 接收，状态变为 1，其余触发器状态全为 0。在随后的每一个 CP 上升沿时刻，这个 1 状态均向后移动一位，最终从 Q_3 输出。

(2) 双向移位寄存器

上述的单向移位寄存器中数据自左向右移动，是由其独特的电路结构决定的。按所列驱动方程连接，完全可以实现数据从右向左的移动：

$$D_0=Q_1^n，D_1=Q_2^n，D_2=Q_3^n，D_3=D_S$$

与可逆计数器的设计相类似，也可以通过数据选择器来选择各触发器的输入信号是来自左边的触发器的输出还是来自右边的触发器。当各触发器的输入信号来自左边的输出时，寄存器右移；当各触发器的输入信号来自右边的输出时，寄存器左移。从而使移位寄存器的数据移动方向由单向变成了双向，此时的数据选择控制信号就成了寄存器的左移/右移控制信号。双向移位寄存器的典型电路如图 11-32 所示。

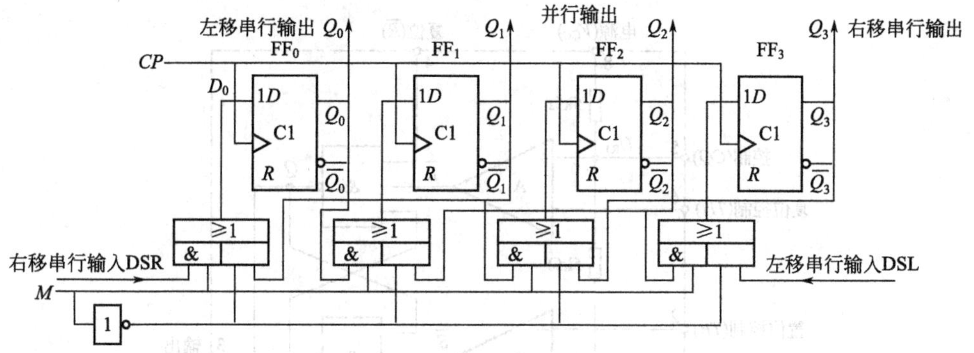

图 11-32 双向移位寄存器逻辑图

图中 M 是移位控制信号，控制数据的移动方向。当 $M=1$ 时数据右移；当 $M=0$ 时数据左移。此时寄存器的驱动方程如下：

$$\left.\begin{aligned} D_0 &= MD_{SR} + \overline{M}Q_1^n \\ D_1 &= MQ_0^n + \overline{M}Q_2^n \\ D_2 &= MQ_1^n + \overline{M}Q_3^n \\ D_3 &= MQ_2^n + \overline{M}D_{SL} \end{aligned}\right\}$$

将驱动方程代入 D 触发器特性方程，可以得到该寄存器的状态方程：

$$\left.\begin{aligned} Q_0^{n+1} &= MD_{SR} + \overline{M}Q_1^n \\ Q_1^{n+1} &= MQ_0^n + \overline{M}Q_2^n \\ Q_2^{n+1} &= MQ_1^n + \overline{M}Q_3^n \\ Q_3^{n+1} &= MQ_2^n + \overline{M}D_{SL} \end{aligned}\right\}$$

当 $M=1$ 时

$$Q_0^{n+1}=D_{SR}，Q_1^{n+1}=Q_0^n，Q_2^{n+1}=Q_1^n，Q_3^{n+1}=Q_2^n$$

电路为 4 位右移寄存器。

当 $M=0$ 时

$$Q_0^{n+1}=Q_1^n，Q_1^{n+1}=Q_2^n，Q_2^{n+1}=Q_3^n，Q_3^{n+1}=D_S$$

电路为 4 位左移寄存器。所以该移位寄存器具有双向移位功能。

11.5 555 定时器

555 定时器是广泛使用的一种中规模集成电路，它将模拟与数字逻辑功能巧妙地组合在一起，具有结构简单、使用电压范围宽、工作速度快、定时精度高、驱动能力强等优点。555 定时器配以外部元件，可以构成多种实际应用电路，广泛应用于产生多种波形的脉冲振荡器、检测电路、自动控制电路、家用电器以及通信产品等电子设备中。555 定时器又称时基电路。555 定时器按照内部元件分有双极型（又称 TTL 型）和单极型两种。双极型内部采用的是晶体管；单极型内部采用的则是场效应晶体管。555 定时器按单片电路中包括定时器的个数分有单时基定时器和双时基定时器两种。常用的单时基定时器有双极型定时器 555 和单极型定时器 7555。双时基定时器有双极型定时器 556 和单极型定时器 7556。

11.5.1 555 定时器的电路组成

单时基 555 定时器内部电路如图 11-33（a）所示，引脚排列图如图 11-33（b）所示，它由分压器、比较器、触发器和开关及输出等 4 部分组成。

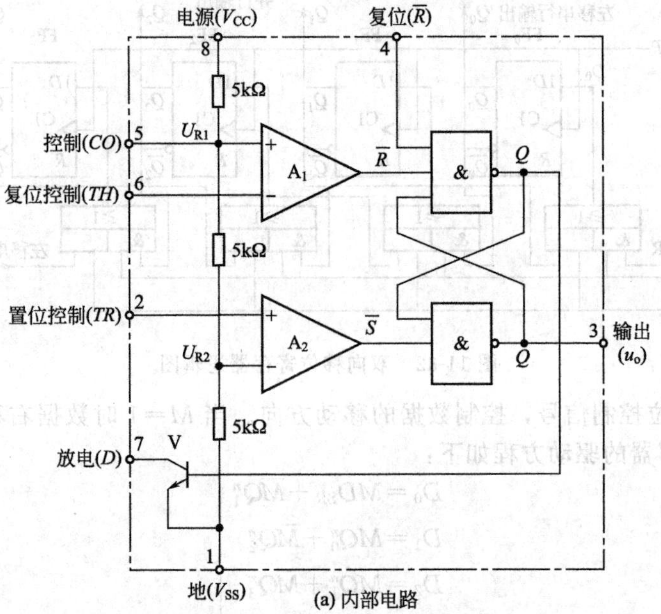

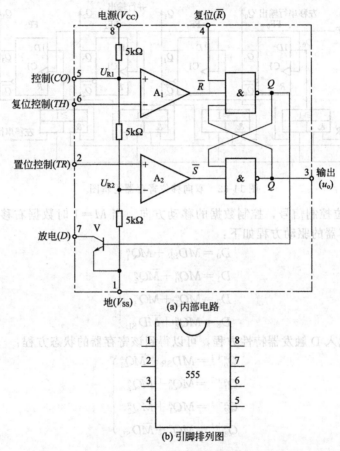

图 11-33 单时基 555 定时器

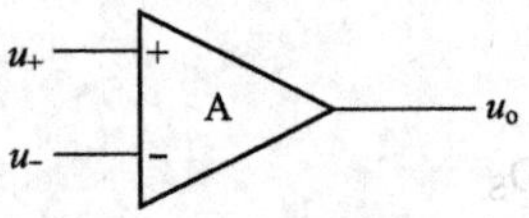

图 11-34 电压比较器

① 由 3 个阻值为 5kΩ 的电阻组成的分压器。

② 两个电压比较器 A_1、A_2，电压比较器如图 11-34 所示。

$u_+ > u_-$，u_o 为“1”

$u_+ < u_-$，u_o 为“0”

③ 基本 RS 触发器。

④ 放电晶体管 V。

11.5.2 555 定时器的功能及工作原理

由原理图可知，当加上电源 V_{CC} 后，比较器 A_1 的同相输入端 U_{R1}（即控制端 CO）参考电位为 $\frac{2}{3}V_{CC}$，比较器 A_2 的反相输入端 U_{R2} 参考电位为 $\frac{1}{3}V_{CC}$。

① 当复位控制端 TH 即 A_1 的反相输入端电位高于 $\frac{2}{3}V_{CC}$ 时，A_1 输出 0，使触发器复位，输出 $u_o = Q = 0$，且 $\overline{Q} = 1$，使放电管 V 导通。

② 当置位控制端$\overline{TR}$即 A_2 的同向相输入端电位低于$\frac{1}{3}V_{CC}$时，A_2 的输出为 0，使触发器复位，输出 $u_o=Q=1$，且$\overline{Q}=0$，使放电管 V 截止。

③ 当 TH 和$\overline{TR}$端的电位在$\frac{1}{3}V_{CC}\sim\frac{2}{3}V_{CC}$之间时，$A_1$ 和 A_2 均输出为 1，这时 u_o 状态取决于触发器原来的状态或复位端$\overline{R}$的信号。

④ 当复位端$\overline{R}$为低电平时（小于 0.7V），可使触发器直接复位，输出 u_o 为 0。当不需要$\overline{R}$时，可将该端接至高电位或悬空。

⑤ 当在控制端 CO 外加控制电压时，可改变比较器 A_1、A_2 的参考电位。当不需要$\overline{R}$时，CO 端一般经 0.01μF 电容器接地，以防干扰的侵入，保障控制端电压稳定在$\frac{2}{3}V_{CC}$上。

根据上述分析，可把 555 定时器的逻辑功能归纳为表 11-11 中。

表 11-11　555 定时器功能表

输入			输出	
直接复位$\overline{R}$④	复位控制端 TH⑥	置位控制端$\overline{TR}$②	Q③	放电管 V⑦
0	Φ	Φ	0	导通
1	$>\frac{2}{3}V_{CC}$	$>\frac{1}{3}V_{CC}$	0	导通
1	$<\frac{2}{3}V_{CC}$	$>\frac{1}{3}V_{CC}$	不变	不变
1	$<\frac{2}{3}V_{CC}$	$<\frac{1}{3}V_{CC}$	1	截止

在控制端 CO 端不接电压时，有两个阈值电压：$U_{R1}=\frac{2}{3}V_{CC}$　$U_{R2}=\frac{1}{3}V_{CC}$。当在 CO 端外接控制电压 V_{CO}时，阈值电压将变化：$\frac{2}{3}V_{CC}$变为 V_{CO}；$\frac{1}{3}V_{CC}$变为$\frac{1}{2}V_{CO}$。

习　题　11

11-1. 在题图 11-1 由或非门组成的基本 RS 触发器中输入题图 11-2 所示 R_D、S_D 的波形，试画出输出 Q 和$\overline{Q}$的波形。设触发器初始状态为 $Q=0$。

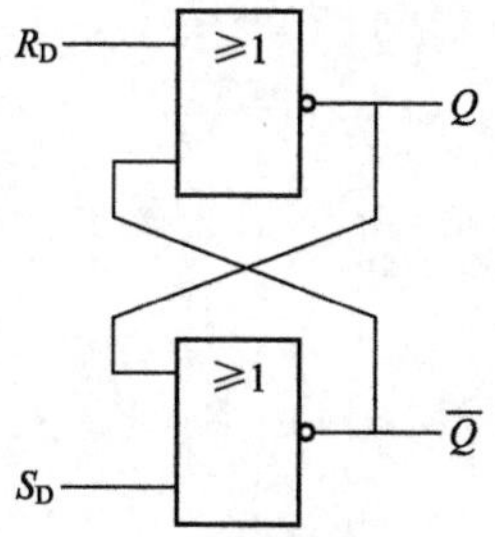

题图 11-1

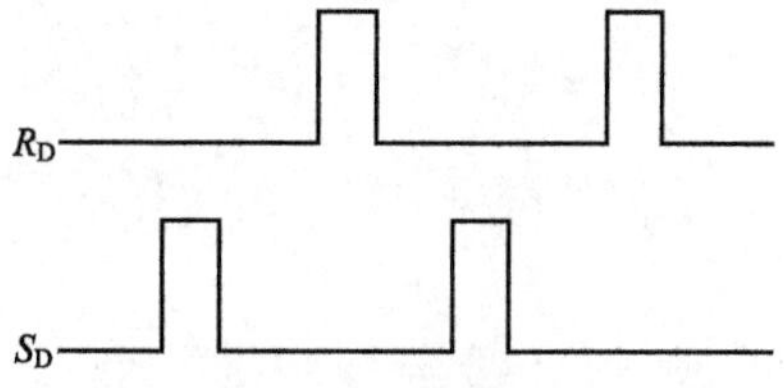

题图 11-2

11-2. 在题图 11-3（a）中，输入题图 11-3（b）所示的波形，试画出 Q 和$\overline{Q}$端的输入波形。设触发器的初始状态为 $Q=0$。

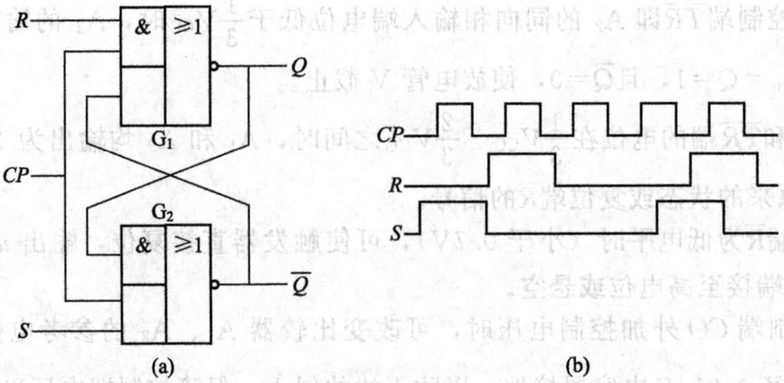

题图 11-3

11-3. 同步 D 触发器的输入波形如题图 11-4 所示，试画出输出 Q 和 $\overline{Q}$ 端的波形。设触发器的初始状态为 $Q=0$。

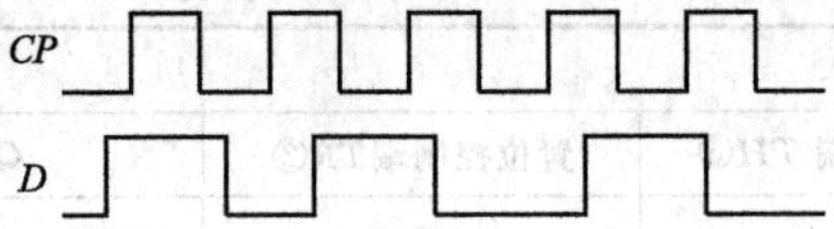

题图 11-4

第12章 存 储 器

12.1 随机存取存储器

随机存取存储器（RAM），能随时从任何一个指定地址的存储单元中取出（读出）信息，也可随时将信息存入（写入）任何一个指定的地址单元中，因此也称为读/写存储器。优点：读/写方便；缺点：信息容易丢失，一旦断电，所存储器的信息会随之消失，不利于数据的长期保存。

12.1.1 RAM 的结构和工作原理

RAM 的基本结构如图 12-1 所示，可以分为三个部分：存储矩阵，地址译码器及读写电路。

（1）存储矩阵

存储矩阵是用来存储要存放的代码，矩阵中每个存储单元都用一个二进制码给以编号，以便查询此单元。这个二进制码称作地址。

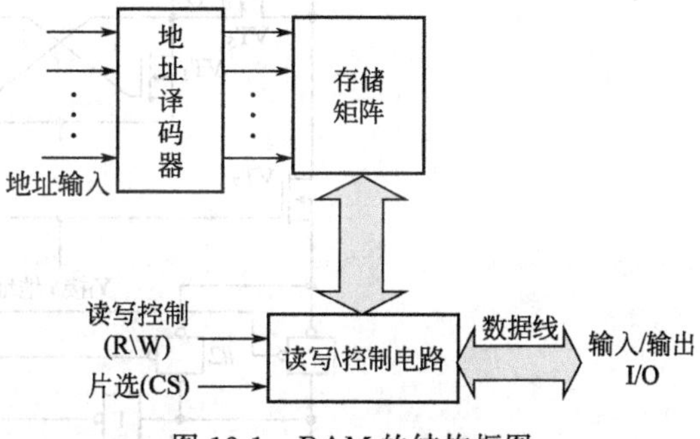

图 12-1 RAM 的结构框图

（2）地址译码器

译码器可以将输入地址译为电平信号，以选中存储矩阵中的响应单元。寻址方式分为一元寻址和二元寻址。一元寻址又称为单向译码或字译码，其输出的译码线就是字选择线，用它来选择被访问字的所有单元。二元寻址又称为双向译码，二元寻址能够访问每一个单元，由 X 地址译码器输出的译码线作为行选择线进行“行选”；由 Y 地址译码器输出的译码线作为列选择线进行“列选”，则行、列选择线同时选中的单元即为被访问单元，可以对它进行“写入”或“读出”。

（3）读写电路

读写电路是 RAM 的控制部分，它包括片选 CS、读写控制 R/W 以及数据输入读出放大器。片选 CS 的作用是只有当该端加低电平时此 RAM 才起作用，才能进行读与写。读写控制 R/W 的作用是当 R/W 端加高电平时，对此 RAM 进行读出，当 R/W 端加低电平时进行写入。输出级电路一般采用三态输出或集电极开路输出结构，以便扩展存储容量，如果是集电极开路输出，则应外接负载电阻。

12.1.2 RAM 存储器

RAM 存储器分为两种，一种是静态随机存取存储器（SRAM），一种是动态随机存取存储器（DRAM）。

（1）静态随机存取存储器（SRAM）的存储单元电路

MOS 型静态 RAM 如图 12-2 所示，虚线框内是由 6 个增强型 MOS 管构成的双稳态触发器，其中 VT_1 与 VT_2、VT_3 与 VT_4 分别构成两个反相器，两个反相器又构成一个基本的 RS 触发器，它是存储器的基本存储单元，能存储 1 位数。当 VT_1 导通，VT_3 截止时触发器为0状态，即$Q=0$，$\overline{Q}=1$；当VT_1截止，VT_3导通时触发器为1状态，即$Q=1$，$\overline{Q}=0$。VT_5与VT_6是门控管，当X地址译码器的输出行选择线X_i未被选中，即$X_i=0$时，两个门控管都截止，触发器处于保持状态。当X_i被选中，即$X_i=1$时，两个门控管都导通，此时$Q=D$，$\overline{Q}=\overline{D}$，触发器可进行读/写操作。当进行读写操作时，Y地址译码器的列选择线$Y_i=1$，门控管VT_7与VT_8也导通（VT_7、VT_8是一列这样的存储单元公用的）。如果是读操作，读控制线$\overline{OE}=0$（这时写控制线$\overline{WE}=1$），#1、#3三态门关闭，#2三态门导通，则存储的数据$\overline{D}$通过#2三态门反相后输出到外部的数据线（I/O）上。如果是写操作，写控制线$\overline{WE}=0$（这时读控制线$\overline{OE}=1$），#2三态门关闭，#1、#3三态门导通，如果输入数据I/O=1，则$D=1$，$\overline{D}=0$，使触发器$Q=1$，$\overline{Q}=0$；如果输入数据I/O=0，则$D=0$，$\overline{D}=1$，使触发器$Q=0$，$\overline{Q}=1$。当X_i和Y_i都变为0后，写入的数据就被保持在存储器里。

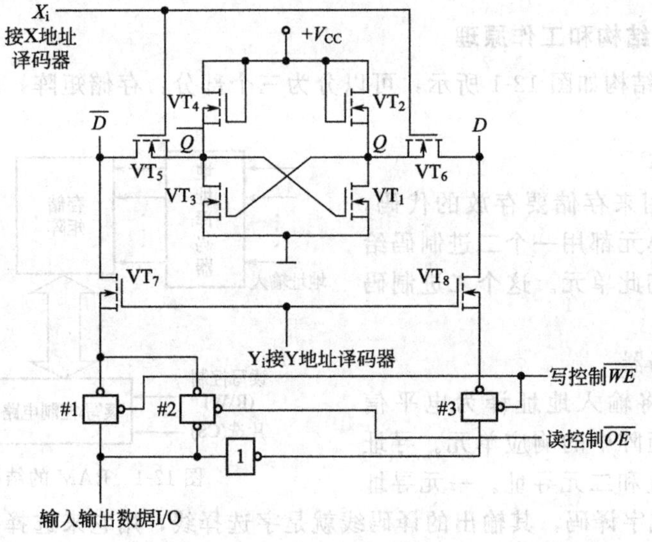

图12-2 静态RAM基本存储单元

（2）动态随机存取存储器（DRAM）的存储单元电路

动态存储单元是由MOS管的栅极电容C和门控管组成的。数据以电荷的形式存储在栅极电容上，电容上的电压高，表示存储数据1；电容没有储存电荷，电压为0，表明存储数据0。因存在漏电，使电容存储的信息不能长久保持，为防止信息丢失，就必须定时地给电容补充电荷，这种操作称为“刷新”。由于要不断地刷新，所以称为动态存储。包括4管MOS动态存储单元电路和单管MOS动态存储单元等。

12.1.3 存储器2114A、2116介绍

（1）集成静态存储器2114A

Intel 2114A是单片1K×4位（即有1K个字，每个字4位）的静态存储器（SRAM），它是双列直插18脚封装器件，采用5V供电，与TTL电平完全兼容。如图12-3所示。

（2）集成动态存储器2116

Intel 2116单片16K×1位动态存储器（DRAM），是典型的单管动态存储芯片。它是双列直插16脚封装器件，采用+12V和5V三组电源供电，其逻辑电平与TTL兼容。如图12-4所示。

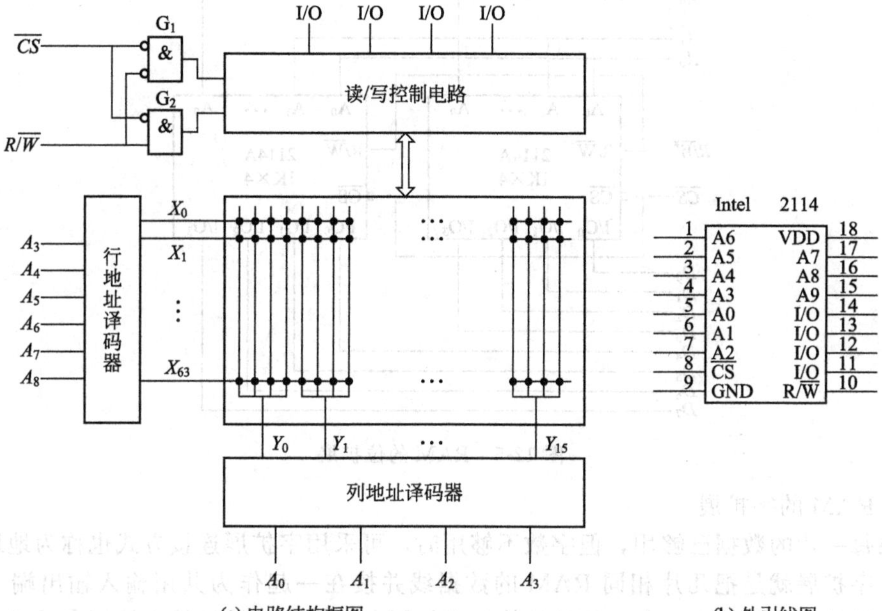

(a) 电路结构框图　　(b) 外引线图

图 12-3　2114A 电路结构框图和外引线图

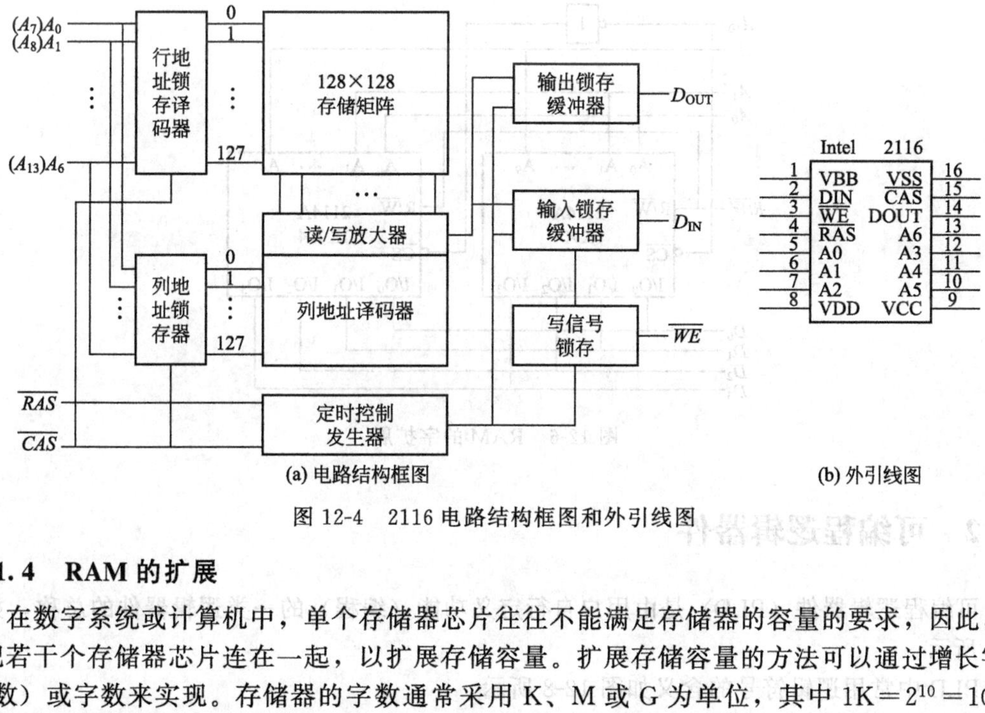

(a) 电路结构框图　　(b) 外引线图

图 12-4　2116 电路结构框图和外引线图

12.1.4　RAM 的扩展

在数字系统或计算机中，单个存储器芯片往往不能满足存储器的容量的要求，因此，必须把若干个存储器芯片连在一起，以扩展存储容量。扩展存储容量的方法可以通过增长字长（位数）或字数来实现。存储器的字数通常采用 K、M 或 G 为单位，其中 $1K=2^{10}=1024$，$1M=2^{20}=1024K$，$1G=2^{30}=1024M$。

（1）RAM 的位扩展

如果每一片 RAM 中的字数已够用，而每个字的位数不够用时，可采用位扩展连接方式解决。RAM 的位扩展就是把几片相同的 RAM 地址并接在一起，让它们共用地址码，各片的片选线$\overline{CS}$接在一起，读写控制线 $R/\overline{W}$ 也接在一起，每片的数据线并行输出。如图 12-5 所示。

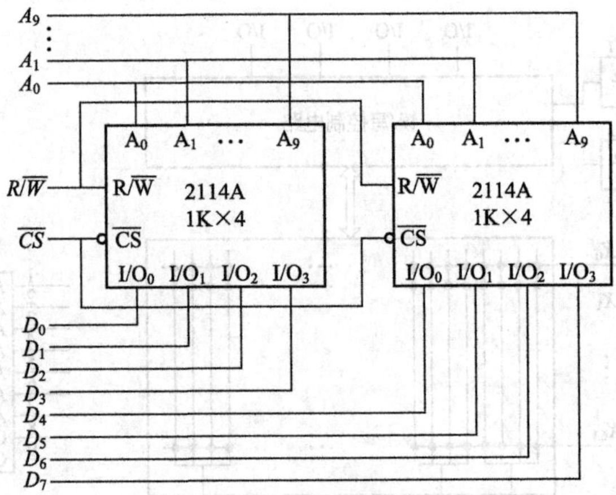

图 12-5 RAM 的位扩展

(2) RAM 的字扩展

如果每一片的数据已够用，但字数不够用时，可采用字扩展连接方式也称为地址扩展方式解决。字扩展就是把几片相同 RAM 的数据线并接在一起作为共用输入输出端（即位不变），读/写控制线也接在一起，把地址线加以扩展，用扩展的地址线去控制各片 RAM 的片选$\overline{CS}$线，如图 12-6 所示。

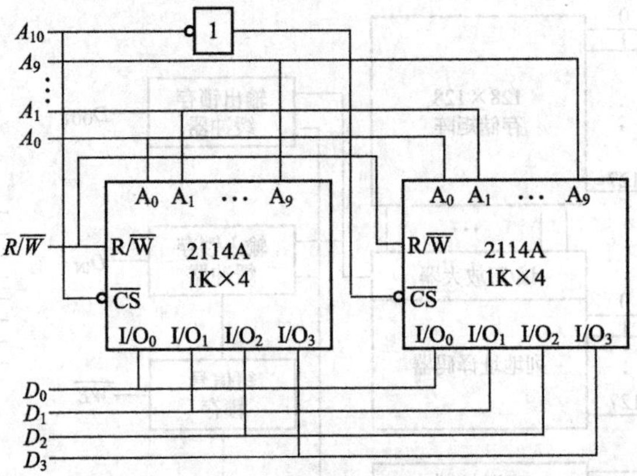

图 12-6 RAM 的字扩展

12.2 可编程逻辑器件

可编程逻辑器件（PLD）是由用户自行定义功能（编程）的一类逻辑器件的总称，如图 12-7 所示。

PLD 中常用逻辑符号的含义如图 12-8 所示。

在图 12-8（a）中，多个输入端“与”门只用 1 根输入线表示，称乘积线。输入变量 A、B、C 的输入线和乘积线的交点有 3 种情况：

① 黑点“·”表示该点为固定连接点，用户不能改变；

② 叉点“×”表示该点为用户定义编程点，出厂时此点是接通的，用户可根据需要断开或保持接通；

③ 既无黑点“·”也无叉点“×”时，表示该点是断开的或编程时擦除的，其对应的

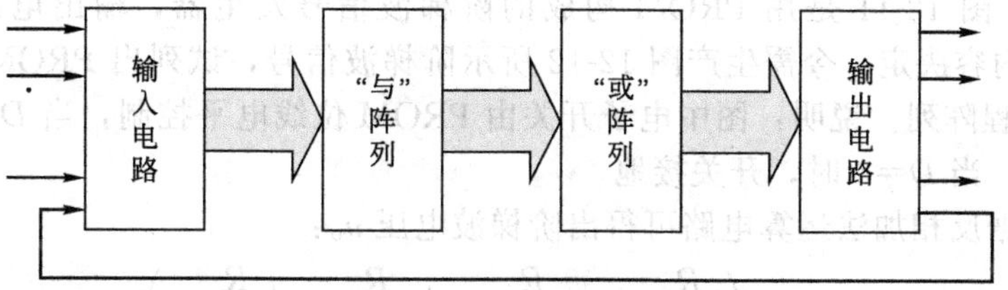

图 12-7　PLD 的结构框图

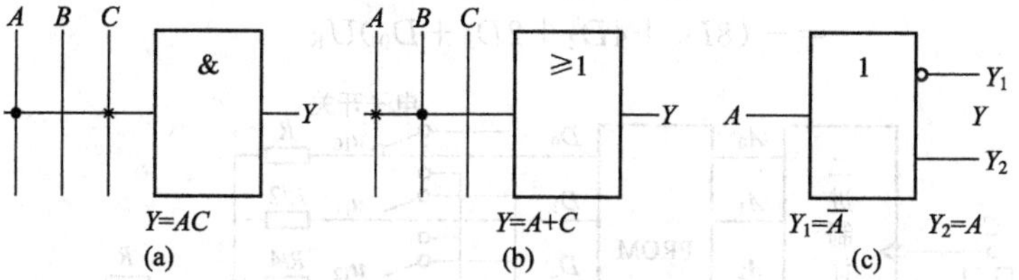

图 12-8　PLD 阵列中的逻辑符号

变量 B 不是“与”门的输入量。

12.2.1　可编程只读存储器

（1）一次编程性只读存储器（PROM）

厂家制造 PROM 时，使存储矩阵（“或”阵列）的所有存储单元的内容全为“1”（或“0”），用户可根据自己的需要自行确定存储单元的内容。如图 12-9、图 12-10 所示。

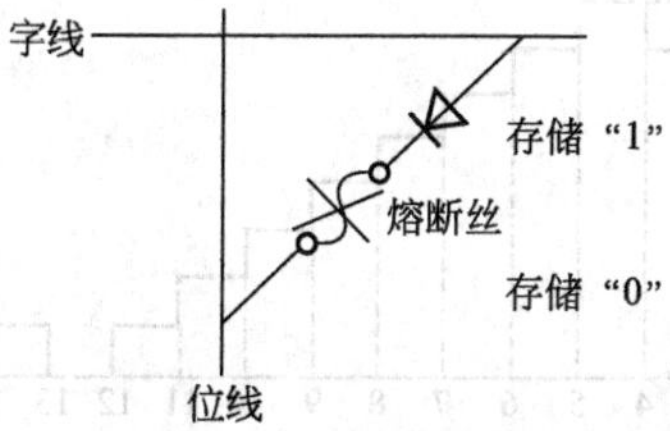

图 12-9　由二极管和熔断丝构成的存储单元

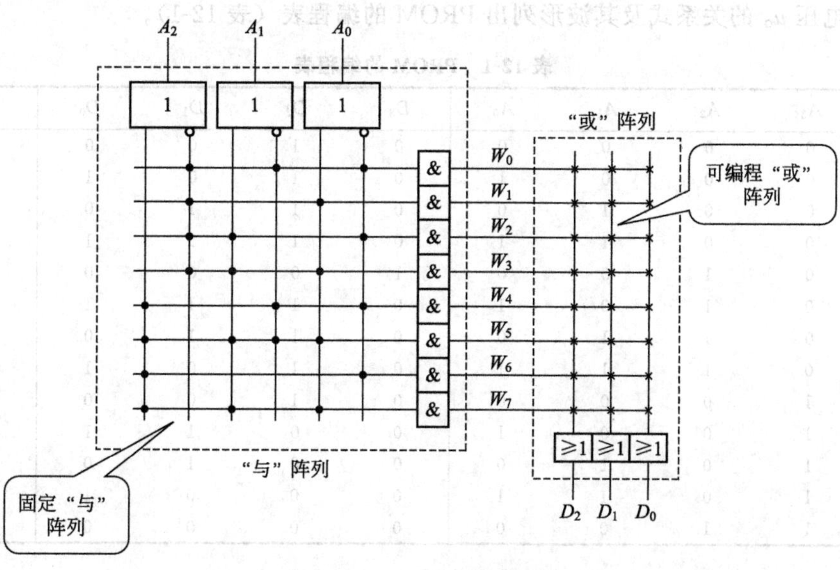

图 12-10　PROM 的阵列图

【例 12-1】 图 12-11 是用 PROM 构成的阶梯波信号发生器，输出电压 u_o 的波形由 PROM 存储的内容决定。今需生产图 12-12 所示阶梯波信号，试列出 PROM 的编码表并画出 PROM 的编程阵列。说明：图中电子开关由 PROM 位线电平控制，当 $D=1$ 时，开关接基准电压 $-U_R$；当 $D=0$ 时，开关接地。

解　① 根据反相加法运算电路可得出阶梯波电压 u_o：

$$u_o=-\left(\frac{R}{R/8}u_{13}+\frac{R}{R/4}u_{12}+\frac{R}{R/2}u_{11}+\frac{R}{R}u_{10}\right)$$
$$=-(8u_{13}+4u_{12}+2u_{11}+u_{10})$$
$$=-(8D_3+4D_2+2D_1+D_0)U_R$$

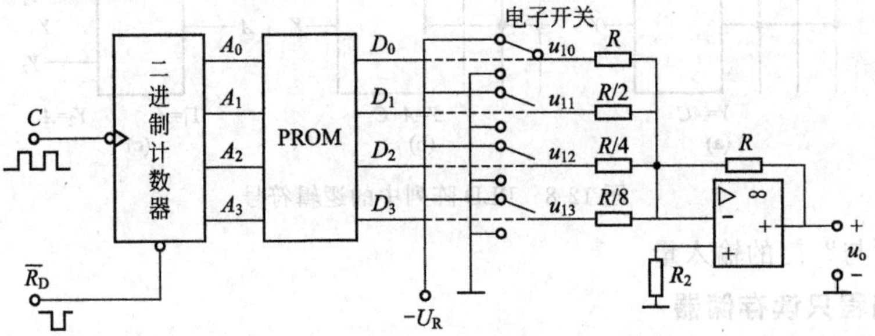

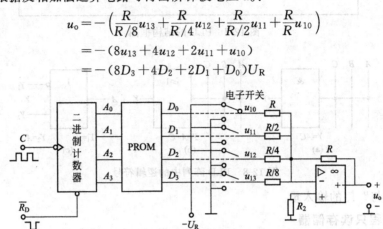

图 12-11　用 PROM 构成阶梯波发生器

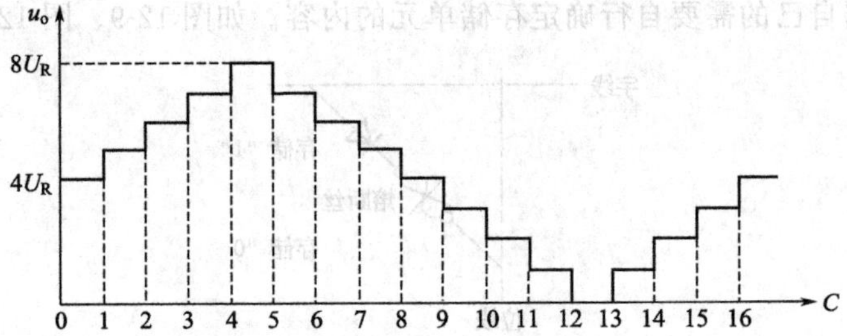

图 12-12　阶梯波

② 由电压 u_o 的关系式及其波形列出 PROM 的编程表（表 12-1）。

表 12-1　PROM 的编程表

C	A_3	A_2	A_1	A_0	D_3	D_2	D_1	D_0	u_o
0	0	0	0	0	0	1	0	0	$4U_R$
1	0	0	0	1	0	1	0	1	$5U_R$
2	0	0	1	0	0	1	1	0	$6U_R$
3	0	0	1	1	0	1	1	1	$7U_R$
4	0	1	0	0	1	0	0	0	$8U_R$
5	0	1	0	1	0	1	1	1	$7U_R$
6	0	1	1	0	0	1	1	0	$6U_R$
7	0	1	1	1	0	1	0	1	$5U_R$
8	1	0	0	0	0	1	0	0	$4U_R$
9	1	0	0	1	0	0	1	1	$3U_R$
10	1	0	1	0	0	0	1	0	$2U_R$
11	1	0	1	1	0	0	0	1	$1U_R$
12	1	1	0	0	0	0	0	0	0

③ 由 PROM 编程表画出 PROM 的编程阵列图（图 12-13）。

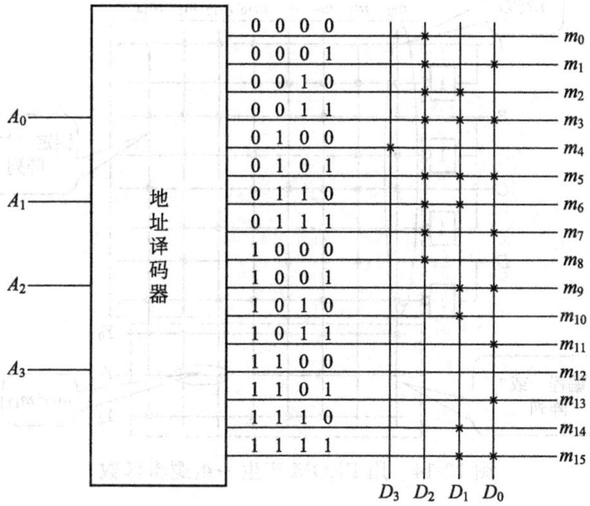

图 12-13 PROM 阵列图

【例 12-2】 试用 PROM 产生一组逻辑函数：

$$Y_0=\bar{A}C \qquad Y_1=AB\bar{C}$$

$$Y_2=A\bar{B}C\bar{D}+\bar{A}BCD+BC\bar{D}$$

解 ① 由于 PROM 的地址译码器是固定的最小项“与”阵列，所以需将 $Y_0\sim Y_2$ 各式化为最小项形式：

$$\begin{aligned}Y_0&=\bar{A}C(B+\bar{B})=\bar{A}BC(D+\bar{D})+\bar{A}\bar{B}C(D+\bar{D})\\&=\bar{A}BCD+\bar{A}BC\bar{D}+\bar{A}\bar{B}CD+\bar{A}\bar{B}C\bar{D}\\&=m_2+m_3+m_6+m_7\end{aligned}$$

$$\begin{aligned}Y_1&=AB\bar{C}(D+\bar{D})=AB\bar{C}D+AB\bar{C}\bar{D}\\&=m_{12}+m_{13}\end{aligned}$$

$$\begin{aligned}Y_2&=A\bar{B}C\bar{D}+\bar{A}BCD+BC\bar{D}(A+\bar{A})\\&=A\bar{B}C\bar{D}+\bar{A}BCD+ABC\bar{D}+\bar{A}BC\bar{D}\\&=m_6+m_7+m_{10}+m_{14}\end{aligned}$$

② 由 $Y_0\sim Y_2$ 最小项画出 PROM 的编程阵列图，如图 12-14 所示。

(2) 可改写型只读存储器（EPROM）

PROM 只能一次编程，而 EPROM 则可多次擦去并重新写入新内容。

擦除方法：在 EPROM 器件外壳上有透明的石英窗口，用紫外线（或 X 射线）照射，即可完成擦除操作。

(3) 电可改型只读存储器（EEPROM）

尽管 EPROM 能实现擦除重写的目的，但由于紫外线照射时间和照度均有一定要求，擦除的速度也比较慢，为此，又产生了 EEPROM。

12.2.2 可编程逻辑阵列（PLA）

PLA 与 PROM 的结构相似，其区别在于 PLA 译码器部分也可由用户自己编程。PLA 阵列图如图 12-15 所示。

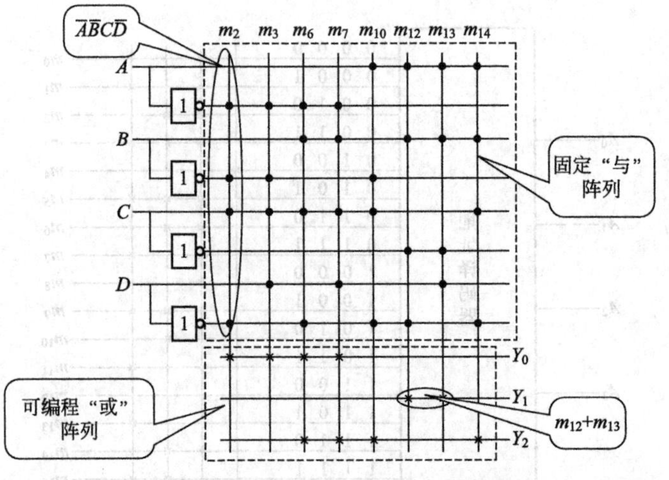

图 12-14 用 PROM 产生一组逻辑函数

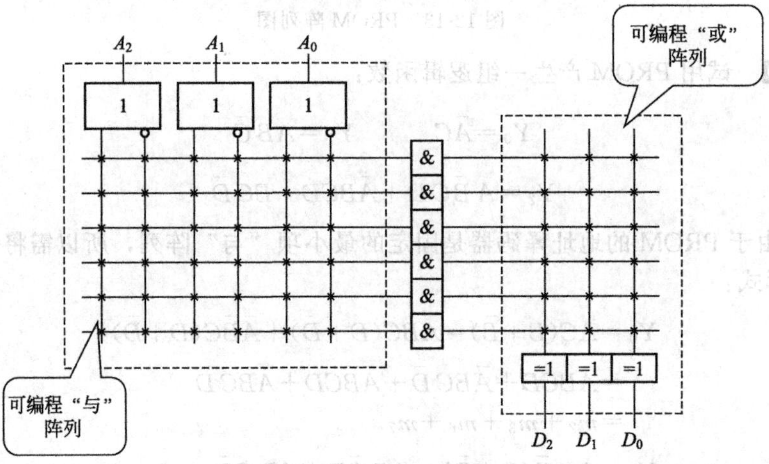

图 12-15 PLA 阵列图

【例 12-3】 试用 PLA 产生例 12-2 的一组逻辑函数：

$$Y_0=\overline{A}C \qquad Y_1=AB\overline{C}$$

$$Y_2=A\overline{B}C\overline{D}+\overline{A}BCD+BC\overline{D}$$

解 由于 PLA 的“与”阵列和“或”阵列均可编程。因此，需将 $Y_0\sim Y_2$ 的“与或”逻辑函数式化简，然后分别对其“与”阵列和“或”阵列进行编程：

$$Y_0=\overline{A}C \qquad Y_1=AB\overline{C}$$

$$\begin{aligned}Y_2&=A\overline{B}C\overline{D}+\overline{A}BCD+BC\overline{D}(A+\overline{A})\\&=A\overline{B}C\overline{D}+\overline{A}BCD+ABC\overline{D}+\overline{A}BC\overline{D}\\&=AC\overline{D}+\overline{A}BC\end{aligned}$$

PLC 产生一组逻辑函数见图 12-16。

12.2.3 通用阵列逻辑（GAL）

通用阵列逻辑（GAL）是一种可多次编程、可电擦除的通用逻辑器件，它具有功能很强的可编程的输出级，能灵活地改变工作模式。

GAL 既能用作组合逻辑器件，也能用作时序逻辑器件；其输出引脚既能用作输出端，

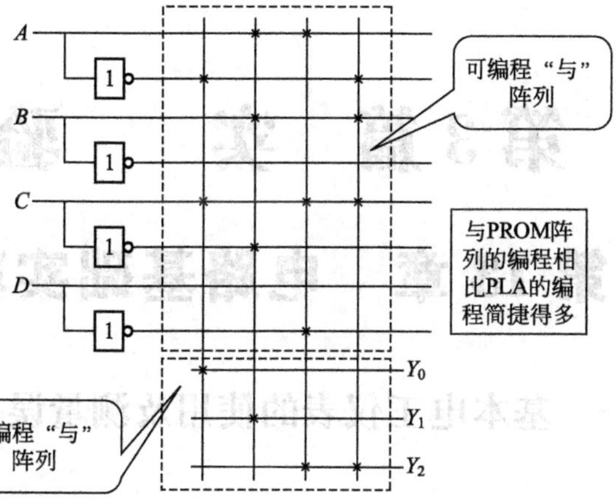

图 12-16　用 PLA 产生一组逻辑函数

也能配置成输入端。此外，它还可以设置加密位。由于 GAL 芯片内部电路结构复杂，具体分析从略。

习　题　12

12-1. 静态存储器 SRAM 和动态存储器 DRAM 在电路结构上有何不同？

12-2. PROM 实现的组合逻辑函数如题图 12-1 所示。

（1）分析电路功能，说明当 A、B、C 取何值时，函数 $F_1=F_2=1$；

（2）当 A、B、C 取何值时，函数 $F_1=F_2=0$。

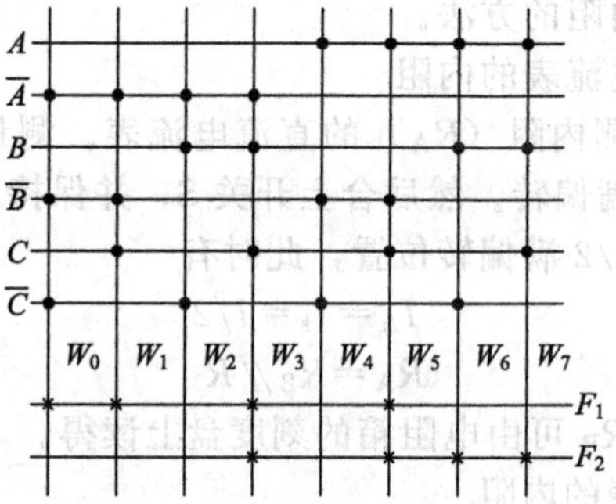

题图 12-1

12-3. 用 PROM 实现全加器，画出阵列图，确定 PROM 的容量。

12-4. 用 PROM 实现下列多输出函数，画出阵列图：

$$F_1=\overline{B}\,\overline{C}\,\overline{D}+\overline{A}\,\overline{B}C+A\overline{B}C+\overline{A}BD+ABD$$

$$F_2=B\overline{D}+A\overline{B}D+\overline{A}C\overline{D}+\overline{A}\,\overline{B}\,\overline{D}+A\overline{B}C\overline{D}$$

$$F_3=\overline{A}\,\overline{B}\,\overline{C}D+\overline{A}\,\overline{C}D+AB\overline{C}\,\overline{D}+A\overline{B}CD+A\overline{B}C$$

$$F_4=BD+\overline{B}\,\overline{D}+ACD$$

12-5. PAL 器件的结构有什么特点？

第3篇 实 验

第13章 电路基础实验

实验一 基本电工仪表的使用及测量误差的计算

13.1.1 实验目的

① 熟悉实验台上各类电源及各类测量仪表的布局和使用方法。

② 掌握指针式电压表、电流表内阻的测量方法。

③ 熟悉电工仪表测量误差的计算方法。

13.1.2 原理说明

为了准确地测量电路中实际的电压和电流，必须保证仪表接入电路后不会改变被测电路的工作状态，这就要求电压表的内阻为无穷大，电流表的内阻为零。而实际使用的指针式电工仪表都不能满足上述要求。因此，当测量仪表一旦接入电路，就会改变电路原有的工作状态，这就导致仪表的读数值与电路原有的实际值之间出现误差。这种测量误差值的大小与仪表本身内阻值的大小密切相关。只要测出仪表的内阻，即可计算出由其产生的测量误差。以下介绍几种测量指针式仪表内阻的方法。

(1) 用“分流法”测量电流表的内阻

如图 13-1 所示。A 为被测内阻（R_A）的直流电流表。测量时先断开开关 S，调节电流源的输出电流 I 使 A 表指针满偏转。然后合上开关 S，并保持 I 值不变，调节电阻箱 R_B 的阻值，使电流表的指针指在 1/2 满偏转位置，此时有

$$I_A = I_s = I/2$$

所以

$$R_A = R_B /\!/ R_1$$

R_1 为固定电阻器之值，R_B 可由电阻箱的刻度盘上读得。

(2) 用分压法测量电压表的内阻

如图 13-2 所示。V 为被测内阻（R_V）的电压表。测量时先将开关 S 闭合，调节直流稳压电源的输出电压，使电压表 V 的指针为满偏转。然后断开开关 S，调节 R_B 使电压表 V 的指示值减半。此时有

$$R_V = R_B + R_1$$

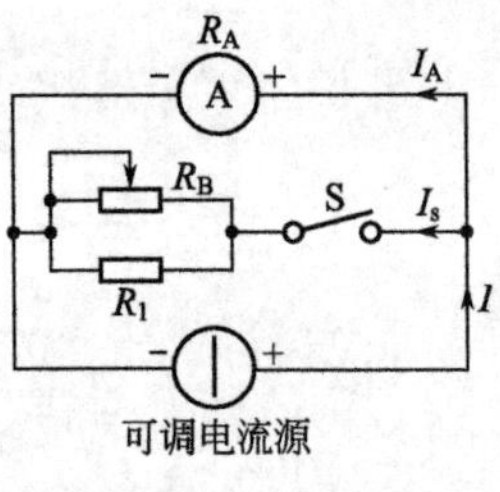

图 13-1

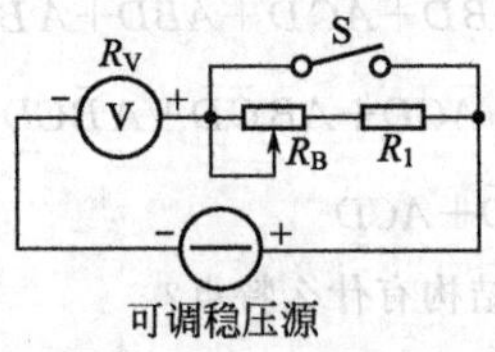

图 13-2

电压表的灵敏度为 $S = R_V/U$（Ω/V）。式中 U 为电压表满偏时的电压值。

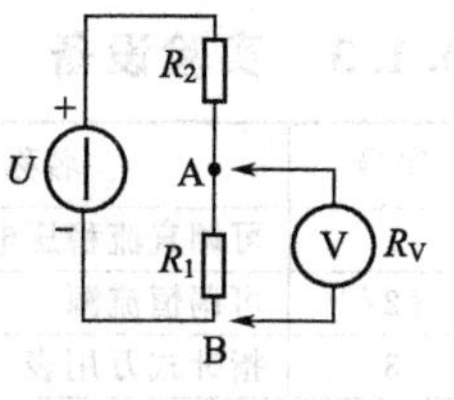

图 13-3

仪表内阻引入的测量误差（通常称之为方法误差，而仪表本身结构引起的误差称为仪表基本误差）的计算如下。

① 以图 13-3 所示电路为例，R_1 上的电压为 $U_{R1}=\dfrac{R_1U}{R_1+R_2}$，现用一内阻为 R_V 的电压表来测量 U_{R1} 值，当 R_V 与 R_1 并联后，$R_{AB}=\dfrac{R_VR_1}{R_V+R_1}$，以此来替代上式中的 R_1，则得

$$U'_{R1}=\frac{\dfrac{R_VR_1}{R_V+R_1}}{\dfrac{R_VR_1}{R_V+R_1}+R_2}U$$

绝对误差为

$$\Delta U=U'_{R1}-U_{R1}=\frac{-R_1{}^2R_2U}{R_V(R_1^2+2R_1R_2+R_2^2)+R_1R_2(R_1+R_2)}$$

若 $R_1=R_2=R_V$，则得 $\Delta U=-\dfrac{U}{6}$。

相对误差

$$\Delta U\%=\frac{U'_{R1}-U_{R1}}{U_{R1}}\times 100\%=\frac{-U/6}{U/2}\times 100\%=-33.3\%$$

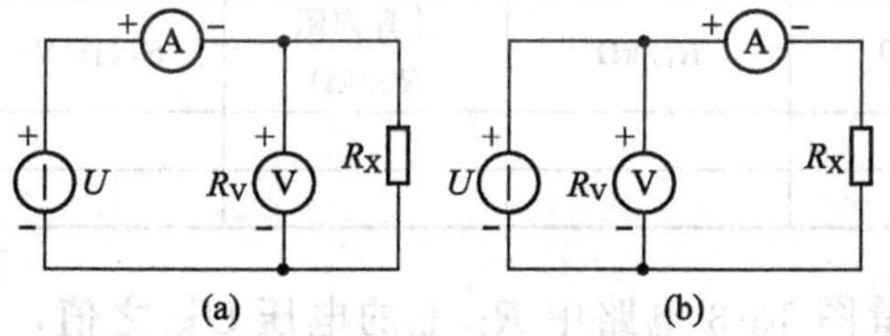

图 13-4

由此可见，当电压表的内阻与被测电路的电阻相近时，测得值的误差是非常大的。

② 伏安法测量电阻的原理为：测出流过被测电阻 R_X 的电流 I_R 及其两端的电压降 U_R，则其阻值 $R_X=U_R/I_R$。图 13-4（a）、（b）为伏安法测量电阻的两种电路。设所用电压表和电流表的内阻分别为 $R_V=20\text{k}\Omega$，$R_A=100\Omega$，电源 $U=20\text{V}$，假定 R_X 的实际值为 $R=10\text{k}\Omega$。现在来计算用此两电路测量结果的误差。

电路（a）：
$$I_R=\frac{U}{R_A+\dfrac{R_VR_X}{R_V+R_X}}=\frac{20}{0.1+\dfrac{10\times 20}{10+20}}=2.96\ (\text{mA})$$

$$U_R=I_R\times\frac{R_VR_X}{R_V+R_X}=2.96\times\frac{10\times 20}{10+20}=19.73(\text{V})$$

∴
$$R_X=\frac{U_R}{I_R}=\frac{19.73}{2.96}=6.666(\text{k}\Omega)$$

相对误差
$$\Delta a=\frac{R_X-R}{R}=\frac{6.666-10}{10}\times 100\%=-33.4\%$$

电路（b）：
$$I_R=\frac{U}{R_A+R_X}=\frac{20}{0.1+10}=1.98\ (\text{mA}),\ U_R=U=20\text{V}$$

∴
$$R_X=\frac{U_R}{I_R}=\frac{20}{1.98}=10.1\ (\text{k}\Omega)$$

相对误差
$$\Delta b=\frac{10.1-10}{10}\times 100\%=1\%$$

由此例，既可看出仪表内阻对测量结果的影响，也可看出采用正确的测量电路可获得较满意的结果。

13.1.3 实验设备

序号	名称	型号与规格	数量	备注
1	可调直流稳压电源	0～30V	2路	
2	可调恒流源	0～500mA	1	
3	指针式万用表	MF-47或其他	1	自备
4	可调电阻箱	0～9999.9Ω	1	HE-19
5	电阻器	按需选择		HE-11A

13.1.4 实验内容

① 根据“分流法”原理测定指针式万用表（MF-47型或其他型号）直流电流0.5mA和5mA挡量限的内阻。线路如图13-1所示。R_B可选用HE-19中的电阻箱（下同）。

被测电流表量限	S断开时的表读数/mA	S闭合时的表读数/mA	R_B/Ω	R_1/Ω	计算内阻R_A/Ω
0.5mA					
5mA					

② 根据“分压法”原理按图13-2接线，测定指针式万用表直流电压2.5V和10V挡量限的内阻。

被测电压表量限	S闭合时表读数/V	S断开时表读数/V	R_B/kΩ	R_1/kΩ	计算内阻R_V/kΩ	S/(Ω/V)
2.5V						
10V						

③ 用指针式万用表直流电压10V挡量程测量图13-3电路中R_1上的电压U'_{R1}之值，并计算测量的绝对误差与相对误差。

U	R_2	R_1	R_{10V}/kΩ	计算值U_{R1}/V	实测值U'_{R1}/V	绝对误差ΔU	相对误差$(\Delta U/U_{R1})\times100\%$
12V	10kΩ	50kΩ					

13.1.5 实验注意事项

① 实验台上配有实验所需的恒流源，在开启电源开关前，应将恒流源的输出粗调拨到2mA挡，输出细调旋钮应调至最小。接通电源后，再根据需要缓慢调节。

② 当恒流源输出端接有负载时，如果需要将其粗调旋钮由低挡位向高挡位切换时，必须先将其细调旋钮调至最小。否则输出电流会突增，可能会损坏外接器件。

③ 实验前应认真阅读直流稳压电源的使用说明书，以便在实验中能正确使用。

④ 电压表应与被测电路并联使用，电流表应与被测电路串联使用，并且都要注意极性与量程的合理选择。

⑤ 本实验仅测试指针式仪表的内阻。由于所选指针表的型号不同，实验中所列的电流、电压量程及选用的R_B、R_1等均会不同。实验时应按选定的表型自行确定。

13.1.6 思考题

① 根据实验内容1和2，若已求出0.5mA挡和2.5V挡的内阻，可否直接计算得出5mA挡和10V挡的内阻？

② 用量程为10A的电流表测实际值为8A的电流时，实际读数为8.1A，求测量的绝对

误差和相对误差。

13.1.7　实验报告

① 列表记录实验数据，并计算各被测仪表的内阻值。

② 计算实验内容 3 的绝对误差与相对误差。

③ 对思考题的计算。

④ 其他（包括实验的心得、体会及意见等）。

实验二　基尔霍夫定律的验证

13.2.1　实验目的

① 验证基尔霍夫定律的正确性，加深对基尔霍夫定律的理解。

② 学会用电流插头、插座测量各支路电流的方法。

13.2.2　原理说明

基尔霍夫定律是电路的基本定律。测量某电路的各支路电流及每个元件两端的电压，应能分别满足基尔霍夫电流定律（KCL）和电压定律（KVL）。即对电路中的任一个节点而言，应有$\sum I=0$；对任何一个闭合回路而言，应有$\sum U=0$。

运用该定律时必须注意各支路或闭合回路中电流的正方向，此方向可预先任意设定。

13.2.3　实验设备

序号	名称	型号与规格	数量	备注
1	直流可调稳压电源	0～30V	2 路	屏上
2	万用表		1	自备
3	直流电压表	0～300V	1	屏上
4	电位、电压测定实验电路板		1	HE-12

13.2.4　实验内容

① 实验前先任意设定 3 条支路和 3 个闭合回路的电流正方向。图 13-5 中的 I_1、I_2、I_3 的方向已设定。3 个闭合回路的电流正方向可设为 ADEFA、BADCB 和 FBCEF。

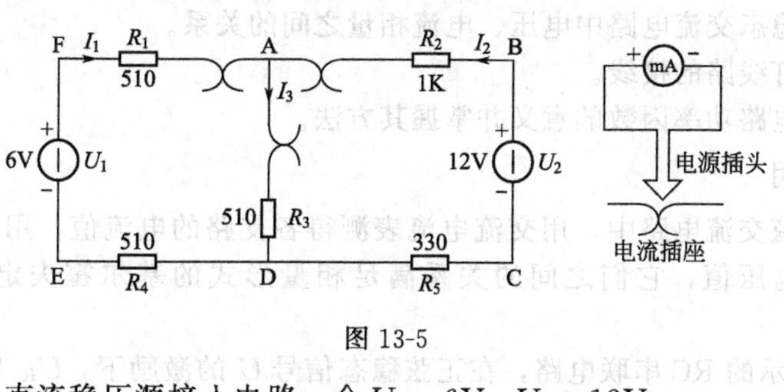

图 13-5

② 分别将两路直流稳压源接入电路，令 $U_1=6V$，$U_2=12V$。

③ 熟悉电流插头的结构，将电流插头的两端接至数字毫安表的“+、−”两端。

④ 将电流插头分别插入 3 条支路的 3 个电流插座中，读出并记录电流值。

⑤ 用直流数字电压表分别测量两路电源及电阻元件上的电压值，记录之。

被测量	I_1/mA	I_2/mA	I_3/mA	U_1/V	U_2/V	U_{FA}/V	U_{AB}/V	U_{AD}/V	U_{CD}/V	U_{DE}/V
计算值										
测量值										
相对误差										

13.2.5 实验注意事项

① 本实验线路板是多个实验通用，本次实验中不使用电流插头和插座。HE-12 上的 K_3 应拨向 330Ω 侧，3 个故障按键均不得按下，但需用到电流插座。

② 所有需要测量的电压值，均以电压表测量的读数为准。U_1、U_2 也需测量，不应取电源本身的显示值。

③ 防止稳压电源两个输出端碰线短路。

④ 用指针式电压表或电流表测量电压或电流时，如果仪表指针反偏，则必须调换仪表极性，重新测量。此时指针正偏，可读得电压或电流值。若用数显电压表或电流表测量，则可直接读出电压或电流值。但应注意：所读得的电压或电流值的正确正、负号，应根据设定的电流方向来判断。

13.2.6 预习思考题

① 根据图 13-5 的电路参数，计算出待测的电流 I_1、I_2、I_3 和各电阻上的电压值，记入表中，以便实验测量时，可正确地选定毫安表和电压表的量程。

② 实验中，若用指针式万用表直流毫安挡测各支路电流，在什么情况下可能出现指针反偏，应如何处理？在记录数据时应注意什么？若用直流数字毫安表进行测量时，则会有什么显示呢？

13.2.7 实验报告

① 根据实验数据，选定节点 A，验证 KCL 的正确性。

② 根据实验数据，选定实验电路中的任一个闭合回路，验证 KVL 的正确性。

③ 将支路和闭合回路的电流方向重新设定，重复①、②两项验证。

④ 误差原因分析。

⑤ 心得体会及其他。

实验三 正弦稳态交流电路相量的研究

13.3.1 实验目的

① 研究正弦稳态交流电路中电压、电流相量之间的关系。

② 掌握日光灯线路的接线。

③ 理解改善电路功率因数的意义并掌握其方法。

13.3.2 原理说明

① 在单相正弦交流电路中，用交流电流表测得各支路的电流值，用交流电压表测得回路各元件两端的电压值，它们之间的关系满足相量形式的基尔霍夫定律，即 $\sum I=0$ 和 $\sum U=0$。

② 图 13-6 所示的 RC 串联电路，在正弦稳态信号 U 的激励下，U_R 与 U_C 保持有 90° 的相位差，即当 R 阻值改变时，U_R 的相量轨迹是一个半圆。U、U_C 与 U_R 形成一个直角形的

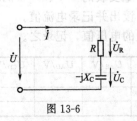

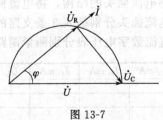

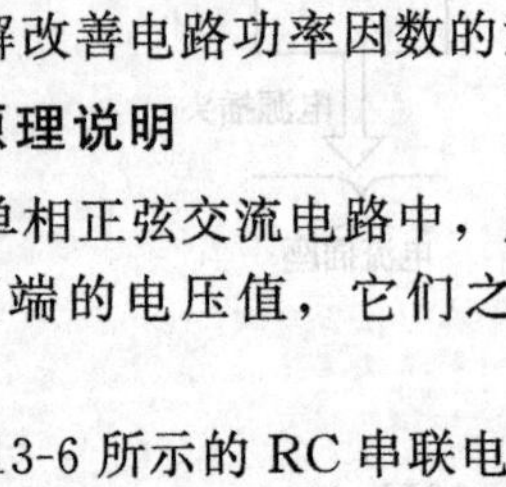

图 13-6

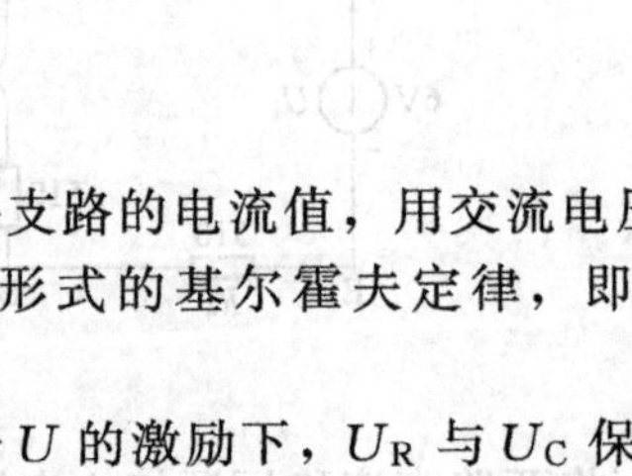

图 13-7

电压三角形，如图 13-7 所示。R 值改变时，可改变 φ 角的大小，从而达到移相的目的。

③ 日光灯线路如图 13-8 所示，图中 A 是日光灯管，L 是镇流器，S 是启辉器，C 是补偿电容器，用以改善电路的功率因数（$\cos\varphi$ 值）。有关日光灯的工作原理请自行翻阅有关资料。

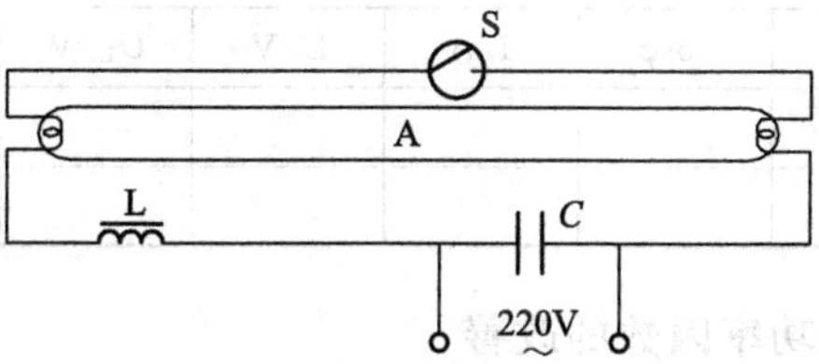

图 13-8

13.3.3　实验设备

序号	名称	型号与规格	数量	备注
1	交流电压表	0～450V	1	
2	交流电流表	0～5A	1	
3	功率表		1	
4	自耦调压器		1	
5	镇流器、启辉器	与 30W 灯管配用	各 1	HE-16
6	日光灯灯管	30W	1	屏内
7	电容器	1μF，2.2μF，4.7μF/500V	各 1	HE-16
8	白炽灯及灯座	220V，15W	1～3	HE-17
9	电流插座		3	屏上

13.3.4　实验内容

（1）按图 13-6 接线

R 为 220V、15W 的白炽灯泡，电容器为 4.7μF/500V。经指导教师检查后，接通实验台电源，将自耦调压器输出（即 U）调至 220V。记录 U、U_R、U_C 值，验证电压三角形关系。

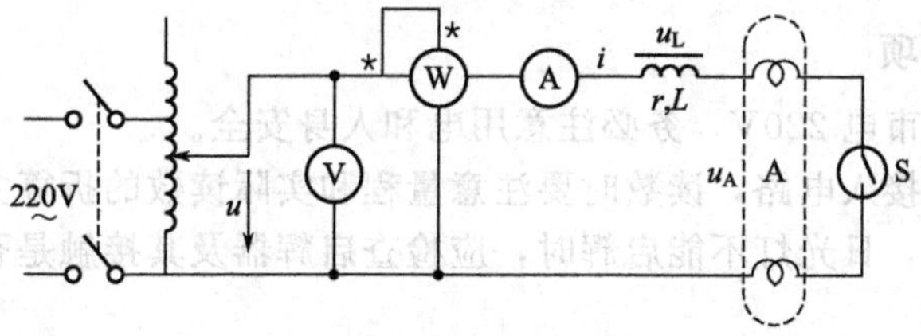

图 13-9

测量值			计算值		
U/V	U_R/V	U_C/V	U'（与 U_R、U_C 组成直角三角形）（$U'=\sqrt{U_R^2+U_C^2}$）	$\Delta U=U'-U$/V	$\Delta U/U$/%

（2）日光灯线路接线与测量

利用 HE-16 实验箱中"30W 日光灯实验器件"、屏上与 30W 日光灯管连通的插孔及相关器件，按图13-9接线。经指导教师检查后接通实验台电源，调节自耦调压器的输出，使其输出电压缓慢增大，直到日光灯刚启辉点亮为止，记下三表的指示值。然后将电压调至220V，测量功率 P，电流 I，电压 U、U_L、U_A 等值，验证电压、电流相量关系。

测量数值							计算值	
参数	P/W	$\cos\varphi$	I/A	U/V	U_L/V	U_A/V	r/Ω	$\cos\varphi$
启辉值								
正常工作值								

(3) 并联电路——电路功率因数的改善

利用主屏上的电流插座，按图13-10组成实验线路。经指导老师检查后，接通实验台电源，将自耦调压器的输出调至220V，记录功率表，电压表读数。通过一只电流表和三个电流插座分别测得三条支路的电流，改变电容值，进行三次重复测量。

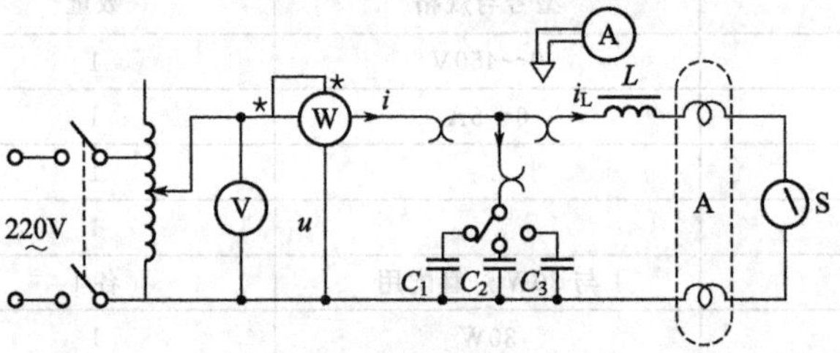

图 13-10

电容值/μF	测量数值						计算值	
	P/W	$\cos\varphi$	U/V	I/A	I_L/A	I_C/A	I'/A	$\cos\varphi$
0								
1								
2.2								
4.7								

13.3.5 实验注意事项

① 本实验用交流市电220V，务必注意用电和人身安全。

② 功率表要正确接入电路，读数时要注意量程和实际读数的折算关系。

③ 线路接线正确，日光灯不能启辉时，应检查启辉器及其接触是否良好。

13.3.6 预习思考题

① 了解日光灯的启辉原理。

② 在日常生活中，当日光灯上缺少了启辉器时，人们常用一根导线将启辉器的两端短接一下，然后迅速断开，使日光灯点亮；或用一只启辉器去点亮多只同类型的日光灯，这是为什么？(HE-16实验箱上有短接按钮，可用它代替启辉器做一下试验。)

③ 为了提高电路的功率因数，常在感性负载上并联电容器，此时增加了一条电流支路，试问电路的总电流是增大还是减小？此时感性元件上的电流和功率是否改变？

④ 提高线路功率因数为什么只采用并联电容器法而不用串联法？所并的电容器是否越大越好？

13.3.7　实验报告

① 完成数据表格中的计算，进行必要的误差分析。

② 根据实验数据，分别绘出电压、电流相量图，验证相量形式的基尔霍夫定律。

③ 讨论改善电路功率因数的意义和方法。

④ 装接日光灯线路的心得体会及其他。

实验四　功率因数及相序的测量

13.4.1　实验目的

① 掌握三相交流电路相序的测量方法。

② 熟悉功率因数表的使用方法，了解负载性质对功率因数的影响。

13.4.2　原理说明

图 13-11 为相序指示器电路，用以测定三相电源的相序 A、B、C（或 U、V、W）。它是由一个电容器和两个电灯连接成的星形不对称三相负载电路。如果电容器所接的是 A 相，则灯光较亮的是 B 相，较暗的是 C 相。相序是相对的，任何一相均可作为 A 相。但 A 相确定后，B 相和 C 相也就确定了。为了分析问题简单起见，设

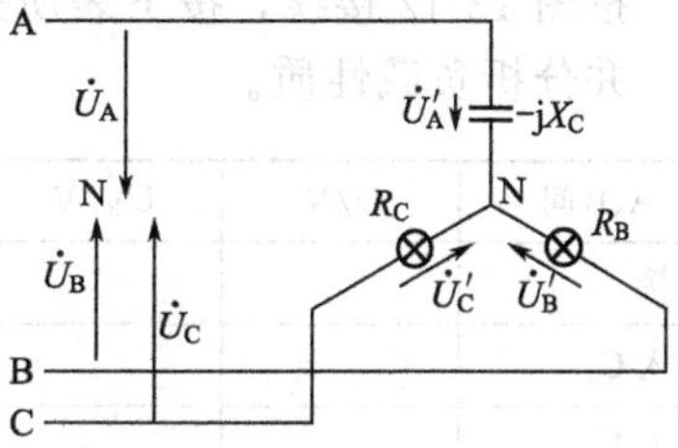

图 13-11

$X_C=R_B=R_C=R$，$\dot{U}_A=U_P\angle 0°$，则

$$\dot{U}_{N'N}=\frac{U_P\left(\frac{1}{-jR}\right)+U_P\left(-\frac{1}{2}-j\frac{\sqrt{3}}{2}\right)\left(\frac{1}{R}\right)+U_P\left(-\frac{1}{2}+j\frac{\sqrt{3}}{2}\right)\left(\frac{1}{R}\right)}{-\frac{1}{jR}+\frac{1}{R}+\frac{1}{R}}$$

$$\dot{U}'_B=\dot{U}_B-\dot{U}_{N'N}=U_P\left(-\frac{1}{2}-j\frac{\sqrt{3}}{2}\right)-U_P(-0.2+j0.6)$$

$$=U_P(-0.3-j1.466)=1.49\angle-101.6°U_P$$

$$\dot{U}'_C=\dot{U}_C-\dot{U}_{N'N}=U_P\left(-\frac{1}{2}+j\frac{\sqrt{3}}{2}\right)-U_P(-0.2+j0.6)$$

$$=U_P(-0.3+j0.266)=0.4\angle-138.4°U_P$$

由于$\dot{U}'_B>\dot{U}'_C$，故 B 相灯光较亮。

13.4.3　实验设备

序号	名　称	型号与规格	数量	备注
1	单相功率表			
2	交流电压表	0～450V		
3	交流电流表	0～5A		
4	白炽灯组负载	15W/220V	3	HE-17
5	电感线圈	30W 镇流器	1	HE-16
6	电容器	1μF，4.7μF		HE-16

13.4.4　实验内容

（1）相序的测定

① 用 220V、15W 白炽灯和 1μF/500V 电容器，按图 13-11 接线，经三相调压器接入线电压为 220V 的三相交流电源，观察两只灯泡的亮、暗，判断三相交流电源的相序。

② 将电源线任意调换两相后再接入电路，观察两灯的明亮状态，判断三相交流电源的相序。

(2) 电路功率（P）和功率因数（$\cos\varphi$）的测定

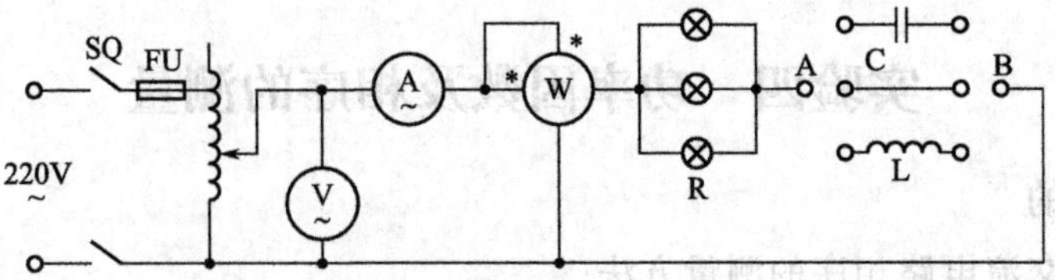

图 13-12

按图 13-12 接线，按下表所述在 A、B 间接入不同器件，记录 $\cos\varphi$ 表及其他各表的读数，并分析负载性质。

A、B间	U/V	U_R/V	U_L/V	U_C/V	I/V	P/W	$\cos\varphi$	负载性质
短接								
接入 C								
接入 L								
接入 L 和 C								

说明：C 为 4.7μF/500V，L 为 40W 日光灯镇流器。

13.4.5 实验注意事项

每次改接线路都必须先断开电源。

13.4.6 预习思考题

根据电路理论，分析图 13-11 检测相序的原理。

13.4.7 实验报告

① 简述实验线路的相序检测原理。

② 根据 U、I、P 三表测定的数据，计算出 $\cos\varphi$ 并与 $\cos\varphi$ 表的读数比较，分析误差原因。

③ 分析负载性质与 $\cos\varphi$ 的关系。

④ 心得体会及其他。

第14章 模拟电子实验

实验一 常用电子仪器的使用

14.1.1 实验目的

① 学习电子电路实验中常用的电子仪器——示波器、函数信号发生器、直流稳压电源、交流毫伏表、频率计等的主要技术指标、性能及正确使用方法。

② 初步掌握用双踪示波器观察正弦信号波形和读取波形参数的方法。

14.1.2 实验原理

在模拟电子电路实验中，经常使用的电子仪器有示波器、函数信号发生器、直流稳压电源、交流毫伏表及频率计等。它们和万用电表一起，可以完成对模拟电子电路的静态和动态工作情况的测试。

实验中要对各种电子仪器进行综合使用，可按照信号流向，以连线简捷、调节顺手、观察与读数方便等原则进行合理布局，各仪器与被测实验装置之间的布局与连接如图14-1所示。接线时应注意，为防止外界干扰，各仪器的公共接地端应连接在一起，称共地。信号源和交流毫伏表的引线通常用屏蔽线或专用电缆线，示波器接线使用专用电缆线，直流电源的接线用普通导线。

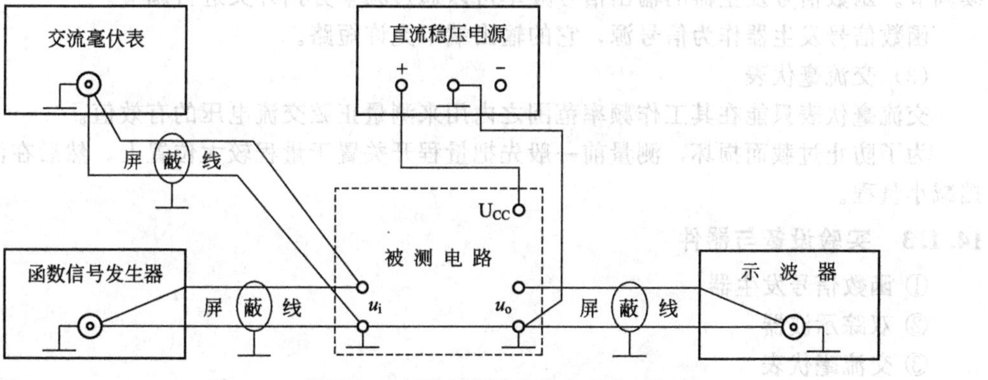

图14-1 模拟电子电路中常用电子仪器布局图

(1) 示波器

示波器是一种用途很广的电子测量仪器，它既能直接显示电信号的波形，又能对电信号进行各种参数的测量。现着重指出下列几点。

① 寻找扫描光迹 将示波器Y轴显示方式置“Y_1”或“Y_2”，输入耦合方式置“GND”。开机预热后，若在显示屏上不出现光点和扫描基线，可按下列操作去找到扫描线：

a. 适当调节亮度旋钮；

b. 触发方式开关置“自动”；

c. 适当调节垂直（↑↓）、水平（⇄）“位移”旋钮，使扫描光迹位于屏幕中央（若示波器设有“寻迹”按键，可按下“寻迹”按键，判断光迹偏移基线的方向）。

② 双踪示波器一般有5种显示方式，即“Y_1”、“Y_2”、“Y_1+Y_2”三种单踪显示方式和“交替”、“断续”两种双踪显示方式。“交替”显示一般适宜于输入信号频率较高时使用。“断续”显示一般适宜于输入信号频率较低时使用。

③ 为了显示稳定的被测信号波形，“触发源选择”开关一般选为“内”触发，使扫描触发信号取自示波器内部的Y通道。

④ 触发方式开关通常先置于“自动”调出波形后，若被显示的波形不稳定，可置触发方式开关于“常态”，通过调节“触发电平”旋钮找到合适的触发电压，使被测试的波形稳定地显示在示波器屏幕上。

有时，由于选择了较慢的扫描速率，显示屏上将会出现闪烁的光迹，但被测信号的波形不在X轴方向左右移动，这样的现象仍属于稳定显示。

⑤ 适当调节“扫描速率”开关及“Y轴灵敏度”开关，使屏幕上显示1～2个周期的被测信号波形。在测量幅值时，应注意将“Y轴灵敏度微调”旋钮置于“校准”位置，即顺时针旋到底，且听到关的声音。在测量周期时，应注意将“X轴扫速微调”旋钮置于“校准”位置，即顺时针旋到底，且听到关的声音。还要注意“扩展”旋钮的位置。

根据被测波形在屏幕坐标刻度上垂直方向所占的格数（div或cm）与“Y轴灵敏度”开关指示值（V/div）的乘积，即可算得信号幅值的实测值。

根据被测信号波形一个周期在屏幕坐标刻度水平方向所占的格数（div或cm）与“扫速”开关指示值（t/div）的乘积，即可算得信号频率的实测值。

(2) 函数信号发生器

函数信号发生器按需要输出正弦波、方波、三角波三种信号波形。输出电压最大可达$20U_{P-P}$。通过输出衰减开关和输出幅度调节旋钮，可使输出电压在毫伏级到伏级范围内连续调节。函数信号发生器的输出信号频率可以通过频率分挡开关进行调节。

函数信号发生器作为信号源，它的输出端不允许短路。

(3) 交流毫伏表

交流毫伏表只能在其工作频率范围之内用来测量正弦交流电压的有效值。

为了防止过载而损坏，测量前一般先把量程开关置于量程较大位置上，然后在测量中逐挡减小量程。

14.1.3 实验设备与器件

① 函数信号发生器

② 双踪示波器

③ 交流毫伏表

14.1.4 实验内容

(1) 用机内校正信号对示波器进行自检

① 扫描基线调节　将示波器的显示方式开关置于“单踪”显示（Y_1或Y_2），输入耦合方式开关置“GND”，触发方式开关置于“自动”。开启电源开关后，调节“辉度”、“聚焦”、“辅助聚焦”等旋钮，使荧光屏上显示一条细而且亮度适中的扫描基线。然后调节“X轴位移”（⇄）和“Y轴位移”（↑↓）旋钮，使扫描线位于屏幕中央，并且能上下左右移动自如。

② 测试“校正信号”波形的幅度、频率　将示波器的“校正信号”通过专用电缆线引入选定的Y通道（Y_1或Y_2），将Y轴输入耦合方式开关置于“AC”或“DC”，触发源选择开关置“内”，内触发源选择开关置“Y_1”或“Y_2”。调节X轴“扫描速率”开关（t/div）

和 Y 轴“输入灵敏度”开关（V/div），使示波器显示屏上显示出一个或数个周期稳定的方波波形。

a. 校准“校正信号”幅度 将“Y 轴灵敏度微调”旋钮置“校准”位置，“Y 轴灵敏度”开关置适当位置，读取校正信号幅度，记入表 14-1。

表 14-1

参 数	标 准 值	实 测 值
幅度 $U_{p\text{-}p}$/V		
频率 f/kHz		
上升沿时间/μs		
下降沿时间/μs		

注：不同型号示波器标准值有所不同，按所使用示波器将标准值填入表格中。

b. 校准“校正信号”频率 将“扫速微调”旋钮置“校准”位置，“扫速”开关置适当位置，读取校正信号周期，记入表 14-1。

c. 测量“校正信号”的上升时间和下降时间 调节“Y 轴灵敏度”开关及微调旋钮，并移动波形，使方波波形在垂直方向上正好占据中心轴，且上、下对称，便于阅读。通过扫速开关逐级提高扫描速度，使波形在 X 轴方向扩展（必要时可以利用“扫速扩展”开关将波形再扩展 10 倍），并同时调节触发电平旋钮，从显示屏上清楚地读出上升时间和下降时间，记入表 14-1。

(2) 用示波器和交流毫伏表测量信号参数

调节函数信号发生器有关旋钮，使输出频率分别为 100Hz、1kHz、10kHz、100kHz，有效值均为 1V（交流毫伏表测量值）的正弦波信号。

改变示波器“扫速”开关及“Y 轴灵敏度”开关等位置，测量信号源输出电压频率及峰峰值，记入表 14-2。

表 14-2

信号电压频率	示波器测量值		信号电压毫伏表读数/V	示波器测量值	
	周期/ms	频率/Hz		峰峰值/V	有效值/V
100Hz					
1kHz					
10kHz					
100kHz					

(3) 测量两波形间相位差

① 观察双踪显示波形“交替”与“断续”两种显示方式的特点

Y_1、Y_2 均不加输入信号，输入耦合方式置“GND”，扫速开关置扫速较低挡位（如 0.5s/div 挡）和扫速较高挡位（如 5μs/div 挡），把显示方式开关分别置“交替”和“断续”位置，观察两条扫描基线的显示特点，记录之。

② 用双踪显示测量两波形间相位差

a. 按图 14-2 连接实验电路，将函数信号发生器的输出电压调至频率为 1kHz、幅值为 2V 的正弦波，经 RC 移相网络获得频率相同但相位不同的两路信号 u_i 和 u_R，分别加到双踪

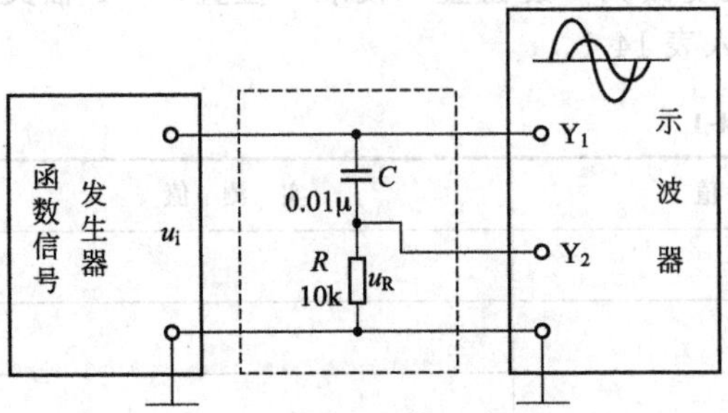

图 14-2 两波形间相位差测量电路

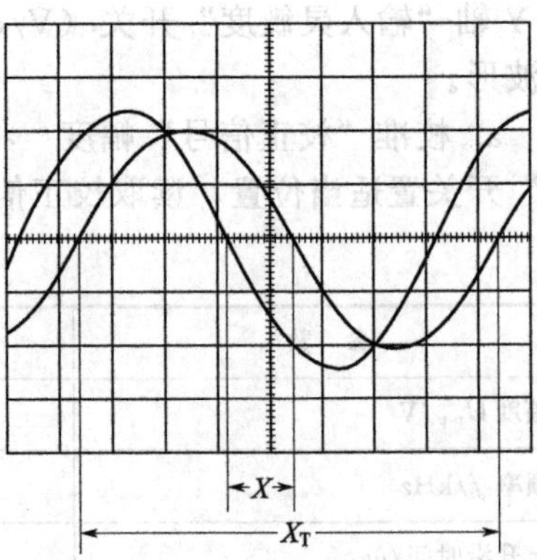

图 14-3 双踪示波器显示两相位不同的正弦波

示波器的 Y_1 和 Y_2 输入端。

为便于稳定波形，比较两波形相位差，应使内触发信号取自被设定作为测量基准的一路信号。

b. 把显示方式开关置“交替”挡位，将 Y_1 和 Y_2 输入耦合方式开关置“⊥”挡位，调节 Y_1、Y_2 的（↑↓）移位旋钮，使两条扫描基线重合。

c. 将 Y_1、Y_2输入耦合方式开关置“AC”挡位，调节触发电平、扫速开关及 Y_1、Y_2灵敏度开关位置，使在荧屏上显示出易于观察的两个相位不同的正弦波形 u_i 及 u_R，如图 14-3 所示。根据两波形在水平方向差距 X 及信号周期 X_T，则可求得两波形相位差：

$$\theta=\frac{X(\text{div})}{X_T(\text{div})}\times 360^\circ$$

式中 X_T——一周期所占格数；

X——两波形在 X 轴方向差距格数。

记录两波形相位差于表 14-3。

表 14-3

一周期格数	两波形 X 轴差距格数	相位差	
		实测值	计算值
$X_T=$	$X=$	$\theta=$	$\theta=$

为读数和计算方便，可适当调节扫速开关及微调旋钮，使波形一周期占整数格。

14.1.5 实验总结

① 整理实验数据，并进行分析。

② 问题讨论

a. 如何操纵示波器有关旋钮，以便从示波器显示屏上观察到稳定、清晰的波形？

b. 用双踪显示波形，并要求比较相位时，为在显示屏上得到稳定波形，应怎样选择下列开关的位置？

- 显示方式选择（Y_1；Y_2；Y_1+Y_2；交替；断续）；
- 触发方式选择（常态；自动）；
- 触发源选择（内；外）；
- 内触发源选择（Y_1；Y_2；交替）。

③ 函数信号发生器有哪几种输出波形？它的输出端能否短接？如用屏蔽线作为输出引线，则屏蔽层一端应该接在哪个接线柱上？

④ 交流毫伏表用来测量正弦波电压还是非正弦波电压？它的表头指示值是被测信号的什么数值？它是否可以用来测量直流电压的大小？

14.1.6　预习要求

① 阅读有关示波器部分的内容。

② 已知 $C=0.01\mu F$，$R=10k\Omega$，计算图 14-2 RC 移相网络的阻抗角 θ。

实验二　晶体管共射极单管放大器

14.2.1　实验目的

① 学会放大器静态工作点的调试方法，分析静态工作点对放大器性能的影响。

② 掌握放大器电压放大倍数、输入电阻、输出电阻及最大不失真输出电压的测试方法。

③ 熟悉常用电子仪器及模拟电路实验设备的使用。

14.2.2　实验原理

图 14-4 为电阻分压式工作点稳定单管放大器实验电路图。它的偏置电路采用 R_{B1} 和 R_{B2} 组成的分压电路，并在发射极中接有电阻 R_E，以稳定放大器的静态工作点。当在放大器的输入端加入输入信号 u_i 后，在放大器的输出端便可得到一个与 u_i 相位相反，幅值被放大了的输出信号 u_o，从而实现了电压放大。

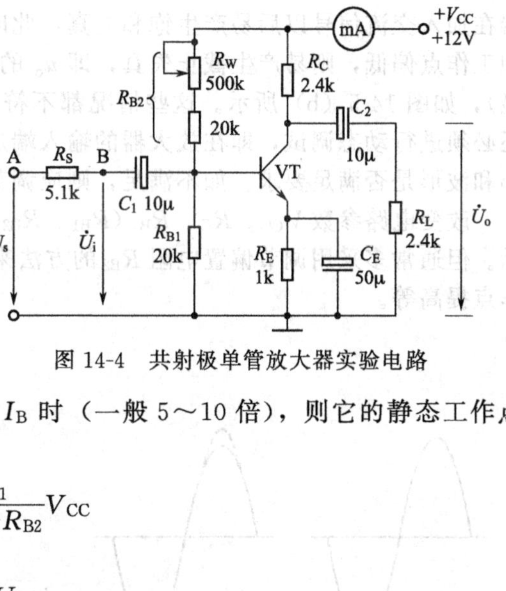

图 14-4　共射极单管放大器实验电路

在图 14-4 电路中，当流过偏置电阻 R_{B1} 和 R_{B2} 的电流远大于晶体管 VT 的基极电流 I_B 时（一般 5～10 倍），则它的静态工作点可用下式估算

$$U_B \approx \frac{R_{B1}}{R_{B1}+R_{B2}} V_{CC}$$

$$I_E \approx \frac{U_B - U_{BE}}{R_E} \approx I_C$$

$$U_{CE} = V_{CC} - I_C\ (R_C + R_E)$$

电压放大倍数

$$A_V = -\beta \frac{R_C//R_L}{r_{be}}$$

输入电阻

$$R_i = R_{B1}//R_{B2}//r_{be}$$

输出电阻

$$R_o \approx R_C$$

由于电子器件性能的分散性比较大，因此在设计和制作晶体管放大电路时，离不开测量和调试技术。在设计前应测量所用元器件的参数，为电路设计提供必要的依据，在完成设计和装配以后，还必须测量和调试放大器的静态工作点和各项性能指标。一个优质的放大器，必定是理论设计与实验调整相结合的产物。因此，除了学习放大器的理论知识和设计方法

外，还必须掌握必要的测量和调试技术。

放大器的测量和调试一般包括放大器静态工作点的测量与调试，消除干扰与自激振荡及放大器各项动态参数的测量与调试等。

（1）放大器静态工作点的测量与调试

① 静态工作点的测量　测量放大器的静态工作点，应在输入信号 $u_i=0$ 的情况下进行，即将放大器输入端与地端短接，然后选用量程合适的直流毫安表和直流电压表，分别测量晶体管的集电极电流 I_C 以及各电极对地的电位 U_B、U_C 和 U_E。一般实验中，为了避免断开集电极，所以采用测量电压 U_E 或 U_C，然后算出 I_C 的方法。例如，只要测出 U_E，即可用 $I_C\approx I_E=\dfrac{U_E}{R_E}$算出 I_C（也可根据 $I_C=\dfrac{V_{CC}-U_C}{R_C}$，由 U_C 确定 I_C），同时也能算出 $U_{BE}=U_B-U_E$，$U_{CE}=U_C-U_E$。

为了减小误差，提高测量精度，应选用内阻较高的直流电压表。

② 静态工作点的调试　放大器静态工作点的调试是指对管子集电极电流 I_C（或 U_{CE}）的调整与测试。

静态工作点是否合适，对放大器的性能和输出波形都有很大影响。如工作点偏高，放大器在加入交流信号以后易产生饱和失真，此时 u_o 的负半周将被削底，如图 14-5（a）所示；如工作点偏低，则易产生截止失真，即 u_o 的正半周被缩顶（一般截止失真不如饱和失真明显），如图 14-5（b）所示。这些情况都不符合不失真放大的要求。所以在选定工作点以后还必须进行动态调试，即在放大器的输入端加入一定的输入电压 u_i，检查输出电压 u_o 的大小和波形是否满足要求。如不满足，则应调节静态工作点的位置。

改变电路参数 V_{CC}、R_C、R_B（R_{B1}、R_{B2}），都会引起静态工作点的变化，如图 14-6 所示。但通常多采用调节偏置电阻 R_{B2}的方法来改变静态工作点，如减小 R_{B2}，则可使静态工作点提高等。

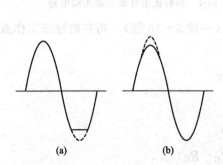

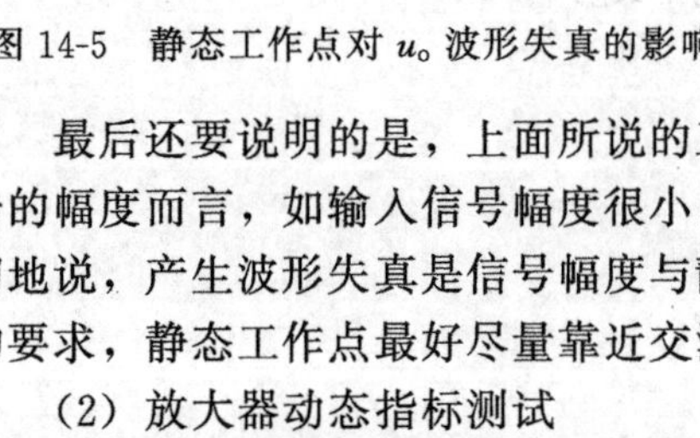

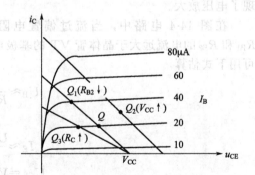

图 14-5　静态工作点对 u_o 波形失真的影响

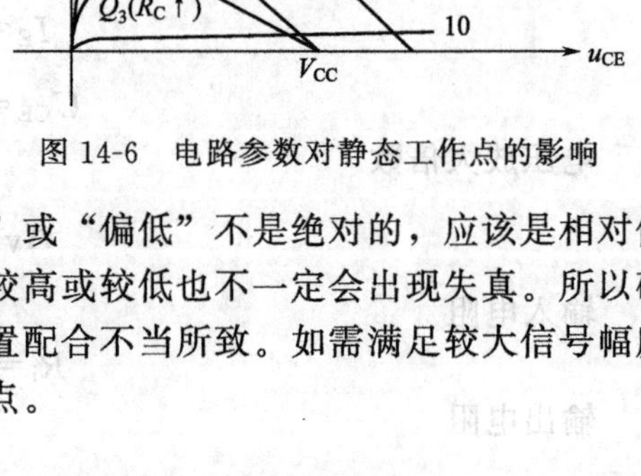

图 14-6　电路参数对静态工作点的影响

最后还要说明的是，上面所说的工作点“偏高”或“偏低”不是绝对的，应该是相对信号的幅度而言，如输入信号幅度很小，即使工作点较高或较低也不一定会出现失真。所以确切地说，产生波形失真是信号幅度与静态工作点设置配合不当所致。如需满足较大信号幅度的要求，静态工作点最好尽量靠近交流负载线的中点。

（2）放大器动态指标测试

放大器动态指标包括电压放大倍数、输入电阻、输出电阻、最大不失真输出电压（动态范围）和通频带等。

① 电压放大倍数 A_u 的测量　调整放大器到合适的静态工作点，然后加输入电压 u_i，在输出电压 u_o 不失真的情况下，用交流毫伏表测出 u_i 和 u_o 的有效值 U_i 和 U_o，则

$$A_u=\frac{U_o}{U_i}$$

② 输入电阻 R_i 的测量　为了测量放大器的输入电阻，按图 14-7 电路在被测放大器的输入端与信号源之间串入一已知电阻 R，在放大器正常工作的情况下，用交流毫伏表测出 U_s 和 U_i，则根据输入电阻的定义可得

$$R_i=\frac{U_i}{I_i}=\frac{U_i}{\frac{U_R}{R}}=\frac{U_i}{U_s-U_i}R$$

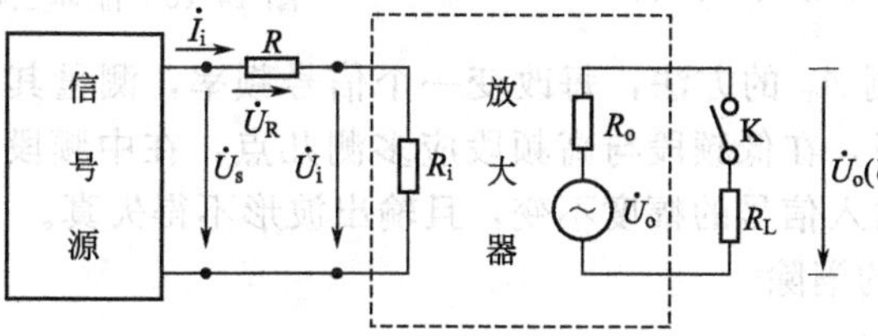

图 14-7　输入、输出电阻测量电路

测量时应注意下列几点：

a. 由于电阻 R 两端没有电路公共接地点，所以测量 R 两端电压 U_R 时必须分别测出 U_s 和 U_i，然后按 $U_R=U_s-U_i$ 求出 U_R 值；

b. 电阻 R 的值不宜取得过大或过小，以免产生较大的测量误差，通常取 R 与 R_i 为同一数量级为好，本实验可取 $R=1\sim2\text{k}\Omega$。

③ 输出电阻 R_o 的测量　按图 14-7 电路，在放大器正常工作条件下，测出输出端不接负载 R_L 的输出电压 U_o 和接入负载后的输出电压 U_L，根据

$$U_L=\frac{R_L}{R_o+R_L}U_o$$

即可求出

$$R_o=\left(\frac{U_o}{U_L}-1\right)R_L$$

在测试中应注意，必须保持 R_L 接入前后输入信号的大小不变。

④ 最大不失真输出电压 U_{oPP} 的测量（最大动态范围）　为了得到最大动态范围，应将静态工作点调在交流负载线的中点。为此在放大器正常工作情况下，逐步增大输入信号的幅度，并同时调节 R_W（改变静态工作点），用示波器观察 u_o，当输出波形同时出现削底和缩顶现象（如图 14-8）时，说明静态工作点已调在交流负载线的中点。然后反复调整输入信号，使波形输出幅度最大且无明显失真时，用交流毫伏表测出 U_o（有效值），则动态范围等于$2\sqrt{2}U_o$。或用示波器直接读出 U_{oPP} 来。

⑤ 放大器幅频特性的测量　放大器的幅频特性是指放大器的电压放大倍数 A_u 与输入信号频率 f 之间的关系曲线。单管阻容耦合放大电路的幅频特性曲线如图14-9 所示，A_{um} 为中频电压放大倍数。通常规定电压放大倍数随频率变化下降到中频放大倍数的 $1/\sqrt{2}$倍，即 0.707A_{um}所对应的频率分别称为下限频率 f_L 和上限频率 f_H，则通频带$f_{BW}=f_H-f_L$。

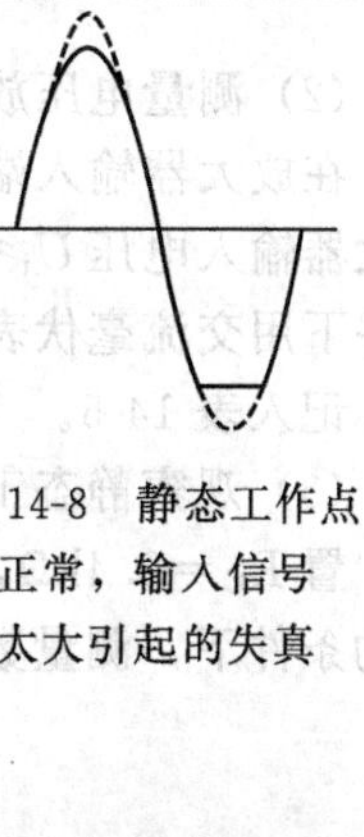

图 14-8　静态工作点正常，输入信号太大引起的失真

放大器的幅率特性就是测量不同频率信号时的电压放大倍数

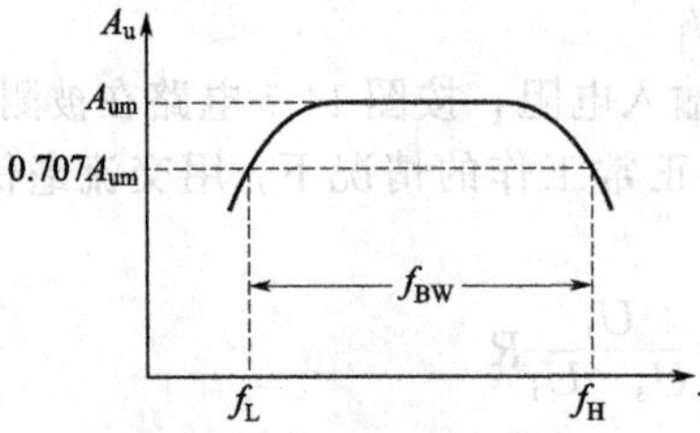

图 14-9 幅频特性曲线

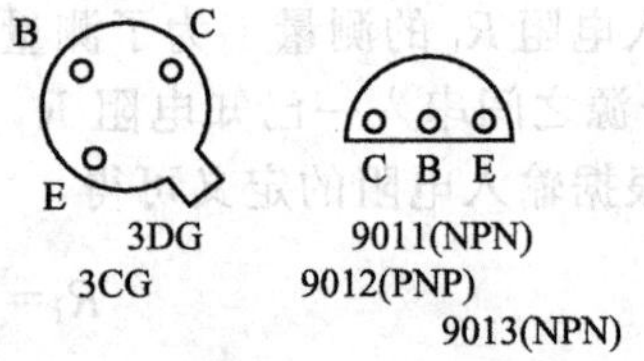

图 14-10 晶体三极管管脚排列

A_u。为此，可采用前述测 A_u 的方法，每改变一个信号频率，测量其相应的电压放大倍数。测量时应注意取点要恰当，在低频段与高频段应多测几点，在中频段可以少测几点。此外，在改变频率时，要保持输入信号的幅度不变，且输出波形不得失真。

⑥ 干扰和自激振荡的消除

14.2.3 实验设备与器件

① +12V 直流电源；　② 函数信号发生器；
③ 双踪示波器；　④ 交流毫伏表；
⑤ 直流电压表；　⑥ 直流毫安表；
⑦ 频率计；　⑧ 万用电表；
⑨ 晶体三极管 3DG6×1（β=50～100）或 9011×1（管脚排列如图 14-10 所示）；
⑩ 电阻器、电容器若干。

14.2.4 实验内容

实验电路如图 14-4 所示。各电子仪器可按图 14-1 所示方式连接，为防止干扰，各仪器的公共端必须连在一起，同时信号源、交流毫伏表和示波器的引线应采用专用电缆线或屏蔽线。如使用屏蔽线。则屏蔽线的外包金属网应接在公共接地端上。

（1）调试静态工作点

接通直流电源前，先将 R_W 调至最大，函数信号发生器输出旋钮旋至零。接通+12V 电源，调节 R_W，使 I_C=2.0mA（即 U_E=2.0V），用直流电压表测量 U_B、U_E、U_C 及用万用电表测量 R_{B2} 值。记入表 14-4。

表 14-4 （I_C=2mA）

测量值				计算值		
U_B/V	U_E/V	U_C/V	R_{B2}/kΩ	U_{BE}/V	U_{CE}/V	I_C/mA

（2）测量电压放大倍数

在放大器输入端加入频率为 1kHz 的正弦信号 u_s，调节函数信号发生器的输出旋钮，使放大器输入电压 U_i≈10mV，同时用示波器观察放大器输出电压 U_o 波形，在波形不失真的条件下用交流毫伏表测量下述三种情况下的 U_o 值，并用双踪示波器观察 u_o 和 u_i 的相位关系，记入表 14-5。

（3）观察静态工作点对电压放大倍数的影响

置 R_C=2.4kΩ，R_L=∞，U_i 适量，调节 R_W，用示波器监视输出电压波形，在 u_o 不失真的条件下，测量数组 I_C 和 U_o 值，记入表 14-6。

表 14-5　($I_C=2.0\text{mA}$　$U_i=10\text{mV}$)

$R_C/\text{k}\Omega$	$R_L/\text{k}\Omega$	U_o/V	A_u	观察记录一组 u_o 和 u_i 波形
2.4	∞			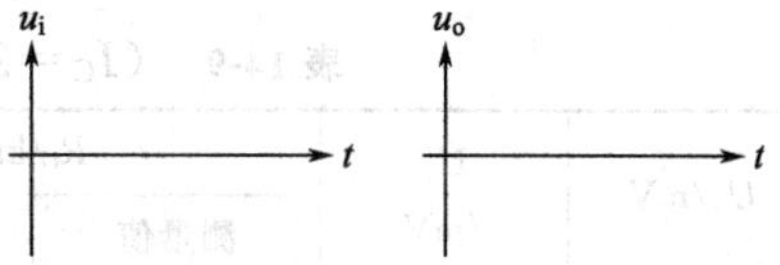
1.2	∞			
2.4	2.4			

表 14-6　($R_C=2.4\text{k}\Omega$　$R_L=\infty$　$U_i=10\text{mV}$)

I_C/mA			2.0		
U_o/V					
A_u					

测量 I_C 时，要先将信号源输出旋钮旋至零（即使 $U_i=0$）。

(4) 观察静态工作点对输出波形失真的影响

置 $R_C=2.4\text{k}\Omega$，$R_L=2.4\text{k}\Omega$，$u_i=0$，调节 R_W，使 $I_C=2.0\text{mA}$，测出 U_{CE}值，再逐步加大输入信号，使输出电压 u_o足够大但不失真。然后保持输入信号不变，分别增大和减小 R_W，使波形出现失真，绘出 u_o 的波形，并测出失真情况下的 I_C 和 U_{CE}值，记入表 14-7 中。每次测 I_C 和 U_{CE}值时，都要将信号源的输出旋钮旋至零。

表 14-7　($R_C=2.4\text{k}\Omega$　$R_L=\infty$　$U_i=10\text{mV}$)

I_C/mA	U_{CE}/V	u_o 波形	失真情况	管子工作状态
		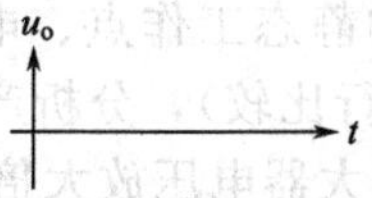		
2.0		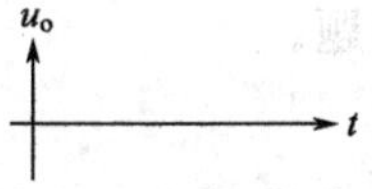		
		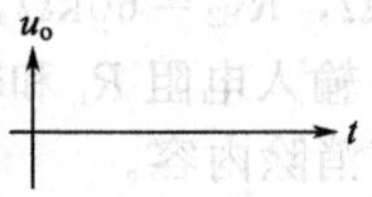		

(5) 测量最大不失真输出电压

置 $R_C=2.4\text{k}\Omega$，$R_L=2.4\text{k}\Omega$，按照实验原理 14.1.2 中所述方法，同时调节输入信号的幅度和电位器 R_W，用示波器和交流毫伏表测量 U_{oPP}及 U_o 值，记入表 14-8。

表 14-8　($R_C=2.4\text{k}\Omega$　$R_L=2.4\text{k}\Omega$)

I_C/mA	U_{im}/mV	U_{om}/V	U_{oPP}/V

*(6) 测量输入电阻和输出电阻

置 $R_C=2.4k\Omega$，$R_L=2.4k\Omega$，$I_C=2.0mA$。输入 $f=1kHz$ 的正弦信号，在输出电压 u_o 不失真的情况下，用交流毫伏表测出 U_s，U_i 和 U_L，记入表 14-9。

保持 U_s 不变，断开 R_L，测量输出电压 U_o，记入表 14-9。

表 14-9 （$I_C=2mA$　$R_C=2.4k\Omega$　$R_L=2.4k\Omega$）

U_s/mV	U_i /mV	R_i/kΩ		U_L/V	U_o/V	R_o/kΩ	
		测量值	计算值			测量值	计算值

＊(7) 测量幅频特性曲线

取 $I_C=2.0mA$，$R_C=2.4k\Omega$，$R_L=2.4k\Omega$。保持输入信号 u_i 的幅度不变，改变信号源频率 f，逐点测出相应的输出电压 U_o，记入表 14-10。

表 14-10 （$U_i=10mV$）

	f_l	f_o	f_n
f/kHz			
U_o/V			
$A_u=U_o/U_i$			

为了信号源频率 f 取值合适，可先粗测一下，找出中频范围，然后再仔细读数。

说明：＊可作为选作内容。

14.2.5 实验总结

① 列表整理测量结果，并把实测的静态工作点、电压放大倍数、输入电阻、输出电阻之值与理论计算值比较（取一组数据进行比较），分析产生误差原因。

② 总结 R_C、R_L 及静态工作点对放大器电压放大倍数、输入电阻、输出电阻的影响。

③ 讨论静态工作点变化对放大器输出波形的影响。

④ 分析讨论在调试过程中出现的问题。

14.2.6 预习要求

① 阅读有关单管放大电路的内容并估算实验电路的性能指标。

假设：3DG6 的 $\beta=100$，$R_{B1}=20k\Omega$，$R_{B2}=60k\Omega$，$R_C=2.4k\Omega$，$R_L=2.4k\Omega$。估算放大器的静态工作点、电压放大倍数 A_u、输入电阻 R_i 和输出电阻 R_o。

② 阅读有关放大器干扰和自激振荡消除内容。

③ 能否用直流电压表直接测量晶体管的 U_{BE}？为什么实验中要采用测 U_B、U_E，再间接算出 U_{BE} 的方法？

④ 怎样测量 R_{B2} 阻值？

⑤ 当调节偏置电阻 R_{B2} 使放大器输出波形出现饱和或截止失真时，晶体管的管压降 U_{CE} 怎样变化？

⑥ 改变静态工作点对放大器的输入电阻 R_i 有否影响？改变外接电阻 R_L 对输出电阻 R_o 有否影响？

⑦ 在测试 A_u、R_i 和 R_o 时怎样选择输入信号的大小和频率？为什么信号频率一般选 1kHz 而不选 100kHz 或更高？

⑧ 测试中，如果将函数信号发生器、交流毫伏表、示波器中任一仪器的两个测试端子

接线换位（即各仪器的接地端不再连在一起），将会出现什么问题？

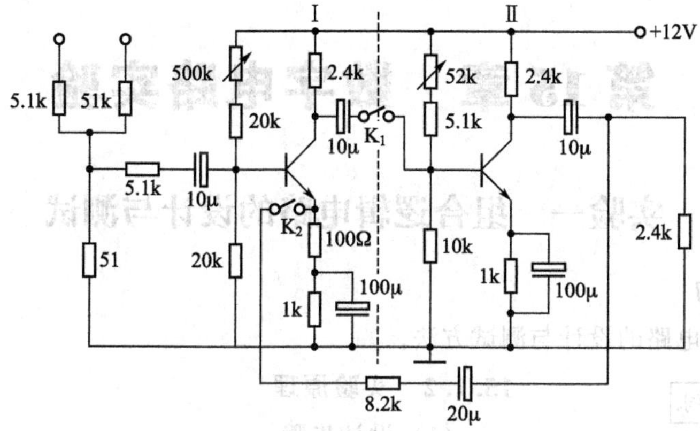

图 14-11

注：图 14-11 所示为共射极单管放大器与带有负反馈的两级放大器共用实验模块。如将 K_1、K_2 断开，则前级（Ⅰ）为典型电阻分压式单管放大器；如将 K_1、K_2 接通，则前级（Ⅰ）与后级（Ⅱ）接通，组成带有电压串联负反馈两级放大器。

第 15 章　数字电路实验

实验一　组合逻辑电路的设计与测试

15.1.1　实验目的

掌握组合逻辑电路的设计与测试方法。

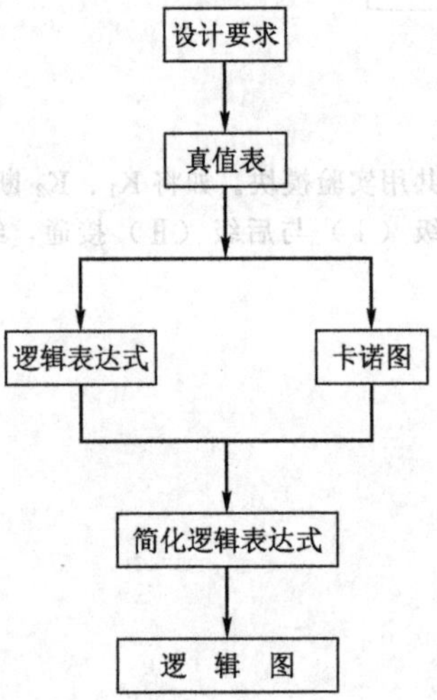

图 15-1　组合逻辑电路设计流程图

15.1.2　实验原理

（1）设计步骤

使用中、小规模集成电路来设计组合电路是最常见的逻辑电路。设计组合电路的一般步骤如图 15-1 所示。

根据设计任务的要求建立输入、输出变量，并列出真值表，然后用逻辑代数或卡诺图化简法求出简化的逻辑表达式，并按实际选用逻辑门的类型修改逻辑表达式。根据简化后的逻辑表达式，画出逻辑图，用标准器件构成逻辑电路。最后，用实验来验证设计的正确性。

（2）组合逻辑电路设计举例

用“与非”门设计 1 个表决电路。当 4 个输入端中有 3 个或 4 个为“1”时，输出端才为“1”。

设计步骤　根据题意列出真值表如表 15-1 所示，再填入卡诺图表 15-2 中。由卡诺图得出逻辑表达式，并演化成“与非”的形式：

表 15-1

D	0	0	0	0	0	0	0	0	1	1	1	1	1	1	1	1
A	0	0	0	0	1	1	1	1	0	0	0	0	1	1	1	1
B	0	0	1	1	0	0	1	1	0	0	1	1	0	0	1	1
C	0	1	0	1	0	1	0	1	0	1	0	1	0	1	0	1
Z	0	0	0	0	0	0	0	1	0	0	0	1	0	1	1	1

表 15-2

DA BC	00	01	11	10
00				
01			1	
11		1	1	1
10			1	

$$Z=ABC+BCD+ACD+ABD$$
$$=\overline{\overline{ABC}\cdot\overline{BCD}\cdot\overline{ACD}\cdot\overline{ABC}}$$

根据逻辑表达式，画出用“与非门”构成的逻辑电路，如图 15-2 所示。

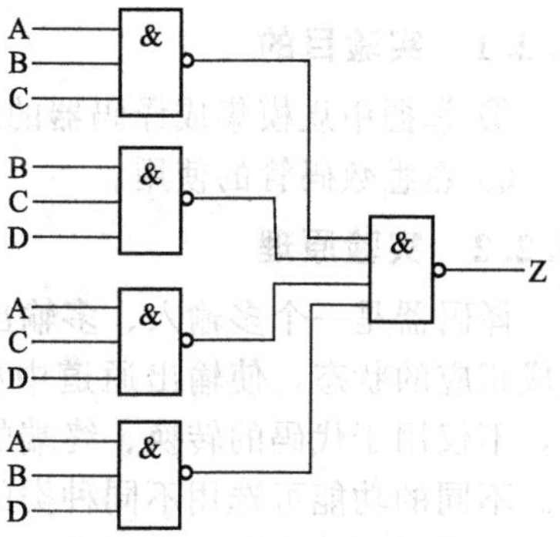

图 15-2　表决电路逻辑图

用实验验证逻辑功能　在实验装置适当位置选定 3 个 14P 插座，按照集成块定位标记插好集成块 CC4012。

按图 15-2 接线，输入端 A、B、C、D 接至逻辑开关输出插口，输出端 Z 接逻辑电平显示输入插口。按真值表（自拟）要求，逐次改变输入变量，测量相应的输出值，验证逻辑功能，与表 15-1 进行比较，验证所设计的逻辑电路是否符合要求。

15.1.3　实验设备与器件

① +5V 直流电源；　② 逻辑电平开关；

③ 逻辑电平显示器；　④ 直流数字电压表；

⑤ CC4011×2（74LS00）　CC4012×3（74LS20）　CC4030（74LS86）

CC4081（74LS08）　74LS54×2（CC4085）　CC4001（74LS02）。

15.1.4　实验内容

① 设计用与非门及用异或门、与门组成的半加器电路。

要求按上述设计步骤进行，直到测试电路逻辑功能符合设计要求为止。

② 设计一个一位全加器，要求用异或门、与门、或门组成。

③ 设计一位全加器，要求用与或非门实现。

④ 设计一个对两个两位无符号的二进制数进行比较的电路。根据第一个数是否大于、等于、小于第二个数，使相应的 3 个输出端中的 1 个输出为“1”，要求用与门、与非门及或非门实现。

15.1.5　实验预习要求

① 根据实验任务要求设计组合电路，并根据所给的标准器件画出逻辑图。

② 如何用最简单的方法验证“与或非”门的逻辑功能是否完好？

③“与或非”门中，当某一组与端不用时，应做何处理？

15.1.6　实验报告

① 列写实验任务的设计过程，画出设计的电路图。

② 对所设计的电路进行实验测试，记录测试结果。

③ 组合电路设计体会。

注：4 路 2－3－3－2 输入与或非门 74LS54

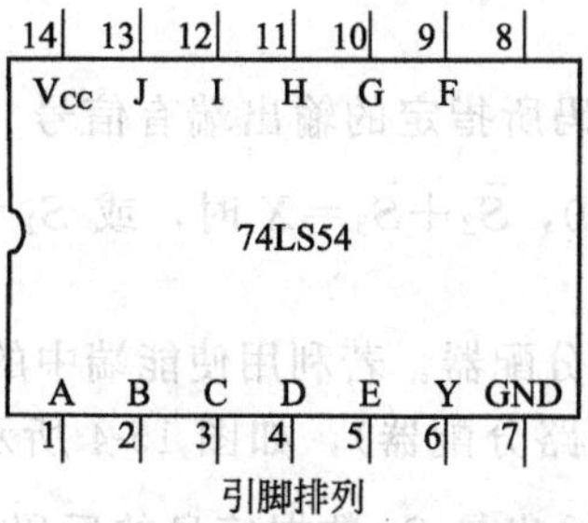

引脚排列

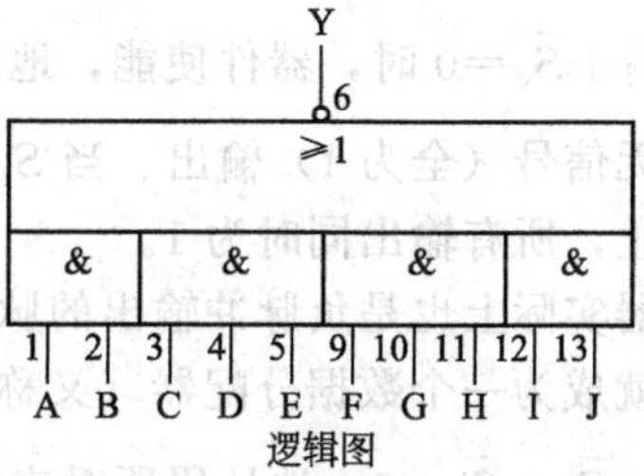

逻辑图

逻辑表达式　$Y=\overline{A\cdot B+C\cdot D\cdot E+F\cdot G\cdot H+I\cdot J}$

实验二 译码器及其应用

15.2.1 实验目的

① 掌握中规模集成译码器的逻辑功能和使用方法。

② 熟悉数码管的使用。

15.2.2 实验原理

译码器是一个多输入、多输出的组合逻辑电路。它的作用是把给定的代码进行“翻译”，变成相应的状态，使输出通道中相应的一路有信号输出。译码器在数字系统中有广泛的用途，不仅用于代码的转换、终端的数字显示，还用于数据分配、存储器寻址和组合控制信号等。不同的功能可选用不同种类的译码器。

译码器可分为通用译码器和显示译码器两大类。前者又分为变量译码器和代码变换译码器。

(1) 变量译码器

又称二进制译码器，用以表示输入变量的状态，如 2 线-4 线、3 线-8 线和 4 线-16 线译码器。若有 n 个输入变量，则有 2^n 个不同的组合状态，就有 2^n 个输出端供其使用。而每一个输出所代表的函数对应于 n 个输入变量的最小项。

以 3 线-8 线译码器 74LS138 为例进行分析，图 15-3 分别为其逻辑图及引脚排列。

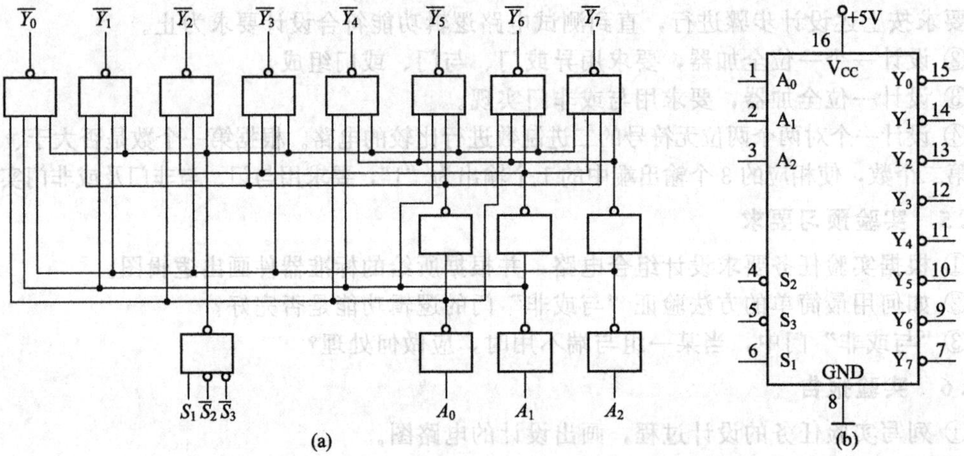

图 15-3 3－8 线译码器 74LS138 逻辑图及引脚排列

其中，A_2、A_1、A_0 为地址输入端，$\bar{Y}_0 \sim \bar{Y}_7$ 为译码输出端，S_1、$\bar{S}_2$、$\bar{S}_3$ 为使能端。表 15-3 为 74LS138 功能表。

当 $S_1=1$，$\bar{S}_2+\bar{S}_3=0$ 时，器件使能，地址码所指定的输出端有信号（为 0）输出，其他所有输出端均无信号（全为 1）输出。当 $S_1=0$，$\bar{S}_2+\bar{S}_3=X$ 时，或 $S_1=X$，$\bar{S}_2+\bar{S}_3=1$ 时，译码器被禁止，所有输出同时为 1。

二进制译码器实际上也是负脉冲输出的脉冲分配器。若利用使能端中的 1 个输入端输入数据信息，器件就成为一个数据分配器（又称多路分配器），如图 15-4 所示。若在 S_1 输入端输入数据信息，$\bar{S}_2=\bar{S}_3=0$，地址码所对应的输出是 S_1 数据信息的反码；若从 $\bar{S}_2$ 端输入数据信息，令 $S_1=1$、$\bar{S}_3=0$，地址码所对应的输出就是 $\bar{S}_2$ 端数据信息的原码。若数据信息

表 15-3

输入					输出							
S_1	$\bar{S}_2+\bar{S}_3$	A_2	A_1	A_0	$\bar{Y}_0$	$\bar{Y}_1$	$\bar{Y}_2$	$\bar{Y}_3$	$\bar{Y}_4$	$\bar{Y}_5$	$\bar{Y}_6$	$\bar{Y}_7$
1	0	0	0	0	0	1	1	1	1	1	1	1
1	0	0	0	1	1	0	1	1	1	1	1	1
1	0	0	1	0	1	1	0	1	1	1	1	1
1	0	0	1	1	1	1	1	0	1	1	1	1
1	0	1	0	0	1	1	1	1	0	1	1	1
1	0	1	0	1	1	1	1	1	1	0	1	1
1	0	1	1	0	1	1	1	1	1	1	0	1
1	0	1	1	1	1	1	1	1	1	1	1	0
0	×	×	×	×	1	1	1	1	1	1	1	1
×	1	×	×	×	1	1	1	1	1	1	1	1

是时钟脉冲，则数据分配器便成为时钟脉冲分配器。

根据输入地址的不同组合译出唯一地址，故可用作地址译码器。接成多路分配器，可将一个信号源的数据信息传输到不同的地点。

二进制译码器还能方便地实现逻辑函数，如图 15-5 所示，实现的逻辑函数是

$$Z=\bar{A}\bar{B}\bar{C}+\bar{A}B\bar{C}+A\bar{B}\bar{C}+ABC$$

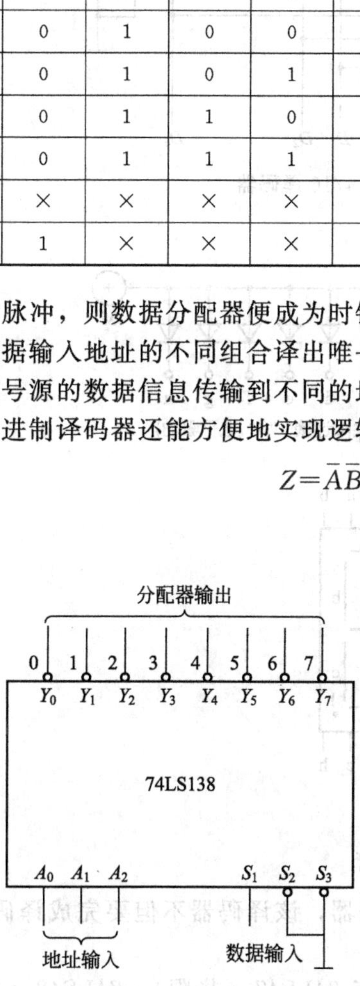

图 15-4 作数据分配器

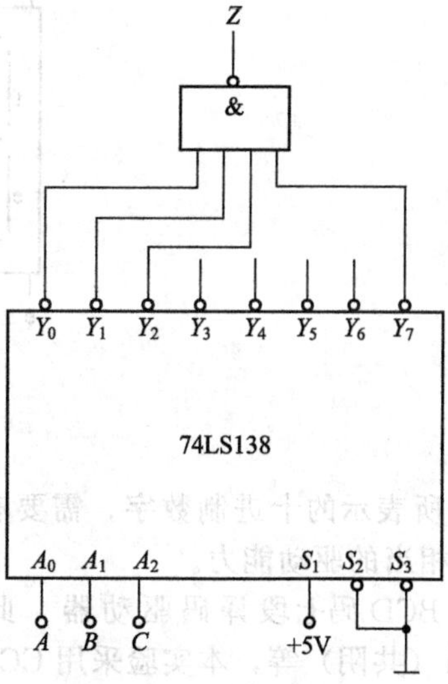

图 15-5 实现逻辑函数

利用使能端能方便地将两个 3/8 译码器组合成一个 4/16 译码器，如图 15-6 所示。

(2) 数码显示译码器

① 七段发光二极管（LED）数码管 LED 数码管是目前最常用的数字显示器，图 15-7 (a)、(b) 为共阴管和共阳管的电路，(c) 为两种不同出线形式的引出脚功能图。

一个 LED 数码管可用来显示一个 0～9 十进制数和一个小数点。小型数码管（0.5″和 0.36″）每段发光二极管的正向压降，随显示光（通常为红、绿、黄、橙色）的颜色不同略有差别，通常约为 2～2.5V，每个发光二极管的点亮电流在 5～10mA。LED 数码管要显示

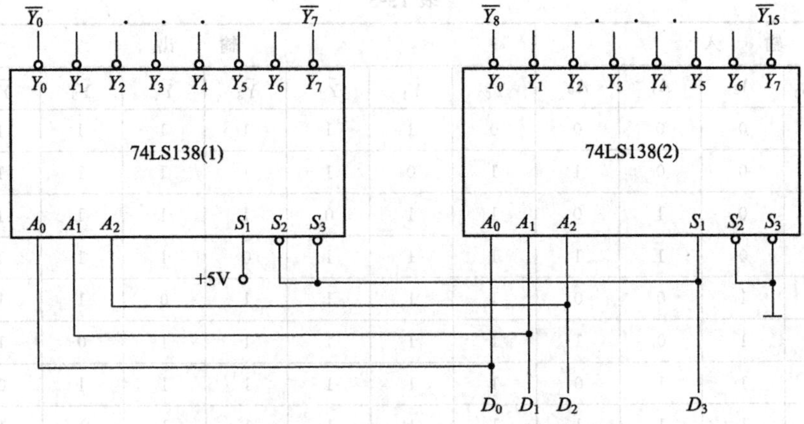

图 15-6 用两片 74LS138 组合成 4/16 译码器

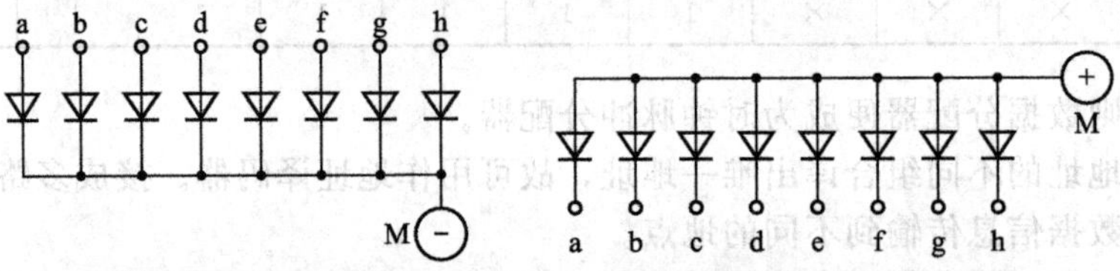

(a) 共阴连接（“1” 电平驱动）　(b) 共阳连接（“0” 电平驱动）

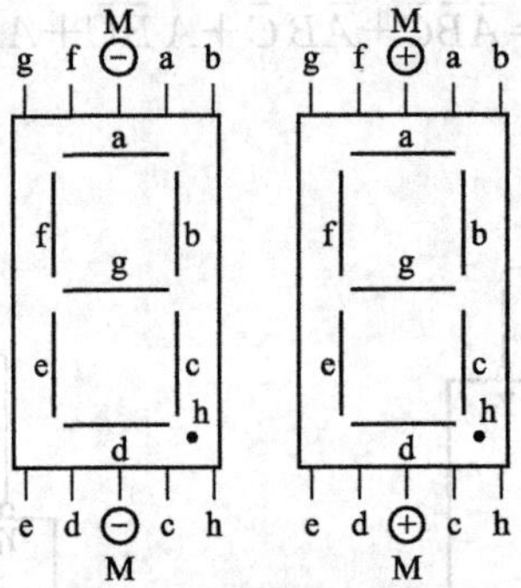

(c) 符号及引脚功能

图 15-7 LED 数码管

BCD 码所表示的十进制数字，需要有一个专门的译码器，该译码器不但要完成译码功能，还要有相当的驱动能力。

② BCD 码七段译码驱动器　此类译码器型号有 74LS47（共阳）、74LS48（共阴）、CC4511（共阴）等，本实验采用 CC4511 BCD 码锁存/七段译码/驱动器，驱动共阴极 LED 数码管。

图 15-8 CC4511 引脚排列

图 15-8 为 CC4511 引脚排列。

A、B、C、D——BCD 码输入端。

a、b、c、d、e、f、g——译码输出端，输出“1”有效，用来驱动共阴极 LED 数码管。

$\overline{LT}$——测试输入端，$\overline{LT}$= “0”时，译码输出全为“1”。

$\overline{BI}$——消隐输入端，$\overline{BI}$= “0”时，译码输出全为“0”。

LE——锁定端，LE＝“1”时译码器处于锁定（保持）状态，译码输出保持在 LE＝0 时的数值，LE＝0 为正常译码。

表 15-4 为 CC4511 功能表。CC4511 内接有上拉电阻，故只需在输出端与数码管笔段之间串入限流电阻即可工作。译码器还有拒伪码功能，当输入码超过 1001 时，输出全为“0”，数码管熄灭。

表 15-4

输入							输出							
LE	$\overline{BI}$	$\overline{LT}$	D	C	B	A	a	b	c	d	e	f	g	显示字形
×	×	0	×	×	×	×	1	1	1	1	1	1	1	8
×	0	1	×	×	×	×	0	0	0	0	0	0	0	消隐
0	1	1	0	0	0	0	1	1	1	1	1	1	0	0
0	1	1	0	0	0	1	0	1	1	0	0	0	0	1
0	1	1	0	0	1	0	1	1	0	1	1	0	1	2
0	1	1	0	0	1	1	1	1	1	1	0	0	1	3
0	1	1	0	1	0	0	0	1	1	0	0	1	1	4
0	1	1	0	1	0	1	1	0	1	1	0	1	1	5
0	1	1	0	1	1	0	0	0	1	1	1	1	1	6
0	1	1	0	1	1	1	1	1	1	0	0	0	0	7
0	1	1	1	0	0	0	1	1	1	1	1	1	1	8
0	1	1	1	0	0	1	1	1	1	0	0	1	1	9
0	1	1	1	0	1	0	0	0	0	0	0	0	0	消隐
0	1	1	1	0	1	1	0	0	0	0	0	0	0	消隐
0	1	1	1	1	0	0	0	0	0	0	0	0	0	消隐
0	1	1	1	1	0	1	0	0	0	0	0	0	0	消隐
0	1	1	1	1	1	0	0	0	0	0	0	0	0	消隐
0	1	1	1	1	1	1	0	0	0	0	0	0	0	消隐
1	1	1	×	×	×	×	锁存							锁存

在本数字电路实验装置上已完成了译码器 CC4511 和数码管 BS202 之间的连接。实验时，只要接通＋5V 电源，将十进制数的 BCD 码接至译码器的相应输入端 A、B、C、D，即可显示 0～9 的数字。4 位数码管可接受 4 组 BCD 码输入。CC4511 与 LED 数码管的连接如图 15-9 所示。

15.2.3　实验设备与器件

① ＋5V 直流电源；　② 双踪示波器；

③ 连续脉冲源；　④ 逻辑电平开关；

⑤ 逻辑电平显示器；　⑥ 拨码开关组；

⑦ 译码显示器；　⑧ 74LS138×2　CC4511。

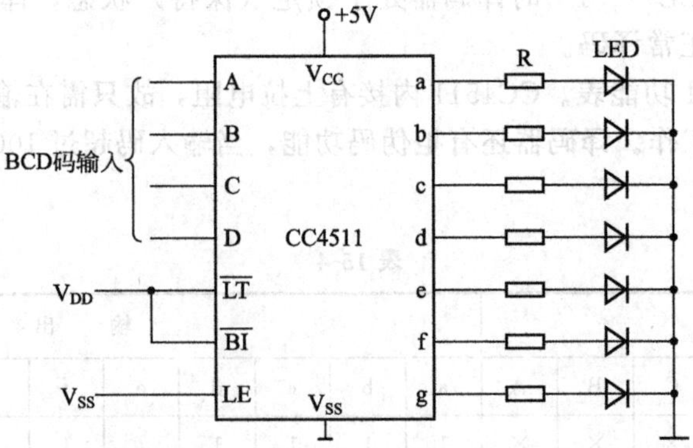

图 15-9 CC4511 驱动一位 LED 数码管

15.2.4 实验内容

（1）数据拨码开关的使用

将实验装置上的 4 组拨码开关的输出 A_i、B_i、C_i、D_i 分别接至 4 组显示译码/驱动器 CC4511 的对应输入口，LE、$\overline{BI}$、$\overline{LT}$接至 3 个逻辑开关的输出插口，接上＋5V 显示器的电源，然后按功能表 15-4 输入的要求揿动 4 个数码的增减键（“＋”与“－”键）和操作与 LE、$\overline{BI}$、$\overline{LT}$对应的 3 个逻辑开关，观测拨码盘上的 4 位数与 LED 数码管显示的对应数字是否一致，及译码显示是否正常。

（2）74LS138 译码器逻辑功能测试

将译码器使能端 S_1、$\bar{S}_2$、$\bar{S}_3$ 及地址端 A_2、A_1、A_0 分别接至逻辑电平开关输出口，8 个输出端$\bar{Y}_7 \cdots \bar{Y}_0$ 依次连接在逻辑电平显示器的 8 个输入口上，拨动逻辑电平开关，按表 15-3 逐项测试 74LS138 的逻辑功能。

（3）用 74LS138 构成时序脉冲分配器

参照图 15-4 和实验原理说明，时钟脉冲 CP 频率约为 10kHz，要求分配器输出端$\bar{Y}_0 \cdots \bar{Y}_7$ 的信号与 CP 输入信号同相。

画出分配器的实验电路，用示波器观察和记录在地址端 A_2、A_1、A_0 分别取 000～111 8 种不同状态时$\bar{Y}_0 \cdots \bar{Y}_7$ 端的输出波形，注意输出波形与 CP 输入波形之间的相位关系。

（4）用两片 74LS138 组合成一个 4 线-16 线译码器并进行实验

15.2.5 实验预习要求

① 复习有关译码器和分配器的原理。

② 根据实验任务，画出所需的实验线路及记录表格。

15.2.6 实验报告

① 画出实验线路，把观察到的波形画在坐标纸上，并标上对应的地址码。

② 对实验结果进行分析、讨论。

实验三 触发器及其应用

15.3.1 实验目的

① 掌握基本 RS、JK、D 和 T 触发器的逻辑功能。

② 掌握集成触发器的逻辑功能及使用方法。

③ 熟悉触发器之间相互转换的方法。

15.3.2　实验原理

触发器具有两个稳定状态，用以表示逻辑状态“1”和“0”，在一定的外界信号作用下，可以从一个稳定状态翻转到另一个稳定状态，它是一个具有记忆功能的二进制信息存储器件，是构成各种时序电路的最基本逻辑单元。

(1) 基本 RS 触发器

图 15-10 为由两个与非门交叉耦合构成的基本 RS 触发器，它是无时钟控制低电平直接触发的触发器。基本 RS 触发器具有置“0”、置“1”和“保持”3 种功能。通常称$\bar{S}$为置“1”端，因为$\bar{S}=0$（$\bar{R}=1$）时触发器被置“1”；$\bar{R}$为置“0”端，因为$\bar{R}=0$（$\bar{S}=1$）时触发器被置“0”；当$\bar{S}=\bar{R}=1$时状态保持；$\bar{S}=\bar{R}=0$时，触发器状态不定，应避免此种情况发生。表 15-5 为基本 RS 触发器的功能表。

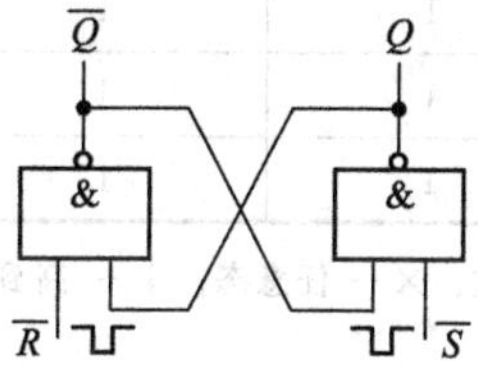

图 15-10　基本 RS 触发器

表 15-5

输　入		输　出	
$\bar{S}$	$\bar{R}$	Q^{n+1}	$\bar{Q}^{n+1}$
0	1	1	0
1	0	0	1
1	1	Q^n	$\bar{Q}^n$
0	0	ϕ	ϕ

注：ϕ 为不定态。

基本 RS 触发器也可以用两个“或非门”组成，此时为高电平触发有效。

(2) JK 触发器

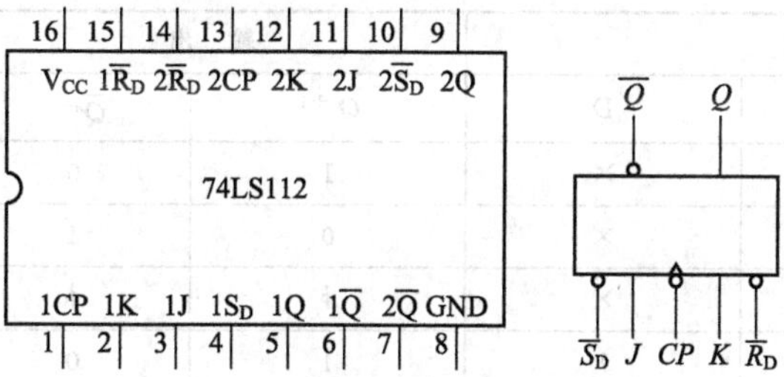

图 15-11　74LS112 双 JK 触发器引脚排列及逻辑符号

在输入信号为双端的情况下，JK 触发器是功能完善、使用灵活和通用性较强的一种触发器。本实验采用 74LS112 双 JK 触发器，是下降边沿触发的边沿触发器。引脚功能及逻辑符号如图 15-11 所示。

JK 触发器的状态方程为

$$Q^{n+1}=J\bar{Q}^n+\bar{K}Q^n$$

J 和 K 是数据输入端，是触发器状态更新的依据，若 J、K 有两个或两个以上输入端时，组成“与”的关系。Q 与$\bar{Q}$为两个互补输出端。通常把 $Q=0$、$\bar{Q}=1$ 的状态定为触发器“0”状态；而把 $Q=1$，$\bar{Q}=0$ 定为“1”状态。

下降沿触发 JK 触发器的功能如表 15-6。

表 15-6

输　入					输　出	
$\bar{S}_D$	$\bar{R}_D$	CP	J	K	Q^{n+1}	$\bar{Q}^{n+1}$
0	1	×	×	×	1	0
1	0	×	×	×	0	1

续表

输入					输出	
0	0	×	×	×	ϕ	ϕ
1	1	↓	0	0	Q^n	$\bar{Q}^n$
1	1	↓	1	0	1	0
1	1	↓	0	1	0	1
1	1	↓	1	1	$\bar{Q}^n$	Q^n
1	1	↑	×	×	Q^n	$\bar{Q}^n$

注：×— 任意态；↓— 高到低电平跳变；↑— 低到高电平跳变；$Q^n(\bar{Q}^n)$— 现态；$Q^{n+1}(\bar{Q}^{n+1})$— 次态；ϕ— 不定态。

JK 触发器常被用作缓冲存储器，移位寄存器和计数器。

(3) D 触发器

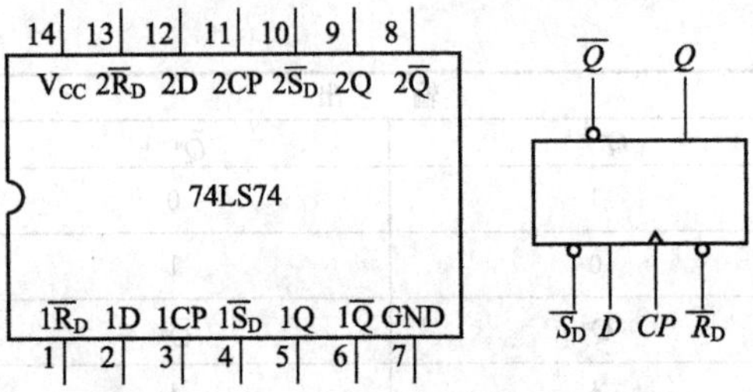

图 15-12 74LS74 引脚排列及逻辑符号

在输入信号为单端的情况下，D 触发器用起来最为方便，其状态方程为 $Q^{n+1}=D^n$，其输出状态的更新发生在 CP 脉冲的上升沿，故又称为上升沿触发的边沿触发器，触发器的状态只取决于时钟到来前 D 端的状态。D 触发器的应用很广，可用作数字信号的寄存、移位寄存、分频和波形发生等。有很多种型号可供各种用途的需要而选用。如双 D 74LS74、四 D 74LS175、六 D 74LS174 等。

图 15-12 为双 D 74LS74 的引脚排列及逻辑符号，功能如表 15-7。

表 15-7

输入				输出	
$\bar{S}_D$	$\bar{R}_D$	CP	D	Q^{n+1}	$\bar{Q}^{n+1}$
0	1	×	×	1	0
1	0	×	×	0	1
0	0	×	×	ϕ	ϕ
1	1	↑	1	1	0
1	1	↑	0	0	1
1	1	↓	×	Q^n	$\bar{Q}^n$

表 15-8

输入				输出
$\bar{S}_D$	$\bar{R}_D$	CP	T	Q^{n+1}
0	1	×	×	1
1	0	×	×	0
1	1	↓	0	Q^n
1	1	↓	1	$\bar{Q}^n$

（4）触发器之间的相互转换

在集成触发器的产品中，每一种触发器都有自己固定的逻辑功能，但可以利用转换的方法获得具有其他功能的触发器。例如将 JK 触发器的 J、K 两端连在一起，并认它为 T 端，就得到所需的 T 触发器。如图 15-13（a）所示，其状态方程为：

$$Q^{n+1}=T\bar{Q}^n+\bar{T}Q^n$$

T 触发器的功能如表 15-8 所示。

由功能表可见，当 $T=0$ 时，时钟脉冲作用后，其状态保持不变；当 $T=1$ 时，时钟脉冲作用后，触发器状态翻转。所以，若将 T 触发器的 T 端置“1”，如图 15-13（b）所示，即得 T′触发器。在 T′触发器的 CP 端每来一个 CP 脉冲信号，触发器的状态就翻转一次，故称之为反转触发器，广泛用于计数电路中。

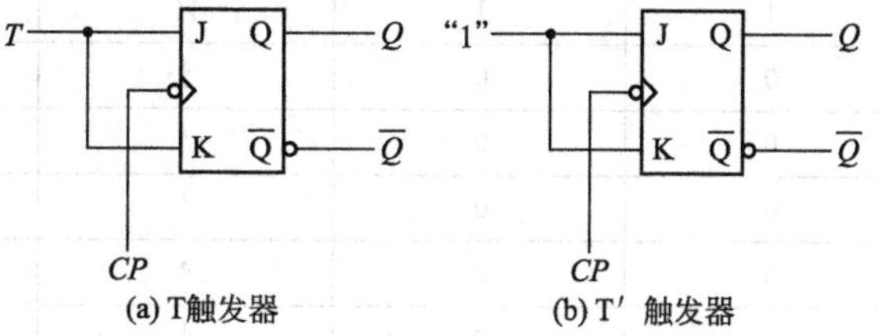

图 15-13　JK 触发器转换为 T、T′触发器

同样，若将 D 触发器 $\bar{Q}$ 端与 D 端相连，便转换成 T′触发器。如图 15-14 所示。

JK 触发器也可转换为 D 触发器，如图 15-15。

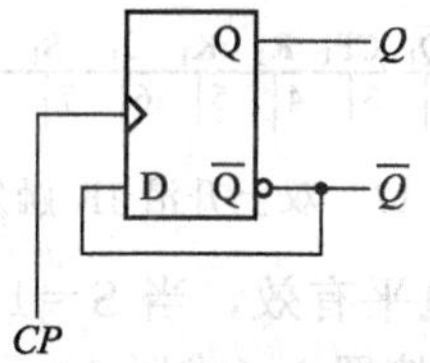

图 15-14　D 转成 T′

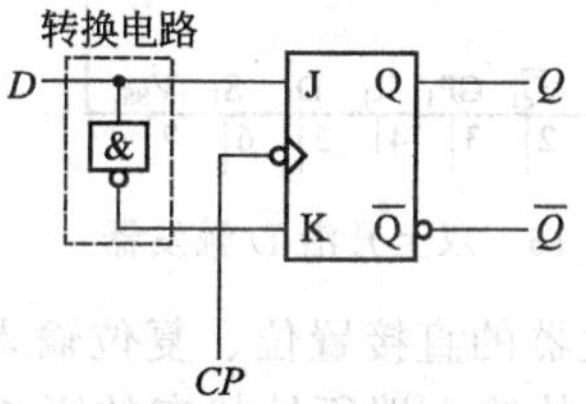

图 15-15　JK 转成 D

（5）CMOS 触发器

① CMOS 边沿型 D 触发器　CC4013 是由 CMOS 传输门构成的边沿型 D 触发器。它是上升沿触发的双 D 触发器，表 15-9 为其功能表，图 15-16 为引脚排列。

表 15-9

输　入				输　出
S	R	CP	D	Q^{n+1}
1	0	×	×	1
0	1	×	×	0
1	1	×	×	ϕ
0	0	↑	1	1
0	0	↑	0	0
0	0	↓	×	Q^n

② CMOS 边沿型 JK 触发器　CC4027 是由 CMOS 传输门构成的边沿型 JK 触发器，它是上升沿触发的双 JK 触发器，表 15-10 为其功能表，图 15-17 为引脚排列。

表 15-10

输入					输出
S	R	CP	J	K	Q^{n+1}
1	0	×	×	×	1
0	1	×	×	×	0
1	1	×	×	×	ϕ
0	0	↑	0	0	Q^n
0	0	↑	1	0	1
0	0	↑	0	1	0
0	0	↑	1	1	$\overline{Q}^n$
0	0	↓	×	×	Q^n

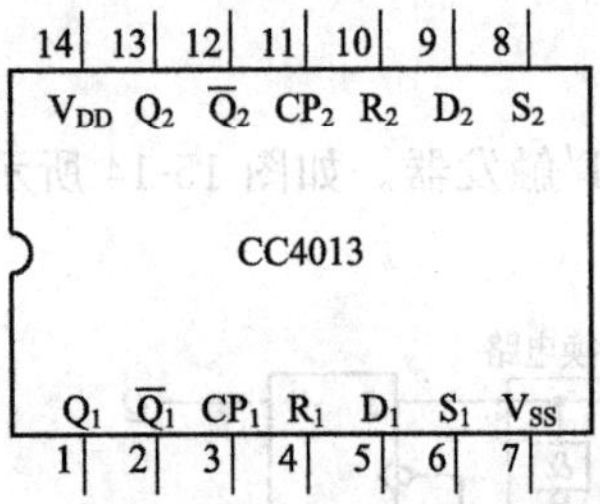

图 15-16 双上升沿 D 触发器

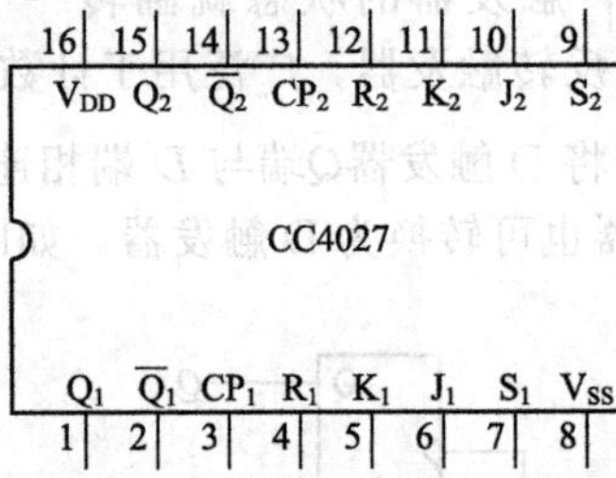

图 15-17 双上升沿 JK 触发器

CMOS 触发器的直接置位、复位输入端 S 和 R 是高电平有效，当 $S=1$（或 $R=1$）时，触发器将不受其他输入端所处状态的影响，使触发器直接接置 1（或置 0）。但直接置位、复位输入端 S 和 R 必须遵守 $RS=0$ 的约束条件。CMOS 触发器在按逻辑功能工作时，S 和 R 必须均置 0。

15.3.3 实验设备与器件

① +5V 直流电源； ② 双踪示波器；
③ 连续脉冲源； ④ 单次脉冲源；
⑤ 逻辑电平开关； ⑥ 逻辑电平显示器；
⑦ 74LS112（或 CC4027） 74LS00（或 CC4011） 74LS74（或 CC4013）。

15.3.4 实验内容

（1）测试基本 RS 触发器的逻辑功能

按图 15-10，用两个与非门组成基本 RS 触发器，输入端$\overline{R}$、$\overline{S}$接逻辑开关的输出插口，输出端 Q、$\overline{Q}$接逻辑电平显示输入插口，按表 15-11 要求测试，记录之。

表 15-11

$\overline{R}$	$\overline{S}$	Q	$\overline{Q}$
1	1→0		
	0→1		
1→0	1		
0→1			
0	0		

(2) 测试双 JK 触发器 74LS112 逻辑功能

① 测试$\bar{R}_D$、$\bar{S}_D$的复位、置位功能　任取一只 JK 触发器，$\bar{R}_D$、$\bar{S}_D$、J、K 端接逻辑开关输出插口，CP 端接单次脉冲源，Q、$\bar{Q}$端接至逻辑电平显示输入插口。要求改变$\bar{R}_D$，$\bar{S}_D$ (J、K、CP 处于任意状态)，并在$\bar{R}_D=0$ ($\bar{S}_D=1$) 或$\bar{S}_D=0$ ($\bar{R}_D=1$) 作用期间任意改变 J、K 及 CP 的状态，观察 Q、$\bar{Q}$状态。自拟表格并记录之。

② 测试 JK 触发器的逻辑功能　按表 15-12 的要求改变 J、K、CP 端状态，观察 Q、$\bar{Q}$ 状态变化，观察触发器状态更新是否发生在 CP 脉冲的下降沿（即 CP 由 1→0），记录之。

③ 将 JK 触发器的 J、K 端连在一起，构成 T 触发器。

在 CP 端输入 1Hz 连续脉冲，观察 Q 端的变化。

在 CP 端输入 1kHz 连续脉冲，用双踪示波器观察 CP、Q、$\bar{Q}$端波形。注意相位关系，描绘之。

表 15-12

J	K	CP	Q^{n+1}	
			$Q^n=0$	$Q^n=1$
0	0	0→1		
		1→0		
0	1	0→1		
		1→0		
1	0	0→1		
		1→0		
1	1	0→1		
		1→0		

(3) 测试双 D 触发器 74LS74 的逻辑功能

① 测试$\bar{R}_D$、$\bar{S}_D$的复位、置位功能　测试方法同实验内容（2）①，自拟表格记录。

② 测试 D 触发器的逻辑功能　按表 15-13 要求进行测试，并观察触发器状态更新是否发生在 CP 脉冲的上升沿（即由 0→1），记录之。

表 15-13

D	CP	Q^{n+1}	
		$Q^n=0$	$Q^n=1$
0	0→1		
	1→0		
1	0→1		
	1→0		

③ 将 D 触发器的$\bar{Q}$端与 D 端相连接，构成 T′触发器。

测试方法同实验内容（2）③，记录之。

(4) 双相时钟脉冲电路

用JK触发器及与非门构成的双相时钟脉冲电路，如图15-18所示。此电路是用来将时钟脉冲CP转换成两相时钟脉冲CP_A及CP_B，其频率相同、相位不同。

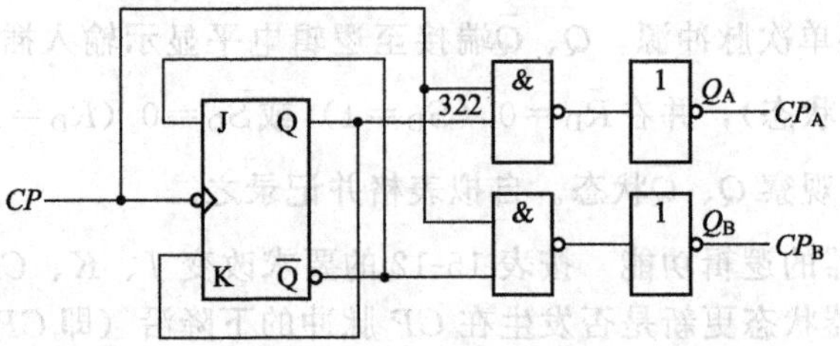

图15-18 双相时钟脉冲电路

分析电路工作原理，并按图15-18接线，用双踪示波器同时观察CP、CP_A；CP、CP_B及CP_A、CP_B波形，并描绘之。

(5) 乒乓球练习电路

电路功能要求：模拟两名运动员在练球时乒乓球能往返运转。

提示：采用双D触发器74LS74设计实验线路，两个CP端触发脉冲分别由两名运动员操作，两触发器的输出状态用逻辑电平显示器显示。

15.3.5 实验预习要求

① 复习有关触发器内容。

② 列出各触发器功能测试表格。

③ 按实验内容(4)、(5)的要求设计线路，拟定实验方案。

15.3.6 实验报告

① 列表整理各类触发器的逻辑功能。

② 总结观察到的波形，说明触发器的触发方式。

③ 体会触发器的应用。

④ 利用普通的机械开关组成的数据开关所产生的信号是否可作为触发器的时钟脉冲信号？为什么？是否可以用作触发器的其他输入端的信号？又是为什么？

习 题 答 案

第 1 章　习题答案

1-1. 略

1-2. 略

1-3. 略

1-4. 略

1-5. 3600000J，1 度电。

1-6. 220V，60W；15W，不变。

1-7. 3A，1080J。

1-8. 略

1-9. 略

1-10. 略

1-11. $I_2=0\text{A}$

1-12. $I_{ab}=-\frac{1}{3}\text{A}$

1-13. $I_5=0.05\text{A}$

1-14～1-18. B　D　D　A　C

第 2 章

2-1. 略

2-2. 略

2-3. $X_C=318.47\Omega$　$I=0.69\Omega$　$i=0.69\sqrt{2}\sin(314t-135°)$ A　$Q=151.62\text{var}$

2-4. $R=71\Omega$　$L=0.166\text{H}$

第 3 章

3-1. 三相电压的正弦表示式：

$u_A=380\sin(\omega t)$

$u_B=380\sin(\omega t-120°)$

$u_C=380\sin(\omega t+120°)$

三相电压的相量表示式：

$\dot{U}_A=380\angle 0°$

$\dot{U}_B=380\angle -120°$

$\dot{U}_C=380\angle +120°$

3-2. 根据线电压的有效值 $U_L=380\text{V}$，可得出每相电压为 $U_P=220\text{V}$。

根据 $Z=9+\text{j}16\Omega$，可得 $Z=18.4\angle 60.6°$，$|Z|=18.4$，$\alpha=60.6°$

各相电流有效值 $I_P=\frac{U_P}{|Z|}=11.96$

$\dot{U}_A=220\angle 0°$ $\dot{I}_A=\frac{\dot{U}_A}{Z}=11.96\angle -60.6°$

设 $\dot{U}_B=220\angle -120°$ 则 $\dot{I}_B=\frac{\dot{U}_B}{Z}=11.96\angle -180.6°$

$\dot{U}_C=220\angle +120°\sqrt{3}$ $\dot{I}_C=\frac{\dot{U}_C}{Z}=11.96\angle 60.4°$

3-3. 解：$|Z|=14.1$，各相电压 $U_P=380$

各相电流 $U_P=\frac{\dot{U}_P}{|Z|}=26.95$

各线电流 $U_L=\sqrt{3}U_P=46.68$

3-4. (1) 星形连接时

相电压 $U_P=\frac{U_L}{\sqrt{3}}=132.8V$

负载 $|Z|=13.4$，$\alpha=53.1°$，相电流 $I_P=\frac{\dot{U}_P}{|Z|}=9.91A$

线电流 $I_L=I_P=9.91A$

吸收的总功率 $P=3U_PI_P\cos\alpha=2369W$

(2) 三角形连接时

相电压 $U_P=U_L=230V$

负载 $|Z|=13.4$，$\alpha=53.1°$，相电流 $I_P=\frac{\dot{U}_P}{|Z|}=17.16A$

线电流 $I_L=\sqrt{3}I_P=29.7A$

吸收的总功率 $P=3U_PI_P\cos\alpha=7104W$

3-5.

(1) $Z=36.1\angle 33.7°$

$I_P=\frac{U_P}{|Z|}=6.1A$，电流表读数为 6.1A

(2) 三相负载吸收的功率 $P=3U_PI_P\cos\alpha=3349W$

(3) 若 A 相短路，则

$I_P=\frac{U_l}{|Z|}=\frac{380}{36.1}=10.5A$，电流表读数为 10.5A

三相负载吸收的功率 $P=2U_PI_P\cos\alpha=6639W$

(4) 若 A 相断路，则

$Z+Z=60+j40=72.1\angle 33.7°$

$I_P=\frac{U_L}{|Z+Z|}=\frac{380}{72.1}=5.3A$，电流表读数为 5.3A

三相负载吸收的功率 $P=U_PI_P\cos\alpha=1675W$

3-6.

(1) 此题为三角形连接

$U_L=U_P=220V$

$Z=8+6j=10\angle 36.8°$

$I_P=\frac{U_P}{|Z|}=22A$

$I_P=I_L=\sqrt{3}I_P=38.1A$

(2) 三相负载的有功功率 $P=3U_PI_P\cos\alpha=11.627kW$

无功功率 $Q=3U_PI_P\sin\alpha=8.7kW$

视在功率 $S=3U_PI_P=14.5kW$

第 4 章 略

第 5 章 略

第 6 章

6-1. (1) 导通；20mA；(2) 截止。

6-2. 3mA，−6V。

6-3. (1) $u_o=U_2$；(2) $u_o=u_i$。

6-4. 略

6-5. 略

6-6. 4 种；14V；9.2V；6V；1.2V

6-7. (1) 0V；(2) 0V；(3) 3V

第 7 章

7-1. C 是基极；B 发射极；A 集电极；PNP 管。

7-2. 略。

7-3. B 是基极；C 是发射极；A 是集电极；NPN 管；$\beta=50$

7-4. (1) 不能；(2) 能；(3) 不能。

7-5. $I_b=50\mu A$；$I_c=2mA$；$U_{ce}=6V$；$R'_L=2k\Omega$；$A_u=-100$；$R_i=r_{be}=0.8k\Omega$；$R_o=R_c=3k\Omega$。

第 8 章

8-1. $V_o=6V$；$R_2=9.1k\Omega$；电压放大倍数−10。

8-2. $V_o=20mV$；放大倍数是 1。

8-3. 略。

8-4. a. 加法电路；$U_o=-6V$；b. 减法电路；$U_o=-3V$。

8-5. $U_{o1}=2V$；$U_{o2}=-2V$；$U_o=4V$。

8-6. 略。

第 9 章 略

第 10 章

10-1. (1) 将下面的一组十进制数转换成二进制数：

① 56＝111000B ②74＝1001010B ③23＝10111B ④19＝10011B ⑤89＝1011001B ⑥68＝1000100B

(2) 将下面的二进制数转换成十进制数和十六进制数：

①10110011＝179D＝0B3H ②10100101＝165D＝0A5H ③11101001＝233D＝0E9H

④10011110＝158D＝9EH ⑤10000101＝133D＝85H ⑥11000101＝197D＝0C5H

⑦11101110＝238D＝0EEH ⑧10001100＝140D＝8CH

10-2. 完成下列数制的转换

(1) $(256)_{10}=(100000000)_2=(100)_{16}$

(2) $(B7)_{16}=(10110111)_2=(183)_{10}$

(3) $(10110001)_2=(B1)_{16}=(261)_8$

10-3. 用真值表证明$\overline{A\cdot B}=\overline{A}+\overline{B}$：

A	B	$\overline{A\cdot B}$	$\overline{A}+\overline{B}$
0	0	1	1
0	1	1	1
1	0	1	1
1	1	0	0

10-4. 将 $F=\overline{AB}+\overline{A}(B\overline{C}+\overline{B}C)$ 写成为最小项表达式：

$F=A\overline{B}+\overline{A}(B\overline{C}+\overline{B}C)=A\overline{B}C+A\overline{B}\overline{C}+\overline{A}B\overline{C}+\overline{A}\overline{B}C=\sum m(1, 2, 4, 5)$

10-5. 将 $F=AB\overline{C}+\overline{A}BC+AC$ 化为最简与或式：

$F=AB\overline{C}+\overline{A}BC+AC=AB+BC+AC$

10-6. 用卡诺图化简下列逻辑函数

(1) $F=A\overline{B}C+ABC\overline{D}+A(B+\overline{C})+BC=A+BC$

(2) $F(A、B、C、D)=\sum m(0, 1, 4, 5, 6, 12, 13)=\overline{A}\overline{C}+B\overline{C}+\overline{A}B\overline{D}$

10-7. 图所示电路的逻辑功能是：同或功能。

10-8. 设计一个三变量判奇电路。

(1) 写出相应真值表（略）

(2) 写同逻辑函数式，并化简：

$F=\overline{A}\overline{B}C+A\overline{B}\overline{C}+\overline{A}B\overline{C}+ABC$

(3) 逻辑电路略。

第 11 章　略

第 12 章　略

第 13 章

13-1. D/A 转换器，A/D 转换器

13-2. A/D 转换器

13-3. 采样

13-4. 双积分型，逐次逼近型

13-5. 分辨率

13-6. B

13-7. A

参考文献

[1] 林平勇，高嵩．电工与电子技术．北京：高等教育出版社，2000.

[2] 李士雄，皇甫正贤，郑虎申．数字集成电路基础．北京：高等教育出版社，1986.

[3] 陶希平．模拟电子技术基础．北京：化学工业出版社，2001.

[4] 卢菊洪，宁海英．电工电子技术基础．北京：北京大学出版社，2007.

[5] 汤光华，宋涛．电子技术．北京：化学工业出版社，2005.

[6] 于占河，李世伟．电工电子技术实训教程．北京：化学工业出版社，2005.

[7] 黄忠琴．电工电子实验实训教程．苏州：苏州大学出版社，2005.

[8] 卢菊洪，宇海英．电工电子技术基础．北京：北京大学出版社，2007.

[9] 王剑平，李殊骁．电工测量．北京：中国水利水电出版社，2004.

[10] 贺洪斌，程桂芬等．电工测量基础与电工实验指导．北京：化学工业出版社，2004.

[11] 刘蕴陶．电工电子技术．北京：高等教育出版社，2009.

[12] 袁小庆．电工电子技术学校指导 [M]．西安：西北工业大学出版社，2013.

[13] 袁洪岭，印成清，张源淳．电工电子技术基础 [M]．武汉：华中科技大学出版社，2013.

[14] 李德龙．电工技术基础 [M]．北京：石油工业出版社，2012.

[15] 李昌春．电路及电工技术基础 [M]．重庆：重庆大学出版社，2012.